高等学校计算机专业系列教材

嵌入式系统原理与应用

基于STM32F1 HAL库和RT-Thread操作系统

杨卫波 庄友谊 阮秀凯 编著

清华大学出版社
北京

内容简介

本书旨在培养和锻炼读者嵌入式系统应用的开发技术，以实践为主线，介绍基于 STM32F1 HAL 库和国产 RT-Thread 操作系统的开发技术。本书共13章，从内容逻辑上分为三部分：基础篇（第1～8章）介绍嵌入式系统的概念及 STM32F1 的原理，主要包括 GPIO、RCC、中断、定时器、串口通信与 DMA、ADC 与 DAC、实时时钟与电源控制的应用开发，开发方式从寄存器开发模式过渡到 HAL 库开发模式；操作系统篇（第10、11章）介绍 RT-Thread Nano 的核心技术，主要包括移植 RT-Thread Nano、线程管理、软件定时器、内存管理、中断管理、信号量、互斥量、事件集、邮箱和消息队列，侧重操作系统应用编程；实践篇（第9、12和13章）为综合实践，分别从 HAL 库、RT-Thread 和物联网应用出发组织内容。各章均提供丰富示例，涵盖大量实际项目中所采用的技术和技巧，方便读者参考和动手实践。

本书适合作为高等院校电子信息类、电气类、机电类、计算机类等专业本科生学习嵌入式相关课程的教材，也可作为具有一定嵌入式基础的工程技术人员的参考用书。

图书在版编目（CIP）数据

嵌入式系统原理与应用：基于 STM32F1 HAL 库和 RT-Thread 操作系统/杨卫波，庄友谊，阮秀凯编著. 北京：清华大学出版社，2024.12. --（高等学校计算机专业系列教材）. -- ISBN 978-7-302-67842-7

Ⅰ. TP332.021

中国国家版本馆 CIP 数据核字第 20241JD505 号

责任编辑： 龙启铭　王玉梅
封面设计： 何凤霞
责任校对： 刘惠林
责任印制： 沈　露

出版发行： 清华大学出版社

网　　址： https://www.tup.com.cn，https://www.wqxuetang.com
地　　址： 北京清华大学学研大厦 A 座　　**邮　　编：** 100084
社 总 机： 010-83470000　　**邮　　购：** 010-62786544
投稿与读者服务： 010-62776969，c-service@tup.tsinghua.edu.cn
质量反馈： 010-62772015，zhiliang@tup.tsinghua.edu.cn
课件下载： https://www.tup.com.cn，010-83470236

印 装 者： 北京嘉实印刷有限公司
经　　销： 全国新华书店
开　　本： 185mm×260mm　　**印　　张：** 22.5　　**字　　数：** 549 千字
版　　次： 2024 年 12 月第 1 版　　**印　　次：** 2024 年 12 月第1 次印刷
定　　价： 69.00 元

产品编号：100467-01

前言

PREFACE

为什么要写这本书

嵌入式系统的发展确实很快，从早期的8位单片机到目前主流的32位单片机，从早期的裸机程序开发到目前基于嵌入式操作系统的开发，其应用已渗透到生产生活的各方面。处于嵌入式教育行业之中，作者深刻地感受到行业发展需要更多的嵌入式技术人才，具有一定开发经验的嵌入式工程师成为职场上的紧缺人才。

目前，国内大多数高校的电子信息类专业都开设了嵌入式相关课程，以满足嵌入式人才培养的需求。但是现有的嵌入式系统教材，或介绍基于寄存器版本二次封装后推出的标准库，或介绍国外的嵌入式操作系统。根据多年嵌入式系统教学和开发经验，为了介绍ST公司目前主推的HAL库和图形化配置软件STM32CubeMX，加快STM32F1系列微处理器的应用开发进程，同时为了让更多人了解和掌握国产嵌入式操作系统的应用开发，加快RT-Thread在高校的普及，作者编写了本书。

主要内容

本书共13章，从内容逻辑上分为三部分：第1～8章为基础篇，第10、11章为操作系统篇，第9、12和13章为实践篇。

第1～8章首先讲述了嵌入式系统的概念及STM32F1的原理，从使用寄存器模式开发GPIO逐渐过渡到基于HAL库的开发模式，包括STM32中最典型的外设与功能模块，即GPIO、中断系统、定时器、串口通信、DMA、ADC与DAC、实时时钟与电源控制的应用开发；除了介绍微控制单元(micro controller unit，MCU)片内外设外，还介绍了LED、按键、蜂鸣器、数码管驱动程序的设计及应用。

第10、11章主要围绕实时操作系统展开，介绍了国产RT-Thread Nano的核心技术——线程管理、时钟管理、内存管理、中断管理、线程间同步与线程间通信，主要侧重系统应用。学完这部分内容，读者可以很好地入门嵌入式操作系统应用编程。

第9、12和13章分别介绍了使用HAL库的可校时电子钟综合应用实例、基于RT-Thread和STM32F1的步进电机控制系统和一个在HAL库与RT-Thread基础上实现的物联网综合实例。这些都是完整的综合性工程示例，可以帮助读者建立模块化思想，提高设计与开发嵌入式综合应用系统的能力。这些实例也适合在嵌入式系统开发实践类课程中使用。

上述章节都有配套的源程序，建议读者边阅读边实践，在学完一章的同时完成该章的示例代码。如果读者能够同步完成每章后面精心设计的练习题，将会获得更佳的学习效果。

配套资源

本书所有实验内容都是在作者设计的经过教学实践反复检验的嵌入式实验板上完成的，实验板的主控芯片为 STM32F103VET6，有需要的读者可以联系作者购买。读者也可以使用其他 STM32F103 系列开发板完成本书实验，只需要改动一下程序中定义的接口即可。

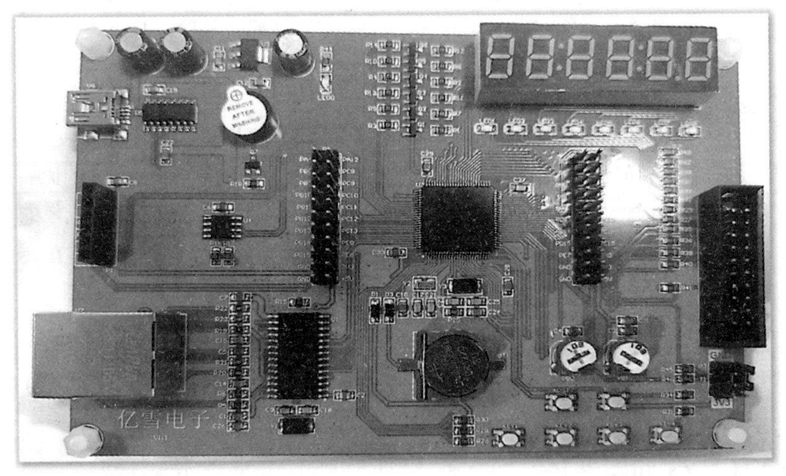

STM32F103VE 开发板

本书配套学习资源，为便于提高学习效率，作者精心设计了示例代码，编写了教学大纲，制作了教学课件，读者可登录 http://www.tup.com.cn 下载或直接与作者联系获得。

致谢

本书得到了温州大学教材建设项目的资助，由多位长期从事嵌入式系统教学的老师集体编写，除了封面所列作者外，温州大学智能锁具研究院技术部周志立博士、陈博博士及陈秋影工程师等也参与了本书代码编写工作，上海睿赛德电子科技有限公司罗齐熙对本书开发提出了宝贵建议。本书对 SMT32 和 HAL 库内容的编写参考了武汉安富莱电子有限公司、广州市星翼电子科技有限公司(正点原子)和东莞野火电子技术有限公司发布的开发板资料，对 RT-Thread 原理的介绍主要参考了上海睿赛德电子科技有限公司官网上的文档。在此郑重声明，本书内容仅用于教学，其著作权属于原作者。

由于嵌入式技术的发展日新月异，加之作者水平有限，编写时间仓促，书中难免存在一些错误或者不足之处，在此恳请广大读者批评指正。如果读者对本书有任何建议、意见和想法，欢迎和作者联系交流。

作　者

2024 年 11 月

目录
CONTENTS

第1章 ARM Cortex-M3 嵌入式系统

CHAPTER 1

1.1 嵌入式系统概述

1.1.1 嵌入式系统的定义和特点

嵌入式系统没有统一的定义。若从技术的角度定义,嵌入式系统是以应用为核心,软件和硬件可裁剪,满足应用系统在功能、可靠性、成本、体积、重量及功耗等方面的严格要求的专用计算机系统。若从系统的角度定义,嵌入式系统是将硬件和软件紧密耦合在一起,能完成复杂功能的嵌入式计算机系统。嵌入式系统本质上是计算机在各个行业中的应用,是当前移动互联网、物联网和人工智能在终端边缘侧的体现。

作为计算机系统的一个分支,嵌入式系统是将半导体技术、电子技术和先进的计算机技术与各个行业的具体应用相结合的产物,具有如下几方面的特点。

1. 专用性强

嵌入式系统一般是按照具体的应用需求进行设计,完成指定的任务,通常不具备通用性,只能面向某个特定的应用。

2. 可裁剪性

嵌入式系统的软、硬件必须高效率地设计。软、硬件均可剪裁,使系统在满足体积、功耗和成本等要求的前提下达到最精简的配置。

3. 实时性好

嵌入式系统对实时多任务有很强的支持能力,有较短的中断响应时间,能最大限度减少实时内核和内部代码的执行时间。

4. 可靠性高

很多嵌入式系统必须全天候持续运行,甚至在极端环境下也能保持正常运行。因此,大多数嵌入式系统都具有可靠性机制,用来保证系统出现问题时能够重新启动,保障系统的健壮性。

5. 不易被垄断

嵌入式系统是一个行业高度分散、技术和资金密集、不断创新的知识集成系统,不易在市场上形成垄断。

1.1.2 嵌入式系统的应用领域

随着嵌入式技术的不断发展,越来越多的使用嵌入式技术的产品被应用到人们的工作生活中。按照市场领域划分，它的应用领域主要包括工控设备、军事国防、网络设备、通信设备、智能仪器和消费类电子等诸多领域，如图1-1所示。嵌入式系统是数字化产品的核心，我国工业生产需要完成的智能化、数字化改造和自动控制等工作为嵌入式系统提供了很大的应用市场。随着不断增长的嵌入式需求，嵌入式微处理器在运算速度、系统可靠性、功耗、可扩充性和集成度等方面也有了更高的要求。

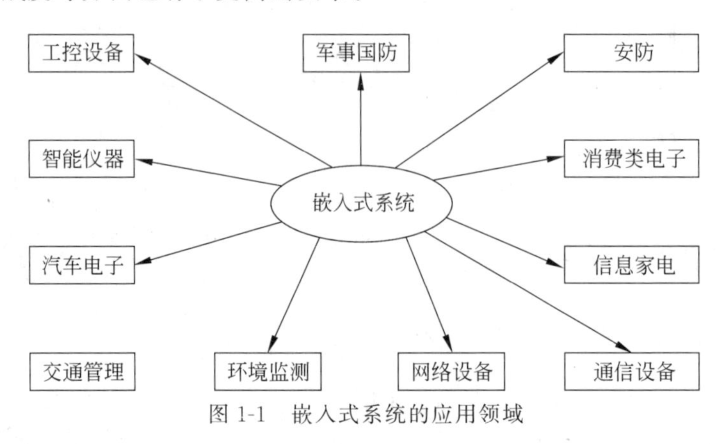

图1-1 嵌入式系统的应用领域

1.2 ARM与STM32概述

1.2.1 ARM简介

从嵌入式处理器诞生至今，全球嵌入式处理器已经超过1500种，流行的体系结构有50多个系列。目前在业界被广泛使用、具有较大影响力的嵌入式处理器有ARM公司的ARM系列、MIPS公司的MIPS和IBM公司的PowerPC等系列。2010年5月研发的开源、精简指令集RISC-V成为芯片构架的破局者，RISC-V将成为未来的主流架构，进入2019年以来，我国有300多家公司推出基于RISC-V的芯片。

ARM(advanced RISC machines)一词有多种含义，既可以指ARM公司，也可以是由ARM公司设计的32位RISC处理器的通称，还可以是一种技术的名字。ARM公司成立于1991年，是一家专门从事芯片IP设计与授权业务的公司，它不生产芯片也不销售芯片，只出售芯片技术的授权。基于ARM高效的处理器设计方案和低成本，获得授权的厂家生产了各种各样的微处理器，遍及消费类电子产品、工业控制设备、通信与网络系统和无线系统等各类产品市场，占据了嵌入式系统应用领域的领先地位。

自从第一个ARM内核原型诞生以来，ARM公司设计的体系结构及其内核正在不断发展，近几十年来每一次ARM体系结构的更新，都会带来一批新的支持该架构的ARM内核，ARM体系结构与其内核的对应关系如图1-2所示。

ARM公司最初的处理器产品都以数字命名，如ARM7、ARM9和ARM11等，在ARM11之后，新推出的处理器产品则改用Cortex命名。Cortex系列是基于先进的ARMv7架构的，按照应用背景进一步划分为Cortex-A、Cortex-R和Cortex-M三种类别的处理器系列。基于v7-A的称为Cortex-A系列，定位为应用处理器，支持复杂的运算，主要面向尖端的、基于虚拟内存的操作系统和用户应用，代表型号如Cortex-A8；基于v7-R的称

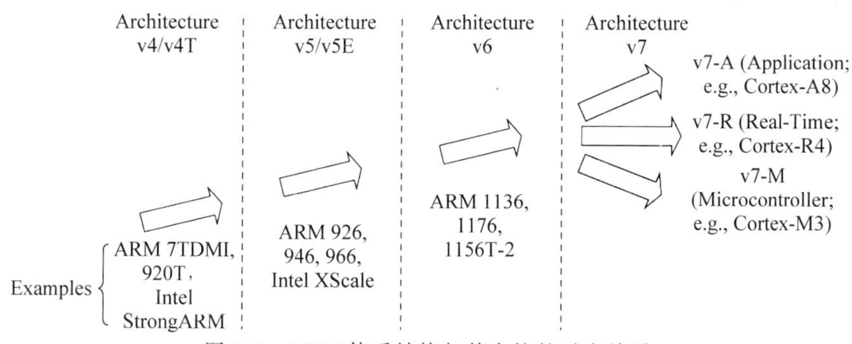

图 1-2 ARM 体系结构与其内核的对应关系

为 Cortex-R 系列，定位为实时高性能处理器，主要针对实时系统的应用，如硬盘控制器和汽车控制系统等，代表型号为 Cortex-R4；基于 v7-M 的称为 Cortex-M 系列，定位为微控制器处理器，主要面向工业控制和低成本消费产品等嵌入式系统，代表型号为 Cortex-M3。

Cortex-M3 是一个 32 位处理器内核，内部的寄存器、总线和存储器接口都是 32 位的。Cortex-M3 采用了哈佛结构，将程序指令存储和数据存储分开，这样取指与数据访问能够并行工作，使得数据访问不再占用指令总线，因而提升了性能。

通过采用标准处理器，ARM 的合作伙伴可开发具有统一架构的设备，同时还能够专注于各自差异化的设计。比如 ST、TI 这样的公司从 ARM 公司购买 Cortex-M3 处理器内核的使用授权，再加上自己的总线结构、时钟和复位、外设、存储器等就组成了自己的芯片，如图 1-3 所示。本书主要介绍目前被广泛使用的基于 Cortex-M3 内核、由 ST 公司设计和生产的 STM32F103VE。

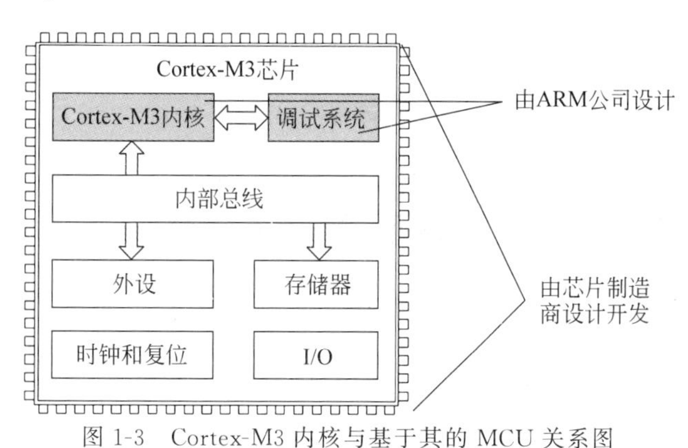

图 1-3 Cortex-M3 内核与基于其的 MCU 关系图

1.2.2 STM32

意法半导体(ST)公司是由意大利的 SGS 微电子公司和法国的 Thomson 半导体公司于 1987 年 6 月合并而成，横跨多种电子应用领域，是世界上最大的半导体公司之一，在传感器、功率和汽车产品的嵌入式处理解决方案领域实力雄厚。在 ST 公司的微控制器产品中，目前型号最多、功能最丰富的当属 STM32 系列，从字面上来理解，ST 是指意法半导体，M 是 microelectronics 的缩写，STM32 就是指 ST 公司开发的 32 位微控制器。ST 公司的第一颗 STM32 产品于 2007 年发布，从此一切改变由此而生。

如图 1-4 所示，STM32 产品线包含多个系列，分别基于 Cortex-M0/M0＋、Cortex-M3、Cortex-M4 和 Cortex-M7 内核，它们可划分成超低功耗类型、主流类型和高性能类型，能够满足市场的各种需求。STM32 凭借多样化的产品线、高效率的库开发方式和极高的性价比，受到了市场和工程师的无比青睐，迅速占领了中低端 MCU 市场。从学习的角度出发，可以选择 F1 系列和 F4 系列，F1 系列基于 Cortex-M3 内核，主频为 72MHz，代表了基础型；F4 系列基于 Cortex-M4 内核，主频为 180MHz，代表了高性能。

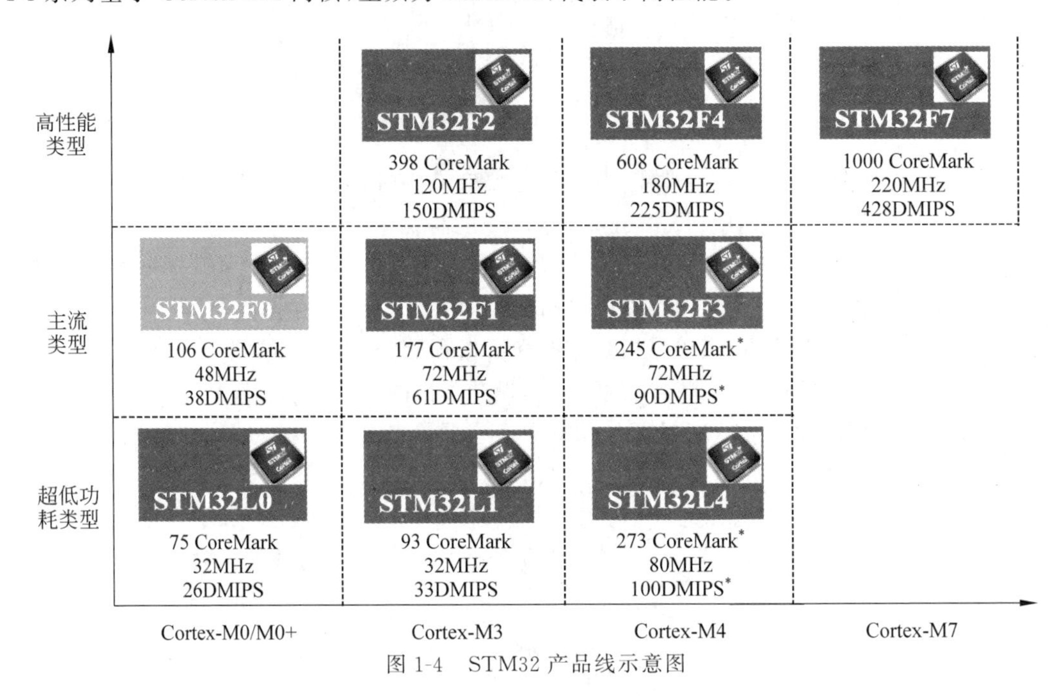

图 1-4　STM32 产品线示意图

STM32 产品遵循统一的命名规则，产品型号的最开始部分“STM32”代表 ST 公司的 32 位产品家族，具体的命名规则如图 1-5 所示。

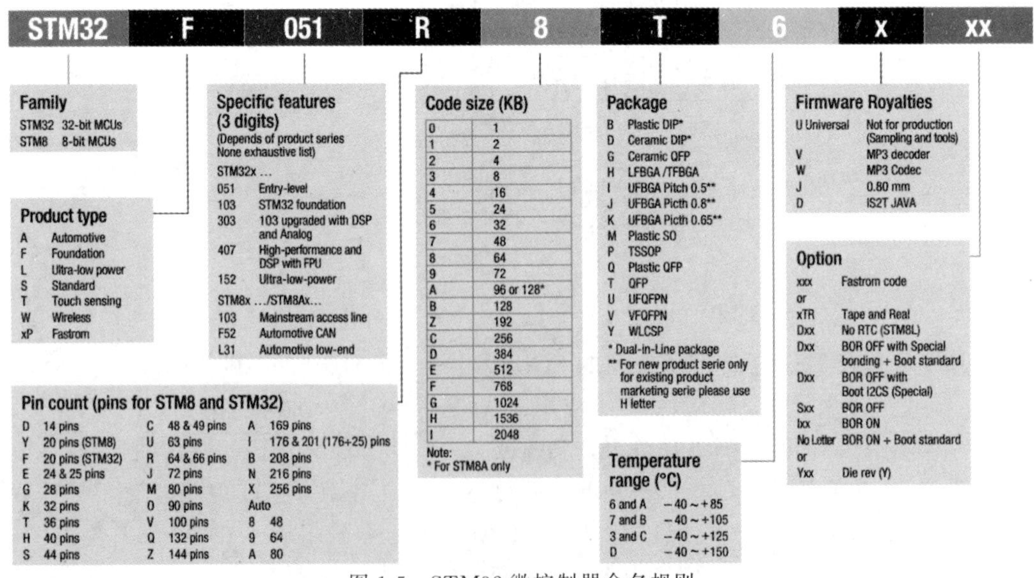

图 1-5　STM32 微控制器命名规则

下面以 STM32F103VET6 的命名为例，学习一下 STM32 的命名规则，它的命名解释如表 1-1 所示。

表 1-1　STM32F103VET6 命名解释

组 成 部 分	说　　明
家族	STM32，表示 ST 公司的 32 位的 MCU
产品类型	F 表示基础型
特定功能	103 表示 STM32 基础型，采用 Cortex-M3 内核架构
引脚数目	V 表示 100 引脚
闪存容量	E 表示 512KB 的闪存
封装	T 表示 QFP 封装，最常用的封装
温度范围	6 表示温度等级：－40～＋85℃

如表 1-2 所示，STM32F103 系列微处理器都基于 Cortex-M3 的 32 位 RISC 内核，其他配置稍有差异，如 STM32F103VET6 具有高达 512KB 的闪存和 64KB 的 SRAM 存储器，还有多个增强型片上外设，如定时器、串行通信接口、USB、CAN、SDIO、GPIO、ADC 和 DAC 模块等，工作频率为 72MHz，是一款性价比很高的芯片。

表 1-2　9 种典型 STM32F103 MCU 功能和配置

<table>
<tr><th colspan="2">外　　设</th><th colspan="3">STM32F103Rx</th><th colspan="3">STM32F103Vx</th><th colspan="3">STM32F103Zx</th></tr>
<tr><td colspan="2">闪存/KB</td><td>256</td><td>384</td><td>512</td><td>256</td><td>384</td><td>512</td><td>256</td><td>384</td><td>512</td></tr>
<tr><td colspan="2">SRAM/KB</td><td>48</td><td colspan="2">64</td><td>48</td><td colspan="2">64</td><td>48</td><td colspan="2">64</td></tr>
<tr><td colspan="2">FSMC(静态存储器控制器)</td><td colspan="3">无</td><td colspan="3">有</td><td colspan="3">有</td></tr>
<tr><td rowspan="3">定时器</td><td>通用</td><td colspan="9">4 个(TIM2、TIM3、TIM4、TIM5)</td></tr>
<tr><td>高级控制</td><td colspan="9">2 个(TIM1、TIM8)</td></tr>
<tr><td>基本</td><td colspan="9">2 个(TIM6、TIM7)</td></tr>
<tr><td rowspan="6">通信接口</td><td>SPI(IIS)</td><td colspan="9">3 个(SPI1、SPI2、SPI3)，其中 SPI2 和 SPI3 可作为 IIS 通信</td></tr>
<tr><td>IIC</td><td colspan="9">2 个(IIC1、IIC2)</td></tr>
<tr><td>USART/UART</td><td colspan="9">5 个(USART1、USART2、USART3、UART4、UART5)</td></tr>
<tr><td>USB</td><td colspan="9">1 个(USB2.0 全速)</td></tr>
<tr><td>CAN</td><td colspan="9">1 个(2.0B 主动)</td></tr>
<tr><td>SDIO</td><td colspan="9">1 个</td></tr>
<tr><td colspan="2">GPIO 端口</td><td colspan="3">51</td><td colspan="3">80</td><td colspan="3">112</td></tr>
<tr><td colspan="2">12 位 ADC 模块(通道数)</td><td colspan="3">3(16)</td><td colspan="3">3(16)</td><td colspan="3">3(21)</td></tr>
<tr><td colspan="2">12 位 DAC 模块(通道数)</td><td colspan="9">2(2)</td></tr>
<tr><td colspan="2">CPU 频率</td><td colspan="9">72MHz</td></tr>
<tr><td colspan="2">工作电压</td><td colspan="9">2.0～3.6V</td></tr>
</table>

1.2.3 微控制器软件接口标准

众多厂商基于 Cortex-M 内核设计出了各种芯片，这些芯片的主要区别体现在核外外设的差异上，这些差异会给软件编写或移植带来很大困难。为了解决不同芯片厂商生产的 MCU 软件的兼容性问题，ARM 公司、编译器厂家以及半导体厂商共同提出了 Cortex 微控制器软件接口标准(Cortex microcontroller software interface standard，CMSIS)，该标准相当于 Cortex-M 处理器的跨平台驱动程序，让不同芯片厂商生产的 Cortex-M 微控制器在软件上基本兼容。

CMSIS 最重要的作用是在用户层和硬件层之间建立与供应商无关的硬件抽象层，屏蔽硬件层差异，并且针对 Cortex-M 处理器的特性，提供一致且简单的软件接口，提高软件的可移植性。CMSIS 中的主要部分为 CMSIS 核心层，它分为内核函数层和设备外设访问层。

(1) 内核函数层：主要文件由 ARM 公司提供，内容包括内核寄存器的名称和地址定义等。

(2) 设备外设访问层：主要文件由芯片生产商提供，内容包括核外外设的地址和中断定义等。

CMSIS 通常作为芯片厂商提供的设备驱动库的一部分来使用，当使用设备驱动库进行软件开发时，就已经在使用 CMSIS 了。这些设备驱动库具有相似的内核函数和接口，一旦掌握了一种 Cortex-M 微控制器，就可以触类旁通，很快上手另外一款微控制器产品。

1.3 嵌入式系统的软件

嵌入式系统一般为实时系统，要满足实时性要求，即系统需要在规定的时间内对外部事件做出响应。从系统对规定时间的要求来看，实时系统分为硬实时系统和软实时系统。硬实时系统严格限定在规定的时间内必须完成任务，否则就可能会导致发生灾难。软实时系统则允许偶尔出现一定的时间偏差，但是随着时间的推移，系统的正确性会降低。

嵌入式系统的软件是系统的控制核心，它很大程度上决定了系统的价值，在系统中的重要性越来越高。软件开发成本一般占据产品成本的绝大部分。从软件结构上来划分，嵌入式软件可以分为不使用操作系统和使用操作系统两种架构。

1.3.1 不使用操作系统的嵌入式软件

由于嵌入式设备的专业性，在以往大多数情况下，它们不需要使用操作系统，俗称裸机系统。不使用操作系统的嵌入式软件主要有两种开发模式：循环轮询系统和前后台系统。

循环轮询系统是在主函数 main 中编写一个 while(1)大循环，各个任务的功能在循环中实现，按照顺序依次执行，如图 1-6(a)所示。循环轮询系统结构简单，易于理解，但是遇到紧急事件时不能及时响应，要等待下一轮循环才进行处理，这种模式适用于规模较小的嵌入式系统。

如图 1-6(b)所示，将在主函数 main 中运行的 while(1)大循环称为后台程序，中断服务称为前台程序，外部紧急事件在中断里面标记或者响应。中断发生后会打断系统当前的后台程序优先执行，当中断处理完毕后，再回到后台被中断的程序处继续执行，这种模式称为前后台系统，大部分的裸机系统采用这种模式进行开发。相比循环轮循系统，前后台系统可以并发处理不同的异步事件，但是对于复杂的嵌入式系统，这种模式的实时性和可靠性仍然无法保证。

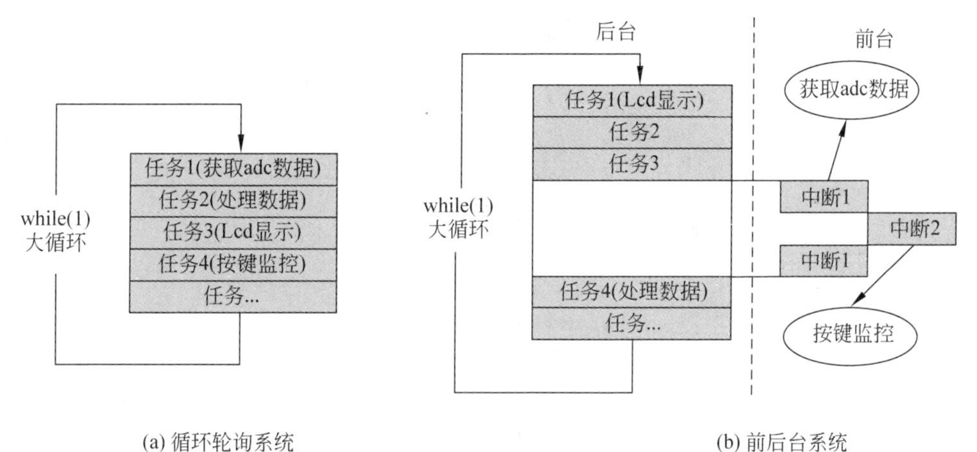

图 1-6　不使用操作系统的嵌入式软件的开发模式

裸机系统的嵌入式软件不可避免在主程序中会有一个大的 while(1)循环，循环中一般包含项目的所有业务逻辑，其中基本上都会有延时这样的等待函数，这将导致所有的业务逻辑几乎都是串行的，软件的并发性很差，要保证系统实时性需要精心设计程序逻辑。

1.3.2　使用操作系统的嵌入式软件

根据维基百科的定义，操作系统(operating system，OS)是一组管理硬件和为应用软件提供服务的软件，扮演着两个最主要的角色：硬件的抽象表达者和资源的管理者。OS 的首要任务是隐藏繁杂的底层硬件的执行细节，提供给程序和用户一个相对抽象的概念。资源的分配和管理，即如何优化资源的分配，提高资源的共享效率，减少有害的竞争，是 OS 关心的另一核心问题。嵌入式实时操作系统(real-time operating system，RTOS)是用来对接嵌入式系统的底层硬件与上层应用的软件，它将底层驱动封装起来为开发者提供功能接口，极大地提高了开发应用程序的效率。

如图 1-7 所示，根据系统的功能，RTOS 把程序主体分割成一个个独立的、无限循环且不能返回的子程序，这些子程序称为任务，由 OS 统一管理和调度。每个任务都是独立的，且根据重要性被分配了不同的优先级，当满足运行条件时，高优先级任务会抢占低优先级任务优先运行，因此也称 RTOS 为抢占式系统。

相比前后台系统，嵌入式 RTOS 的实时性明显得到了提高，在多任务管理、定时器管理、内存管理、中断管理、任务间同步与通信和设备管理等方面提供了一套完整的机制，极大地方便了嵌入式软件的开发、管理和维护，充分发挥了 MCU 的多任务潜力，同时也能提高终端软件的质量、缩短产品开发周期、加快端云互联对接和方便部署应用。

从 1981 年 Ready System 公司发布首个嵌入式实时内核以来，出现了大量的 RTOS 产品。目前使用比较多的 RTOS 有国外的 μC/OS-Ⅱ、FreeRTOS 和 RTX，以及国产的 AliOS Things、Huawei LiteOS 和 RT-Thread 等，如图 1-8 所示。随着国产 RTOS 的异军突起，现在越来越多的企业选用国产 RTOS。

μC/OS 是美国的一款开源 RTOS 内核，具有结构简单、功能完备和实时性强的特点，于

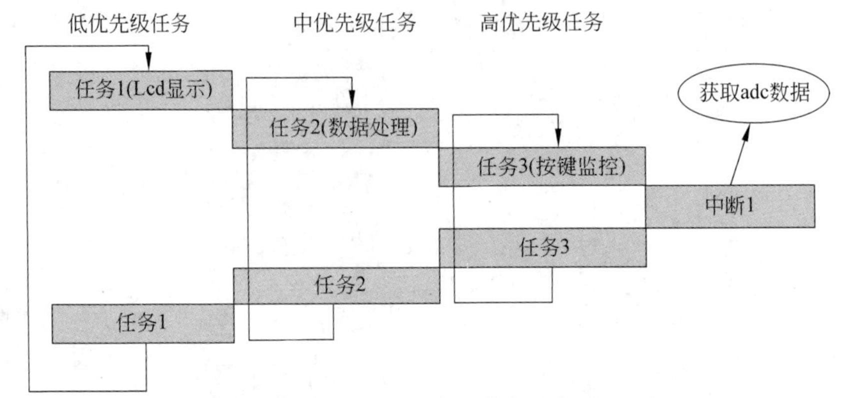

图 1-7 RTOS 多任务执行示意图

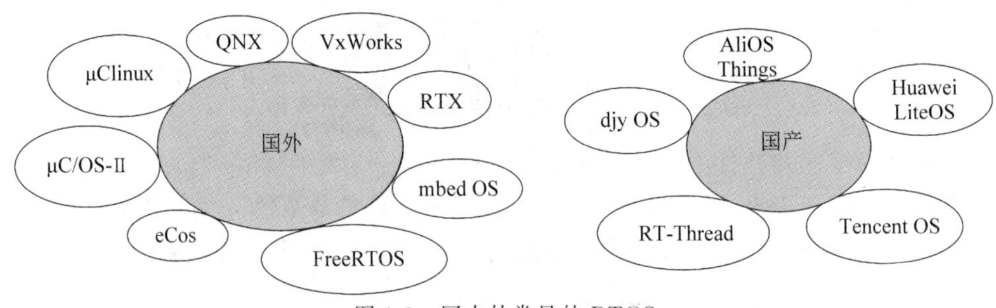

图 1-8 国内外常见的 RTOS

1992 年发布。在 2010 年前,μC/OS 一直是国内大多数企业的首选 RTOS。

FreeRTOS 由 Richard Barry 于 2003 年以开源、免费的策略发布,具有源代码公开、可移植、可裁剪和调度策略灵活的特点,一经推出就成为一款热门产品。出于性价比的考虑,ST、NXP、Atmel 等厂商都选择了 FreeRTOS 作为自家芯片默认使用的嵌入式 OS。

RTX 是 ARM 公司推出的一款免费、开源的嵌入式 RTOS,使用标准的 C 语言编写。它不仅是一个实时内核,还具有丰富的中间层组件。使用 MDK 基于对话框的配置向导,可以很方便地配置 RTX。

AliOS Things 是面向 IoT 领域的轻量级开源嵌入式 OS,致力于搭建云端一体化 IoT 基础设施,具备云端一体、组件丰富和安全防护等关键能力,并支持终端设备连接到阿里云,可广泛应用在智能家居、智慧城市和新出行等领域。

Huawei LiteOS 是华为面向 IoT 领域构建的轻量级物联网 OS,具有驱动万物感知、互联和智能等关键能力,可广泛应用于面向个人、家庭和行业的物联网产品与解决方案。

RT-Thread 是诞生于 2006 年的一款国产嵌入式 RTOS,以开源、免费的方式发布,由上海睿赛德电子科技有限公司开发和维护。它使用 C 语言以面向对象的设计模式编写,源代码简洁易懂,具有类 Linux 代码风格。它的性能稳定可靠,组件丰富,深受开发者的喜爱。

1.4 学习 STM32 的方法

学习嵌入式开发技术需要对计算机体系有深刻的了解,包括底层硬件、操作系统、计算机网络和软件工程等,其中每个部分都可以分出一些小领域,因而技术要求相对比较高。

STM32F1 系列处理器作为目前最热门的 Cortex-M3 处理器，拥有最多的使用者和学习资料，是大学教学和初学者的首选。经过十几年的发展，学习 STM32 的门槛已经降低，但由于新固件库的引入、系统需求的增加和软件规模的扩大，掌握基于 STM32 的嵌入式系统开发技术还存在困难。下面总结一下学习 STM32 的几个要点。

1. 具有一款实用的开发板，学中做、做中学

学习 STM32 最有用的方法就是在实践中学习。实践时最好有一块具有基本功能的开发板，它能让你真实看到代码运行的结果，对嵌入式开发有直接的感受。虽然软件仿真也能运行程序，但有时候软件仿真能通过的程序，在开发板上并不一定能运行起来。

市面上的开发板都会提供相应的例程，读者可以依葫芦画瓢，尝试做一些小练习，先让自己动起来，后面再深入学习，这样学习的效果是最好的。

2. 转变思维，使用 HAL 库进行开发

可以直接配置寄存器或使用固件库进行 STM32 开发，选择的开发方式不同，编程架构也不一样。直接配置寄存器开发方式，对开发者的要求比较高，大量的寄存器使得开发时需要反复查询相关参考手册，导致开发速度慢、程序可读性差和维护复杂，这种开发方式主要适用于对系统执行速度和资源有严格要求的场合。

固件库是 ST 公司针对 STM32 提供的函数接口，使开发人员能够脱离最底层的寄存器操作，具有开发快速、代码易于阅读和维护成本低等优点。目前应用的有三种固件库：标准库、HAL 库和 LL 库。标准库是基于寄存器版本进行二次封装后推出的，由于标准库在 STM32 的各个系列之间兼容性不好，现在新的产品系列中已经没有标准库存在了。HAL 库是 ST 公司目前主推的，具有很强的通用性，能够很方便实现跨 STM32 产品的最大可移植性。另外使用 ST 公司的图形化配置软件 STM32CubeMX，能够直接生成基于 HAL 库的工程，非常方便。LL 库是 ST 公司最近才添加的底层库，直接操作寄存器，目前支持的芯片偏少。

当然，不能只学习 HAL 库，也要懂底层的原理，最好先从寄存器开发入手，通过 1～2 个例程搞懂 STM32 基本原理和 HAL 库封装 API 的方法后，再过渡到 HAL 库开发方式，达到知其然知其所以然的目的，这样一定能提高学习 STM32 的效率。

3. 基本外设会用就行，后期需要什么再针对性地学

按部就班地把 STM32 知识从头到尾系统性地学完，固然很好，但是没有必要。当熟悉了 Cortex-M 芯片架构及时钟树、GPIO、定时器和中断这些基本外设后，就可以上手做一些应用了。以后用到什么功能部件，再针对性地重点学习这一部分内容就可以了。

4. 加强运用 C 语言的能力，建立工程意识

C 语言对于 STM32 的学习至关重要，在使用 C 语言编写代码时，要养成良好的代码风格，思考软件的结构，建立工程意识。建议学习一下数据结构的相关知识。

5. 深刻掌握一种嵌入式 RTOS

目前，嵌入式 RTOS 在嵌入式软件开发中的应用越来越广泛。如何学习 RTOS 呢？最简单就是在别人移植好的系统上，根据 API 使用说明，调用 API 去实现想要的功能。然后在熟练掌握 RTOS 应用的基础上，从源代码入手去理解 RTOS 内核的实现原理。常见的各种 RTOS 在功能上大同小异，只需深刻掌握其中一款，即可触类旁通地理解其他 RTOS。

6. 其他

根据需要学习一下 IIC、SPI、SDIO、CAN 和 TCP/IP 等通信协议，理解通信协议后，再开发硬件驱动就会变得相对容易。

学习 STM32 还要乐于交流，论坛是一个分享交流的好地方，是一个可以让大家互相学习、互相提高的平台，平时要多上论坛交流。最后，要找到学习嵌入式系统开发的乐趣，这是关键所在。

练习题

1. 简述嵌入式系统的定义和特点。
2. 简述 STM32F1 系列芯片的特点，它与 ARM 是什么关系？
3. 说明 STM32F407ZGT6 的命名规则。
4. 裸机系统开发中，循环轮询系统和前后台系统开发模式各有什么优缺点？
5. 抢占式 RTOS 为什么能够满足系统实时性要求？

第 2 章
CHAPTER 2

使用寄存器模式开发

2.1 STM32F1 系统架构

本章将重点介绍 STM32F1 系列微处理器，它们都基于 ARM 公司的 Cortex-M3 内核，核外外设（也称片上外设，指 GPIO、USART、IIC、SPI 等）由 ST 公司设计。不同类型 STM32 的系统架构各有不同，但是它们的内核和外设都由多条主控总线和被控总线连接组成。如图 2-1 所示，STM32F1 处理器架构主要由四个驱动单元和四个被动单元组成。

（1）驱动单元：DCode 总线（D-bus）、系统总线（S-bus）、通用 DMA1 和通用 DMA2。

（2）被动单元：内部闪存（Flash）、内部 SRAM、FSMC 和连接所有 APB 设备的 AHB 到 APB 的桥，都带有存储电路的结构特点。

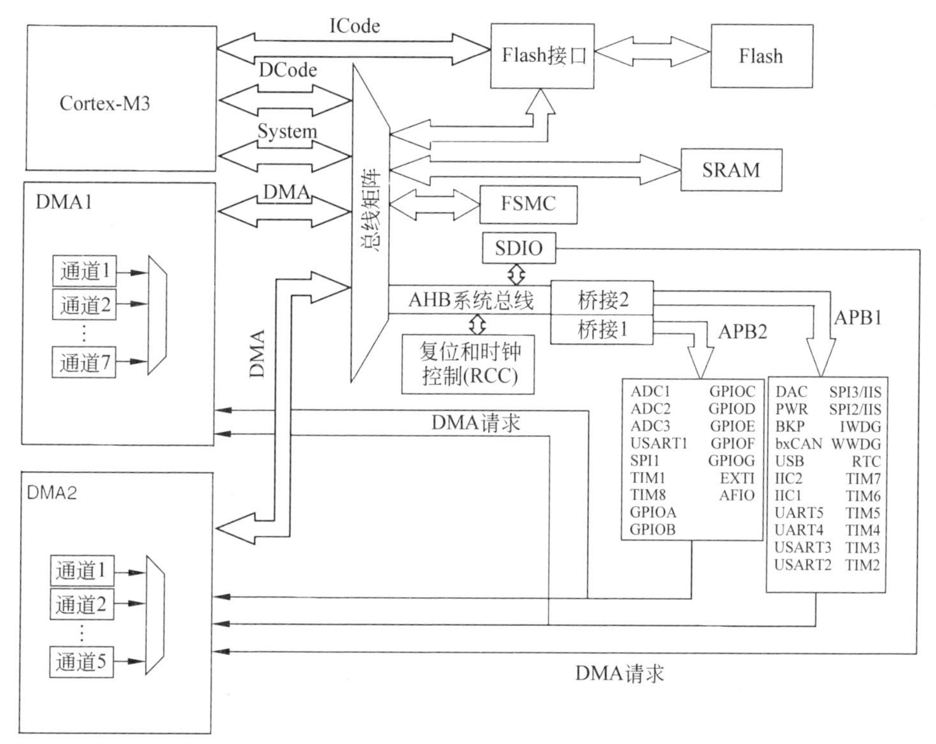

图 2-1　STM32F1 处理器架构

1. ICode 总线

ICode 总线连接内核的指令总线与闪存指令接口。程序编译后产生的指令存放在 Flash 中，指令预取在 ICode 总线上完成。

2. 驱动单元

DCode 总线：连接内核的 DCode 总线与闪存存储器的数据接口（常量加载和调试访问）。

系统总线：连接内核的系统总线（外设总线）到总线矩阵，总线矩阵协调内核与 DMA 间的访问。

DMA 总线：连接 DMA 的 AHB 主控接口与总线矩阵，总线矩阵协调 CPU 的 DCode 和 DMA 到 SRAM、闪存和外设的访问。

总线矩阵：协调内核系统总线和 DMA 主控总线之间的访问仲裁，仲裁采用轮换算法。

3. 被动单元

内部闪存：即 Flash，程序和程序中定义的常量存放在这里，内核通过 ICode 总线读取里面的指令。

内部 SRAM：存放程序的变量、堆和栈等，内核通过 DCode 总线来访问。

FSMC（flexible static memory controller，灵活的静态存储器控制器）：通过 FSMC 可以扩展静态内存，如外部 SRAM、NAND Flash 和 NOR Flash。

AHB 到 APB 的桥：在 AHB 系统总线和 APB1、APB2 总线之间提供同步连接，APB1 总线的操作频率限制为 36MHz，APB2 总线操作于全频率（最高达 72MHz）。总线 APB1、APB2 上面挂载着 STM32 的各种片上外设，学习 STM32 的重点就是要学会编程这些外设。

2.2 STM32F1 存储器系统

2.2.1 存储器组织

STM32F1 的寄存器、数据存储器、程序存储器和片上外设等被组织在一个 4GB 的线性地址空间内。这 4GB 的地址空间被分成 8 块，每块都规定了地址范围和用途，每块的大小为 512MB，这是一个非常大的空间，MCU 也只用了其中的一部分地址空间，如表 2-1 所示，地址范围中的前缀 0x 表示十六进制数据。

注意：STM32 的数据是以小端（little-endian）格式存放在存储器中的，即将低字节存放在低地址，高字节存放在高地址。

表 2-1 STM32 存储器空间分配表

序号	地址范围	用途说明
block0	0x0000 0000～0x1FFF FFFF（512MB）	代码区（Code）
block1	0x2000 0000～0x3FFF FFFF（512MB）	片上 SRAM 区
block2	0x4000 0000～0x5FFF FFFF（512MB）	片上外设区

续表

序号	地 址 范 围	用 途 说 明
block3	0x6000 0000～0x7FFF FFFF(512MB)	FSMC 的 bank1～bank2
block4	0x8000 0000～0x9FFF FFFF(512MB)	FSMC 的 bank3～bank4
block5	0xA000 0000～0xBFFF FFFF(512MB)	FSMC 寄存器
block6	0xC000 0000～0xDFFF FFFF(512MB)	没有使用
block7	0xE000 0000～0xFFFF FFFF(512MB)	Cortex-M3 内部外设

在这些 block 里面，需要重点关注的是下面三块。

(1) block0：主要用于片内 Flash，因为 ICode 和 DCode 总线只能访问代码区，所以理想的是把程序放到该区域，分别使用 ICode 总线和 DCode 总线取指和访问数据。一般片内集成的 Flash 容量相对而言比较大，如 STM32F103VET6 集成了高达 512KB 的闪存，属于大容量芯片。

(2) block1：用于片内的 SRAM，通过系统总线(S-bus)来访问这个区域。

(3) block2：用于片上外设，该区域对应片上外设的寄存器，不允许执行指令。该区被分成 AHB、APB 两个部分，根据挂载外设的速度，APB 又被分成 APB1 和 APB2 总线，总线 APB1 用于挂载低速外设，总线 APB2 和 AHB 用于挂载高速外设。

如表 2-2 所示，片上外设区 block2 的三条总线都有各自的地址范围，总线的最低地址称为该总线的基地址，是挂载在该总线上的首个外设的地址。APB1 总线的地址最低，片上外设地址从这里开始，因此该地址又称为片上外设基地址。表 2-2 中相对外设基地址的偏移是该总线地址与片上外设基地址 0x4000 0000 的差值。

表 2-2　三条总线的地址范围及其基地址

总线名称	地 址 范 围	总线基地址	相对外设基地址的偏移
APB1	0x4000 0000 ～ 0x4000 77FF	0x4000 0000	0x0000 0000
APB2	0x4001 0000 ～ 0x4001 3FFF	0x4001 0000	0x0001 0000
AHB	0x4002 0000 ～ 0x5003 FFFF	0x4002 0000	0x0002 0000

2.2.2　存储器映射

存储器本身不具有地址信息，它的地址一般是由芯片厂商或用户分配的，给存储器分配地址的过程称为存储器映射。给存储器再次分配一个地址就叫存储器重映射。

STM32F1 的 block0 区中 Flash 存储空间的起始地址为 0x0800 0000，终止地址要根据 Flash 的大小而定，若 Flash 的大小为 512KB，则终止地址为 0x0807 FFFF，如图 2-2 所示。block1 区用作 SRAM 的存储空间，若 SRAM 的大小为 64KB，则地址范围为 0x2000 0000～0x2000 FFFF，其余的存储空间保留。block2 区的片上外设区域用于芯片的所有片上外设(包括 PortA～PortG、DAC 等)的控制、状态和数据寄存器等，它们从片上外设基地址 0x4000 0000 开始放置。在 block3 区和 block4 区中放置了 FSMC 的一些寄存器，在这些寄存器的配合下，FSMC 可以有效控制片外 RAM 进行读写操作。

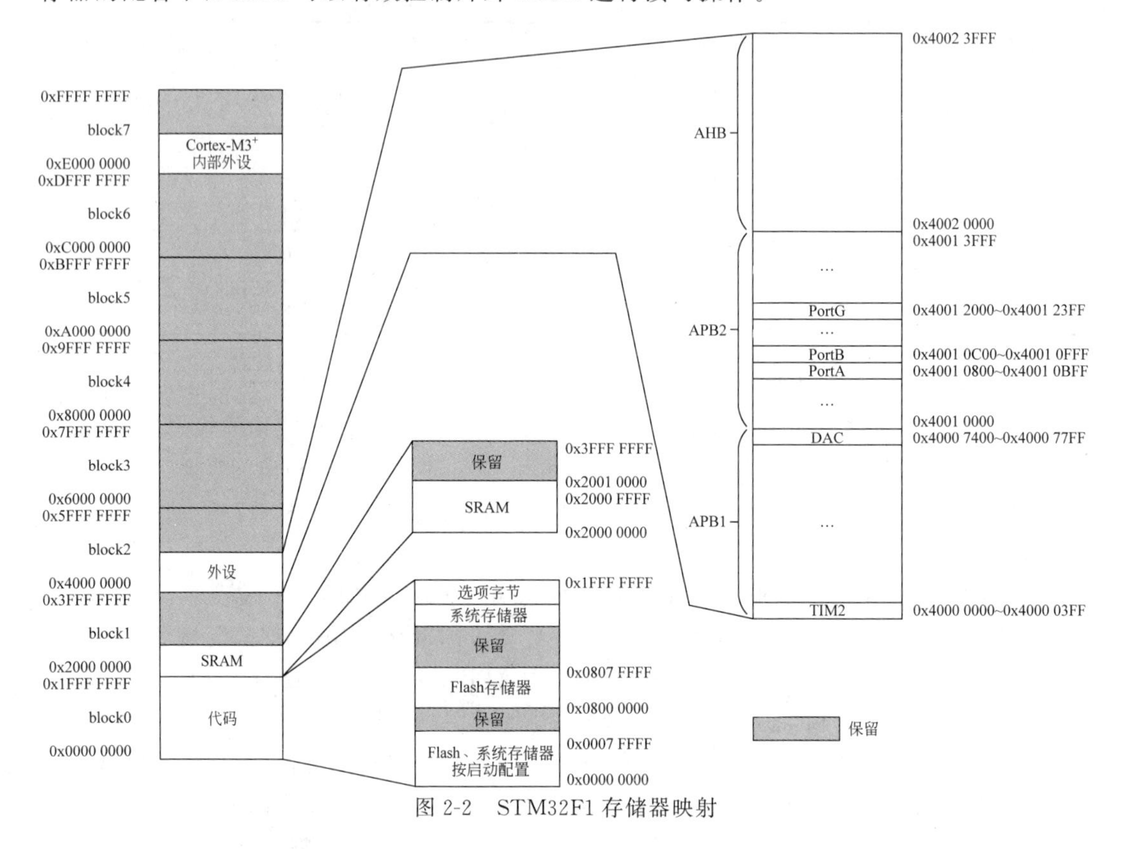

图 2-2　STM32F1 存储器映射

2.3　通用输入/输出

2.3.1　STM32F1 通用输入/输出简介

通用输入/输出(general purpose input output，GPIO)指的就是芯片的引脚，是最基本的片上外设，简单来说就是软件可控制的引脚。STM32 的 I/O 端口统称为 GPIO，它们与外部设备连接，进行通信、控制以及数据采集等。由于 STM32 内部集成了数量众多的高性能外设，因此大多数 GPIO 的功能都是复用的，与片内外设模块共享。

STM32F103VET6 有 100 个引脚，其中 80 个引脚具有 I/O 端口的功能，引脚编号从芯片左上角的 1 脚开始按照逆时针顺序分布。STM32F103VET6 采用 LQFP100 封装，其正面引脚排布如图 2-3 所示。

STM32 的 GPIO 被划分成若干 I/O 组，每组有 16 个引脚(也有可能少于 16 个)。如表 2-3 所示，STM32F103VET6 的 GPIO 被分为五组，名称为 GPIOA～GPIOE，每组 GPIO 都可以看作一个独立的外设模块，与芯片的内部总线相连。

GPIO 属于高速外设，挂载在 APB2 总线上。每个 GPIO 端口都有自己的地址范围，它们的首个地址称为外设基地址，如表 2-4 所示。

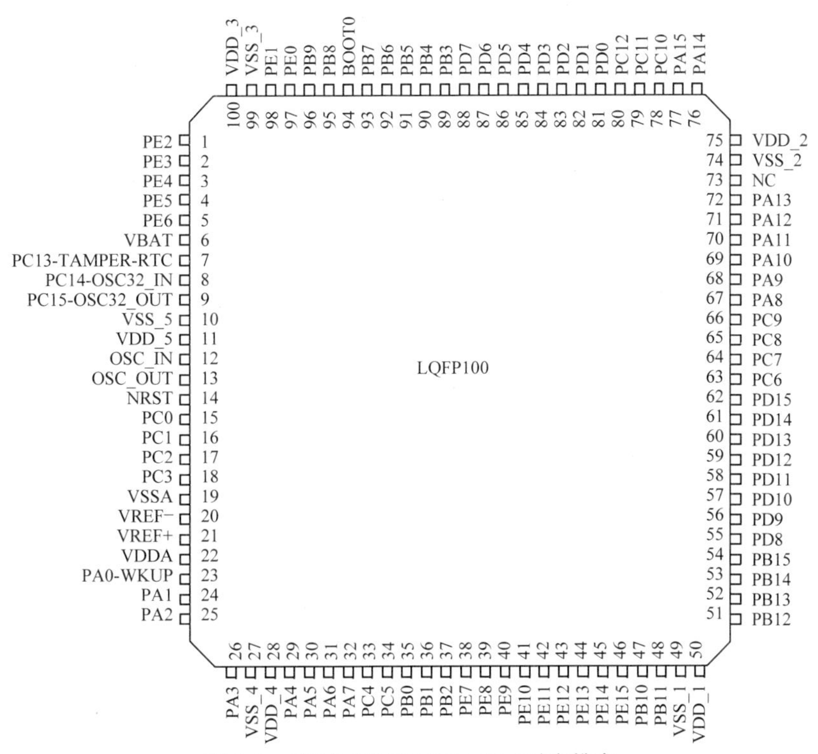

图 2-3 STM32F103VET6 正面引脚排布

表 2-3 STM32F103VET6 GPIO 引脚分组

端　　口	引 脚 分 配	引 脚 数 量
GPIOA	PA0～PA15	16
GPIOB	PB0～PB15	16
GPIOC	PC0～PC15	16
GPIOD	PD0～PD15	16
GPIOE	PE0～PE15	16

表 2-4 GPIO 外设基地址

外 设 名 称	外设基地址	相对 APB2 总线的地址偏移
GPIOA	0x4001 0800	0x0000 0800
GPIOB	0x4001 0C00	0x0000 0C00
GPIOC	0x4001 1000	0x0000 1000
GPIOD	0x4001 1400	0x0000 1400
GPIOE	0x4001 1800	0x0000 1800

每个 GPIO 端口都由七个 32 位(占四字节)的寄存器进行控制，这七个寄存器是配置寄存器(GPIOx_CRL 和 GPIOx_CRH)、输入数据寄存器(GPIOx_IDR)、输出数据寄存器

(GPIOx_ODR)、位控制寄存器(GPIOx_BSRR 和 GPIOx_BRR)及锁定寄存器(GPIOx_LCKR),寄存器名中的 x=A,B,…,E。在使用 GPIO 前需要使用配置寄存器来设置引脚的工作模式,对引脚控制的本质就是对数据寄存器和位控制寄存器进行读写操作。

每个 GPIO 端口的这七个寄存器在地址范围内,从其外设基地址开始按照顺序排布,因此它们的位置可用相对该外设基地址的偏移来描述,表 2-5 列出了 GPIOA 端口的寄存器地址。

表 2-5 GPIOA 端口的寄存器地址

寄存器名称	寄存器地址	相对 GPIOA 基地址的偏移
GPIOA_CRL	0x4001 0800	0x00
GPIOA_CRH	0x4001 0804	0x04
GPIOA_IDR	0x4001 0808	0x08
GPIOA_ODR	0x4001 080C	0x0C
GPIOA_BSRR	0x4001 0810	0x10
GPIOA_BRR	0x4001 0814	0x14
GPIOA_LCKR	0x4001 0818	0x18

2.3.2 GPIO 的位结构

STM32 的每个 GPIO 引脚都可以通过软件配置为输出、输入或复用的工作模式,另外还可以配置为外部中断的输入端。GPIO 究竟处于哪种工作模式,是由它的端口位结构决定的。

如图 2-4 所示,GPIO 端口位结构图的最右端就是芯片引出的 GPIO 引脚,两个保护二极管用来对芯片进行保护,当电压过高时,上方的二极管导通,当电压过低时,下方的二极管导通,这样能够防止引脚外部不正常电压导入芯片内部造成芯片毁坏。

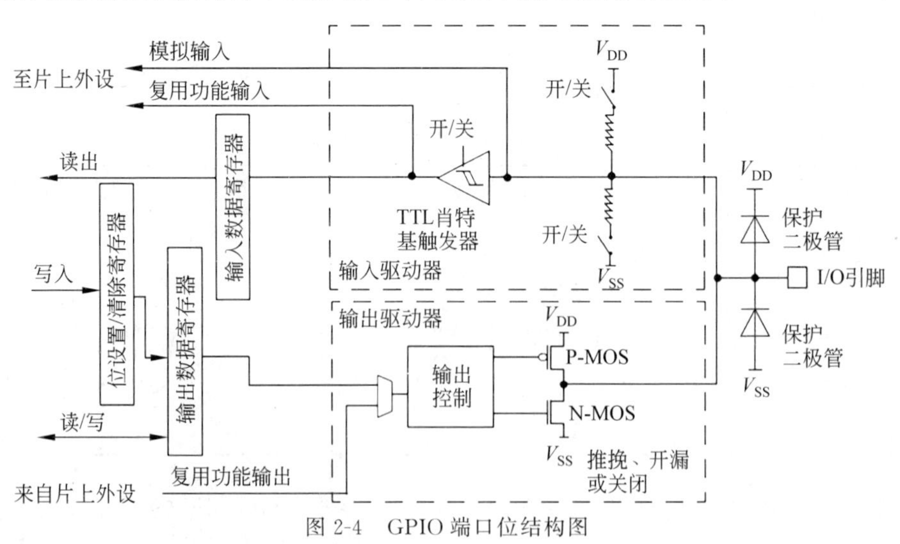

图 2-4 GPIO 端口位结构图

图 2-4 中上半部分为输入模式结构，下半部分为输出模式结构。当引脚为输入模式时，GPIO 引脚经过内部的上、下拉电阻，可以配置成上/下拉电阻输入，然后连接到 TTL 肖特基触发器，信号经过触发器后，转换为 0/1 的数字信号，然后存储在输入数据寄存器中，通过读取该寄存器就可以得到引脚的电平状态。当引脚为输出模式时，由 P-MOS 管和 N-MOS 管组成的单元电路控制输出，输入信号由输出数据寄存器提供，因此修改输出数据寄存器的值就可以控制引脚的输出电平。位设置/清除寄存器通过修改输出数据寄存器的值来影响引脚的输出。

2.3.3 GPIO 的工作模式

1. 推挽输出模式

推挽输出模式是根据两个 MOS 管的工作方式来命名的，它们以轮流方式工作：当向输出数据寄存器写入 1 时，经过输出控制反向后，上方的 P-MOS 管导通，下方的 N-MOS 管关闭，引脚对外输出高电平，如图 2-5 所示；当向输出数据寄存器写入 0 时，经过输出控制反向后，上方的 P-MOS 管关闭，下方的 N-MOS 管导通，引脚对外输出低电平。推挽输出时对外输出低电平为 0V，对外输出高电平为+3.3V。

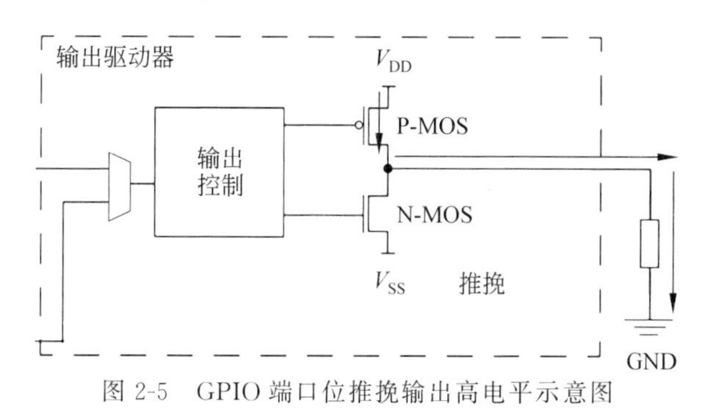

图 2-5 GPIO 端口位推挽输出高电平示意图

2. 开漏输出模式

引脚工作在开漏输出模式时，上方的 P-MOS 管完全不工作，只有下方的 N-MOS 管工作。如图 2-6 所示，当向输出数据寄存器写入 0 时，下方的 N-MOS 管导通，引脚输出接地。当向输出数据寄存器写入 1 时，两个 MOS 管都关闭，引脚既不输出高电平，也不输出低电平，为高阻态。在开漏输出模式下，引脚只能输出低电平，不能输出高电平，如果要输出高电平，可以外接电源和上拉电阻，由外部电源提供高电平。

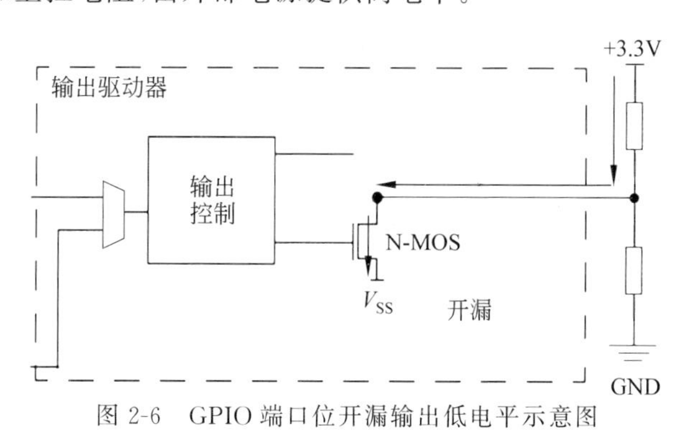

图 2-6 GPIO 端口位开漏输出低电平示意图

下面举个例子，如图2-7所示，引脚PC0与LED直接连接，当PC0输出高电平时，LED不亮，当PC0输出低电平时，LED点亮，所以PC0的工作模式可以配置为推挽输出模式。若配置工作模式为开漏输出模式，PC0也能控制LED的亮灭，请大家自行分析原因。

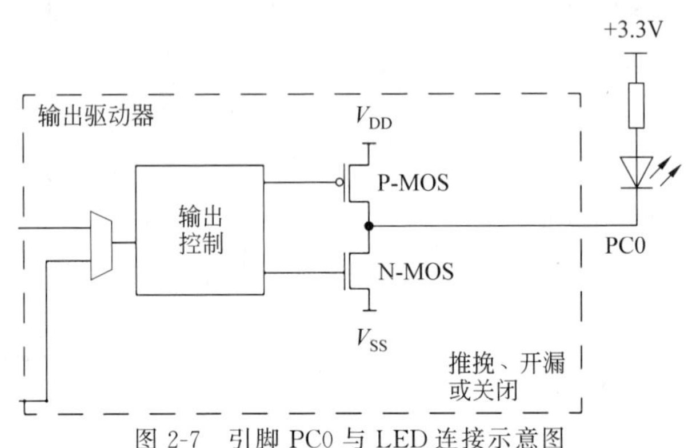

图2-7　引脚PC0与LED连接示意图

上面介绍了两种输出模式，推挽输出模式一般应用在引脚输出电平为0V和+3.3V而且需要高速切换开关状态的场合，具有输出高电平时，电压上升时间快、驱动能力强的优势。开漏输出模式一般应用在IIC、SMBUS通信等需要“线与”功能的总线电路中，当有多个开漏输出模式引脚连接到一起时，只有所有引脚都为高阻态，才由上拉电阻提供高电平，若其中有一个引脚为低电平，将使整条线路都为低电平。此外，开漏输出模式还可以用在电平不匹配的场合，如需要输出5V的高电平，则可以在外部接一个上拉电阻，当输出高阻态时，由电源(5V)和上拉电阻向外输出5V的电平。

注意：对于上述两种输出模式，弱上拉和下拉电阻被禁止，TTL肖特基触发器输入被激活，出现在I/O脚上的电平在每个APB2时钟被采样到输入数据寄存器(GPIOx_IDR)，即输入可用。读输出数据寄存器(GPIOx_ODR)将得到最后一次写入它的值。

3. 复用推挽输出模式和复用开漏输出模式

什么是I/O复用功能呢？简单来说，就是GPIO不是作为普通I/O使用，而是由片上外设直接驱动，此时GPIO用作该外设功能的一部分，当作第二用途。如图2-4所示，来自片上外设的“复用功能输出”与输出数据寄存器的输出以图中的梯形结构作为开关切换选择，再连接到双MOS管结构的输入中。

引脚工作在复用功能模式时，输出数据寄存器(GPIOx_ODR)无效，输出使能，输出速度可配置。此时，引脚可工作在开漏或推挽输出模式，但是输出信号源于其他外设，即由GPIO切换到MCU片上外设，如SPI、IIC、USART等。例如，使用USART通信时，需要用到某个GPIO引脚作为通信发送引脚，就可以把该GPIO引脚配置成USART复用功能，由串口控制该引脚发送数据。

4. 三种数字输入模式

如图2-8所示，GPIO端口工作在数字输入模式时，TTL肖特基触发器打开，输出被禁止，每个APB2时钟周期出现在I/O脚上的电平信号被采样到输入数据寄存器(GPIOx_IDR)中，对GPIOx_IDR的读访问可以得到I/O的电平状态。

根据不同的输入配置，选择是否连接弱上拉和下拉电阻，这样可以得到上拉输入、下拉输入和浮空输入三种数字输入模式。

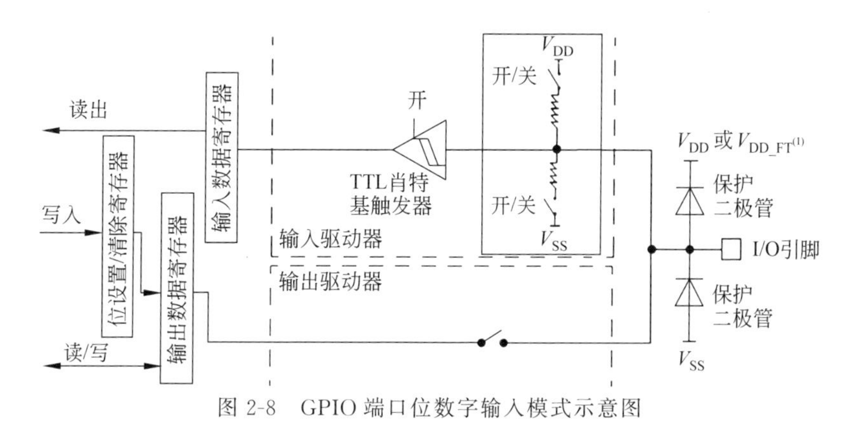

图 2-8　GPIO 端口位数字输入模式示意图

（1）**上拉输入模式**：上拉电阻使能，下拉电阻断开。在 I/O 端口悬空（在无信号输入）的情况下，输入端的电平保持高电平；在 I/O 端口输入低电平的时候，读取输入端的电平为低电平。

（2）**下拉输入模式**：上拉电阻断开，下拉电阻使能。在 I/O 端口悬空（在无信号输入）的情况下，输入端的电平保持低电平；在 I/O 端口输入高电平的时候，读取输入端的电平为高电平。

（3）**浮空输入模式**：上拉电阻和下拉电阻均断开。I/O 的电平状态由外部输入决定，在该引脚悬空（在无信号输入）的情况下，该端口的电平是不确定的。该工作模式通常用于 IIC、USART 等总线设备上。

下面举个例子，本书所使用开发板上共有 5 个按键，其中按键 KEY1 和 WK_UP 分别连接到 STM32 的引脚 PE2 和 PA0，如图 2-9 所示。当按键 KEY1 断开时，PE2 输入高电平，当 KEY1 按下后，PE2 输入低电平，所以 PE2 的工作模式可以配置为浮空输入或者上拉输入模式。相反，当按键 WK_UP 断开时，引脚 PA0 输入低电平，当 WK_UP 按下后，PA0 输入高电平，所以 PA0 的工作模式可以配置为浮空输入或者下拉输入模式。

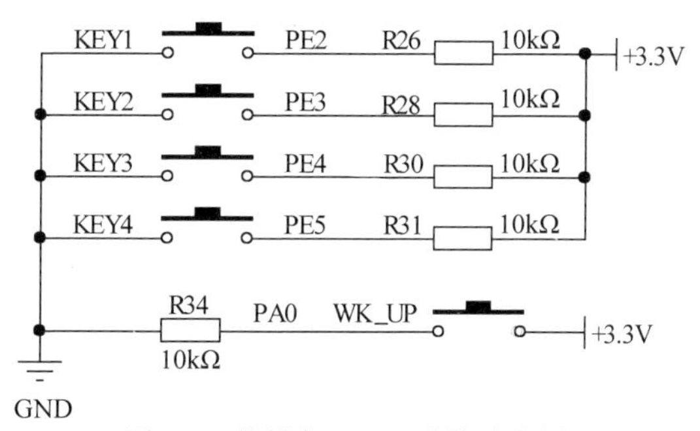

图 2-9　按键与 GPIO 连接示意图

5. 模拟输入模式

如图 2-10 所示，在模拟输入模式下，I/O 引脚上的模拟电压信号（非电平信号）直接输入片上外设模块，如 ADC 模块，此时 TTL 肖特基触发器关闭，因为信号经过该触发器后只有 0 和 1 两种状态，不能采集到原始的模拟信号。类似地，当 GPIO 引脚用作 DAC 模拟电压输出通道时，DAC 的模拟输出电压也不经过双 MOS 管结构，而是直接输出到引脚，此时引脚处于模拟输入工作模式(对于模拟量而言,仅有模拟量的输入)。

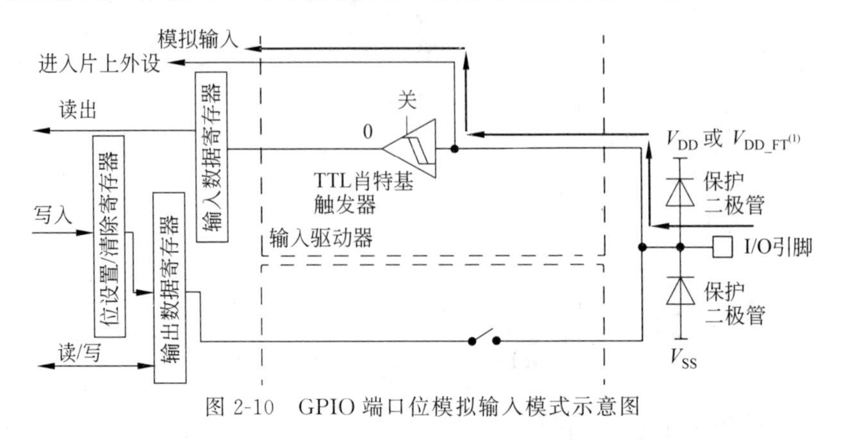

图 2-10 GPIO 端口位模拟输入模式示意图

前面介绍了 GPIO 的八种工作模式,学习的重点是掌握它们的特点和应用场合,这样才能在实际应用中更好地配置 GPIO 最合适的工作模式。

另外,从功耗和防干扰方面出发,考虑下面几种情况:带上拉电阻输入的 I/O 在引脚外部为低电平时会产生电流消耗;数字输入时 TTL 肖特基触发器电路也会产生电流消耗;输出引脚的外部下拉电阻或外部负载也会有电流消耗;任何浮空的输入引脚还可能由于外部电磁噪声,成为中间电平或意外切换,因此一般将不使用的引脚设置为模拟模式并将其悬空。

2.3.4 GPIO 的寄存器

如表 2-6 所示,每个 GPIO 端口的七个寄存器按照功能分成四种类型:配置寄存器用来配置 GPIO 的工作模式,如输入、输出、复用和模拟等特性;输入数据寄存器(GPIOx_IDR)用来存放从 I/O 端口读入的引脚电平状态,为只读寄存器,输出数据寄存器(GPIOx_ODR)用来存放输出的引脚电平状态,可读写访问;位控制寄存器用于对端口的某一位进行单独的位操作;锁定寄存器用于锁定 I/O 端口的配置,防止在运行过程中被 MCU 更改。

表 2-6 GPIO 寄存器列表

类 型	寄存器名	功 能
配置寄存器	GPIOx_CRL(x=A,B,…,E)	配置 GPIO 的特定功能,最基本的如选择作为输入还是输出端口
	GPIOx_CRH(x=A,B,…,E)	
数据寄存器	GPIOx_IDR(x=A,B,…,E)	保存 GPIO 的输入电平或输出电平
	GPIOx_ODR(x=A,B,…,E)	
位控制寄存器	GPIOx_BSRR(x=A,B,…,E)	设置某引脚的数据为 1 或 0,控制引脚输出的电平
	GPIOx_BRR(x=A,B,…,E)	
锁定寄存器	GPIOx_LCKR(x=A,B,…,E)	设置某锁定引脚后,就不能修改其配置

下面介绍几个重要的 GPIO 寄存器,如需要更详细地了解这些寄存器,可查看 STM32 参考手册。

1. 端口配置低寄存器 GPIOx_CRL(x=A,B,…,E)

如图 2-11 所示，寄存器名称为 GPIOx_CRL(x=A,B,…,E)，该寄存器说明适用于 GPIOA～GPIOE 端口。偏移地址是指该寄存器相对于它的外设基地址的偏移。寄存器位表上方的数字为位编号，中间为位名称，下方为读写权限，r 表示只读，w 表示只写，rw 表示可读可写。位功能说明则详细介绍了寄存器每一位的功能。该寄存器复位值为 0x4444 4444，即 MCU 复位后相应的 GPIO 引脚处于浮空输入模式。

32 位的端口配置低寄存器 CRH 和 CRL 用于配置一组 GPIO 端口的 16 个引脚，CRH 控制端口的高 8 位引脚，CRL 控制端口的低 8 位引脚，寄存器的每四位配置一个 I/O 引脚的工作模式和工作速度。

偏移地址：0x00

复位值：0x4444 4444

31 30	29 28	27 26	25 24	23 22	21 20	19 18	17 16
CNF7[1:0]	MODE7[1:0]	CNF6[1:0]	MODE6[1:0]	CNF5[1:0]	MODE5[1:0]	CNF4[1:0]	MODE4[1:0]
rw rw	rw rw	rw rw	rw rw	rw rw	rw rw	rw rw	rw rw

15 14	13 12	11 10	9 8	7 6	5 4	3 2	1 0
CNF3[1:0]	MODE3[1:0]	CNF2[1:0]	MODE2[1:0]	CNF1[1:0]	MODE1[1:0]	CNF0[1:0]	MODE0[1:0]
rw rw	rw rw	rw rw	rw rw	rw rw	rw rw	rw rw	rw rw

位	说明
位31:30 27:26 23:22 19:18 15:14 11:10 7:6 3:2	CNFy[1:0]：端口x配置位(y=0, 1, ··· , 7) 软件通过这些位配置相应的I/O端口。 在输入模式(MODE[1:0]=00): 00：模拟输入模式 01：浮空输入模式(复位后的状态) 10：上拉/下拉输入模式 11：保留 在输出模式(MODE[1:0]>00): 00：通用推挽输出模式 01：通用开漏输出模式 10：复用功能推挽输出模式 11：复用功能开漏输出模式
位29:28 25:24 21:20 17:16 13:12 9:8, 5:4 1:0	MODEy[1:0]：端口x的模式位(y=0, 1, ···, 7) 软件通过这些位配置相应的I/O端口。 00：输入模式(复位后的状态) 01：输出模式，最大速度为10MHz 10：输出模式，最大速度为2MHz 11：输出模式，最大速度为50MHz

图 2-11 端口配置低寄存器说明

下面的代码实现了配置引脚 PC0 为通用推挽输出模式，最大速度为 10MHz 的功能：

```
GPIOC_CRL &= ~(0x0F << (4 * 0));        /* 清空引脚 PC0 的端口位 */
GPIOC_CRL |= (1 << 4 * 0);              /* 配置 PC0 为通用推挽输出模式,最大速度为 10MHz */
```

代码说明：前缀 0x 表示十六进制数据，C 语言赋值运算符 &=、|=分别表示按位与、按位或后赋值，位运算符～表示按位取反操作，移位运算符＜＜表示左移操作。由于设置 PC0 引脚，为方便统一代码，写成左移(4 * 0)位，当设置 PC2 引脚时，则左移(4 * 2)位。

2. 端口输出数据寄存器 GPIOx_ODR(x=A,B,…,E)

如图 2-12 所示，端口输出数据寄存器只使用了低 16 位。下面的代码实现了引脚 PC0

输出高电平的功能，由于 GPIOx_ODR 只能以字(16 位)的形式操作，为了不影响其他位，代码使用了逻辑或位操作：

```
GPIOC_ODR |= (1 << 0);                    /* PC0 输出高电平 */
```

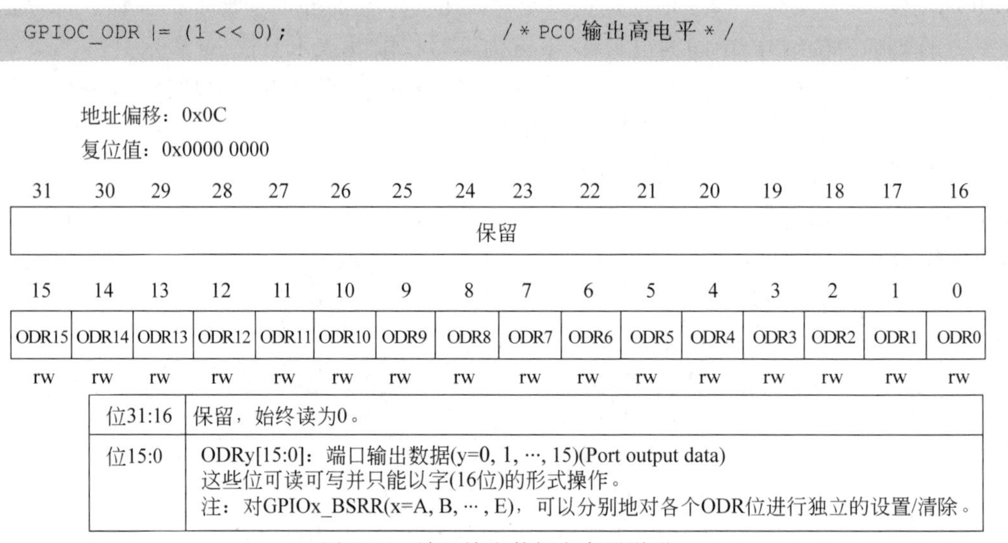

地址偏移：0x0C
复位值：0x0000 0000
31 30 29 28 27 26 25 24 23 22 21 20 19 18 17 16
保留
15 14 13 12 11 10 9 8 7 6 5 4 3 2 1 0
ODR15 ODR14 ODR13 ODR12 ODR11 ODR10 ODR9 ODR8 ODR7 ODR6 ODR5 ODR4 ODR3 ODR2 ODR1 ODR0
rw rw rw rw rw rw rw rw rw rw rw rw rw rw rw rw
位31:16 保留，始终读为0。
位15:0 ODRy[15:0]：端口输出数据(y=0, 1, …, 15)(Port output data)
这些位可读可写并只能以字(16位)的形式操作。
注：对GPIOx_BSRR(x=A, B, …, E)，可以分别地对各个ODR位进行独立的设置/清除。

图 2-12 端口输出数据寄存器说明

3. 端口输入数据寄存器 GPIOx_IDR(x＝A,…,E)

如图 2-13 所示，端口输入数据寄存器同样也只使用了低 16 位，这些位只读且只能以字(16 位)的形式读出。

地址偏移：0x08

复位值：0x0000 XXXX

31	30	29	28	27	26	25	24	23	22	21	20	19	18	17	16
保留															

15	14	13	12	11	10	9	8	7	6	5	4	3	2	1	0
IDR15	IDR14	IDR13	IDR12	IDR11	IDR10	IDR9	IDR8	IDR7	IDR6	IDR5	IDR4	IDR3	IDR2	IDR1	IDR0
r	r	r	r	r	r	r	r	r	r	r	r	r	r	r	r

位	说明
位31:16	保留，始终读为0。
位15:0	IDRy[15:0]：端口输入数据(y=0, 1, … , 15)(Port input data) 这些位为只读并只能以字(16位)的形式读出。读出的值为对应I/O端口的状态。

图 2-13 端口输入数据寄存器说明

4. 端口位设置/清除寄存器 GPIOx_BSRR(x＝A,B,…,E)

如图 2-14 所示，端口位设置/清除寄存器可以方便地对 GPIO 引脚进行位操作，它的高 16 位用于清除相应位，低 16 位用于设置相应位。若寄存器中的 BRy 位为 0，不会对对应的 ODRy 位执行任何操作；若为 1 则清除对应的 ODRy 位，BSy 与 BRy 的操作相反。下面的代码实现了引脚 PC1 输出高、低电平的功能：

```
GPIOC_BSRR = 1 << 1;                      /* PC1 输出高电平 */
GPIOC_BSRR = 1 << (16 + 1);               /* PC1 输出低电平 */
```

地址偏移：0x10

复位值：0x0000 0000

31	30	29	28	27	26	25	24	23	22	21	20	19	18	17	16
BR15	BR14	BR13	BR12	BR11	BR10	BR9	BR8	BR7	BR6	BR5	BR4	BR3	BR2	BR1	BR0
w	w	w	w	w	w	w	w	w	w	w	w	w	w	w	w
15	**14**	**13**	**12**	**11**	**10**	**9**	**8**	**7**	**6**	**5**	**4**	**3**	**2**	**1**	**0**
BS15	BS14	BS13	BS12	BS11	BS10	BS9	BS8	BS7	BS6	BS5	BS4	BS3	BS2	BS1	BS0
w	w	w	w	w	w	w	w	w	w	w	w	w	w	w	w

位	说明
位31:16	BRy：清除端口x的位y(y=0, 1, ···, 15) 这些位只能写入并只能以字(16位)的形式操作。 0：对对应的ODRy位不产生影响 1：清除对应的ODRy位为0 注：如果同时设置了BSy和BRy的对应位，BSy位起作用。
位15:0	BSy：设置端口x的位y(y=0, 1, ···, 15) 这些位只能写入并只能以字(16位)的形式操作。 0：对对应的ODRy位不产生影响 1：设置对应的ODRy位为1

图 2-14 端口位设置/清除寄存器说明

5. 端口位清除寄存器 GPIOx_BRR(x=A,···,E)

如图 2-15 所示，端口位清除寄存器只使用了低 16 位，这些位只能写入且只能以字(16 位)的形式操作。下面的代码实现了引脚 PC0 输出低电平的功能：

```
GPIOC_BRR = 1 << 0;                    /* PC0 输出低电平 */
```

地址偏移：0x14

复位值：0x0000 0000

31	30	29	28	27	26	25	24	23	22	21	20	19	18	17	16
保留															
15	**14**	**13**	**12**	**11**	**10**	**9**	**8**	**7**	**6**	**5**	**4**	**3**	**2**	**1**	**0**
BR15	BR14	BR13	BR12	BR11	BR10	BR9	BR8	BR7	BR6	BR5	BR4	BR3	BR2	BR1	BR0
w	w	w	w	w	w	w	w	w	w	w	w	w	w	w	w

位	说明
位31:16	保留。
位15:0	BRy：清除端口x的位y(y=0, 1, ···, 15) 这些位只能写入并只能以字(16位)的形式操作。 0：对对应的ODRy位不产生影响 1：清除对应的ODRy位为0

图 2-15 端口位清除寄存器说明

2.4 复位和时钟控制

复位和时钟控制(reset and clock control,RCC)是 MCU 中的重要组成部分，时钟是单片机运行的基础，可以看作它的脉搏，决定它的速率，时钟信号推动 MCU 内各部分执行相应的指令。

2.4.1 RCC框图

STM32有非常多的片上外设，有些速度快，有些速度慢，它们不可以使用同样的时钟频率。外设时钟越快，功耗越大，同时抗电磁干扰能力也会越弱，为了降低整个芯片的功耗，STM32给各个相对独立的外设模块都提供了时钟。

首先需要关注时钟树的时钟源，如图2-16所示，STM32F1有四个时钟源，即HSE OSC（high speed external oscillator，高速外部晶振）、HSI RC（high speed internal RC，高速内部RC）、LSE OSC（low speed external oscillator，低速外部晶振）和LSI RC（low speed internal RC，低速内部RC），这些命名很有规律，H为高，L为低，I为内，E为外。图2-16中梯形状部分为选择器，表示可以从多个输入中选择其中一个作为输入，梯形斜边上的符号表示选择条件。

1. 高速外部晶振

HSE OSC使用外部有源晶振或无源晶振，晶振频率的可取范围为4～16MHz，一般采用8MHz的无源晶振，相对而言精度更高。在确定PLL时钟来源的时候，HSE可以选择不分频或者2分频，这取决于时钟配置寄存器(RCC_CFGR)的位PLLXTPRE的值。

2. 高速内部RC

HIS RC由内部RC振荡器产生时钟信号，频率为8MHz，相对而言精度较差。芯片刚上电的时候，默认使用这个时钟源，但在精度要求高的应用场合，最好使用外部晶体振荡器。

3. 低速外部晶振

LSE OSC使用低速外部晶振作为时钟源，主要提供给实时时钟模块使用，频率一般为32.768kHz。

4. 低速内部RC

LSI RC由内部RC振荡器产生时钟信号，起振比较快，主要也是提供给实时时钟模块使用，频率大约为40kHz。

外部时钟信号由外部晶振产生，在精度和稳定性上有很大的优势，所以一般在MCU上电后通过软件配置，将默认使用内部时钟源的时钟系统切换到使用外部时钟信号。

将时钟源信号经过一系列的倍频和分频后，得到如下五个与应用密切相关的时钟：

(1) **SYSCLK**：系统时钟，由AHB预分频器分配到芯片内大部分部件，是它们的时钟来源。系统时钟来源可以是HSI、PLLCLK和HSE，由时钟配置寄存器CFGR的位SW[1:0]设置。通常情况下，设置系统时钟SYSCLK＝PLLCLK＝72MHz。

(2) **HCLK**：由系统时钟SYSCLK经过AHB预分频器分频之后直接输出得到，是高速总线AHB的时钟信号，用来提供给存储器、DMA及Cortex内核使用，是Cortex内核运行的时钟。

(3) **FCLK**：内核的自由运行时钟，不是来自HCLK，因此，在HCLK停止时，FCLK也能继续运行，可以保证在处理器休眠时也能采样到中断和跟踪休眠事件。

(4) **PCLK1**：外设时钟，由APB1预分频器输出得到，最大频率为36MHz，提供给挂载在APB1总线上的外设使用。

(5) **PCLK2**：外设时钟，由APB2预分频器输出得到，最大频率为72MHz，提供给挂载在APB2总线上的外设使用。

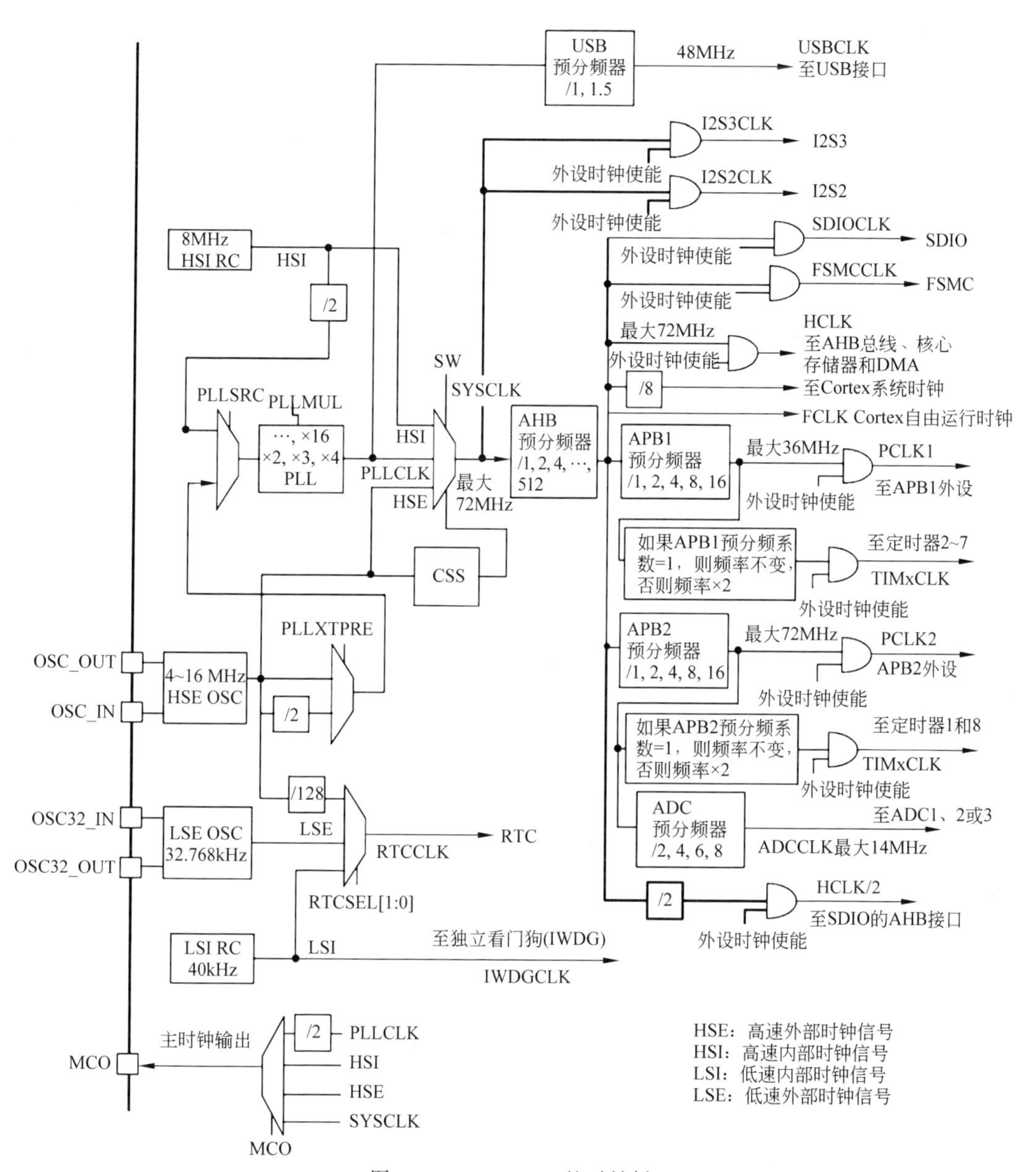

图 2-16　STM32F1 的时钟树

由 D 触发器组成的外设寄存器需要时钟才能工作，当没有外设时钟时，不能读出外设寄存器的值，读取返回的值始终是 0x00。同时，为了实现低功耗，STM32 为每个片上外设都配备了外设时钟开关，即时钟输出信号先要和外设时钟使能信号进行“与”运算后才能输出。芯片复位后，所有外设的时钟都是被关闭的(SRAM 和 Flash 接口除外)，因此使用一个外设之前，必须设置寄存器 RCC_AHBxENR 或 RCC_APBxENR 中的对应位来开启它的时钟。

2.4.2　RCC 的主要作用

RCC 主要用于设置系统时钟 SYSCLK、设置 AHB 分频系数决定 HCLK 的大小、设置 APB1 分频系数决定 PCLK1 的大小、设置 APB2 分频系数决定 PCLK2 的大小和设置各个外设的分频系数。此外，RCC 还控制 AHB、APB1 和 APB2 这三条总线时钟和各个外设时钟的开启。

通常将 MCU 内部的时钟配置为 PCLK2＝HCLK＝SYSCLK＝PLLCLK＝72MHz，PCLK1＝HCLK/2＝36MHz。这个时钟配置方案是库函数的标准配置。

2.4.3 RCC_APB2ENR 寄存器

使用挂载在 APB2 总线上的片上外设前，需要使能寄存器 RCC_APB2ENR 中的相应位来开启它们的时钟，该寄存器的描述如图 2-17 所示。

偏移地址：0x18
复位值：0x0000 0000
访问：字、半字和字节访问
通常无访问等待周期。但在APB2总线上的外设被访问时，将插入等待状态直到APB2的外设访问结束。

注：当外设时钟没有启用时，软件不能读出外设寄存器的数值，返回的数值始终是0x00。

31	30	29	28	27	26	25	24	23	22	21	20	19	18	17	16
保留															

15	14	13	12	11	10	9	8	7	6	5	4	3	2	1	0
ADC3 EN	USART1 EN	TIM8 EN	SPI1 EN	TIM1 EN	ADC2 EN	ADC1 EN	IOPG EN	IOPF EN	IOPE EN	IOPD EN	IOPC EN	IOPB EN	IOPA EN	保留	AFIO EN
rw	rw	rw	rw	rw	rw	rw	rw	rw	rw	rw	rw	rw	rw		rw

位5	IOPDEN：I/O端口D时钟使能(I/O port D clock enable) 由软件置“1”或清“0”。 0：I/O端口D时钟关闭 1：I/O端口D时钟开启
位4	IOPCEN：I/O端口C时钟使能(I/O port C clock enable) 由软件置“1”或清“0”。 0：I/O端口C时钟关闭 1：I/O端口C时钟开启
位3	IOPBEN：I/O端口B时钟使能(I/O port B clock enable) 由软件置“1”或清“0”。 0：I/O端口B时钟关闭 1：I/O端口B时钟开启
位2	IOPAEN：I/O端口A时钟使能(I/O port A clock enable) 由软件置“1”或清“0”。 0：I/O端口A时钟关闭 1：I/O端口A时钟开启
位1	保留，始终读为0
位0	AFIOEN：辅助功能I/O时钟使能(Alternate function I/O clock enable) 由软件置“1”或清“0”。 0：辅助功能I/O时钟关闭 1：辅助功能I/O时钟开启

图 2-17 APB2 外设时钟使能寄存器说明

下面的代码开启了 GPIOC 端口的时钟：

```
RCC_APB2ENR |= (1 << 4);                /* 开启 GPIOC 端口时钟 */
```

2.5 寄存器编程模式点亮 LED 灯示例

本节主要使用寄存器编程模式来点亮 LED 灯，侧重于讲解原理，读者可直接使用本节提供的例程来学习，并重点理解使用寄存器操作 SMT32 GPIO 的方法，为后面使用 HAL 库开发打下基础。

2.5.1 硬件设计

开发板上的 LED1～LED8 采用共阳极接法，即它们的阳极各经过一个 470Ω 的限流电阻后共接到＋3.3V 电源，阴极则分别连接到 STM32F103 的引脚 PC0～PC7，如图 2-18 所示，图中 D1 为开发板的电源指示灯。

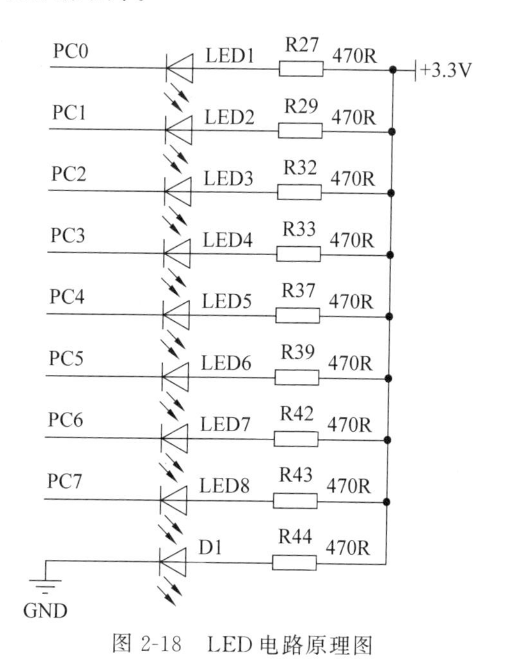

图 2-18 LED 电路原理图

控制 LED 的亮/灭一般采用下面三个步骤：选定具体的 GPIO，配置 GPIO 的工作模式(CRL 和 CRH 寄存器)，以及控制 GPIO 引脚的输出电平(ODR、BRR 和 BSRR)。

2.5.2 工程文件分析

本书所有示例都使用 MDK 软件开发，MDK 源自德国的 KEIL 公司(2005 年被 ARM 公司收购)，是 Cortex-M 内核处理器的首选开发工具。对于初学者，建议直接使用本书配套示例源代码进行学习。

打开工程文件“2-LED”，其中已经添加了三个文件，如图 2-19 所示。理解文件 startup_stm32f103xe.s 和 stm32f103xe.h 中的内容是掌握 STM32 应用编程的关键，会对今后的学习起到事半功倍的效果，希望读者重点掌握。

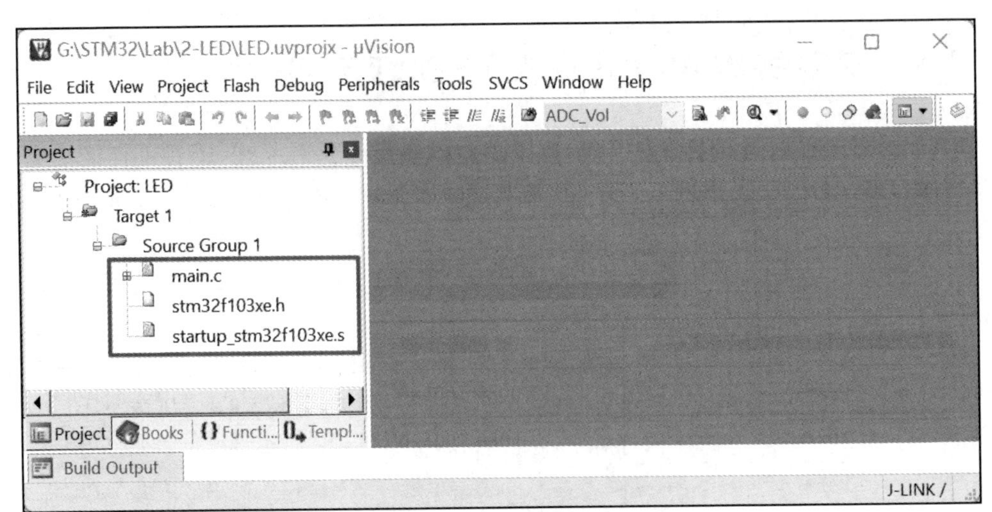

图 2-19 “2-LED”工程文件结构图

1. 启动文件 startup_stm32f103xe.s

后缀为.s 的文件是用汇编语言编写的，使用的是 Cortex-M3 内核支持的汇编指令。STM32 上电启动时，首先会执行这里的汇编程序，建立 C 语言的运行环境，所以把该文件称为启动文件。启动文件一般复制自 ST 固件库，不同型号的芯片以及不同编译环境下使用的汇编代码是不一样的，但完成的功能基本相同，这些功能如下。

(1) 初始化堆栈指针 SP = __initial_sp。

(2) 初始化 PC 指针 = Reset_Handler。

(3) 设置堆、栈的大小。

(4) 初始化中断向量表。

(5) 配置外部 SRAM/SDRAM，用于存储程序变量等数据(可选)。

(6) 配置 STM32 的系统时钟。

(7) 调用 C 库函数__main，最终调用用户程序的 main()函数，开始执行 C 程序。

启动文件中有一段复位后会立即执行的代码，代码含义见注释，代码如下：

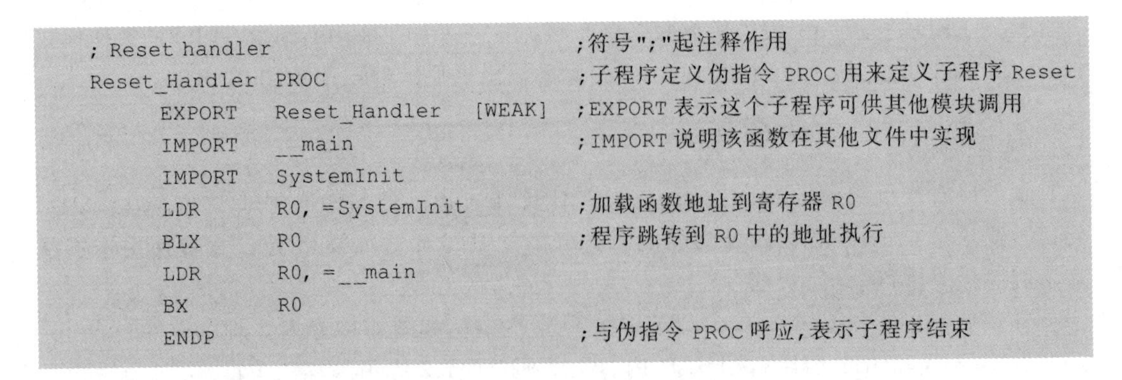

```
; Reset handler                                   ;符号";"起注释作用
Reset_Handler  PROC                               ;子程序定义伪指令 PROC 用来定义子程序 Reset
        EXPORT  Reset_Handler    [WEAK]           ;EXPORT 表示这个子程序可供其他模块调用
        IMPORT  __main                            ;IMPORT 说明该函数在其他文件中实现
        IMPORT  SystemInit
        LDR     R0, =SystemInit                   ;加载函数地址到寄存器 R0
        BLX     R0                                ;程序跳转到 R0 中的地址执行
        LDR     R0, =__main
        BX      R0
        ENDP                                      ;与伪指令 PROC 呼应，表示子程序结束
```

代码中的关键字 WEAK 表示弱定义，表示如果编译器发现在别处重定义了同名函数，则在链接时优先链接别处的地址；如果在别处没有定义同名函数，则链接此处的地址。使用 IMPORT 修饰的函数_main 和 SystemInit 在其他文件实现，链接时需要到其他文件中去寻

找。函数 SystemInit 由用户实现，用来初始化 STM32 的时钟。当编译器发现用户定义了 main()函数，就会自动创建__main 函数，__main 函数用于配置系统环境，初始化堆和栈，最后调用用户编写的 main()函数。

为简单起见，本示例在 main.c 中定义了一个空的 SystemInit 函数，即不配置系统时钟，此时 STM32 会将内部振荡器提供的 HSI 当作系统时钟，HSI＝8MHz。

2. stm32f103xe.h 文件

本文件主要实现寄存器映射，包含 STM32 寄存器的地址和结构体类型定义。下面重点分析一下这个文件的实现思路，这对理解 HAL 库开发非常有用。

存储器 block2 区域内设计的是片上外设，该区域以 4 字节(32 位)作为一个内存单元，每个内存单元对应一个外设功能，操作这些内存单元就可以控制外设工作。针对每个内存单元，以它的功能为名给其取一个别名，这个别名就是通常说的寄存器，给分配好地址的有特定功能的内存单元取别名的过程就叫寄存器映射。

下面来看个实际的例子，起始地址为 0x4001 100C 的内存单元对应 GPIOC 的输出数据寄存器，利用 C 语言指针的操作方式，使用绝对地址访问该内存单元，让 GPIOC 端口的 16 个引脚都输出高电平，代码如下：

```
*(unsigned int *)(0x4001 100C) = 0xFFFF;
```

代码中 0x4001 100C 是内存单元的地址，在编译器看来它只是一个普通的变量，因此需要将其强制类型转换为指针，然后再对该指针进行 * 操作。

上面这种通过绝对地址来访问内存单元的方法不好记忆，而且容易将地址写错。为方便起见，可以通过定义寄存器别名的方式来访问内存单元，以下代码将 GPIOC 端口的输出数据寄存器的别名定义为 GPIOC_ODR：

```
#define GPIOC_BASE ((unsigned int)0x4001 1000)      /* GPIOC 外设基地址 */
/* GPIOC 数据寄存器的地址 */
#define GPIOC_ODR   *(unsigned int *)(GPIOC_BASE + 0x0C)
GPIOC_ODR = 0xFF;                                   /* GPIOC 端口全部输出高电平 */
```

在编程时，为了方便理解和记忆，把 GPIO 的总线基地址和外设基地址都用宏定义，并用它们的名字作为宏名，示例代码如下：

```
#define PERIPH_BASE 0x40000000UL                                /* 片上外设基地址 */
#define APB2PERIPH_BASE (PERIPH_BASE + 0x00010000UL)     /* APB2 总线基地址 */

/* GPIO 外设基地址 */
#define GPIOA_BASE (APB2PERIPH_BASE + 0x00000800UL)
#define GPIOB_BASE (APB2PERIPH_BASE + 0x00000C00UL)
#define GPIOC_BASE (APB2PERIPH_BASE + 0x00001000UL)
#define GPIOD_BASE (APB2PERIPH_BASE + 0x00001400UL)
#define GPIOE_BASE (APB2PERIPH_BASE + 0x00001800UL)

/* 寄存器地址，以 GPIOB 为例 */
```

```
#define GPIOB_CRL   (GPIOB_BASE + 0x00)
#define GPIOB_CRH   (GPIOB_BASE + 0x04)
#define GPIOB_IDR   (GPIOB_BASE + 0x08)
#define GPIOB_ODR   (GPIOB_BASE + 0x0C)
#define GPIOB_BSRR  (GPIOB_BASE + 0x10)
#define GPIOB_BRR   (GPIOB_BASE + 0x14)
#define GPIOB_LCKR  (GPIOB_BASE + 0x18)
```

以上代码定义了片上外设基地址 PERIPH_BASE，再加上 APB2 总线的地址偏移，得到 APB2 总线基地址 APB2PERIPH_BASE；在该总线基地址上加上各个外设地址的偏移，得到 GPIOA～GPIOE 的外设基地址；在外设基地址上加上各个寄存器的地址偏移，就得到了特定寄存器的地址。一旦有了寄存器的具体地址，就可以用指针对其进行读写了，示例代码如下：

```
/* 控制 GPIOB 引脚 0 输出低电平(BSRR 寄存器的 BR0 置 1) */
*(unsigned int *)GPIOB_BSRR = (0x01 << (16 + 0));

/* 控制 GPIOB 引脚 0 输出高电平(BSRR 寄存器的 BS0 置 1) */
*(unsigned int *)GPIOB_BSRR = 0x01 << 0;

/* 读取 GPIOB 端口所有引脚的电平(读 IDR 寄存器) */
unsigned int temp;
temp = *(unsigned int *)GPIOB_IDR;
```

以上代码使用(unsigned int *)把 GPIOB_BSRR 宏的数值强制转换成了地址，然后再用 * 号做取指针操作，对该地址进行赋值，从而实现写寄存器的功能。同样，读寄存器也是用取指针操作，把寄存器中的数据读取到变量 temp。

考虑到端口寄存器的地址是基于端口基地址且逐个连续递增的，每个寄存器占 4 字节，这与 C 语言中的结构体里面的成员类似。为了更加方便地访问 GPIO 寄存器，引入 C 语言中的结构体语法对它们进行封装，stm32f103xe.h 文件就是依照这种方法编写的，代码如下：

```
/* 在本文件中添加寄存器地址及结构体定义 */
#define __IO volatile                    /* 定义读写权限 */
typedef unsigned int uint32_t;           /* 创建别名 */

typedef struct
{
    __IO uint32_t CRL;                   /* 端口配置低寄存器，地址偏移: 0x00 */
    __IO uint32_t CRH;                   /* 端口配置高寄存器，地址偏移: 0x04 */
    __IO uint32_t IDR;                   /* 数据输入寄存器，地址偏移: 0x08 */
    __IO uint32_t ODR;                   /* 数据输出寄存器，地址偏移: 0x0C */
    __IO uint32_t BSRR;                  /* 位设置/清除寄存器，地址偏移: 0x10 */
    __IO uint32_t BRR;                   /* 端口位清除寄存器，地址偏移: 0x14 */
    __IO uint32_t LCKR;                  /* 端口配置锁定寄存器，地址偏移: 0x18 */
} GPIO_TypeDef;
```

```
#define PERIPH_BASE ((unsigned int)0x40000000)              /* 片上外设基地址 */
#define APB2PERIPH_BASE (PERIPH_BASE + 0x10000)             /* APB2 总线基地址 */
#define AHBPERIPH_BASE (PERIPH_BASE + 0x20000)              /* AHB 总线基地址 */

#define GPIOC_BASE (APB2PERIPH_BASE + 0x1000)               /* GPIOC 外设基地址 */
#define GPIOC ((GPIO_TypeDef *)GPIOC_BASE)                  /* GPIOC 定义 */

#define RCC_BASE (AHBPERIPH_BASE + 0x1000)                  /* RCC 外设基地址 */
#define RCC_APB2ENR *(unsigned int *)(RCC_BASE + 0x18)  /* RCC_APB2ENR 寄存器 */
```

以上代码定义了一个名为 GPIO_TypeDef 的结构体数据类型，它有 7 个成员变量，变量名对应 GPIO 寄存器的名字，成员的排列顺序跟 GPIO 寄存器的顺序一致。这样操作 GPIO 寄存器时，就不需要使用它们的绝对地址，只要知道 GPIO 的基地址就可以通过该结构体来操作它的全部寄存器了。

GPIO_TypeDef 结构体成员前的“__IO”前缀为 C 语言中的关键字“volatile”，表示定义的变量是易变的，要求编译器不要优化它，每次使用这些变量时，都要求 CPU 去该变量的地址重新访问。若没有这个关键字修饰，在某些情况下编译器认为没有代码修改过变量，为加快执行速度，就直接从 CPU 的某个缓存获取该变量的值，但这些代表着寄存器的结构体变量的值有可能被外设修改，所以缓存中的是陈旧数据，与要求的寄存器最新状态可能会有出入。

这里来看一个例子，下面代码中的结构体指针 GPIOC 指向 GPIOC 端口的首地址，通过该指针就可以访问 GPIOC 端口的各个寄存器。

```
GPIOC->BSRR = 0xFFFF;                /* 通过指针访问并修改 GPIOC_BSRR 寄存器 */
GPIOC->CRL = 0xFFFF;                 /* 修改 GPIOC_CRL 寄存器 */
GPIOC->ODR = 0xFFFF;                 /* 修改 GPIOC_ODR 寄存器 */
uint32_t  temp = GPIOC->IDR;         /* 读取 GPIOC_IDR 寄存器的值到变量 temp 中 */
```

文件的最后两行代码是 RCC 外设寄存器及其基地址的定义，RCC 外设是用来设置时钟的，在使用 GPIO 外设前必须开启它的时钟。

2.5.3　用户文件

通常在用户文件 main.c 中编写用户代码。示例将引脚 PC0、PC7 设置为推挽输出模式，再通过控制它们的输出电平，实现控制 LED1、LED8 的亮和灭，具体代码如下：

```
#include "stm32f103xe.h"

void Delay(unsigned int t)
{
    while (t--);
}

int main(void)
{
```

```
    RCC_APB2ENR |= (1 << 4);                    /* 开启 GPIOC 端口时钟 */

    GPIOC->CRL &= ~(0x0F << (4 * 0));   /* 清空控制 PC0 的端口位 */
    GPIOC->CRL |= (1 << 4 * 0);                 /* 配置 PC0 为通用推挽输出,速度为 10MHz */
    GPIOC->ODR |= (1 << 0);                     /* PC0 输出高电平 */

    GPIOC->CRL &= ~(0xF0000000);                /* 清空控制 PC7 的端口位 */
    GPIOC->CRL |= (1 << 4 * 7);                 /* 配置 PC7 为通用推挽输出,速度为 10MHz */
    GPIOC->ODR |= (1 << 7);                     /* PC7 输出高电平 */

    while (1)
    {
        GPIOC->BSRR = 1 << 0;                   /* PC0 输出高电平,LED1 灭 */
        GPIOC->BRR = 1 << 7;                    /* PC7 输出低电平,LED8 亮 */
        Delay(500000);                          /* 延时 */

        GPIOC->BRR = 1 << 0;                    /* PC0 输出低电平,LED1 亮 */
        GPIOC->BSRR = 1 << 7;                   /* PC7 输出高电平,LED8 灭 */
        Delay(500000);
    }
}

void SystemInit(void)                           /* 函数为空,目的是使编译器不报错 */
{
}
```

所有的 GPIO 都挂载在 APB2 总线上,可通过设置 APB2 外设时钟使能寄存器(RCC_APB2ENR)第 4 位开启 GPIOC 端口时钟。可通过配置 GPIOC 的端口配置低寄存器 CRL 的[3:0]位,即先将这四个寄存器位清零,再赋值 0001b,实现配置 PC0 为通用推挽输出模式,速度为 10MHz。为了避免影响到寄存器中的其他位,代码使用了“&=~”与“|=”位操作方法。

当引脚为输出模式时,对端口位设置/清除寄存器(BSRR)和端口位清除寄存器(BRR)写入参数就可控制引脚的输出电平状态,操作 BSRR 和 BRR 最终影响的实质上是 ODR 寄存器。

有时候在对寄存器赋值时,常常要求只修改寄存器的某一位或者某几位的值,而其他寄存器位的值不变,这时候就可以使用 C 语言的位操作方法。下面的代码演示了使用 C 语言进行位操作的三种方法:

```
char a = 0x0F;
a &= ~(1 << 2);                 /* 将变量 a 的第三位(bit2)清零,其他位不变 */
a |= (1 << 4);                  /* 将变量 a 的第五位(bit4)置 1,其他位不变 */
a ^= (1 << 6);                  /* 将变量 a 的第七位(bit6)取反,其他位不变 */
```

以上代码中的变量 a 是一个 8 位的字符型数据,通过“与”操作把变量 a 的某一位清零,且其他位不变;通过“或”操作把变量 a 的某一位置 1,且其他位不变;通过“异或”操作把变量 a 的某一位取反,且其他位不变。

2.5.4　配置下载调试工具

如图 2-20 所示，配置下载工具为 J-LINK，按照图示设置 DLL 和 Parameter 的参数。

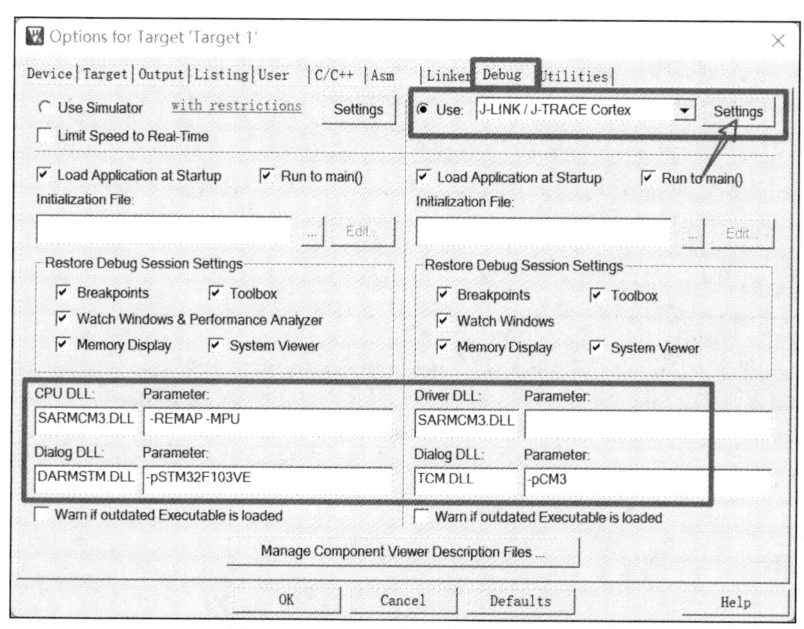

图 2-20　选择下载工具和下载配置

单击 Settings 按钮，弹出设置对话框，如图 2-21 所示。勾选 Reset and Run 复选框使程序下载之后便自动运行。MDK5 会根据新建工程时选择的目标器件，自动设置 Flash 算法，STM32F103VE 的 Flash 容量为 512KB，所以这里默认使用 512KB 的大容量 STM32F10x High-density Flash 算法。特别提示，Flash 容量小于 512KB 的型号，也采用这个 Flash 算法。

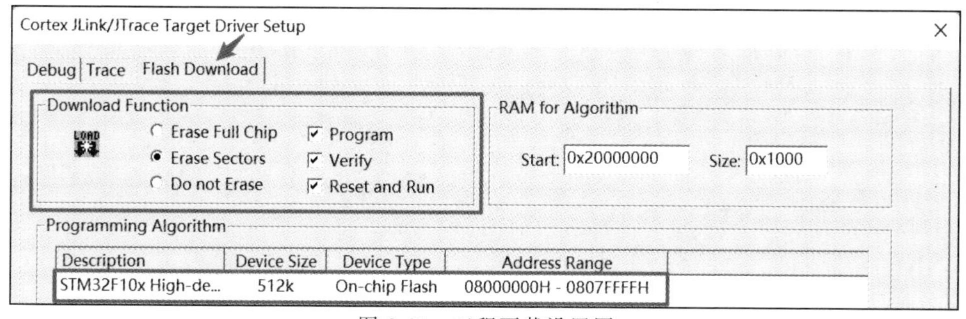

图 2-21　工程下载设置图

2.5.5　编译下载

如图 2-22 所示，MDK 的工具栏上有三个编译按钮，从左到右分别是 Translate、Build 和 Rebuild，在使用时要注意它们的区别。

图 2-22　三种编译工程代码的方式

(1) Translate：编译当前打开的活动文档。

(2) Build：增量编译，编译工程中上次修改的文件及其他依赖于这些修改过的文件的模块，同时重新链接生成可执行文件。如果工程之前没编译链接过，它会直接调用 Rebuild。建议大家使用这种方式来编译代码。

(3) Rebuild：全部代码重新编译，耗时较长，一般不建议使用。

单击工具栏上的 Build 按钮编译工程，注意观察信息窗口输出的信息，若输出错误，则表示代码有误，一般要从第 1 个错误开始检查；若输出信息提示没有错误，则表示编译成功。

如图 2-23 所示，单击工具栏上的 LOAD 按钮，将程序下载到 MCU。若 Build Output 选项卡输出“Application running...”，则表示程序下载成功并已经开始运行了。本示例可看到板上的 LED1 和 LED8 不断交替闪烁。

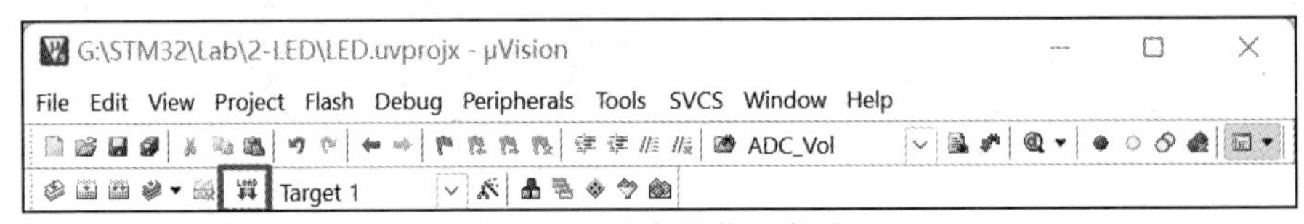

图 2-23 程序下载示意图

练习题

1. 简要说明 STM32F1 系列芯片的系统架构。
2. 简要分析 STM32F1 GPIO 的 8 种工作模式。
3. 简述 STM32F1 GPIO 引脚复用功能。
4. 简述 STM32F1 时钟的类型及作用。
5. 使用寄存器方式编程实现 LED4 闪烁(用 MDK 仿真的方法观察实验结果)。
6. 使用寄存器方式编程实现按键 KEY1 控制 LED1 的亮、灭(提示，配置输入模式时，须设置引脚 PE2 为上拉模式：GPIOE->ODR |= (1 << 2);)。

第3章 使用HAL库开发GPIO

CHAPTER 3

3.1 STM32CubeMX概述

STM32CubeMX是ST公司近年来大力推荐的STM32图形化配置工具，允许用户使用图形化向导来生成C语言工程，支持多种工具链，比如MDK、IAR和TrueStudio等，目的是使开发者的工作更轻松，开发效率更高。STM32CubeMX软件内部集成中间件组件，可以提供对RTOS、USB、TCP/IP以及图形功能的中间层支持。STM32CubeMX的主要功能包括：

(1) 通过图形向导配置引脚、时钟树、外设和中间件，并生成相应的C代码。

(2) 生成指定集成开发环境对应的完整项目源代码。

(3) 基于用户定义的应用顺序计算功耗。

(4) 可以直接从ST公司的官网导入STM32Cube嵌入式软件库。

(5) 集成了软件更新程序，能使STM32CubeMX版本保持最新。

要使用STM32CubeMX软件配置并生成工程项目，需要安装下面三个软件。

(1) JRE(java runtime environment)：Java运行环境，STM32CubeMX软件依赖Java(V1.7及以上版本)，本书使用JavaSetup8u221(64位Windows 10安装版)。

(2) STM32CubeMX软件：本书使用SetupSTM32CubeMX-6.2.0-Win，安装软件时采用默认配置即可。

(3) HAL库：STM32 HAL固件库，ST公司官方推出的一套抽象层嵌入式软件。

3.2 STM32 HAL库

3.2.1 HAL固件库简介

ST公司为开发者提供了三种非常方便的开发库：SPL(standard peripheral libraries，标准外设库)、HAL(hardware abstraction layer，硬件抽象层)库和LL(low-layer，底层)库。HAL库的设计初衷就是为编程者提供规范化的函数和宏指令来降低操作STM32的难度，使编程者避开烦琐的寄存器操作。相比标准外设库，HAL库表现出了更高的抽象整合水平，它的API集中关注各个外设的公共函数功能，便于定义一套通用的、对用户友好的API函数接口，从而可以轻松地在各种STM32产品间进行软件移植。HAL库的主要特点如下所述。

(1) 提供了通用的应用程序编程接口(API),覆盖了外设的常见功能,为不同家族芯片间的软件移植(如F1→F0)提供了可能。

(2) 支持轮询、中断和DMA共3种API编程模型。

(3) 所有API均符合RTOS规范:可重入API及轮询模式下全部使用超时参数。

(4) 支持用户回调功能机制,当外设中断或错误产生时,将会调用用户回调(callback)函数做相应处理。

(5) 支持对象锁定机制,提供了更加安全的硬件访问方式,防止软件对共享资源的多重访问。

(6) 所有阻塞过程都使用可编程的超时机制,提高了软件的可靠性和实时性。

STM32 HAL库可以从官网下载,也可以直接从本书的配套资料中复制,本书例程基于STM32Cube_FW_F1_V1.8.0库。HAL库可以选择在线或者离线安装,一般采用离线安装的方式:打开安装好的STM32CubeMX软件,单击菜单栏的Help→Updater Settings,选择HAL库文件夹路径,再将下载的STM32Cube_FW_F1_V1.8.0库解压到该路径下即可,如图3-1所示。

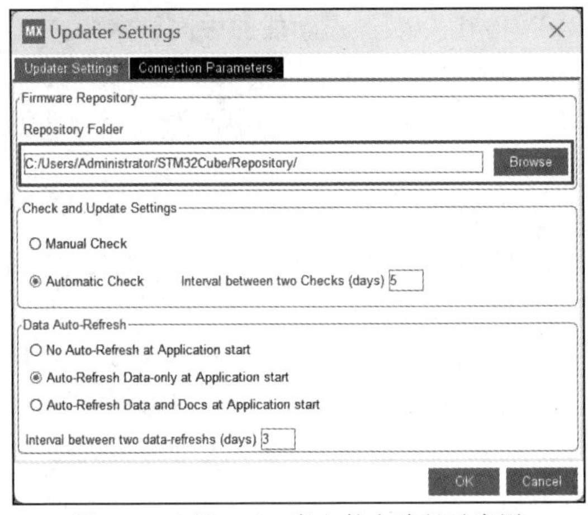

图3-1 选择HAL库文件夹路径示意图

3.2.2 HAL库文件

解压STM32Cube_FW_Fl_V1.8.0 HAL库文件,打开库文件目录,库中各文件夹的内容说明如图3-2所示。

在使用HAL库开发时,需要把目录Drives下的CMSIS、STM32F1xx_HAL_Driver文件夹中内核与外设的库文件添加到工程中。

1. CMSIS文件目录

CMSIS文件目录下有很多文件夹,文件夹的具体说明如图3-3所示,平时使用最多的是Include和Device中的文件。

文件夹Include包含CMSIS标准核内设备函数层的与Cortex-M内核相关的头文件,这些头文件给基于Cortex-M内核设计SOC的芯片商提供了进入内核的接口,其他使用该

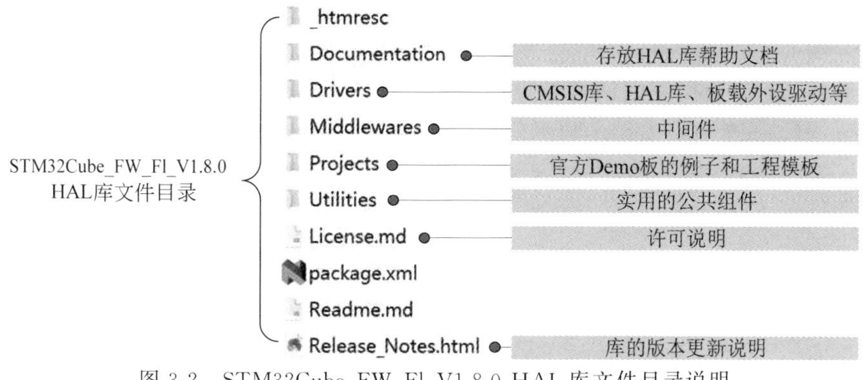

图 3-2 STM32Cube_FW_Fl_V1.8.0 HAL 库文件目录说明

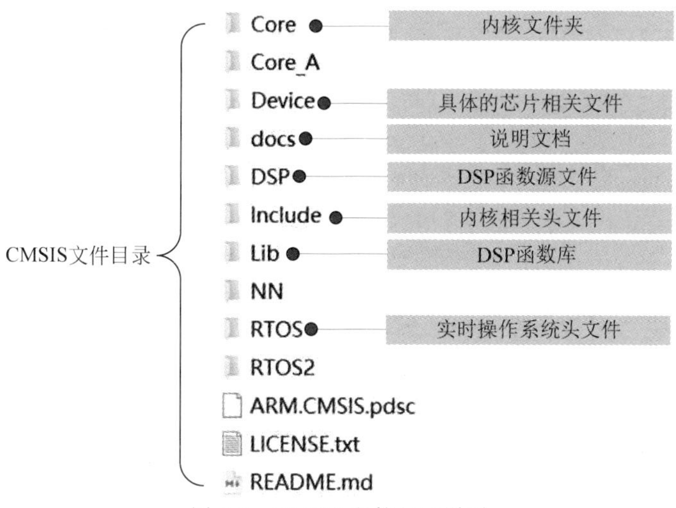

图 3-3 CMSIS 文件目录说明

内核的公司也使用这些头文件。其中,core_cm3.h 是一个比较重要的头文件,由 ARM 公司提供,遵守 CMSIS 标准。该文件包含一些与编译器相关的条件编译语句,这些语句用于屏蔽不同编译器的差异。所有 Cortex-M3 芯片的库都包含头文件 core_cm3.h。

头文件 stdint.h 包含在 core_cm3.h 中,是一个独立于处理器的 ANSI C 文件。它定义了几个在不同芯片平台上具有固定大小的整数类型,以便代码移植。下面列出了部分类型定义:

```
/* 有符号整数类型 */
typedef   signed                char int8_t;
typedef   signed short          int int16_t;
typedef   signed                int int32_t;
typedef   signed                __INT64 int64_t;

/* 无符号整数类型 */
typedef   unsigned              char uint8_t;
typedef   unsigned short        int uint16_t;
typedef   unsigned              int uint32_t;
typedef   unsigned              __INT64 uint64_t;
```

文件夹 Device 中存放了一些由 ST 公司提供的与具体芯片直接相关的文件，它主要包括以下三个文件。

（1）启动文件：使用汇编语言编写，要根据编译平台来选择。MDK 使用的启动文件在文件夹 arm 中，2.5.2 节中使用的启动文件 startup_stm32f103xe.s 就是从这里复制的。

（2）stm32f103xe.h 文件：与芯片相关的文件，包含芯片所有外设寄存器的地址和结构体类型定义，使用 HAL 库的地方都要包含该文件。

（3）system_stm32f1xx.c 文件：包含 STM32 上电后初始化系统时钟、扩展外部存储器用的函数，例如第 2 章介绍的被启动文件调用、用于初始化时钟的 SystemInit 函数，调用这个函数后，系统时钟被初始化为 72MHz，如有需要可以修改该函数，设置所需的时钟频率。

2. STM32F1xx_HAL_Driver 文件目录

如图 3-4 所示，STM32F1xx_HAL_Driver 文件目录下有 Inc 和 Src 两个文件夹，这两个文件夹用于存放 ST 公司编写的 STM32F1 片上外设的驱动文件，每个外设都有一对 *.h 和 *.c 文件。

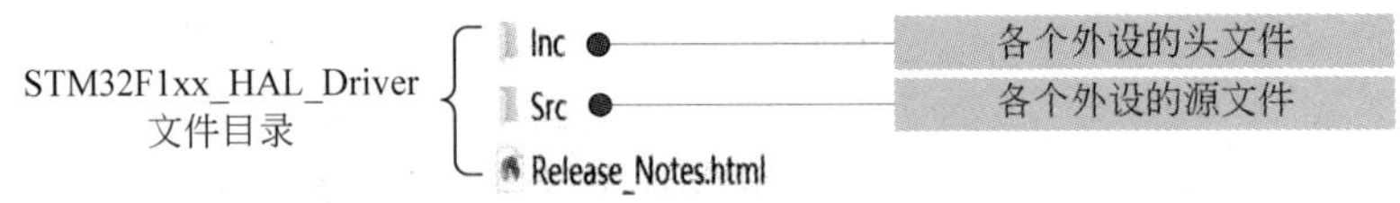

图 3-4　STM32F1xx_HAL_Driver 文件目录结构

表 3-1 对 STM32 外设驱动库文件进行了解释说明，表中 ppp 表示外设的名称，如 gpio。

表 3-1　STM32 外设驱动库文件解释

文　件	解　释
stm32f1xx_hal_ppp.c	外设驱动程序主文件，如 stm32f1xx_hal_gpio.c
stm32f1xx_hal_ppp.h	驱动程序主文件的头文件，包括常见的数据类型、枚举、结构和宏定义等，如 stm32f1xx_hal_gpio.h
stm32f1xx_hal_ppp_ex.c	外设扩展驱动文件，如 stm32f1xx_hal_gpio_ex.c
stm32f1xx_hal_ppp_ex.h	外设扩展驱动的头文件，如 stm32f1xx_hal_gpio_ex.h
stm32f1xx_hal.c	HAL 通用 API，如 HAL_Init、HAL_DeInit、HAL_Delay
stm32f1xx_hal.h	HAL 头文件
stm32f1xx_hal_def.h	HAL 的通用数据类型、枚举、结构和宏定义等

3. 文件 stm32f1xx_it.c 和 stm32f1xx_hal_conf.h

在\Projects\STM32F103RB-Nucleo\Templates\目录下，存放了官方的一个 HAL 库工程模板。在建立自己的工程时，需要将该模板中的三个文件，即 src\stm32f1xx_it.c、inc\stm32f1xx_it.h 和 inc\stm32f1xx_hal_conf.h 添加到工程中，其中：

（1）stm32f1xx_it.c：专门用来存放中断服务函数，文件中已经定义了一些系统异常（特殊中断）的服务函数。

（2）stm32f1xx_hal_conf.h：HAL 库的配置文件，用来对 HAL 库进行裁剪，该文件被包含在 stm32f1xx_hal.h 文件中。

3.3 GPIO 的 HAL 库用法

3.3.1 GPIO 寄存器结构体 GPIO_TypeDef

GPIO 寄存器是通过 HAL 库中的结构体数据类型 GPIO_TypeDef 封装的，该结构体数据类型被定义在 stm32f103xe.h 文件中，代码如下：

```
typedef struct
{
    __IO uint32_t CRL;          /* 端口配置低寄存器，地址偏移: 0x00 */
    __IO uint32_t CRH;          /* 端口配置高寄存器，地址偏移: 0x04 */
    __IO uint32_t IDR;          /* 数据输入寄存器，地址偏移: 0x08 */
    __IO uint32_t ODR;          /* 数据输出寄存器，地址偏移: 0x0C */
    __IO uint32_t BSRR;         /* 位设置/清除寄存器，地址偏移: 0x10 */
    __IO uint32_t BRR;          /* 端口位清除寄存器，地址偏移: 0x14 */
    __IO uint32_t LCKR;         /* 端口配置锁定寄存器，地址偏移: 0x18 */
} GPIO_TypeDef;
```

结构体数据类型 GPIO_TypeDef 的成员名称和排列次序与 GPIO 端口的七个寄存器是一一对应的，__IO 表示 volatile，其具体含义参见 2.5.2 节中的介绍。

下面看一下 stm32f103xe.h 文件中 GPIOA，…，GPIOG 的定义，从端口基地址的宏定义可以看出 GPIO 是挂接在 APB2 总线上的，代码如下：

```
#define PERIPH_BASE         0x40000000UL                        /* 外设基地址 */

#define APB1PERIPH_BASE     PERIPH_BASE                         /* 总线基地址 */
#define APB2PERIPH_BASE     (PERIPH_BASE + 0x00010000UL)
#define AHBPERIPH_BASE      (PERIPH_BASE + 0x00020000UL)

#define GPIOA_BASE          (APB2PERIPH_BASE + 0x00000800UL)    /* 端口基地址 */
#define GPIOB_BASE          (APB2PERIPH_BASE + 0x00000C00UL)
#define GPIOC_BASE          (APB2PERIPH_BASE + 0x00001000UL)
#define GPIOD_BASE          (APB2PERIPH_BASE + 0x00001400UL)
#define GPIOE_BASE          (APB2PERIPH_BASE + 0x00001800UL)
#define GPIOF_BASE          (APB2PERIPH_BASE + 0x00001C00UL)
#define GPIOG_BASE          (APB2PERIPH_BASE + 0x00002000UL)

#define GPIOA               ((GPIO_TypeDef *)GPIOA_BASE)
#define GPIOB               ((GPIO_TypeDef *)GPIOB_BASE)
#define GPIOC               ((GPIO_TypeDef *)GPIOC_BASE)
#define GPIOD               ((GPIO_TypeDef *)GPIOD_BASE)
#define GPIOE               ((GPIO_TypeDef *)GPIOE_BASE)
#define GPIOF               ((GPIO_TypeDef *)GPIOF_BASE)
#define GPIOG               ((GPIO_TypeDef *)GPIOG_BASE)
```

有了这些宏以后，就可以用便捷的方式访问 GPIO 的寄存器了，比如访问寄存器 GPOIC_CRL 的代码如下：

```
GPIOC->CRL |= (1 << 4 * 0);              /* 配置引脚 PC0 为通用推挽输出,速度为 10MHz */
```

3.3.2 GPIO 初始化结构体 GPIO_InitTypeDef

HAL 库定义的结构体 GPIO_InitTypeDef 用来将初始化 GPIO 所需用到的参数封装起来,以方便用户使用,该结构体数据类型的定义如下:

```
typedef struct
{
    uint32_t Pin;                               /* 要配置引脚的编号 */
    uint32_t Mode;                              /* 引脚的工作模式 */
    uint32_t Pull;                              /* 引脚的上拉和下拉电阻选择 */
    uint32_t Speed;                             /* 引脚的速度 */
} GPIO_InitTypeDef;
```

在初始化 GPIO 前,定义一个该类型的结构体变量,再根据要求对该变量的各个成员进行赋值,然后把这个变量作为输入参数调用 GPIO 初始化函数去配置引脚,函数的执行过程实质上就是配置 GPIO 寄存器的过程。下面对这几个结构体成员进行介绍。

1. 成员 Pin

选择要配置的引脚,可选择的范围如下:

```
#define GPIO_PIN_0        ((uint16_t)0x0001)      /* Pin 0 selected */
#define GPIO_PIN_1        ((uint16_t)0x0002)      /* Pin 1 selected */
#define GPIO_PIN_2        ((uint16_t)0x0004)      /* Pin 2 selected */
#define GPIO_PIN_3        ((uint16_t)0x0008)      /* Pin 3 selected */
#define GPIO_PIN_4        ((uint16_t)0x0010)      /* Pin 4 selected */
#define GPIO_PIN_5        ((uint16_t)0x0020)      /* Pin 5 selected */
#define GPIO_PIN_6        ((uint16_t)0x0040)      /* Pin 6 selected */
#define GPIO_PIN_7        ((uint16_t)0x0080)      /* Pin 7 selected */
#define GPIO_PIN_8        ((uint16_t)0x0100)      /* Pin 8 selected */
#define GPIO_PIN_9        ((uint16_t)0x0200)      /* Pin 9 selected */
#define GPIO_PIN_10       ((uint16_t)0x0400)      /* Pin 10 selected */
#define GPIO_PIN_11       ((uint16_t)0x0800)      /* Pin 11 selected */
#define GPIO_PIN_12       ((uint16_t)0x1000)      /* Pin 12 selected */
#define GPIO_PIN_13       ((uint16_t)0x2000)      /* Pin 13 selected */
#define GPIO_PIN_14       ((uint16_t)0x4000)      /* Pin 14 selected */
#define GPIO_PIN_15       ((uint16_t)0x8000)      /* Pin 15 selected */
#define GPIO_PIN_All      ((uint16_t)0xFFFF)      /* All pins selected */

#define GPIO_PIN_MASK     0x0000FFFFu             /* PIN mask for assert test */
```

还可以使用或运算符"|"一次选中多个引脚,例如下面的代码同时选择了 3、4、5 引脚:

```
GPIO_InitTypeDef GPIO_InitStruct = {0};
GPIO_InitStruct.Pin = GPIO_PIN_3 | GPIO_PIN_4 | GPIO_PIN_5;
```

2. 成员 Mode

2.3.3 节介绍了 GPIO 端口可以配置的 8 种工作模式:推挽输出、开漏输出、复用推挽输出、复用开漏输出、上拉输入、下拉输入、浮空输入和模拟输入。由于上拉和下拉是可选配置，所有I/O端口均可以配置为外部中断的输入端，因此在HAL库中，GPIO工作模式的定义如下：

```
#define GPIO_MODE_INPUT 0x00000000u                      /* 输入模式 */
#define GPIO_MODE_OUTPUT_PP 0x00000001u                  /* 推挽输出模式 */
#define GPIO_MODE_OUTPUT_OD 0x00000011u                  /* 开漏输出模式 */
#define GPIO_MODE_AF_PP 0x00000002u                      /* 复用推挽输出模式 */
#define GPIO_MODE_AF_OD 0x00000012u                      /* 复用开漏输出模式 */
#define GPIO_MODE_AF_INPUT GPIO_MODE_INPUT               /* 复用输入模式 */

#define GPIO_MODE_ANALOG 0x00000003u                     /* 模拟输入模式 */

#define GPIO_MODE_IT_RISING 0x10110000u                  /* 外部中断,上升沿触发检测 */
#define GPIO_MODE_IT_FALLING 0x10210000u                 /* 外部中断,下降沿触发检测 */
#define GPIO_MODE_IT_RISING_FALLING 0x10310000u          /* 外部中断,双沿触发检测 */

#define GPIO_MODE_EVT_RISING 0x10120000u             /* 外部事件模式,上升沿触发检测 */
#define GPIO_MODE_EVT_FALLING 0x10220000u            /* 外部事件模式,下降沿触发检测 */
#define GPIO_MODE_EVT_RISING_FALLING 0x10320000u     /* 外部事件模式,双沿触发检测 */
```

3. 成员 Pull

引脚的弱上拉和下拉电阻有如下三种配置选项：

```
#define   GPIO_NOPULL     0x00000000u                    /* 无上拉和下拉电阻 */
#define   GPIO_PULLUP     0x00000001u                    /* 带上拉电阻 */
#define   GPIO_PULLDOWN   0x00000002u                    /* 带下拉电阻 */
```

4. 成员 Speed

引脚的输出速度等级有如下三种配置选项：

```
#define   GPIO_SPEED_FREQ_LOW (GPIO_CRL_MODE0_1)        /* 低速,最大频率为 2MHz */
#define   GPIO_SPEED_FREQ_MEDIUM (GPIO_CRL_MODE0_0)     /* 中速,最大频率为 10MHz */
#define   GPIO_SPEED_FREQ_HIGH (GPIO_CRL_MODE0)         /* 高速,最大频率为 50MHz */
```

引脚的输出速度是指I/O支持的高、低电平状态的最高切换频率，支持的频率越高，功耗越大。通过配置引脚的输出速度等级，选择相应的输出驱动模块，可以达到最佳噪声控制和降低功耗的目的。

3.3.3　GPIO相关HAL库函数

GPIO的HAL库操作函数及宏定义在stm32f1xx_hal_gpio.c和stm32f1xx_hal_gpio.h文件中。

1. 函数 HAL_GPIO_Init

函数HAL_GPIO_Init说明如表3-2所示。

表 3-2　函数 HAL_GPIO_Init 说明

函数原型	void HAL_GPIO_Init(GPIO_TypeDef *GPIOx, GPIO_InitTypeDef *GPIO_Init)
功能描述	根据 GPIO_Init 中设定的参数初始化 GPIOx 的寄存器，实现配置 GPIOx 端口的功能
输入参数	GPIOx：x=A/B/C/D/E，选择 GPIO 端口外设
	GPIO_Init：指向包含 GPIO 配置信息的 GPIO_InitTypeDef 结构体指针
注意事项	在 HAL 库中，每个外设都对应一个结构体 XXX_InitTypeDef(XXX 为外设名称)，HAL 库函数 HAL_XXX_Init()利用该结构体类型变量去设置外设相应的寄存器，从而初始化外设
应用示例	GPIO_InitTypeDef GPIO_InitStruct = {0}; GPIO_InitStruct.Pin =GPIO_PIN_0 ; /* 选择引脚 0 */ GPIO_InitStruct.Mode = GPIO_MODE_OUTPUT_PP; /* 推挽输出模式 */ GPIO_InitStruct.Pull = GPIO_PULLUP; /* 带上拉电阻 */ GPIO_InitStruct.Speed = GPIO_SPEED_FREQ_LOW; /* 低速 */ HAL_GPIO_Init(GPIOA, &GPIO_InitStruct); /* 使用初始化参数配置 PA0 引脚 */

2. 函数 HAL_GPIO_ReadPin

函数 HAL_GPIO_ReadPin 说明如表 3-3 所示。

表 3-3　函数 HAL_GPIO_ReadPin 说明

函数原型	GPIO_PinState HAL_GPIO_ReadPin(GPIO_TypeDef *GPIOx, uint16_t GPIO_Pin)
功能描述	读取指定引脚的电平状态
输入参数	GPIOx：x=A/B/C/D/E，选择 GPIO 端口外设
	GPIO_Pin：指定的引脚，范围为 GPIO_PIN_0～GPIO_PIN_15，GPIO_PIN_All
返回值	指定引脚的电平状态

应用示例	/* 引脚 PE2 是否为低电平 */
	if (HAL_GPIO_ReadPin(GPIOE, GPIO_PIN_2) == GPIO_PIN_RESET)
	{
	…
	}

该函数返回值的数据类型为枚举类型 GPIO_PinState，该枚举类型定义了引脚的两种电平状态：

```
typedef enum
{
    GPIO_PIN_RESET = 0u,
    GPIO_PIN_SET
} GPIO_PinState;
```

为了探究 HAL 库函数 HAL_GPIO_ReadPin 的实现原理，下面列出了该函数的源代码，它是通过判断端口输入数据寄存器(IDR)相应位的值得到引脚的电平状态：

```
GPIO_PinState HAL_GPIO_ReadPin(GPIO_TypeDef *GPIOx, uint16_t GPIO_Pin)
{
```

```
    GPIO_PinState bitstatus;

    assert_param(IS_GPIO_PIN(GPIO_Pin));       /* 检查参数 */

    if ((GPIOx->IDR & GPIO_Pin) != (uint32_t)GPIO_PIN_RESET)
    {
        bitstatus = GPIO_PIN_SET;              /* 置位态,即高电平 */
    }
    else
    {
        bitstatus = GPIO_PIN_RESET;            /* 复位态,即低电平 */
    }
    return bitstatus;
}
```

3. 函数 HAL_GPIO_WritePin

函数 HAL_GPIO_WritePin 说明如表 3-4 所示。

表 3-4 函数 HAL_GPIO_WritePin 说明

函数原型	void HAL_GPIO_WritePin(GPIO_TypeDef * GPIOx, uint16_t GPIO_Pin, GPIO_PinState PinState)
功能描述	设置指定引脚输出高电平或者低电平
输入参数	GPIOx: x=A/B/C/D/E,选择 GPIO 端口外设
	GPIO_Pin: 指定的引脚,范围为 GPIO_PIN_0~GPIO_PIN_15,GPIO_PIN_All
	PinState: 引脚的电平状态,枚举类型
注意事项	该函数使用 GPIO 的 BSRR 寄存器进行设置,支持原子操作
应用示例	HAL_GPIO_WritePin(GPIOC, GPIO_PIN_0, GPIO_PIN_RESET); /* PC0 输出低电平 */

下面列出 HAL 库实现函数 HAL_GPIO_WritePin 的源代码:

```
void HAL_GPIO_WritePin(GPIO_TypeDef *GPIOx,
                       uint16_t GPIO_Pin, GPIO_PinState PinState)
{
    if (PinState != GPIO_PIN_RESET)
    {
        GPIOx->BSRR = GPIO_Pin;
    }
    else
    {
        /* 高 16 位清除对应的 ODRy 位,低 16 位设置对应的 ODRy 位 */
        GPIOx->BSRR = (uint32_t)GPIO_Pin << 16u;
    }
}
```

3.4 STM32CubeMX 应用示例

3.4.1 硬件设计

LED 电路原理图见 2.5.1 节。如图 3-5 所示，四个输入按键 KEY1～KEY4 的一端并联接地，另一端连接引脚 PE2～PE5。它们在没有被按下时，与其相连的 GPIO 引脚接到电源 +3.3V，引脚输入状态为高电平；当按键按下后，与其相连的 GPIO 引脚接 GND，引脚输入状态为低电平。因此只要检测出引脚的输入电平，就可以确定按键的状态。唤醒按键 WK_UP 的检测情况与此相反，请自行分析。

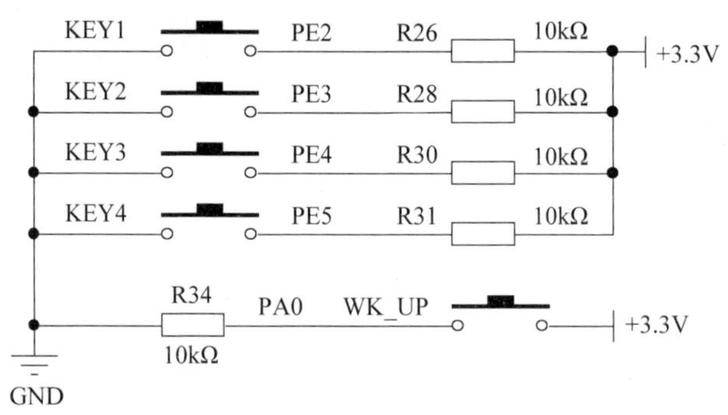

图 3-5　开发板按键原理图

3.4.2 STM32CubeMX 工程配置

启动 STM32CubeMX 软件，主界面如图 3-6 所示，图中①处打开现有的工程，图中②处创建新的工程。

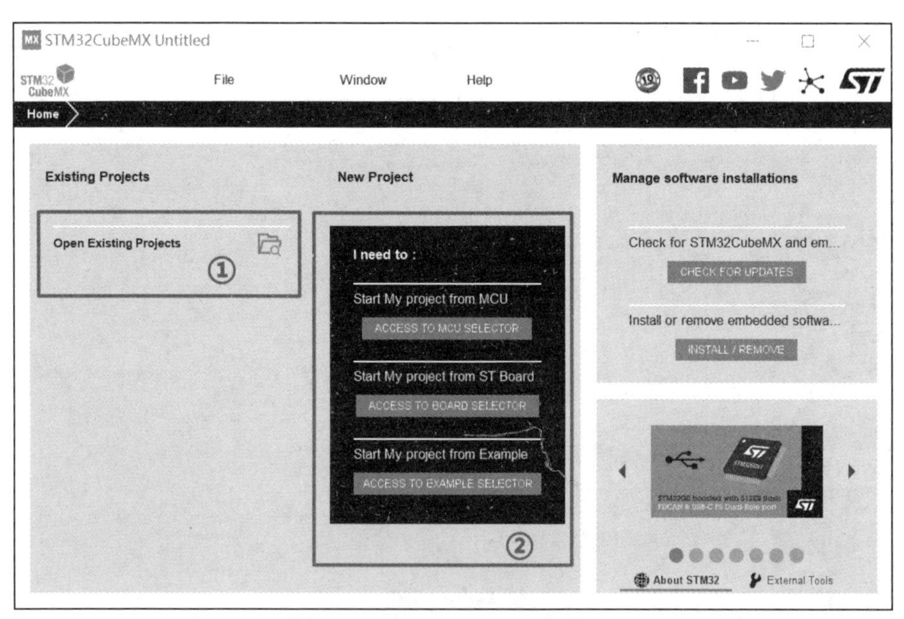

图 3-6　STM32CubeMX 主界面

可以选择使用 MCU 或者开发板来创建工程。本例选择使用 MCU 来创建工程，具体的配置步骤如下。

1. 选择 MCU 型号

如图 3-7 所示，根据开发板使用的 MCU 型号，在①处的搜索框中输入 STM32F103VE，然后选择图中②处的 STM32F103VETx 为实际使用型号。单击③处，开始工程配置。

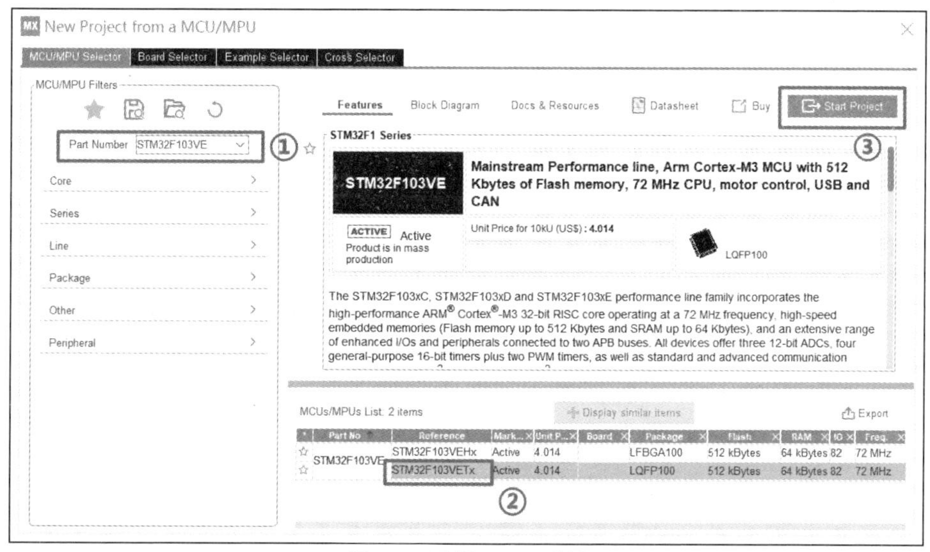

图 3-7　选择 MCU 型号

2. 配置系统时钟

如图 3-8 所示，打开 RCC 选项，选择“Crystal/Ceramic Resonator”作为 HSE，即使用外部晶振作为 HSE 的时钟源。

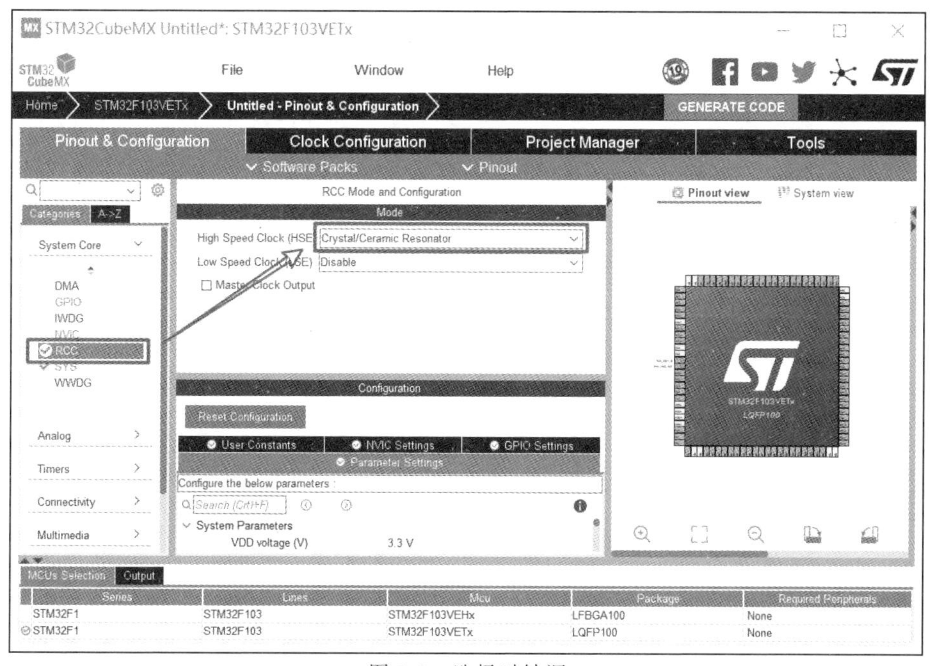

图 3-8　选择时钟源

单击 Clock Configuration 进入时钟配置界面，如图 3-9 所示，开发板上外部晶振为 8MHz，因此在输入框 Input frequency 填入 8，HSE Prediv 值选择/1，通道选择外接 HSE，倍频系数 PLLMul 选择×9；系统时钟选择由 PLLCLK 输入，设定为 72MHz；APB1 分频系数选择/2，即 PCLK1 为 36MHz；APB2 分频系数选择/1，即 PCLK2 为 72MHz。

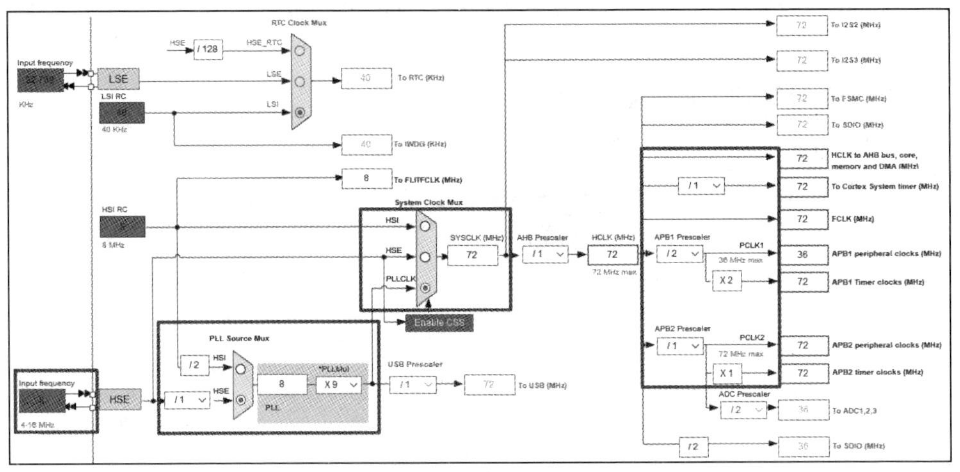

图 3-9 时钟配置界面

为简化上面的配置过程，也可以在软件中将 HCLK 的值直接修改为 72 后，按 Enter 键，软件会自动更改所有配置。

3. 配置 I/O 口

本示例使用两个按键来控制 LED1 和 LED2 的亮与灭，与它们连接的引脚为 PC0 和 PC1。如图 3-10 所示，单击 Pinout & Configuration，选择 System Core，再选择 GPIO，在图 3-10①处的搜索框输入 PC0 进行搜索可以定位引脚的位置，搜索到的引脚会闪烁提示，配置 PC0 的属性为 GPIO_Output。

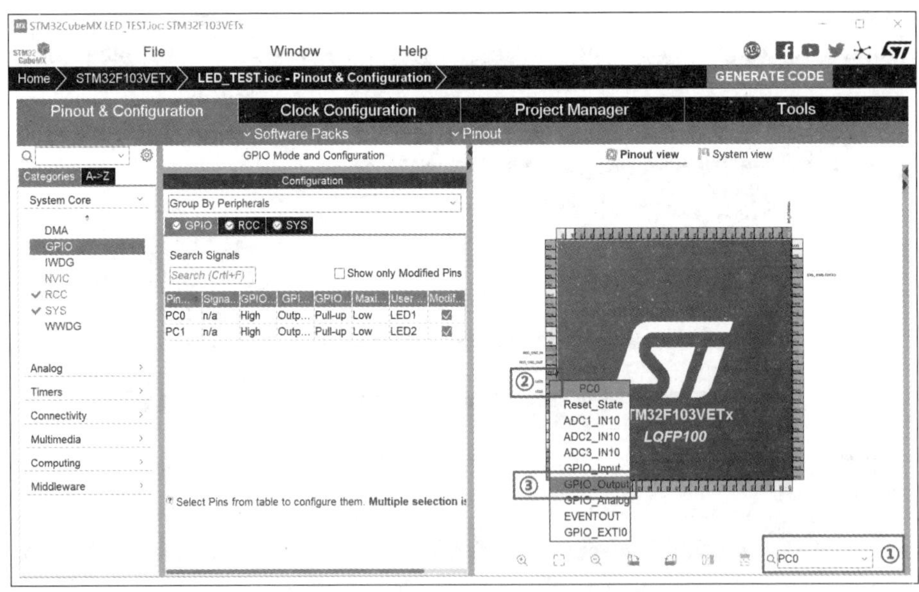

图 3-10 选择引脚 PC0 并配置其属性

配置引脚 PC0、PC1 为高电平（High，初始输出电平）、推挽输出模式（Output Push Pull）、带上拉电阻（Pull-up）及低速（Low）模式，并将用户标签设置为 LED1 和 LED2。配置引脚 PC0（LED1）属性示意图如图 3-11 所示。

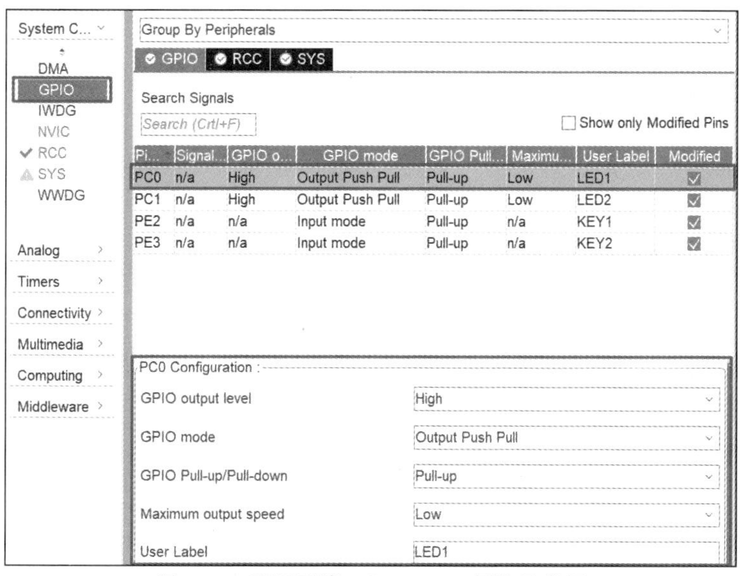

图 3-11 配置引脚 PC0（LED1）属性示意图

配置和按键 KEY1、KEY2 相连接的引脚 PE2、PE3 为输入模式（Input mode）、带上拉电阻（Pull-up），并将用户标签设置为 KEY1 和 KEY2。配置引脚 PE2（KEY1）属性示意图如图 3-12 所示。

图 3-12 配置引脚 PE2（KEY1）属性示意图

为了防止出现烧录代码以后仿真器无法连接的情况，将选项 Pinout & Configuration 中的 SYS Debug 属性配置为 Serial Wire，如图 3-13 所示。

4. 工程管理配置

如图 3-14 所示，在主视窗中选择 Project Manager 选项，然后选择 Project 标签，配置工

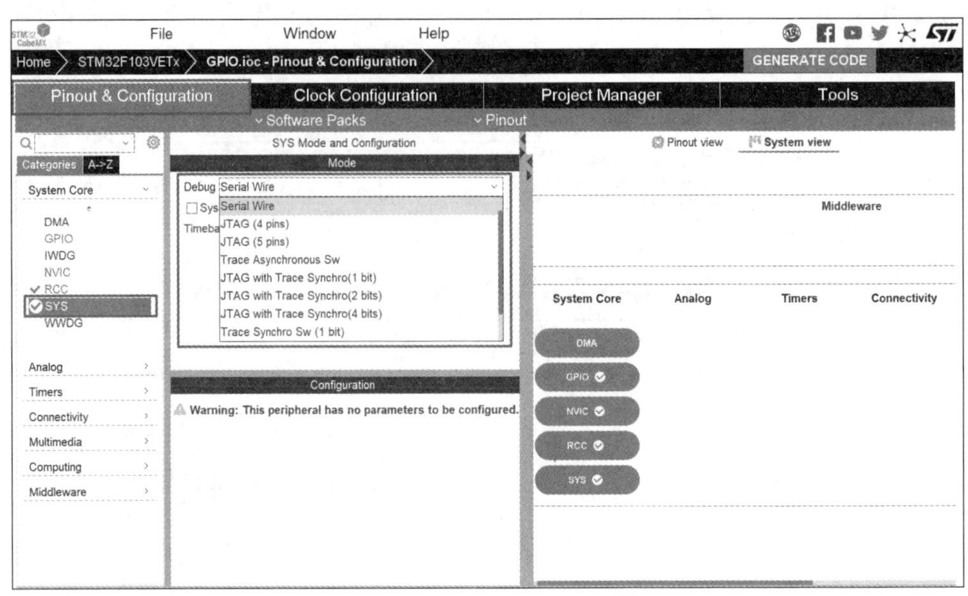

图 3-13　配置 SYS Debug 属性

程的名称、保存路径、使用的 IDE 工具及堆栈大小，注意不要使用中文路径和中文工程名称，以避免配置时出现一些奇怪的错误。在此标签下，也可以选择将 HAL 库存放在默认位置或指定路径下。

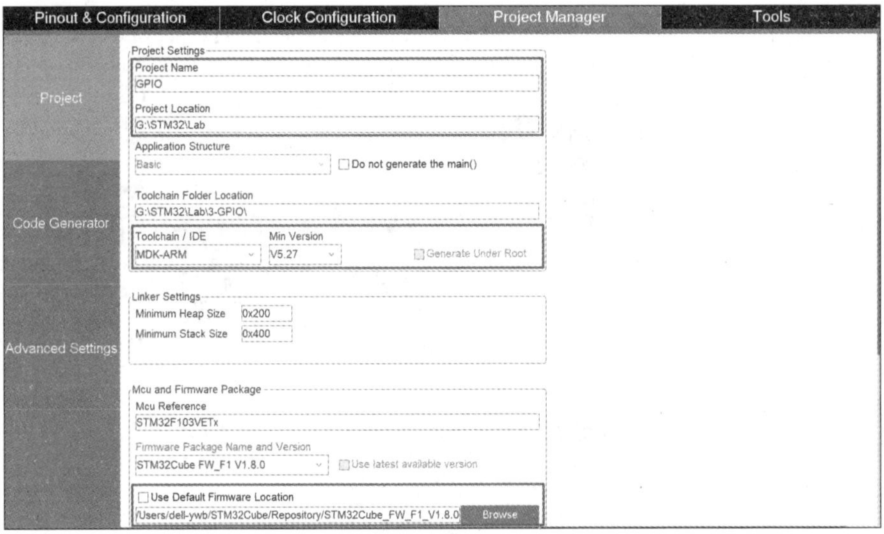

图 3-14　工程管理配置

如图 3-15 所示，选择 Code Generator 标签，设置代码生成选项。若在图中选择 Keep User Code when re-generating 功能，当重新生成工程时，工程代码中所有在英文注释 USER CODE BEGIN 和 USER CODE END 之间添加的用户代码会被保留，不会被 STM32CubeMX 删除。一般 STM32CubeMX 工程都会选择此功能。

5. 生成工程代码

完成上述配置后，单击主界面右上角的 GENERATE CODE（见图 3-13）按钮创建

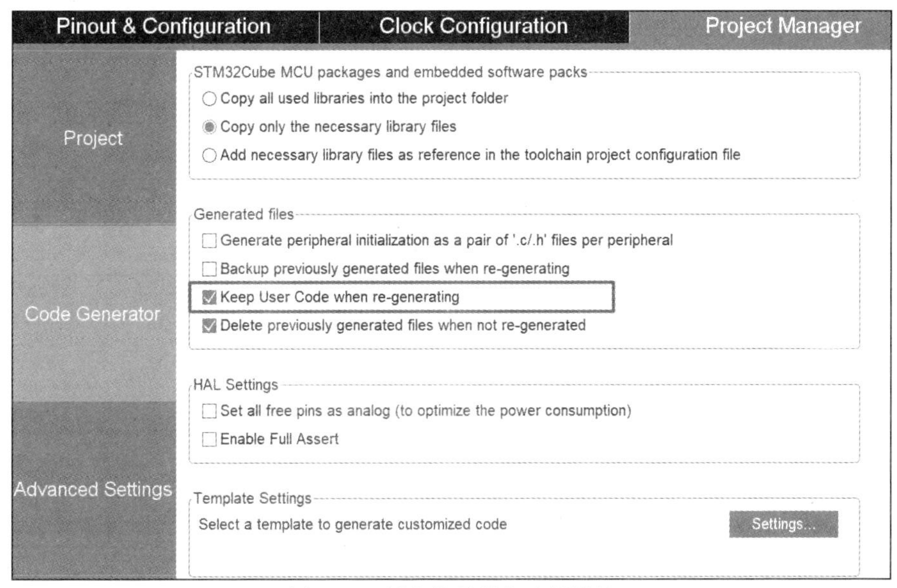

图 3-15 用户代码保留功能设置

MDK 工程。工程文件结构如图 3-16 所示，工程已经创建了组(Groups)并将 HAL 库的相关文件添加到了对应的组中。Application/User 组中的三个文件 main.c、stm32f1xx_it.c 和 stm32f1xx_hal_msp.c 是用户编写代码的主战场，Drivers/STM32F1xx_HAL_Driver 组中添加了外设模块的驱动文件，文件名称为 stm32f1xx_hal_ppp.c 或 stm32f1xx_hal_ppp_ex.c。

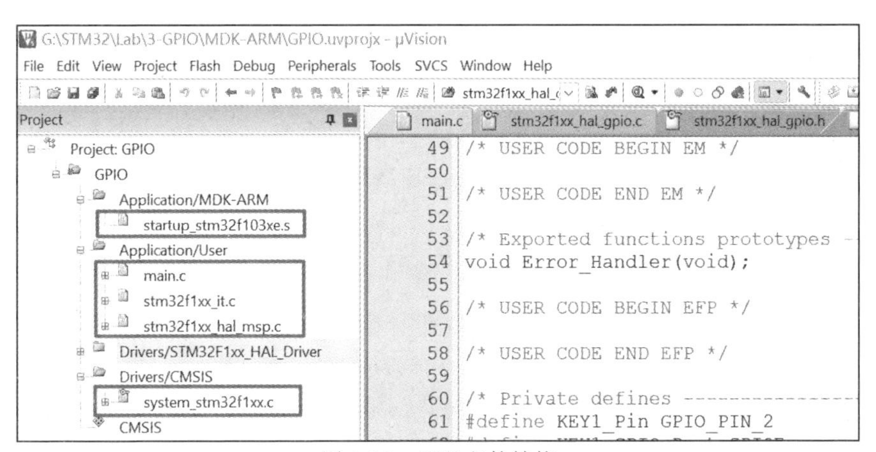

图 3-16 工程文件结构

使用 HAL 库构建的 STM32 应用程序，一般包含如表 3-5 所示的这些文件，表中列出了它们的作用。

表 3-5 STM32 应用程序包含的文件及其作用

文　件	作　用
main.c/.h	主程序文件
stm32f1xx_it.c/.h	中断和异常处理文件

续表

文　件	作　用
stm32f1xx_hal_msp.c	根据具体的 MCU 型号，对片上外设进行初始化设置
system_stm32f1xx.c	包含 STM32 上电后初始化系统时钟、扩展外部存储器用的函数
startup_stm32f103xe.s	启动文件，包含复位处理程序和异常向量
stm32f1xx_hal_conf.h	允许用户为特定的应用程序定制 HAL 驱动，通常直接使用默认配置

3.4.3 main 文件解析

STM32CubeMX 生成的工程文件中，比较重要的是 main.c 文件，下面列出其完整代码。

```
#include "main.h"

/* 私有函数声明 --------------------------*/
void SystemClock_Config(void);
static void MX_GPIO_Init(void);

int main(void)
{
    HAL_Init();                                  /* 初始化 HAL 库 */
    SystemClock_Config();                        /* 配置系统时钟 */
    MX_GPIO_Init();                              /* GPIO 配置 */

    /* USER CODE BEGIN WHILE */
    while (1)
    {
        /* USER CODE END WHILE */

        /* USER CODE BEGIN 3 */
        if (HAL_GPIO_ReadPin(KEY1_GPIO_Port, KEY1_Pin) == 0) /* 按键 1 按下 */
        {
            /* 点亮 LED1 */
            HAL_GPIO_WritePin(LED1_GPIO_Port, LED1_Pin, GPIO_PIN_RESET);
            /* 熄灭 LED2 */
            HAL_GPIO_WritePin(LED2_GPIO_Port, LED2_Pin, GPIO_PIN_SET);
        }

        if (HAL_GPIO_ReadPin(KEY2_GPIO_Port, KEY2_Pin) == 0) /* 按键 2 按下 */
        {
            /* 熄灭 LED1 */
            HAL_GPIO_WritePin(LED1_GPIO_Port, LED1_Pin, GPIO_PIN_SET);
            /* 点亮 LED2 */
            HAL_GPIO_WritePin(LED2_GPIO_Port, LED2_Pin, GPIO_PIN_RESET);
        }

        HAL_Delay(10);                           /* 延时 10ms */
```

```
    }
    /* USER CODE END 3 */
}

/* 系统时钟配置 */
void SystemClock_Config(void)
{
    RCC_OscInitTypeDef RCC_OscInitStruct = {0};
    RCC_ClkInitTypeDef RCC_ClkInitStruct = {0};

    /* 根据 RCC_OscInitTypeDef 结构中的指定参数初始化 RCC 振荡器 */
    RCC_OscInitStruct.OscillatorType = RCC_OSCILLATORTYPE_HSE;
    RCC_OscInitStruct.HSEState = RCC_HSE_ON;
    RCC_OscInitStruct.HSEPredivValue = RCC_HSE_PREDIV_DIV1;
    RCC_OscInitStruct.HSIState = RCC_HSI_ON;
    RCC_OscInitStruct.PLL.PLLState = RCC_PLL_ON;
    RCC_OscInitStruct.PLL.PLLSource = RCC_PLLSOURCE_HSE;
    RCC_OscInitStruct.PLL.PLLMUL = RCC_PLL_MUL9;
    if (HAL_RCC_OscConfig(&RCC_OscInitStruct) != HAL_OK)
    {
        Error_Handler();
    }

    /* 初始化 MCU、AHB 和 APB 总线时钟 */
    RCC_ClkInitStruct.ClockType = RCC_CLOCKTYPE_HCLK | RCC_CLOCKTYPE_SYSCLK
                                | RCC_CLOCKTYPE_PCLK1 | RCC_CLOCKTYPE_PCLK2;
    RCC_ClkInitStruct.SYSCLKSource = RCC_SYSCLKSOURCE_PLLCLK;
    RCC_ClkInitStruct.AHBCLKDivider = RCC_SYSCLK_DIV1;
    RCC_ClkInitStruct.APB1CLKDivider = RCC_HCLK_DIV2;
    RCC_ClkInitStruct.APB2CLKDivider = RCC_HCLK_DIV1;

    if (HAL_RCC_ClockConfig(&RCC_ClkInitStruct, FLASH_LATENCY_2) != HAL_OK)
    {
        Error_Handler();
    }
}

/* GPIO 初始化函数 */
static void MX_GPIO_Init(void)
{
    GPIO_InitTypeDef GPIO_InitStruct = {0};

    /* GPIO 端口时钟使能 */
    __HAL_RCC_GPIOE_CLK_ENABLE();
    __HAL_RCC_GPIOC_CLK_ENABLE();
    __HAL_RCC_GPIOA_CLK_ENABLE();

    /* 初始时 LED1、LED2 均熄灭 */
    HAL_GPIO_WritePin(GPIOC, LED1_Pin | LED2_Pin, GPIO_PIN_SET);
```

```
    /* 配置引脚: KEY1_Pin、KEY2_Pin */
    GPIO_InitStruct.Pin = KEY1_Pin | KEY2_Pin;              /* 选择引脚 PE2、PE3 */
    GPIO_InitStruct.Mode = GPIO_MODE_INPUT;                 /* 输入模式 */
    GPIO_InitStruct.Pull = GPIO_PULLUP;                     /* 带上拉电阻 */
    HAL_GPIO_Init(GPIOE, &GPIO_InitStruct);                 /* 初始化 PE2、PE3 引脚 */

    /* 配置引脚: LED1_Pin、LED2_Pin */
    GPIO_InitStruct.Pin = LED1_Pin | LED2_Pin;              /* 选择引脚 PC0、PC1 */
    GPIO_InitStruct.Mode = GPIO_MODE_OUTPUT_PP;             /* 推挽输出模式 */
    GPIO_InitStruct.Pull = GPIO_PULLUP;                     /* 带上拉电阻 */
    GPIO_InitStruct.Speed = GPIO_SPEED_FREQ_LOW;            /* 低速 */
    HAL_GPIO_Init(GPIOC, &GPIO_InitStruct);                 /* 初始化 PC0、PC1 引脚 */
}

/* 错误处理函数 */
void Error_Handler(void)
{
    __disable_irq();
    while (1)
    {}
}

#ifdef  USE_FULL_ASSERT
/* 报告 assert_param 参数对应的错误发生的文件和代码行 */
void assert_failed(uint8_t *file, uint32_t line)
{
    /* ex: printf("Wrong parameters value: file %s on line %d\r\n",
                  file, line) */
}
#endif /* USE_FULL_ASSERT */
```

上面的大部分代码都是由 STM32CubeMX 软件生成的，下面对该文件中涉及的几个 HAL 库函数进行说明。

1. HAL 库初始化函数 HAL_Init

函数 HAL_Init 说明如表 3-6 所示。

表 3-6　函数 HAL_Init 说明

函数原型	HAL_StatusTypeDef　HAL_Init(void)
功能描述	初始化 HAL 库，重置所有外设，初始化 Flash 接口和 SysTick 等
返回值	HAL_OK
注意事项	该函数必须在主函数中最先执行
应用示例	HAL_Init()；

2. 系统时钟配置函数 SystemClock_Config

开发板使用频率为 8MHz 的外部晶振，因此在文件 stm32f1xx_hal_conf.h 中设定 HSE_VALUE 的值为 8000000U，以此来匹配实际晶振的频率，配置的宏定义如下：

```
#if !defined  (HSE_VALUE)
    #define HSE_VALUE    8000000U                /* 外部晶振频率,Hz */
#endif /* HSE_VALUE */
```

每次系统上电时,启动文件中的复位中断服务函数(Reset handler)会调用 HAL 库函数 SystemInit,但该函数并没有像标准库中的同名函数一样初始化时钟配置,所以使用 HAL 库时,必须在主函数 main 中调用函数 SystemClock_Config 完成时钟的初始化,设置芯片的工作频率为 72MHz。

3. GPIO 配置函数 MX_GPIO_Init

考虑到硬件可能会发生更改的情况,例如 LED 的控制引脚发生了改变,希望用户程序只需要做最少的修改便可在新的硬件环境下正常运行,STM32CubeMX 在头文件 main.h 中把与 LED 和 KEY 相关的 GPIO 引脚和端口号使用宏进行了定义:

```
#define KEY1_Pin GPIO_PIN_2
#define KEY1_GPIO_Port GPIOE
#define KEY2_Pin GPIO_PIN_3
#define KEY2_GPIO_Port GPIOE

#define LED1_Pin GPIO_PIN_0
#define LED1_GPIO_Port GPIOC
#define LED2_Pin GPIO_PIN_1
#define LED2_GPIO_Port GPIOC
```

函数 MX_GPIO_Init 用来配置与 LED1、LED2 和 KEY1、KEY2 相连接的控制引脚。该函数首先使能 GPIO 端口时钟,然后通过调用函数 HAL_GPIO_WritePin 让引脚输出高电平,以确保在芯片上电时,LED1 和 LED2 都是熄灭状态。根据引脚的硬件电路,对 GPIO_InitTypeDef 结构体类型变量赋值,再调用函数 HAL_GPIO_Init 初始化 GPIO。

4. 用户代码

一般将用户代码添加在类似/* USER CODE BEGIN 3 */和/* USER CODE END 3 */之间,避免再次使用 STM32CubeMX 生成工程代码时,添加的用户代码被软件删除。

本例添加的用户代码在 while(1)无限循环中判断引脚 PE2、PE3 的电平状态,若检测到低电平,则表示与该引脚相连的按键被按下,再控制 LED1 和 LED2 的亮或灭。延时函数 HAL_Delay 实现间隔 10ms 检测一次按键的状态。

3.4.4 编译下载

工程编译成功后,如图 3-17 所示,编译结果显示,0 错误和 0 警告,代码占用 Flash 的大小为 3052(2700+352)字节,所用 SRAM 的大小为 1040(16+1024)字节。

```
Build Output
linking...
Program Size: Code=2700 RO-data=352 RW-data=16 ZI-data=1024
FromELF: creating hex file...
"GPIO\GPIO.axf" - 0 Error(s), 0 Warning(s).
Build Time Elapsed:  00:00:01
J-LINK / J-TRACE Cortex
```

图 3-17 代码编译结果

按照2.5.4节介绍的方法配置下载工具J-LINK,将程序下载到开发板运行。初始时LED1、LED2都处于熄灭状态,若按下KEY1按键,LED1点亮,LED2熄灭;若按下KEY2按键,LED2点亮,LED1熄灭。

本应用示例演示了使用STM32CubeMX软件配置STM32工程的完整过程,在实际操作过程中,读者可以参考相关资料反复练习,以达到熟练使用该工具的目的。

练习题

1. 说明STM32 HAL库文件的组织结构,以及STM32工程必须包含哪些文件。

2. 说明结构体GPIO_InitTypeDef的四个成员的作用,以及怎样使用该结构体。

3. 使用STM32CubeMX配置一个工程,实现PC端口的8个LED进行流水灯闪烁(各个LED先从左至右,再从右至左依次点亮)。

4. 使用HAL库函数编程实现:按键KEY1按下,LED1以1s为周期闪烁;按键KEY2按下,LED1停止闪烁。

第 4 章

CHAPTER 4

STM32 中断系统

4.1 中断的基本概念

中断是一个至关重要的概念,那什么是中断呢?简单来说就是系统正在处理一个正常事件,忽然被另一个需要马上处理的紧急事件打断,系统转而处理这个紧急事件,待紧急事件处理完毕后,系统再恢复运行刚才被打断的事件。在嵌入式系统中,中断一般由硬件(如片内外设、外部引脚等)产生,使 MCU 中断当前的程序执行流程,转而去处理中断服务指定的操作,处理完毕后,再返回被中断的程序处继续执行,实现这一功能的系统称为中断系统。

如图 4-1(a)所示,当主程序正在执行时遇到中断请求(interrupt request),系统会暂停执行主程序,转而去执行中断服务程序(interrupt service routine,ISR),执行完 ISR 后,再返回主程序断点处继续执行主程序。中断是可以嵌套的,如图 4-1(b)所示。中断嵌套是指在执行一个中断服务时有更高优先级的中断申请中断请求,这时会暂停当前低优先级 ISR,转而去处理更高优先级别的中断,处理完毕再返回原来低优先级的 ISR 继续执行。

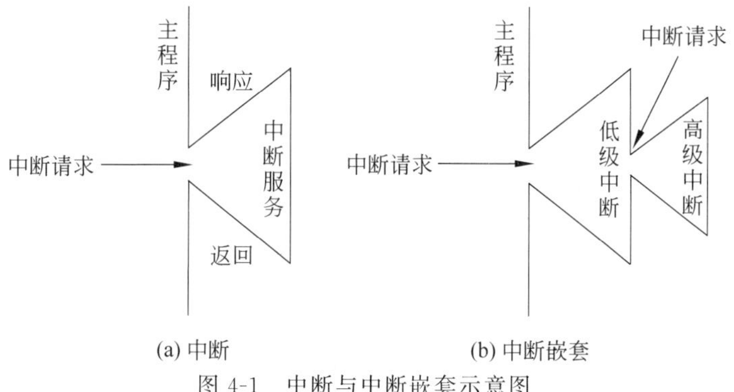

图 4-1　中断与中断嵌套示意图

将申请 MCU 中断的请求源称为中断源,中断源一般与外设有关。每个中断源都有对应的中断标志位,一旦该中断请求发生,它的中断标志位就会被置位。如果中断标志位被清除,它所对应的中断便不会被响应。一般中断源还有对应的中断屏蔽位,通过设置相应的中断屏蔽位,可以禁止 MCU 响应某个中断,从而实现中断屏蔽,不过有些中断是不可屏蔽中断。

在 ARM 编程领域中,将凡是打断当前代码运行的事件统称为异常(exception),异常是导致处理器脱离正常运行转向执行特殊代码的任何事件,需要被及时处理。中断与异常的区别在于它们的来源不同:中断的请求信号来自内核的外部,即来自各种片上外设和外扩的外设;而异常则是由内核的活动产生的。有时不加区分的话,会经常混合使用术语中断与异常。全面深入地理解中断的概念并掌握中断技术的应用,是学会 STM32 应用编程的关键。

4.2 STM32F103 的中断系统

4.2.1 中断和异常向量

Cortex-M3 内核可以支持 256 个中断,包括 16 个内核中断和 240 个外部中断,具有 256 级的可编程中断设置。STM32 并没有使用 Cortex-M3 内核的全部东西,只用了其中一部分,在后面的学习中要注意它们对中断的处理并不完全一致。

STM32F103 具有非常强大的中断系统,如表 4-1 所示,优先级编号从 -3 至 6 的中断向量定义为系统异常,系统异常有 10 个(包括 Reset、Hard Fault),每个外设都可以产生外部中断,从优先级编号 7 开始,共有 60 个中断。除了少数固定优先级的异常外,其余异常的优先级都是可编程的。这个管理异常和中断的表称为中断向量表,各个中断对应的中断服务函数的入口地址统一存放在该表中。

表 4-1 STM32F103 的中断向量表

位置	优先级	优先级类型	名称	说明	地址
	—	—	—	保留	0x0000_0000
	-3	固定	Reset	复位	0x0000_0004
	-2	固定	NMI	不可屏蔽中断,RCC 时钟安全系统(CSS)连接到 NMI 向量	0x0000_0008
	-1	固定	硬件失效(Hard Fault)	所有类型的失效	0x0000_000C
	0	可设置	存储管理(MemManage)	存储器管理	0x0000_0010
	1	可设置	总线错误(Bus Fault)	预取指失败,存储器访问失败	0x0000_0014
	2	可设置	错误应用(Usage Fault)	未定义的指令或非法状态	0x0000_0018
	—	—	—	保留	0x0000_001C~0x0000_002B
	3	可设置	SVCall	通过 SWI 指令的系统服务调用	0x0000_002C
	4	可设置	调试监控(DebugMonitor)	调试监控器	0x0000_0030
	—	—	—	保留	0x0000_0034
	5	可设置	PendSV	可挂起的系统服务	0x0000_0038
	6	可设置	SysTick	系统嘀嗒定时器	0x0000_003C
0	7	可设置	WWDG	窗口定时器中断	0x0000_0040

续表

位置	优先级	优先级类型	名　称	说　明	地　址
1	8	可设置	PVD	连到 EXTI 的电源电压检测(PVD)中断	0x0000_0044
2	9	可设置	TAMPER	侵入检测中断	0x0000_0048
3	10	可设置	RTC	实时时钟(RTC)全局中断	0x0000_004C
4	11	可设置	FLASH	闪存全局中断	0x0000_0050
5	12	可设置	RCC	复位和时钟控制(RCC)中断	0x0000_0054
6	13	可设置	EXTI0	EXTI 线 0 中断	0x0000_0058
7	14	可设置	EXTI1	EXTI 线 1 中断	0x0000_005C
8	15	可设置	EXTI2	EXTI 线 2 中断	0x0000_0060
9	16	可设置	EXTI3	EXTI 线 3 中断	0x0000_0064
10	17	可设置	EXTI4	EXTI 线 4 中断	0x0000_0068
11	18	可设置	DMA1 通道 1	DMA1 通道 1 全局中断	0x0000_006C
12	19	可设置	DMA1 通道 2	DMA1 通道 2 全局中断	0x0000_0070
13	20	可设置	DMA1 通道 3	DMA1 通道 3 全局中断	0x0000_0074
14	21	可设置	DMA1 通道 4	DMA1 通道 4 全局中断	0x0000_0078
15	22	可设置	DMA1 通道 5	DMA1 通道 5 全局中断	0x0000_007C
16	23	可设置	DMA1 通道 6	DMA1 通道 6 全局中断	0x0000_0080
17	24	可设置	DMA1 通道 7	DMA1 通道 7 全局中断	0x0000_0084
18	25	可设置	ADC1_2	ADC1 和 ADC2 的全局中断	0x0000_0088
19	26	可设置	USB_HP_CAN_TX	USB 高优先级或 CAN 发送中断	0x0000_008C
20	27	可设置	USB_LP_CAN_RX0	USB 低优先级或 CAN 接收 0 中断	0x0000_0090
21	28	可设置	CAN_RX1	CAN 接收 1 中断	0x0000_0094
22	29	可设置	CAN_SCE	CAN SCE 中断	0x0000_0098
23	30	可设置	EXTI9_5	EXTI 线[9：5]中断	0x0000_009C
24	31	可设置	TIM1_BRK	TIM1 刹车中断	0x0000_00A0
25	32	可设置	TIM1_UP	TIM1 更新中断	0x0000_00A4
26	33	可设置	TIM1_TRG_COM	TIM1 触发和通信中断	0x0000_00A8
27	34	可设置	TIM1_CC	TIM1 捕获/比较中断	0x0000_00AC
28	35	可设置	TIM2	TIM2 全局中断	0x0000_00B0
29	36	可设置	TIM3	TIM3 全局中断	0x0000_00B4
30	37	可设置	TIM4	TIM4 全局中断	0x0000_00B8

续表

位置	优先级	优先级类型	名　　称	说　　明	地　　址
31	38	可设置	IIC1_EV	IIC1 事件中断	0x0000_00BC
32	39	可设置	IIC1_ER	IIC1 错误中断	0x0000_00C0
33	40	可设置	IIC2_EV	IIC2 事件中断	0x0000_00C4
34	41	可设置	IIC2_ER	IIC2 错误中断	0x0000_00C8
35	42	可设置	SPI1	SPI1 全局中断	0x0000_00CC
36	43	可设置	SPI2	SPI2 全局中断	0x0000_00D0
37	44	可设置	USART1	USART1 全局中断	0x0000_00D4
38	45	可设置	USART2	USART2 全局中断	0x0000_00D8
39	46	可设置	USART3	USART3 全局中断	0x0000_00DC
40	47	可设置	EXTI15_10	EXTI 线[15：10]中断	0x0000_00E0
41	48	可设置	RTCAlarm	连到 EXTI 的 RTC 闹钟中断	0x0000_00E4
42	49	可设置	USB 唤醒	连到 EXTI 的从 USB 待机唤醒中断	0x0000_00E8
43	50	可设置	TIM8_BRK	TIM8 刹车中断	0x0000_00EC
44	51	可设置	TIM8_UP	TIM8 更新中断	0x0000_00F0
45	52	可设置	TIM8_TRG_COM	TIM8 触发和通信中断	0x0000_00F4
46	53	可设置	TIM8_CC	TIM8 捕获/比较中断	0x0000_00F8
47	54	可设置	ADC3	ADC3 全局中断	0x0000_00FC
48	55	可设置	FSMC	FSMC 全局中断	0x0000_0100
49	56	可设置	SDIO	SDIO 全局中断	0x0000_0104
50	57	可设置	TIM5	TIM5 全局中断	0x0000_0108
51	58	可设置	SPI3	SPI3 全局中断	0x0000_010C
52	59	可设置	UART4	UART4 全局中断	0x0000_0110
53	60	可设置	UART5	UART5 全局中断	0x0000_0114
54	61	可设置	TIM6	TIM6 全局中断	0x0000_0118
55	62	可设置	TIM7	TIM7 全局中断	0x0000_011C
56	63	可设置	DMA2 通道 1	DMA2 通道 1 全局中断	0x0000_0120
57	64	可设置	DMA2 通道 2	DMA2 通道 2 全局中断	0x0000_0124
58	65	可设置	DMA2 通道 3	DMA2 通道 3 全局中断	0x0000_0128
59	66	可设置	DMA2 通道 4_5	DMA2 通道 4 和 DMA2 通道 5 全局中断	0x0000_012C

4.2.2 嵌套向量中断控制器

嵌套向量中断控制器(nested vectored interrupt controller,NVIC)是所有 Cortex-M 内核都包含的一个处理中断的组件,主要用于管理微处理器的所有中断和它们的中断优先级,Cortex-M 的所有中断机制都是由 NVIC 实现的。

如图 4-2 所示,Cortex-M 的 NVIC 支持多个 IRQ(中断请求)、一个 NMI(不可屏蔽中断)和一个 Sys Tick(系统嘀嗒定时器)。IRQs 多数由定时器、I/O 端口和通信接口等外设产生,NMI 通常由看门狗定时器或者掉电检测器等外设产生。

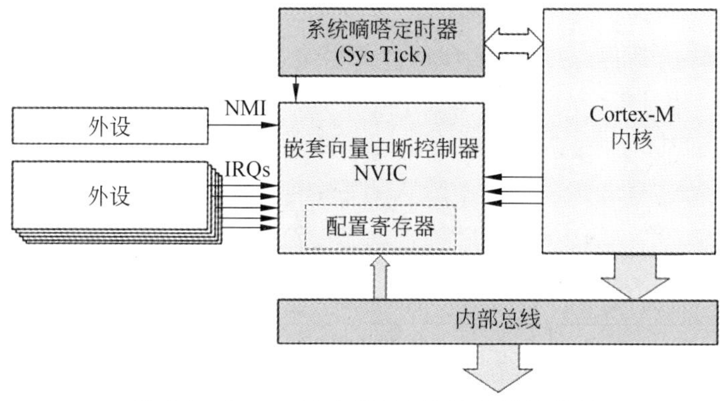

图 4-2 Cortex-M 内核与 NVIC 关系示意图

在头文件 core_cm3.h 中,定义了结构体数据类型 NVIC_Type,用于对相关寄存器进行封装,代码如下:

```
typedef struct
{
    __IOM uint32_t ISER[8U];                /* 中断使能寄存器 */
          uint32_t RESERVED0[24U];
    __IOM uint32_t ICER[8U];                /* 中断清除寄存器 */
          uint32_t RSERVED1[24U];
    __IOM uint32_t ISPR[8U];                /* 中断使能悬起寄存器 */
          uint32_t RESERVED2[24U];
    __IOM uint32_t ICPR[8U];                /* 中断清除悬起寄存器 */
          uint32_t RESERVED3[24U];
    __IOM uint32_t IABR[8U];                /* 中断有效位寄存器 */
          uint32_t RESERVED4[56U];
    __IOM uint8_t  IP[240U];                /* 中断优先级寄存器(8bit 宽) */
          uint32_t RESERVED5[644U];
    __OM  uint32_t STIR;                    /* 软件触发中断寄存器 */
} NVIC_Type;
```

在配置中断时,一般只用到了 ISER、ICER 和 IP 这三个寄存器,ISER 用来使能中断,ICER 用来清除中断,IP 用来设置中断的优先级,它们展现出了 NVIC 的主要功能。

4.2.3 中断优先级

当多个中断发生时,它们响应顺序的高低,称为中断优先级。中断优先级决定了一个中断是否能够被屏蔽，以及在未被屏蔽的情况下何时可以响应。STM32 的优先级分为两级，即抢占优先级和响应优先级（子优先级），每个中断源都需要指定这两个优先级。抢占优先级可以嵌套，当有多个中断同时响应时，抢占优先级高的就会抢占优先级低的中断优先执行，响应优先级不能嵌套。STM32F103 响应中断的机制描述如下：

（1）高抢占优先级中断可以打断低抢占优先级的中断服务，构成中断嵌套（仅在此情况下产生嵌套）。

（2）当有多个具有相同抢占优先级的中断时，谁先出现，先响应谁，不构成中断嵌套。

（3）当多个具有相同抢占优先级的中断同时出现或挂起等待时，谁的响应优先级高，先响应谁。

（4）当多个具有相同抢占优先级且响应优先级也相同的中断同时出现或挂起等待时，那么谁的中断向量地址低（在中断向量表中的位置靠前），先响应谁。

如表 4-2 所示，某嵌入式系统按照表中数据设置中断优先级，若系统正在执行 C 的中断服务函数，它能被抢占优先级更高的中断 A 打断；由于 B 和 C 的抢占优先级相同，因此 C 不能被 B 打断；如果 B 和 C 的中断同时到达，系统将先执行响应优先级更高的 B 中断。

表 4-2　某嵌入式系统的中断优先级设置表

中 断 向 量	抢占优先级	响应优先级
A	0	0
B	1	0
C	1	1

Reset、NMI 和 Hard Fault 的优先级为固定的负数，高于普通中断优先级，不可配置。系统中断（如 SVC、PendSV、SysTick）不比外部中断（如 SPI、USART）的优先级高，它们都是在同一个 NVIC 里设置。

NVIC 有一个专门的中断优先级寄存器（NVIC_IPRx）用来配置外部中断的优先级，IPR 的宽度为 8 位，因此每个外部中断可配置的优先级为 0～255，数值越小，优先级越高。但是大部分 Cortex-M3 芯片采用精简设计，实际支持的优先级数会减少很多。如图 4-3 所示，STM32F103 只使用了 IPR 的高 4 位，抢占优先级和响应优先级的级数由这 4 位决定，可配置 16 级优先级，将它们分成 5 组，如第 4 组所有 4 位都用来指定抢占优先级（16 级），无响应优先级；第 1 组高 1 位用来指定抢占优先级（2 级），低 3 位用来指定响应优先级（8 级）。

优先级组别	抢占优先级	响应优先级
4	4位/16级	0位/0级
3	3位/8级	1位/2级
2	2位/4级	2位/4级
1	1位/2级	3位/8级
0	0位/0级	4位/16级

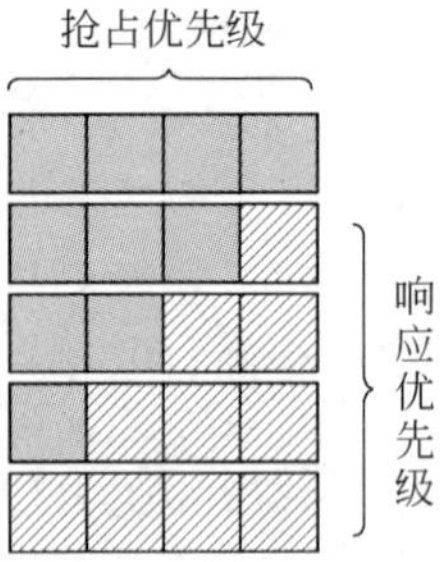

4个优先级描述位可以有5种组合方式
抢占优先级
响应优先级

图 4-3　STM32F103 优先级位数和级数分配图

注意：当系统使用的中断向量超过 16 个时，必定有 2 个及以上的中断向量使用相同的中断优先级，它们不能互相嵌套。

4.2.4　中断服务处理

1. 中断向量表

如图 4-4 所示，在中断向量表中存放了所有用户中断服务程序(ISR)的入口地址，每个中断向量都联系一个 ISR。当中断向量对应的物理中断发生时，中断处理程序就会调用与它联系的 ISR，即执行这个中断对应的 ISR。

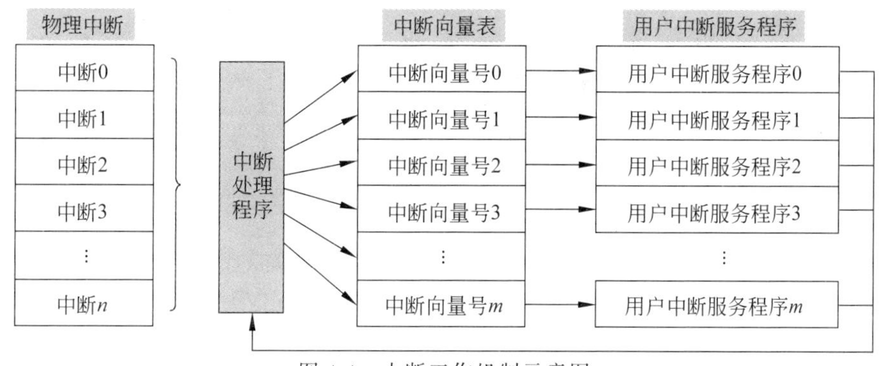

图 4-4　中断工作机制示意图

Cortex-M 系列的中断向量表就是一个集中保存系统全部中断处理函数地址的常量数组，函数地址占 4 字节，数组中每个元素大小也为 4 字节。Cortex-M 内核(除了 CM0)都是从 0x0000 0000 启动，但 STM32 通过设置 BOOT[1:0]引脚状态将 0x0800 0000 映射到 0x0000 0000，因此中断向量表存放在起始地址为 0x0800 0000 的一段连续内存空间内。

在启动文件 startup_stm32f103xe.s 中，中断向量表以代码形式给出，以 4 字节为一个单位存放中断服务程序的函数地址，代码如下：

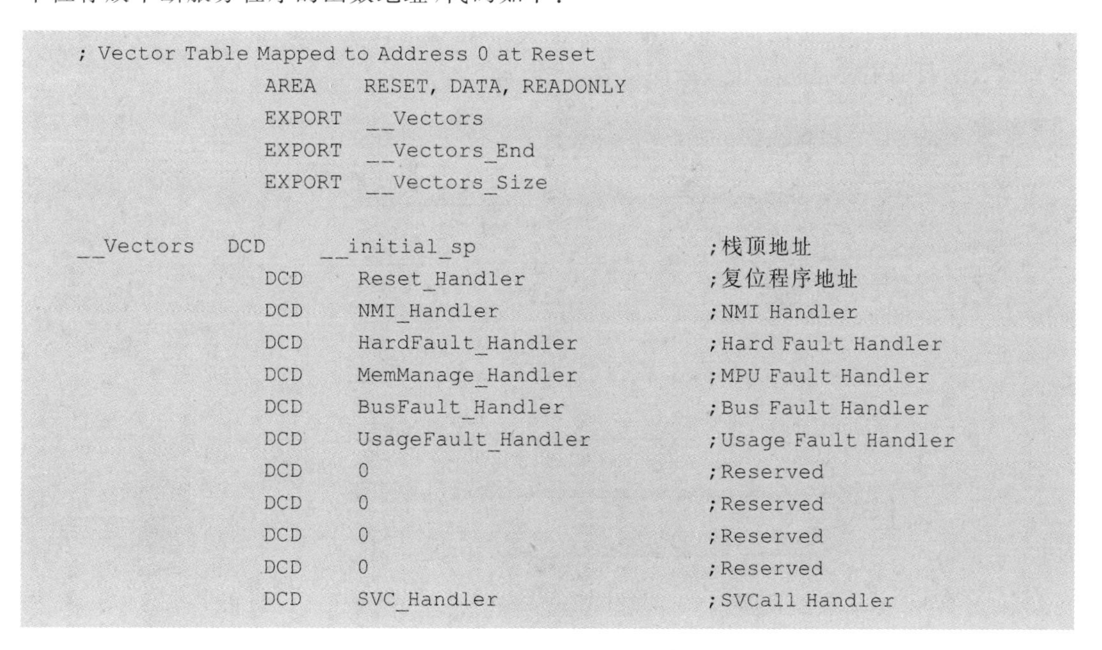

```
; Vector Table Mapped to Address 0 at Reset
                AREA    RESET, DATA, READONLY
                EXPORT  __Vectors
                EXPORT  __Vectors_End
                EXPORT  __Vectors_Size

__Vectors       DCD     __initial_sp               ;栈顶地址
                DCD     Reset_Handler              ;复位程序地址
                DCD     NMI_Handler                ;NMI Handler
                DCD     HardFault_Handler          ;Hard Fault Handler
                DCD     MemManage_Handler          ;MPU Fault Handler
                DCD     BusFault_Handler           ;Bus Fault Handler
                DCD     UsageFault_Handler         ;Usage Fault Handler
                DCD     0                          ;Reserved
                DCD     0                          ;Reserved
                DCD     0                          ;Reserved
                DCD     0                          ;Reserved
                DCD     SVC_Handler                ;SVCall Handler
```

```
                DCD     DebugMon_Handler            ;Debug Monitor Handler
                DCD     0                           ;Reserved
                DCD     PendSV_Handler              ;PendSV Handler
                DCD     SysTick_Handler             ;SysTick Handler

                ; 外部中断
                DCD     WWDG_IRQHandler             ;Window Watchdog
                DCD     PVD_IRQHandler              ;PVD through EXTI Line detect
                DCD     TAMPER_IRQHandler           ;Tamper
                DCD     RTC_IRQHandler              ;RTC
                ...                                 ;中间代码省略
                DCD     DMA2_Channel3_IRQHandler    ;DMA2 Channel3
                DCD     DMA2_Channel4_5_IRQHandler  ;DMA2 Channel4 & Channel5
__Vectors_End

__Vectors_Size  EQU  __Vectors_End - __Vectors
```

上面的汇编代码中，数据定义伪指令 DCD 表示分配一个 4 字节的空间，每行 DCD 都会生成一个 4 字节的二进制代码。__Vectors 和__Vectors_End 为向量表的起始和结束地址，它们的差为向量表的大小。

STM32 复位后将内部 0x0800 0000 地址存放的堆栈栈顶地址装入 SP 中，将 0x0800 0004 位置存放的向量地址装入 PC 程序计数器，CPU 从 PC 寄存器指向的物理地址取出第 1 条指令开始执行程序，即开始执行复位中断服务函数(Reset_Handler)。当异常(即中断事件)发生时，中断系统会将相应的入口地址赋值给 PC 程序计数器，之后就转去执行中断服务程序。

2. 中断服务函数

启动文件 startup_stm32f103xe.s 预先为中断向量表中的每个中断都写了一个中断服务函数，用户可以在此实现自己的中断服务程序(不过很少在这里实现)。预定义这些中断服务函数的目的主要是初始化中断向量表，代码如下：

```
NMI_Handler     PROC
                EXPORT  NMI_Handler                 [WEAK]
                B       .
                ENDP
HardFault_Handler  PROC
                EXPORT  HardFault_Handler           [WEAK]
                B       .
                ENDP
...                                                 ;中间代码省略
SysTick_Handler PROC
                EXPORT  SysTick_Handler             [WEAK]
                B       .
                ENDP

Default_Handler PROC                                ;外部中断
```

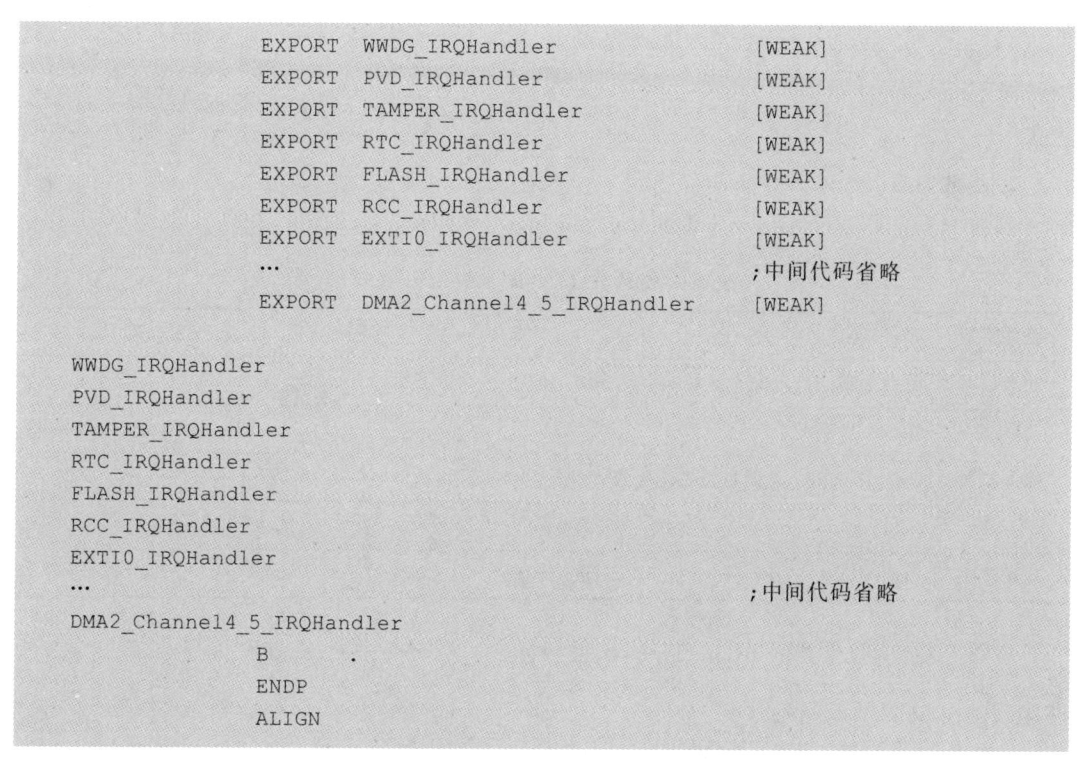

```
                EXPORT  WWDG_IRQHandler                  [WEAK]
                EXPORT  PVD_IRQHandler                   [WEAK]
                EXPORT  TAMPER_IRQHandler                [WEAK]
                EXPORT  RTC_IRQHandler                   [WEAK]
                EXPORT  FLASH_IRQHandler                 [WEAK]
                EXPORT  RCC_IRQHandler                   [WEAK]
                EXPORT  EXTI0_IRQHandler                 [WEAK]
                …                                        ;中间代码省略
                EXPORT  DMA2_Channel4_5_IRQHandler       [WEAK]

WWDG_IRQHandler
PVD_IRQHandler
TAMPER_IRQHandler
RTC_IRQHandler
FLASH_IRQHandler
RCC_IRQHandler
EXTI0_IRQHandler
…                                                        ;中间代码省略
DMA2_Channel4_5_IRQHandler
                B       .
                ENDP
                ALIGN
```

上面代码中的B指令表示跳转到一个标号，这里是跳转到“.”，表示无限循环。使用关键字WEAK定义的弱函数需要在别处重定义（详见2.5.2节），为了方便管理，一般在文件stm32f1xx_it.c中重定义一个同名的中断服务函数，实现具体的中断处理事务，否则程序将跳转到启动文件中预先设置的函数里面无限循环，实现不了中断。

4.2.5　NVIC相关HAL库函数

库文件stm32f1xx_hal_cortex.c主要用来配置NVIC、MPU和SysTick，里面的部分API只是重新封装了ARM CMSIS库的API，使得这些函数的名字以HAL开头。

1. 函数HAL_NVIC_SetPriorityGrouping

函数HAL_NVIC_SetPriorityGrouping说明如表4-3所示。

表4-3　函数HAL_NVIC_SetPriorityGrouping说明

函数原型	void HAL_NVIC_SetPriorityGrouping(uint32_t PriorityGroup)
功能描述	设置优先级分组，确定抢占优先级和响应优先级的数量
输入参数	PriorityGroup：优先级分组位长度
注意事项	该函数在系统中只需要被调用一次，一旦确定好分组，最好不要再更改，否则容易造成分组混乱
应用示例	HAL_NVIC_SetPriorityGrouping(NVIC_PRIORITYGROUP_4);

参数PriorityGroup用来设置优先级分组位长度，可以选用的宏定义如下：

```
#define NVIC_PRIORITYGROUP_0   0x00000007U       /* 抢占优先级 0 位，响应优先级 4 位 */
#define NVIC_PRIORITYGROUP_1   0x00000006U       /* 抢占优先级 1 位，响应优先级 3 位 */
```

```
#define NVIC_PRIORITYGROUP_2   0x00000005U        /* 抢占优先级 2 位,响应优先级 2 位 */
#define NVIC_PRIORITYGROUP_3   0x00000004U        /* 抢占优先级 3 位,响应优先级 1 位 */
#define NVIC_PRIORITYGROUP_4   0x00000003U        /* 抢占优先级 4 位,响应优先级 0 位 */
```

2. 函数 HAL_NVIC_SetPriority

函数 HAL_NVIC_SetPriority 说明如表 4-4 所示。

表 4-4 函数 HAL_NVIC_SetPriority 说明

函数原型	void HAL_NVIC_SetPriority(IRQn_Type IRQn, uint32_t PreemptPriority, uint32_t SubPriority)
功能描述	配置中断的抢占优先级和响应优先级的值
输入参数	IRQn：中断源
	PreemptPriority：设置抢占优先级，范围为 0～15
	SubPriority：设置响应优先级，范围为 0～15
应用示例	HAL_NVIC_SetPriority(EXTI2_IRQn, 1, 0);

参数 IRQn 为枚举类型 IRQn_Type，该类型包含了所有的中断源，在文件 stm32f103xe.h 中定义：

```
typedef enum
{
    /******  Cortex-M3 处理器异常编号 ******/
    NonMaskableInt_IRQn = -14,
    HardFault_IRQn = -13,
    MemoryManagement_IRQn = -12,
    BusFault_IRQn = -11,
    …                                          ;中间代码省略
    SysTick_IRQn = -1,

    /******  STM32 外部中断编号 ******/
    WWDG_IRQn = 0,
    PVD_IRQn = 1,
    TAMPER_IRQn = 2,
    RTC_IRQn = 3,
    …                                          ;中间代码省略
    DMA2_Channel3_IRQn = 58,
    DMA2_Channel4_5_IRQn = 59,
} IRQn_Type;
```

3. 函数 HAL_NVIC_EnableIRQ

函数 HAL_NVIC_EnableIRQ 说明如表 4-5 所示。

表 4-5 函数 HAL_NVIC_EnableIRQ 说明

函数原型	void HAL_NVIC_EnableIRQ(IRQn_Type IRQn)
功能描述	使能由输入参数指定的中断通道

续表

输入参数	IRQn：中断源，同 HAL_NVIC_SetPriority 函数第一个参数
注意事项	调用此函数前，要先在 HAL_Init( )函数里调用优先级分组设置函数 NVIC_PriorityGroupConfig
应用示例	HAL_NVIC_EnableIRQ(EXTI2_IRQn)；

4.3 外部中断/事件控制器

4.3.1 外部中断/事件控制器简介

外部中断/事件控制器(external interrupt/event controller，EXTI)是 NVIC 的实例应用，对于互联型产品，由 20 个产生中断/事件请求的边沿检测器组成，对于其他产品，则由 19 个能产生中断/事件请求的边沿检测器组成。EXTI 是挂载在 APB2 总线上的。

EXTI 功能框图如图 4-5 所示，图中信号线上的标记(斜杠和 20)表示在控制器内类似的信号线有 20 条，符合 EXTI 共有 20 条中断/事件线。EXTI 可以对每条中断/事件线进行单独配置，每条输入线都对应一个边沿检测电路，用来对从输入线送入的信号的上升沿、下降沿或双边沿进行检测，请求挂起寄存器保存着输入线的中断请求，另外每条输入线都可以通过中断屏蔽寄存器独立被屏蔽。

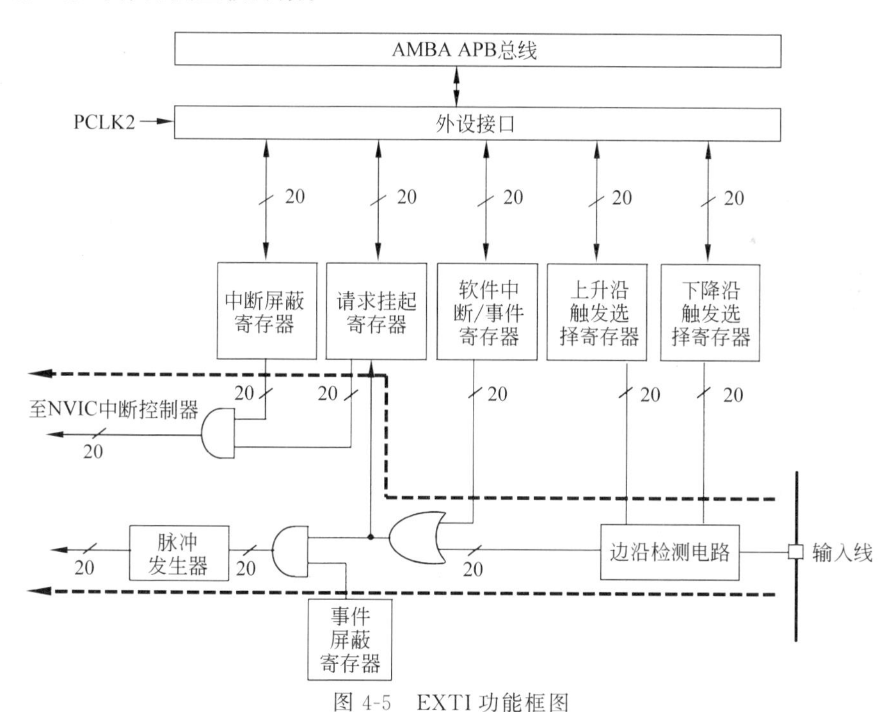

图 4-5 EXTI 功能框图

STM32F1 的 EXTI 分为两大部分：一部分产生中断，另一部分产生事件，分别见图 4-5 中上、下两条带箭头的虚线指示的电路流程。产生中断的线路的最终信号流入 NVIC 中断控制器，即将输入线产生的中断信号输入 NVIC，进一步做中断处理实现功能，这是软件级的。产生事件的线路的最终输出是一个脉冲信号，这个脉冲信号可供其他外设电路(如定时器)使用,这是电路级别的信号传输,属于硬件级的。

最后说明一下 EXTI 功能框图中其他组成部分的作用,它的输入线可以连接到任意一个 GPIO,也可以连接到一些外设的事件,输入存在电平变化的信号。边沿检测电路会根据上升沿或下降沿触发选择寄存器的设置来控制检测哪种类型的电平跳变过程,也可以同时检测上升沿和下降沿。电路中的或门电路起的作用是,当软件中断事件寄存器的对应位为 1 时,不管外部信号如何,或门都会输出有效信号,即可以使用软件方式触发中断/事件请求。请求挂起寄存器用来记录外部的请求信号。电路中的两个与门电路实现了中断/事件的屏蔽。

4.3.2 外部中断/事件线

STM32F1 GPIO 端口的每个引脚都可以作为外部中断的输入源,而供 GPIO 端口使用的中断线却只有 16 个,由于中断线每次只能连接到一个 GPIO 端口上,这就需要通过配置来确定一个中断线究竟连接到了哪个 GPIO。

如图 4-6 所示,GPIO 端口的每个引脚都连接到了 16 个外部中断/事件线之一上,占用 EXTI0 至 EXTI15,通过编程可以选择任意一个 GPIO 作为 EXTI 的输入源。比如通过外部中断配置寄存器 1(AFIO_EXTICR1)的 EXTI0[3:0]位来配置 EXTI0 连接到引脚 PA0~PG0 中的某一个,所以同一时刻 EXTI0 只能响应一个引脚的事件触发,不能同一时间响应所有 GPIO 引脚的事件触发,但是可以分时复用。这些外部引脚中断是以组来区分的,也就是说 MCU 无法区分 PA0~PG0 中的哪个触发了中断,它们共用一个 EXTI0 线中断服务函数。其他 EXTI 线的配置与此类似。

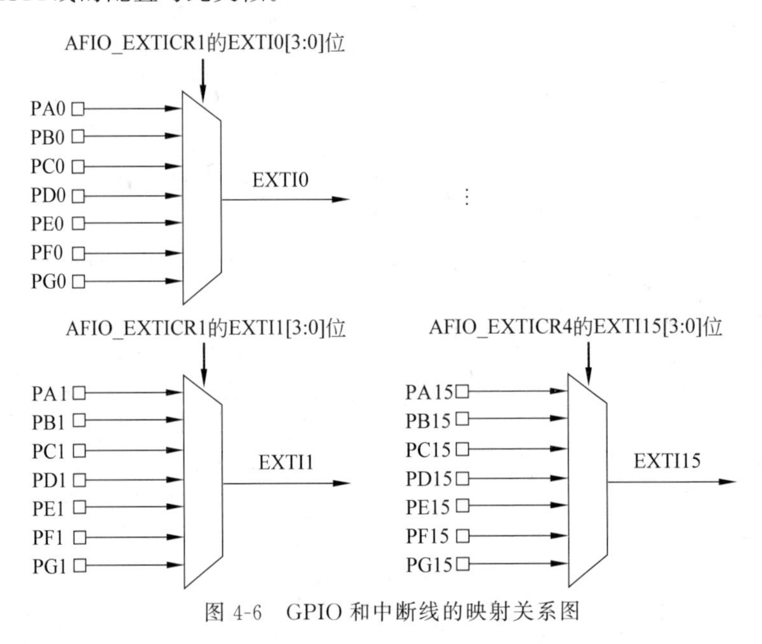

图 4-6 GPIO 和中断线的映射关系图

还有另外四个 EXTI 线用于特定的外设事件:EXTI16 连接到 PVD 输出、EXTI17 连接到 RTC 闹钟事件、EXTI18 连接到 USB 唤醒事件和 EXTI19 连接到以太网唤醒事件(只适用于互联型产品)。

4.4 外部中断控制示例

本示例使用按键作为外部中断触发源，按键按下时使 MCU 产生中断，并在中断服务函数中控制 LED1 的点亮和熄灭，按键的硬件连接图见 3.4.1 节。

4.4.1 STM32CubeMX 工程配置

先配置与按键 KEY1 相连接的引脚 PE2 的工作模式，如图 4-7 所示，在 Pinout view 视图中的芯片引脚编号 PE2 上单击，在弹出的菜单中选择 GPIO_EXTI2，数字 2 是指挂载在外部中断线 2。

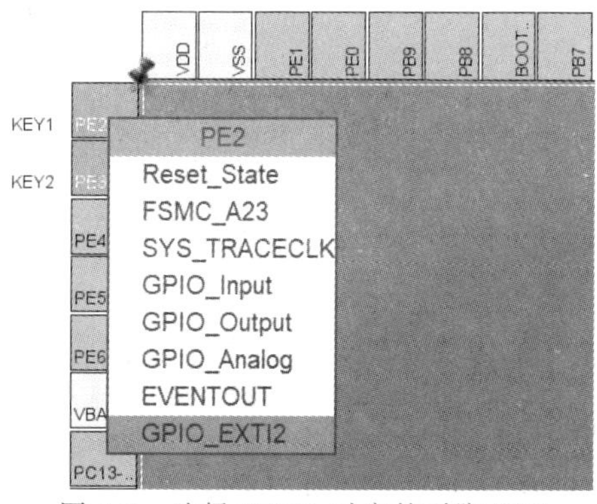

图 4-7 选择 KEY1 对应的引脚 PE2

如图 4-8 所示，由于 KEY1、KEY2 连接的 GPIO 引脚是通过上拉电阻接到电源+3.3V，因此配置引脚 PE2、PE3 模式为下降沿触发中断，即按下按键时，按键引脚电平由高电平变为低电平时触发中断。由于按键通过上拉电阻接到电源+3.3V，因此在 GPIO Pull-up/Pull-down 中选择内部上拉电阻(Pull-up)，也可以选择既不上拉也不下拉(No pull-up and no pull-down)。

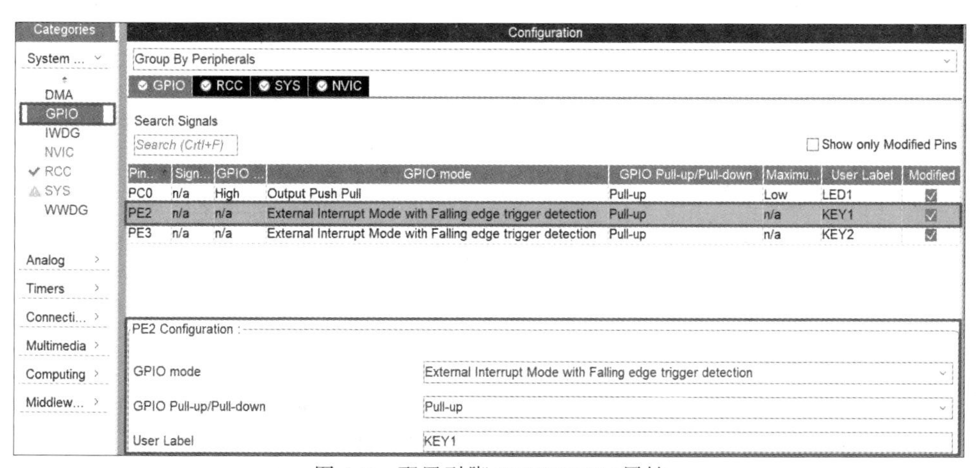

图 4-8 配置引脚 PE2(KEY1)属性

配置 NVIC，如图 4-9 所示，示例的优先级分组(Priority Group)将 IPR 的所有四位都用来表示抢占优先级，即将优先级分组设置为第 4 组，一般情况下不需要再次更改分组规则。勾选使能 EXTI 线 2、3，按照图示数据配置它们的抢占优先级（Preemption Priority）和响应优先级（Sub Priority）。

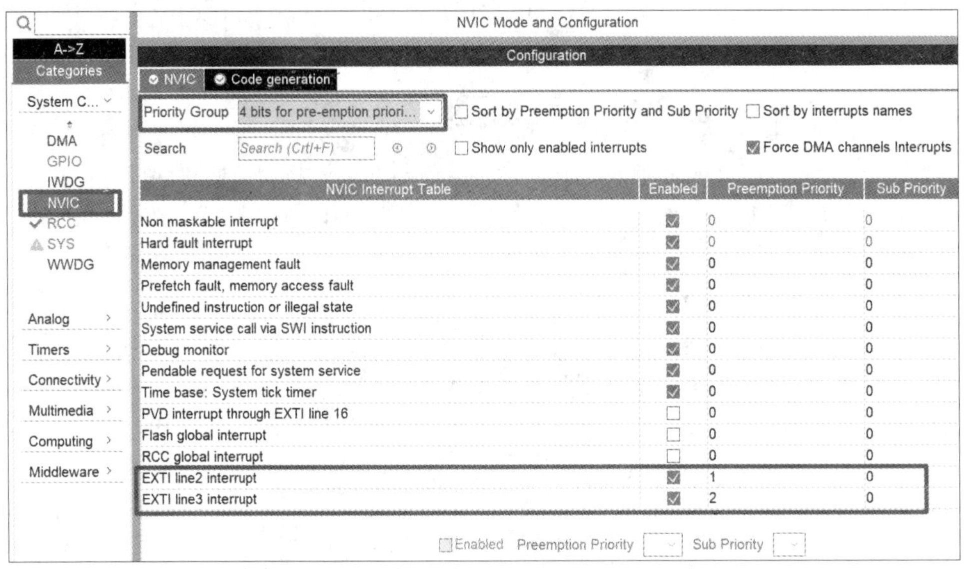

图 4-9 配置 NVIC

4.4.2 中断配置与中断服务函数

1. 中断配置函数

在 STM32CubeMX 生成的工程代码中，函数 MX_GPIO_Init 主要完成 GPIO、NVIC 的配置工作，它首先使能 GPIO 端口时钟，设置 KEY1、KEY2 和 LED1 连接引脚的工作模式，调用函数 HAL_NVIC_SetPriority 设置 EXTI 线 2 的抢占优先级和响应优先级分别为 1 和 0，EXTI 线 3 的抢占优先级和响应优先级分别为 2 和 0，调用函数 HAL_NVIC_EnableIRQ 使能 EXTI 线 2、EXTI 线 3，代码如下：

```
static void MX_GPIO_Init(void)
{
    GPIO_InitTypeDef GPIO_InitStruct = {0};

    /* GPIO 端口时钟使能 */
    __HAL_RCC_GPIOE_CLK_ENABLE();
    __HAL_RCC_GPIOC_CLK_ENABLE();
    __HAL_RCC_GPIOA_CLK_ENABLE();

    /* 配置 LED1 引脚初始输出电平 */
    HAL_GPIO_WritePin(LED1_GPIO_Port, LED1_Pin, GPIO_PIN_SET);

    /* 配置 KEY1、KEY2 引脚 */
    GPIO_InitStruct.Pin = KEY1_Pin | KEY2_Pin;
    GPIO_InitStruct.Mode = GPIO_MODE_IT_FALLING;    /* 外部中断工作模式、下降沿触发 */
```

```
    GPIO_InitStruct.Pull = GPIO_PULLUP;                  /* 内部上拉电阻 */
    HAL_GPIO_Init(GPIOE, &GPIO_InitStruct);

    /* 配置 LED1 引脚 */
    GPIO_InitStruct.Pin = LED1_Pin;
    GPIO_InitStruct.Mode = GPIO_MODE_OUTPUT_PP;          /* 推挽输出模式 */
    GPIO_InitStruct.Pull = GPIO_PULLUP;                  /* 内部上拉电阻 */
    GPIO_InitStruct.Speed = GPIO_SPEED_FREQ_LOW;         /* 低速 */
    HAL_GPIO_Init(LED1_GPIO_Port, &GPIO_InitStruct);

    /* 按键 KEY1、KEY2 中断优先级和中断使能配置 */
    HAL_NVIC_SetPriority(EXTI2_IRQn, 1, 0);
    HAL_NVIC_EnableIRQ(EXTI2_IRQn);
    HAL_NVIC_SetPriority(EXTI3_IRQn, 2, 0);
    HAL_NVIC_EnableIRQ(EXTI3_IRQn);
}
```

上面的代码中有两点需要注意一下。

(1) 与标准库不同，HAL 库是在函数 HAL_GPIO_Init 中设置 GPIO 和中断线的映射关系，本示例在调用该函数配置引脚 PE2、PE3 的工作模式时，通过判断 Mode 的值开启 SYSCFG 时钟，将 EXTI 线 2 和 EXTI 线 3 映射到引脚 PE2 和 PE3。

(2) 设置优先级分组函数 NVIC_PriorityGroupConfig 在函数 HAL_Init 中被调用，本示例优先级分组为第 4 组，即抢占优先级 4 位/16 级，响应优先级 0 位/0 级。

2. 中断服务函数

HAL 库已经将中断服务函数的名称都定义好了，EXTI 线 0～4 各自对应一个中断函数 EXTIx_IRQHandler(x＝0,1,…,4)，EXTI 线 5～9 共用一个中断函数 EXTI9_5_IRQHandler，EXTI 线 10～15 共用一个中断函数 EXTI15_10_IRQHandler。

在 stm32f1xx_it.c 文件中，自动生成了按键 KEY1 和 KEY2 的中断服务函数，它们用不同的参数(引脚编号)调用了同一个中断入口函数 HAL_GPIO_EXTI_IRQHandler，代码如下：

```
void EXTI2_IRQHandler(void)
{
    HAL_GPIO_EXTI_IRQHandler(GPIO_PIN_2);
}

void EXTI3_IRQHandler(void)
{
    HAL_GPIO_EXTI_IRQHandler(GPIO_PIN_3);
}
```

函数 HAL_GPIO_EXTI_IRQHandler 通过宏__HAL_GPIO_EXTI_GET_IT 读取挂起寄存器 PR，来判断到底是哪一个中断/事件线发生了中断响应，这样就很好地处理了多个中断线(如 EXTI9_5)共用一个中断服务函数的问题。手动清除中断标志位后，再用接收到的参数 GPIO_Pin 调用弱回调函数 HAL_GPIO_EXTI_Callback，具体的代码如下：

```
void HAL_GPIO_EXTI_IRQHandler(uint16_t GPIO_Pin)
{
    if (__HAL_GPIO_EXTI_GET_IT(GPIO_Pin) != 0x00u)
    {
        __HAL_GPIO_EXTI_CLEAR_IT(GPIO_Pin);  /* 清除 EXTI 线挂起位 */
        HAL_GPIO_EXTI_Callback(GPIO_Pin);
    }
}
```

3. 中断处理回调函数 HAL_GPIO_EXTI_Callback

HAL 库默认的弱回调函数 HAL_GPIO_EXTI_Callback 没有任何控制逻辑，主要是为了保障 HAL 库框架完整的同时，用户只需要通过重定义该函数完成必须由用户编写的代码，方便用户使用，代码如下：

```
__weak void HAL_GPIO_EXTI_Callback(uint16_t GPIO_Pin)
{
    /* 防止未使用的参数编译警告 */
    UNUSED(GPIO_Pin);
}
```

在 HAL 库中，存在大量类似 HAL_XXX_XXX_Callback 这样的回调函数，有些函数前面还使用了__weak 修饰符，表示若用户在别处重定义了同名函数，编译器链接时会优先链接用户定义的函数。回调函数与普通函数的主要区别是调用者不一样，回调函数是由系统在适当的条件下调用，用于对各种事件的响应和处理，而普通函数则是由用户调用的。

4.4.3 用户代码

为了实现中断服务功能，需要用户重写默认回调函数，在 main.c 中重定义回调函数 HAL_GPIO_EXTI_Callback，代码如下：

```
void HAL_GPIO_EXTI_Callback(uint16_t GPIO_Pin)
{
    switch (GPIO_Pin)                          /* 判断是哪个引脚触发了中断 */
    {
    case KEY1_Pin:                             /* KEY1 触发的中断，点亮 LED1 */
        HAL_GPIO_WritePin(LED1_GPIO_Port, LED1_Pin, GPIO_PIN_RESET);
        break;
    case KEY2_Pin:                             /* KEY2 触发的中断，熄灭 LED1 */
        HAL_GPIO_WritePin(LED1_GPIO_Port, LED1_Pin, GPIO_PIN_SET);
        break;
    default:
        break;
    }
}
```

上面的代码可判断中断来自哪个 I/O 端口。若是 KEY1 触发的中断，则点亮 LED1；若是 KEY2 触发的中断，则熄灭 LED1。

最后总结一下，本示例中 KEY1 中断使用了两次弱回调函数，即中断向量表中的 EXTI2_IRQHandler 函数和中断处理函数 HAL_GPIO_EXTI_Callback，这样不但能使 HAL 库代码框架完整，还能够执行用户自定义的代码。理解弱函数的作用，对掌握 HAL 库编程至关重要。

4.4.4 下载验证

将编译好的代码下载到开发板，系统上电启动时，LED1 是熄灭的，按下 KEY1 按键，LED1 点亮；按下 KEY2 按键，LED1 熄灭。

练习题

1. 名词解释：中断、异常、中断优先级及中断向量表。
2. 简述嵌套向量中断控制器(NVIC)的主要特性。
3. 简述 STM32F103 优先级分组方法。
4. Cortex-M3 的 NVIC 和 STM32F1 的 EXTI 各有什么作用?
5. HAL 库定义了大量的弱回调函数，通过例子说明使用它们的好处。
6. 在本章示例基础上完成：定义初始值均为 0 的全局变量 a 和 b，在 KEY1 的中断服务函数中将 a 加 1，在 KEY2 的中断服务函数中将 b 加 1，在主函数中判断 a 和 b 的值是否相等，若相等，则点亮 LED1；否则熄灭 LED1。实验时将 KEY1、KEY2 按下相同的次数，观察 LED1 是否点亮，若不能点亮，解释原因并改正代码。

第5章 定时器与蜂鸣器

CHAPTER 5

5.1 STM32F103 定时器概述

MCU 中的定时器实质上是一个计数器，可以对内部脉冲或者外部输入进行计数。相比传统 51 单片机，STM32F103 的定时器要完善和复杂很多，它们是专为工业控制应用量身定做的，具有延时、频率测量、PWM 输出、电机控制及编码接口等诸多功能。

STM32F103 内部集成了 8 个可编程定时器，分为基本定时器、通用定时器和高级定时器三种类型，它们都具有 16 位定时器分辨率和 16 位可编程的预分频系数，都可以产生 DMA 请求，如表 5-1 所示。

表 5-1 STM32F103 定时器分类

主要特点	基本定时器	通用定时器	高级定时器
定时器	TIM6、TIM7	TIM2、TIM3、TIM4、TIM5	TIM1、TIM8
内部时钟 CK_INT 的来源	APB1 分频器	APB1 分频器	APB2 分频器
计数类型	向上	向上、向下、向上/向下	向上、向下、向上/向下
比较/捕捉通道	0	4	4
互补输出	没有	没有	有
定时器分辨率	16 位		
预分频系数	16 位(1～65536)		
产生 DMA 请求	可以		

基本定时器 TIM6/7 只能向上计数，没有外部 I/O 功能。通用定时器 TIM2/3/4/5 可以向上、向下、向上/向下计数，有四个外部 I/O，具有输入捕捉、输出比较功能。高级定时器 TIM1/8 除具有定时、输入捕捉、输出比较功能外，还具有三相电机互补输出。本章主要以基本定时器 TIM6 为例来学习 STM32F103 定时器。

5.2 基本定时器原理

STM32F103 的两个基本定时器 TIM6/7 的核心是由可编程预分频器驱动的 16 位自动

重装载计数器。在更新事件(计数器溢出)发生时,基本定时器 TIM6/7 会产生中断/DMA 请求。此外,它们还具有触发 DAC 的同步电路,如图 5-1 所示。时基单元是基本定时器最重要的组成部分,由自动重装载寄存器(TIMx_ARR)、预分频寄存器(TIMx_PSC)和计数器寄存器(TIMx_CNT)组成,在运行时可以通过软件读写这三个寄存器。基本定时器只有一个内部时钟(CK_INT),TIMxCLK 来源于 APB1 预分频器的输出,默认情况下时钟频率为 72MHz。

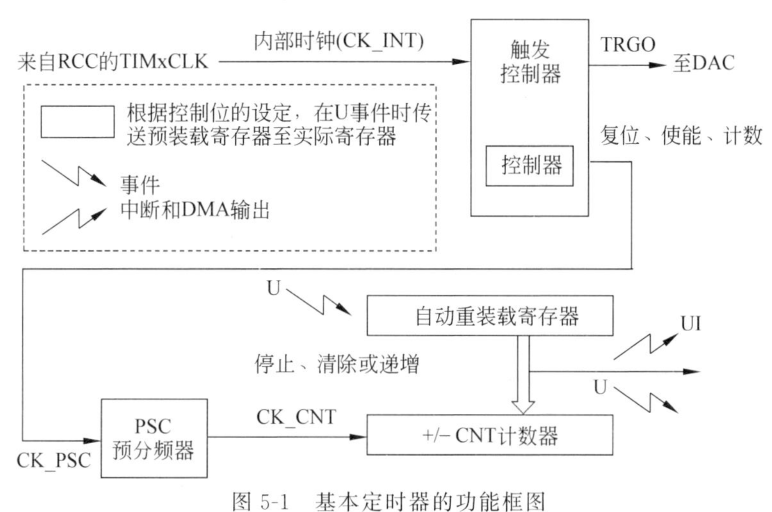

图 5-1　基本定时器的功能框图

1. 自动重装载寄存器(TIMx_ARR)

如图 5-2 所示,TIMx_ARR 在物理上实际对应了两个寄存器:一个是用户可以读写的寄存器,称为预装载寄存器;另一个是用户看不见但真正起作用的寄存器,称为影子寄存器,影子寄存器就是预装载寄存器的一份复制。自动重装载寄存器是预加载的,每次读写它时,实际上是通过读写预装载寄存器实现的。

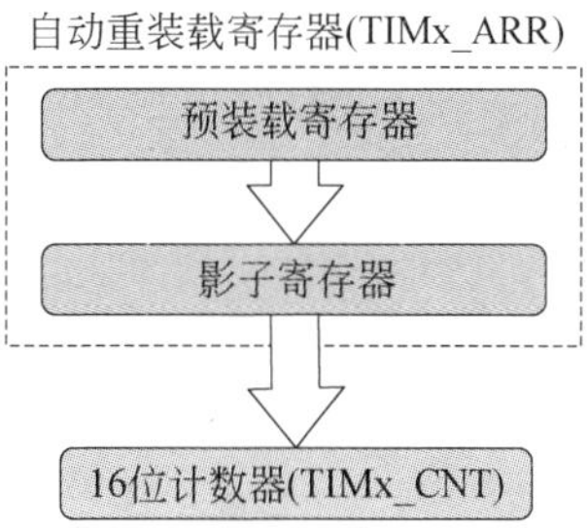

将基本定时器的控制寄存器(TIMx_CR1)的自动重装载预装载允许位(ARPE)使能,写入预装载寄存器的内容在下一次更新事件发生后才传送到影子寄存器,否则写入自动重装载寄存器的值会被立即更新到影子寄存器。通过软件可以使能或禁止定时器更新事件的产生。

自动重装载寄存器(TIMx_ARR)
预装载寄存器
影子寄存器
16位计数器(TIMx_CNT)

图 5-2　自动重装载寄存器组成示意图

为什么要设计预装载寄存器和影子寄存器呢?因为软件不能在一个相同的时刻同时更新多个寄存器,也就不能同步多个通道的时序,若再有其他因素(如中断)影响,多个通道的时序关系就不可预知了。设计两个寄存器则可以在同一个时刻(发生更新事件时),将预装载寄存器的内容更新到所对应的真正起作用的影子寄存器中,这样就能够准确地同步多个通道的操作了。

2. 预分频器

预分频寄存器带有缓冲器,定时器运行时就能改变它的值,新值会在下一次更新事件到来时生效。预分频器可以以系数为 1～65536 的任意整数值对预分频器的输入时钟进行分频,得到新的计数器时钟 CK_CNT,计数器时钟频率的计算公式如下:

计数器时钟 f_{CK_CNT} = 计数器预分频时钟 f_{CK_PSC}/(PSC[15:0]+1)

如图 5-3 所示，预分频值 PSC[15:0]=0 时，预分频系数为 1，预分频时钟与计数器时钟相同。当预分频寄存器(TIMx_PSC)写入新的预分频值 PSC[15:0]=3 时，预分频系数并没有立即更改，而是在更新事件到来时才从 1 变为 4。

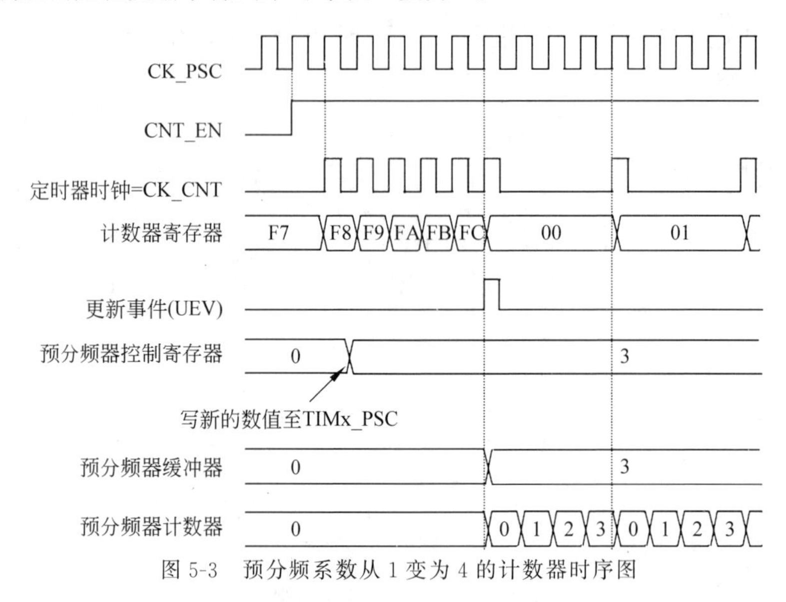

图 5-3　预分频系数从 1 变为 4 的计数器时序图

3. 计数器

TIMx_CNT 是一个带有自动重装载的 16 位累加计数器，存储了当前定时器的计数值，它的计数时钟是通过预分频器(PSC)得到，由 PSC 输出的时钟 CK_CNT 驱动。计数器(CNT)只能往上计数，最大计数值为 65535。计数器从 0 累加计数到自动重装载数值后，将产生一个计数器溢出事件并重新从 0 开始计数，每次计数器溢出时可以产生更新事件。

如图 5-4 所示，当预分频系数为 4 且寄存器 TIMx_ARR 的值为 0x36 时，每 4 个预分频时钟计数器向上计数 1 次，当计数值达到 0x0036 时发生计数溢出，计数值清零并产生更新事件，同时设置更新中断标志位。

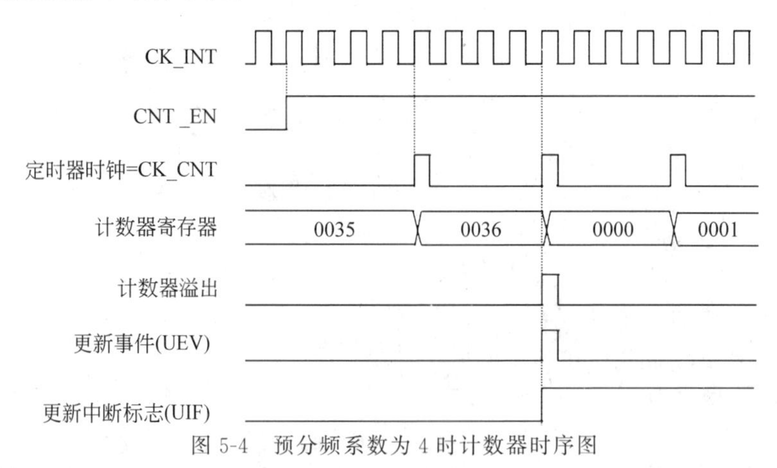

图 5-4　预分频系数为 4 时计数器时序图

寄存器 TIMx_CR1 中的计数器使能位(CEN)用于使能或关闭计数器计数。

4. 定时器的定时时间计算

在时钟 CK_CNT 的驱动下，计数器计一个数的时间是 $1/CK\_CNT=1/(T_{CLK}/(PSC+1))$，产生一次中断的时间为$(1/CK_CNT)(ARR+1)$，因此定时器的定时时间为

$$(1/CK\_CNT)(ARR+1)=((PSC+1)(ARR+1))/T_{CLK}$$

其中，PSC 为预分频器的值(为 0～65535)，ARR 为自动重装载寄存器的值(为 0～65535)，T_{CLK}为输入时钟频率。

5.3 定时器的 HAL 库用法

5.3.1 定时器寄存器结构体 TIM_TypeDef

结构体数据类型 TIM_TypeDef 将与定时器相关的寄存器进行了封装，该结构体与定时器的宏都是在文件 stm32f103xe.h 中定义的，代码如下：

```
typedef struct
{
    __IO uint32_t CR1;                      /* TIM 控制寄存器 1 */
    __IO uint32_t CR2;                      /* TIM 控制寄存器 2 */
    __IO uint32_t SMCR;                     /* TIM 从机模式控制寄存器 */
    __IO uint32_t DIER;                     /* TIM DMA/中断使能寄存器 */
    __IO uint32_t SR;                       /* TIM 状态寄存器 */
    __IO uint32_t EGR;                      /* TIM 事件生成寄存器 */
    __IO uint32_t CCMR1;                    /* TIM 捕获/比较模式寄存器 1 */
    __IO uint32_t CCMR2;                    /* TIM 捕获/比较模式寄存器 2 */
    __IO uint32_t CCER;                     /* TIM 捕获/比较使能寄存器 */
    __IO uint32_t CNT;                      /* TIM 计数器寄存器 */
    __IO uint32_t PSC;                      /* TIM 预分频器寄存器 */
    __IO uint32_t ARR;                      /* TIM 自动重加载寄存器 */
    __IO uint32_t RCR;                      /* TIM 重复计数器寄存器 */
    __IO uint32_t CCR1;                     /* TIM 捕获/比较寄存器 1 */
    __IO uint32_t CCR2;                     /* TIM 捕获/比较寄存器 2 */
    __IO uint32_t CCR3;                     /* TIM 捕获/比较寄存器 3 */
    __IO uint32_t CCR4;                     /* TIM 捕获/比较寄存器 4 */
    __IO uint32_t BDTR;                     /* TIM 中断和停滞时间寄存器 */
    __IO uint32_t DCR;                      /* TIM DMA 控制寄存器 */
    __IO uint32_t DMAR;                     /* TIM DMA 完整传输寄存器地址 */
    __IO uint32_t OR;                       /* TIM 选项寄存器 */
} TIM_TypeDef;

#define APB1PERIPH_BASE PERIPH_BASE            /* 总线基地址 */
#define APB2PERIPH_BASE (PERIPH_BASE + 0x00010000UL)
#define AHBPERIPH_BASE (PERIPH_BASE + 0x00020000UL)

#define TIM1_BASE (APB2PERIPH_BASE + 0x00002C00UL)
#define TIM2_BASE (APB1PERIPH_BASE + 0x00000000UL)
#define TIM3_BASE (APB1PERIPH_BASE + 0x00000400UL)
#define TIM4_BASE (APB1PERIPH_BASE + 0x00000800UL)
```

```
#define TIM5_BASE (APB1PERIPH_BASE + 0x00000C00UL)
#define TIM6_BASE (APB1PERIPH_BASE + 0x00001000UL)
#define TIM7_BASE (APB1PERIPH_BASE + 0x00001400UL)
#define TIM8_BASE (APB2PERIPH_BASE + 0x00003400UL)

#define TIM1 ((TIM_TypeDef *)TIM1_BASE)
#define TIM2 ((TIM_TypeDef *)TIM2_BASE)
#define TIM3 ((TIM_TypeDef *)TIM3_BASE)
#define TIM4 ((TIM_TypeDef *)TIM4_BASE)
#define TIM5 ((TIM_TypeDef *)TIM5_BASE)
#define TIM6 ((TIM_TypeDef *)TIM6_BASE)
#define TIM7 ((TIM_TypeDef *)TIM7_BASE)
#define TIM8 ((TIM_TypeDef *)TIM8_BASE)
```

下面以 TIM6 为例说明这些宏定义的作用，对 TIM6 结构体变量的操作就等于对 TIM6 寄存器的操作，如访问 TIM6 的 CR1 寄存器可以这样操作：TIM6->CR1 &= ~(1<<0)（实现关闭 TIM6 的计数功能）。

从定时器基地址的宏定义可以看出 TIM1 和 TIM8 挂接在 APB2 总线上，其他定时器则挂接在 APB1 总线上。

5.3.2 定时器句柄结构体 TIM_HandleTypeDef

HAL 库在 TIM_TypeDef 的基础上封装了一个结构体数据类型 TIM_HandleTypeDef，该结构体也可以称为定时器的句柄(handle)，定义如下：

```
typedef struct
{
    TIM_TypeDef                 *Instance;   /* 寄存器基地址 */
    TIM_Base_InitTypeDef         Init;       /* TIM 时基初始化所需参数 */
    HAL_TIM_ActiveChannel        Channel;    /* 活动通道 */
    DMA_HandleTypeDef           *hdma[7];    /* DMA 处理器数组 */

    HAL_LockTypeDef              Lock;       /* 锁定对象 */
    __IO HAL_TIM_StateTypeDef    State;      /* TIM 的运行状态 */

#if (USE_HAL_TIM_REGISTER_CALLBACKS == 1)
    …                                        /* 回调函数,略 */
#endif                                       /* USE_HAL_TIM_REGISTER_CALLBACKS */
} TIM_HandleTypeDef;
```

这里重点介绍一下该结构体的前四个成员，其他参数主要是 HAL 库内部使用的。

(1) 成员 Instance 是定时器寄存器的实例化指针，方便操作寄存器，比如使能计数器可以这样操作：SET_BIT(htim6->Instance->CR1, TIM_CR1_CEN)。

(2) 成员 Init 是用户接触最多的，用于配置定时器的基本参数，它的结构体数据类型定义如下：

```
typedef struct
{
```

```
    uint32_t Prescaler;         /*设置定时器预分频器值,范围是 0x0000 到 0xFFFF*/
    uint32_t CounterMode;       /*计数模式:向上计数模式、向下计数模式和中心对齐模式*/
    uint32_t Period;            /*设置定时器周期,范围是 0x0000 到 0xFFFF*/
    /*设置定时器时钟频率 CK_INT 与数字滤波器所使用的采样时钟之间的预分频系数*/
    uint32_t ClockDivision;
    uint32_t RepetitionCounter;     /*设置重复计数器寄存器的值,用在高级定时器中*/
    /*设置自动重装载寄存器是更新事件产生时写入有效,还是立即写入有效*/
    uint32_t AutoReloadPreload;
} TIM_Base_InitTypeDef;
```

（3）成员 Channel 用来设置活跃通道，取值范围为 HAL_TIM_ACTIVE_CHANNEL_1～HAL_TIM_ACTIVE_CHANNEL_4。

（4）成员 hdma 用来关联 DMA，用于定时器的 DMA 功能。

5.3.3　TIM 相关 HAL 库函数

TIM 的操作函数及宏定义在文件 stm32f1xx_hal_tim.c 和 stm32f1xx_hal_tim.h 中。

1. 函数 HAL_TIM_Base_Init

函数 HAL_TIM_Base_Init 说明如表 5-2 所示。

表 5-2　函数 HAL_TIM_Base_Init 说明

函数原型	HAL_StatusTypeDef HAL_TIM_Base_Init(TIM_HandleTypeDef *htim)
功能描述	根据 htim 中设定的参数初始化 TIM 的时基单元，并初始化关联的句柄
输入参数	htim：时基句柄指针
返回值	HAL 状态
应用示例	TIM_HandleTypeDef htim6;　　/*定时器句柄*/ htim6.Instance = TIM6;　　/*通用定时器 6*/ htim6.Init.Prescaler = 72 - 1;　　/*预分频系数*/ htim6.Init.CounterMode = TIM_COUNTERMODE_UP;　　/*向上计数*/ htim6.Init.Period = 1000 - 1;　　/*自动重装载值*/ /*自动重装载寄存器是更新事件产生时写入有效*/ htim6.Init.AutoReloadPreload = TIM_AUTORELOAD_PRELOAD_ENABLE; HAL_TIM_Base_Init(&htim6);

2. 函数 HAL_TIM_Base_MspInit

函数 HAL_TIM_Base_MspInit 说明如表 5-3 所示。

表 5-3　函数 HAL_TIM_Base_MspInit 说明

函数原型	void HAL_TIM_Base_MspInit(TIM_HandleTypeDef * htim_base)
功能描述	定时器时基 Msp 初始化，配置与 MCU 有关的时钟使能以及中断优先级
输入参数	htim：TIM 句柄
应用示例	HAL_TIM_Base_MspInit(&htim6);

3. 函数 HAL_TIM_Base_Start_IT

函数 HAL_TIM_Base_Start_IT 说明如表 5-4 所示。

表 5-4 函数 HAL_TIM_Base_Start_IT 说明

函数原型	HAL_StatusTypeDef HAL_TIM_Base_Start_IT(TIM_HandleTypeDef * htim)
功能描述	使能定时器更新中断(TIM_IT_UPDATE)和使能定时器
输入参数	htim：TIM 句柄
返回值	HAL 状态
应用示例	HAL_TIM_Base_Start_IT(&htim6)；

4. 函数 HAL_TIMEx_MasterConfigSynchronization

函数 HAL_TIMEx_MasterConfigSynchronization 说明如表 5-5 所示。

表 5-5 函数 HAL_TIMEx_MasterConfigSynchronization 说明

函数原型	HAL_StatusTypeDef HAL_TIMEx_MasterConfigSynchronization(TIM_HandleTypeDef * htim，TIM_MasterConfigTypeDef * sMasterConfig)
功能描述	配置 TIM 在主模式下工作
输入参数	htim：TIM 句柄
	sMasterConfig：指向 TIM_MasterConfigTypeDef 结构的指针，包含所选触发器输出 TRGO 和主/从模式
返回值	HAL 状态
应用示例	TIM_MasterConfigTypeDef sMasterConfig = {0}； /* TIMx_EGR 寄存器中的 UG 位用作触发输出 */ sMasterConfig.MasterOutputTrigger = TIM_TRGO_RESET； /* 禁止主/从模式 */ sMasterConfig.MasterSlaveMode = TIM_MASTERSLAVEMODE_DISABLE； HAL_TIMEx_MasterConfigSynchronization(&htim6，&sMasterConfig)；

5.4 基本定时器应用示例

本示例使用定时器中断方式实现 LED1 每 1000ms 闪烁一次，以延时的方式实现 LED8 每 1000ms 闪烁一次。

5.4.1 STM32CubeMX 工程配置

定时器的时钟 T_{CLK}(即内部时钟 CK_INT)是 HCLK 经过 APB1 预分频器后提供的，如果 APB1 预分频系数为 1，则频率不变，否则频率乘以 2。如图 5-5 所示，APB1 的预分频系数是/2，所以定时器时钟 $T_{CLK}=36\text{MHz}\times 2=72\text{MHz}$。

如图 5-6 所示，在 Timers 中选择基本定时器 TIM6，勾选激活(Activated)复选框，在 Parameter Settings 中配置 TIM6 的参数。时钟预分频系数(Prescaler)设置为 72－1，计数

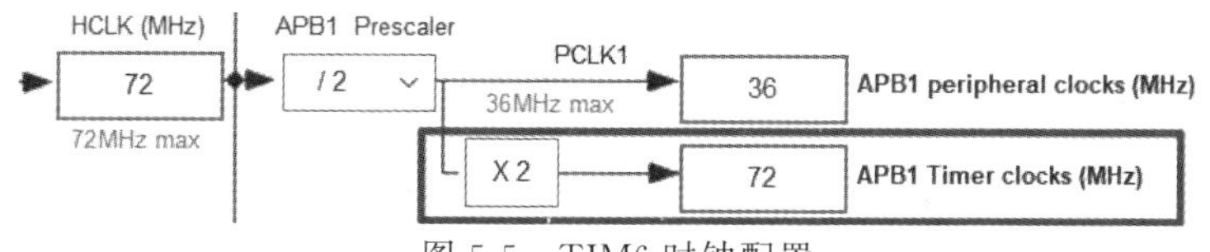

图 5-5　TIM6 时钟配置

模式(Counter Mode)为向上计数(Up),自动重装载寄存器(ARR)设置为 1000－1,根据定时器的溢出时间公式,定时周期 $T_{out}=((71+1)\times(999+1))/72\text{MHz}=1\text{ms}$。使能自动重装载,禁止触发输出。

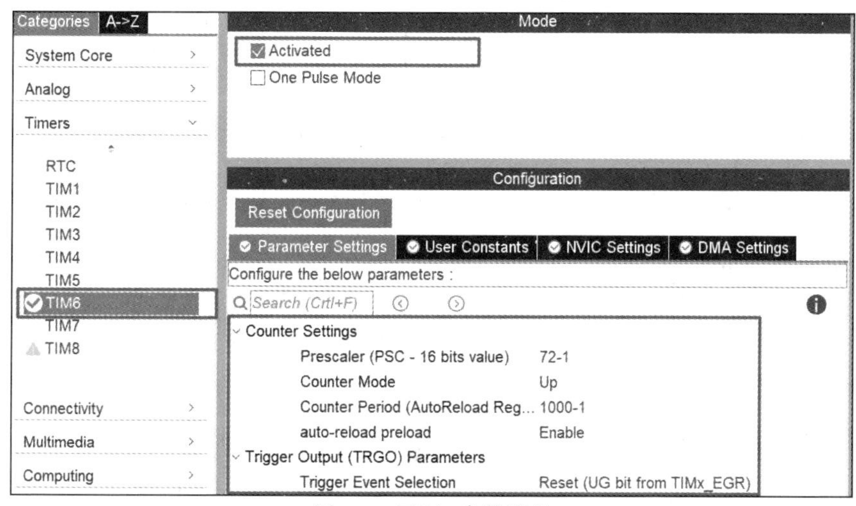

图 5-6　TIM6 参数配置

如图 5-7 所示,配置 NVIC,使能 TIM6 全局中断,抢占优先级(Preemption Priority)和响应优先级(Sub Priority)均采用默认值 0。

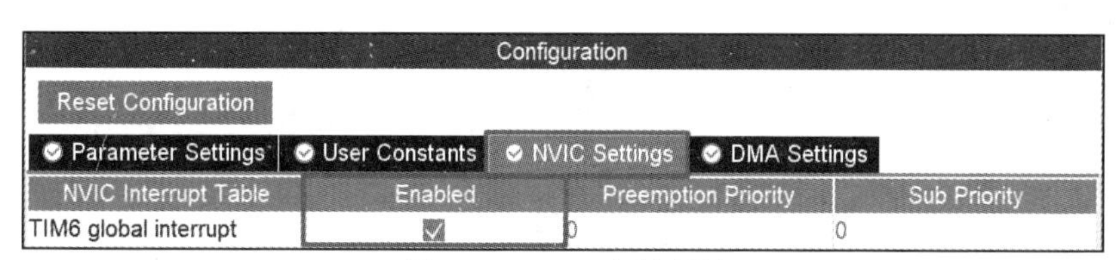

图 5-7　TIM6 中断配置

5.4.2　定时器配置与中断服务函数

1. 定时器配置函数

函数 MX_TIM6_Init 初始化 TIM6 的基本参数,配置定时时间为 1ms,代码如下:

```
TIM_HandleTypeDef htim6;

static void MX_TIM6_Init(void)
{
    TIM_MasterConfigTypeDef sMasterConfig = {0};

    htim6.Instance = TIM6;                                  /* 通用定时器 6 */
```

```
    htim6.Init.Prescaler = 72 - 1;                          /* 预分频系数 */
    htim6.Init.CounterMode = TIM_COUNTERMODE_UP;            /* 向上计数器 */
    htim6.Init.Period = 1000 - 1;                           /* 定时器计数周期值 */
    /* 使能自动重装载 */
    htim6.Init.AutoReloadPreload = TIM_AUTORELOAD_PRELOAD_ENABLE;
    if (HAL_TIM_Base_Init(&htim6) != HAL_OK)
    {
        Error_Handler();
    }

    /* 主/从模式配置 */
    sMasterConfig.MasterOutputTrigger = TIM_TRGO_RESET;
    /* 禁止主/从模式 */
    sMasterConfig.MasterSlaveMode = TIM_MASTERSLAVEMODE_DISABLE;
    if (HAL_TIMEx_MasterConfigSynchronization(&htim6,
        &sMasterConfig) != HAL_OK)
    {
        Error_Handler();
    }
}
```

文件 stm32f1xx_hal_msp.c 中，函数 HAL_TIM_Base_MspInit 实现了 TIM6 的时钟使能、中断优先级和中断使能配置，代码如下：

```
void HAL_TIM_Base_MspInit(TIM_HandleTypeDef * htim_base)
{
    if (htim_base->Instance == TIM6)
    {
        __HAL_RCC_TIM6_CLK_ENABLE();                        /* 使能 TIM6 时钟 */

        HAL_NVIC_SetPriority(TIM6_IRQn, 0, 0);              /* 设置 TIM6 中断优先级 */
        HAL_NVIC_EnableIRQ(TIM6_IRQn);                      /* TIM6 中断使能 */
    }
}
```

函数 HAL_TIM_Base_MspInit 名称中的 Msp 是 MCU specific package(MCU 的具体方案)的缩写，理解 Msp 函数的运行逻辑是搞懂 HAL 库的关键，下面来分析一下该函数的运行逻辑。

HAL 库初始化 TIM6 的流程：MX_TIM6_Init()→HAL_TIM_Base_Init()→HAL_TIM_Base_MspInit()。库文件 stm32f1xx_hal_tim.c 中默认的 HAL_TIM_Base_MspInit 是一个弱函数，没有任何实际的控制逻辑，因此函数 HAL_TIM_Base_Init 优先调用在文件 stm32f1xx_hal_msp.c 中重定义的函数 HAL_TIM_Base_MspInit。MX_TIM6_Init 初始化与 MCU 无关的 TIM6 配置，HAL_TIM_Base_MspInit 初始化与 MCU 相关的 TIM6 配置，这样做的好处是，当移植代码到其他 MCU 平台时，只需要修改函数 HAL_TIM_Base_MspInit 中的内容，而不需要修改函数 MX_TIM6_Init 中的内容。可见，相对于标准库，因为有 Msp 函数，HAL 库具备非常强的代码移植性。

与之对应，复位函数 HAL_TIM_Base_MspDeIni 实现了与函数 HAL_TIM_Base_MspInit 相反的操作，用于重置 TIM，它在函数 HAL_TIM_Base_DeInit 中被调用，也是个弱函数。

2. TIM 中断服务函数

在文件 stm32f1xx_it.c 中生成了 TIM6 的中断服务函数 TIM6_IRQHandler，它调用了定时器公用中断处理函数 HAL_TIM_IRQHandler，代码如下：

```
void TIM6_IRQHandler(void)
{
    HAL_TIM_IRQHandler(&htim6);
}
```

HAL 库函数 HAL_TIM_IRQHandler 封装了定时器的中断处理过程：通过判断中断标志位确定中断来源（更新中断）后，会自动清除该中断标志位，然后调用定时器更新中断回调函数 HAL_TIM_PeriodElapsedCallback，HAL 库在文件 stm32f1xx_hal_tim.c 中定义了该弱回调函数，代码如下：

```
__weak void HAL_TIM_PeriodElapsedCallback(TIM_HandleTypeDef * htim)
{
    UNUSED(htim);                                   /* 防报错的定义 */
    /* 这个函数不应该被改变,如果需要使用回调函数,请重新在用户文件中实现该函数 */
}
```

为了实现用户功能，需要重定义该回调函数，这样做的好处是不需要去理会中断服务函数怎么实现，只需要重写这个回调函数并添加用户功能代码即可。更便利的是，当同时有多个定时器中断时，HAL 库自动将它们的服务函数规整到一起并调用同一个回调函数，也就是无论几个中断，只需要重写一个回调函数并判断传入的定时器编号即可。

5.4.3 用户代码

在文件 main.c 中重定义回调函数 HAL_TIM_PeriodElapsedCallback，实现每 1s 将 LED1 的状态翻转一次，定时时间为 1ms，定时器中断 1000 次的时间才是 1s，具体的代码如下：

```
void HAL_TIM_PeriodElapsedCallback(TIM_HandleTypeDef * htim)
{
    static uint32_t time = 0;

    if (htim->Instance == TIM6)                              /* 定时器 6 */
    {
        time++;                                              /* 每 1ms 累加 1 次 */
        if (time == 1000)                                    /* 1s 时间到 */
        {
            HAL_GPIO_TogglePin(LED1_GPIO_Port, LED1_Pin);    /* 翻转 LED1 */
            time = 0;
        }
    }
}
```

主函数 main 在初始化系统后，调用函数 HAL_TIM_Base_Start_IT 使能定时器更新中断和使能定时器，TIM6 就开始运行了。函数中的 while(1)无限循环实现每 1000ms 翻转 LED8 的状态，具体的代码如下：

```
int main(void)
{
    HAL_Init();                                          /* 初始化 HAL 库 */
    SystemClock_Config();                                /* 配置系统时钟 */
    MX_GPIO_Init();                                      /* GPIO 配置 */
    MX_TIM6_Init();                                      /* TIM6 初始化 */

    /* 使能定时器 6 更新中断(TIM_IT_UPDATE)和使能定时器 */
    HAL_TIM_Base_Start_IT(&htim6);

    while (1)
    {
        HAL_GPIO_TogglePin(LED8_GPIO_Port, LED8_Pin);
        HAL_Delay(1000);
    }
}
```

除使用中断模式开启/停止定时器外，还可以用普通模式开启/停止定时器，这两种模式的区别是开启定时器时是否还要开启中断功能，在使用过程中要注意它们的区别，这几个函数的声明如下：

```
/* 中断模式开启定时器 */
HAL_StatusTypeDef  HAL_TIM_Base_Start_IT(TIM_HandleTypeDef *htim);
/* 中断模式停止定时器 */
HAL_StatusTypeDef  HAL_TIM_Base_Stop_IT(TIM_HandleTypeDef *htim);

/* 普通模式开启定时器 */
HAL_StatusTypeDef  HAL_TIM_Base_Start(TIM_HandleTypeDef *htim);
/* 普通模式停止定时器 */
HAL_StatusTypeDef  HAL_TIM_Base_Stop(TIM_HandleTypeDef *htim);
```

5.4.4 下载验证

将代码下载到开发板运行，LED1 和 LED8 都以 1s 的时间间隔闪烁，LED1 闪烁是以定时器中断的方式实现的，而 LED8 闪烁则是以延时的方式实现的，主要用来提示主函数正在运行。

5.5 蜂鸣器发出不同频率声音应用示例

5.5.1 蜂鸣器简介

蜂鸣器是嵌入式系统中常用的声音输出器件，按照驱动方式可分为有源蜂鸣器和无源蜂鸣器。有源蜂鸣器内部自带振荡源，只要有电压，蜂鸣器就会以固定的频率发声，但只能发出一种声音；无源蜂鸣器内部不带振荡源，需要频率为500Hz～4.5kHz的脉冲信号进行驱动，驱动信号频率不同，蜂鸣器发出的声音效果也不同。

图5-8所示为蜂鸣器电路原理图，由于蜂鸣器的工作电流相对较大(30mA左右)，因此没有用STM32的引脚PB5直接驱动蜂鸣器，而是用NPN三极管来控制蜂鸣器鸣响，2kΩ的电阻作为限流电阻。

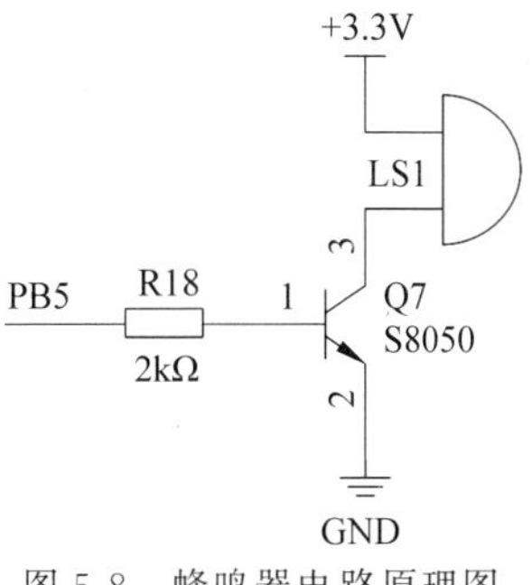

图5-8 蜂鸣器电路原理图

5.5.2 动态调整定时器输出频率

本示例演示在程序运行时，使用按键动态调整定时器的定时时间，从而驱动蜂鸣器发出不同频率的鸣响。

如图5-9所示，配置连接蜂鸣器的引脚PB5为推挽输出模式、无上拉和下拉电阻与低速模式，默认输出低电平，这样系统上电时蜂鸣器不会鸣响，用户标签设为BEEP。按键KEY1、KEY2和KEY3的连接引脚分别为PE2、PE3和PE4，把它们都配置为上拉输入模式。

GPIO RCC SYS

Search Signals

Search (Crtl+F)   ☐ Show only Modified Pins

Pin ...	Sign...	GPIO output level	GPIO mode	GPIO Pull-up/Pull-down	Max...	User Label	M...
PB5	n/a	Low	Output Push Pull	No pull-up and no pull-down	Low	BEEP	☑
PE2	n/a	n/a	Input mode	Pull-up	n/a	KEY1	☑
PE3	n/a	n/a	Input mode	Pull-up	n/a	KEY2	☑
PE4	n/a	n/a	Input mode	Pull-up	n/a	KEY3	☑

图5-9 蜂鸣器和按键引脚配置示意图

为了加深对HAL库的理解，本示例没有使用STM32CubeMX配置定时器，而是直接使用HAL库函数编写定时器的驱动代码。定义函数Set_TIM6_forInt来配置TIM6，参数freq为定时器的定时频率(Hz)，代码如下：

```
TIM_HandleTypeDef  htim6;

/*配置TIM6并开启定时中断,freq:定时频率(Hz)*/
void Set_TIM6_forInt(uint32_t freq)
{
    uint16_t period, prescaler;
    uint32_t TIMxCLK = 72000000;                /*定时器时钟频率为72MHz*/

    if (freq == 0)                              /*停止蜂鸣器输出*/
    {
        __HAL_TIM_CLEAR_FLAG(&htim6, TIM_FLAG_UPDATE);
        HAL_TIM_Base_Stop_IT(&htim6);           /*停止定时器中断*/
        return;
    }
```

```
    if (freq < 100)
    {
        prescaler = 10000 - 1;                   /* 预分频系数为 10000 */
        period = (TIMxCLK / 10000) / freq - 1;   /* 自动重装载的值 */
    }
    else if (freq < 3000)
    {
        prescaler = 100 - 1;                     /* 预分频系数为 100 */
        period = (TIMxCLK / 100) / freq - 1;     /* 自动重装载的值 */
    }
    else                                         /* 大于 3kHz 的频率,不用分频 */
    {
        prescaler = 0;                           /* 预分频系数为 1 */
        period = TIMxCLK / freq - 1;             /* 自动重装载的值 */
    }

    /* 定时器中断更新周期 = TIMxCLK / (prescaler + 1)/(period + 1) */
    htim6.Instance = TIM6;
    htim6.Init.Prescaler = prescaler;
    htim6.Init.CounterMode = TIM_COUNTERMODE_UP;
    htim6.Init.Period = period;
    htim6.Init.AutoReloadPreload = TIM_AUTORELOAD_PRELOAD_ENABLE;
    HAL_TIM_Base_Init(&htim6);

    /* 开启定时中断前,定时器更新标志清零 */
    __HAL_TIM_CLEAR_FLAG(&htim6, TIM_FLAG_UPDATE);
    HAL_TIM_Base_Start_IT(&htim6);               /* 使能定时器更新中断和使能定时器 */
}
```

由于 TIM6 的自动重装载寄存器为 16 位，定时器的时钟频率为 72MHz，当设定的定时频率值太小时，若不进行分频，则可能会导致自动重装载值溢出，因此程序根据输入的频率数值大小选择不同的预分频系数。

TIM6 中断服务函数需要由用户实现，添加 TIM6 的中断服务函数 TIM6_IRQHandler，重定义弱回调函数 HAL_TIM_PeriodElapsedCallback，该回调函数被调用时将翻转蜂鸣器引脚的电平，从而驱动蜂鸣器鸣响，并清除定时器更新标志位，代码如下：

```
void TIM6_IRQHandler(void)                               /* TIM6 中断服务函数 */
{
    HAL_TIM_IRQHandler(&htim6);
}

/* 回调函数,由定时器中断服务函数调用 */
void HAL_TIM_PeriodElapsedCallback(TIM_HandleTypeDef *htim)
{
    if (htim->Instance == TIM6)                          /* 定时器 6 */
    {
        /* 清除定时器更新标志位 */
```

```
        __HAL_TIM_CLEAR_FLAG(&htim6, TIM_FLAG_UPDATE);
        HAL_GPIO_TogglePin(BEEP_GPIO_Port, BEEP_Pin);    /* 蜂鸣器鸣响 */
    }
}
```

主函数 main 使用按键来调整 TIM6 的定时频率：按下 KEY1 键，TIM6 的定时频率增加 500Hz，最大频率小于 4.5kHz；按下 KEY2 键，TIM6 的定时频率减小 500Hz，最小频率大于 500Hz；按下 KEY3 键，停止蜂鸣器鸣响。代码如下：

```
int main(void)
{
    HAL_Init();                                     /* 初始化 HAL 库 */
    SystemClock_Config();                           /* 配置系统时钟 */
    MX_GPIO_Init();                                 /* GPIO 配置 */

    int freq = 0;

    while (1)
    {
        if (HAL_GPIO_ReadPin(KEY1_GPIO_Port, KEY1_Pin) == 0) /* KEY1 按下 */
        {
            HAL_Delay(10);                          /* 按键延时消抖 */
            /* KEY1 仍然按下 */
            if (HAL_GPIO_ReadPin(KEY1_GPIO_Port, KEY1_Pin) == 0)
            {
                if (freq < 4500)
                {
                    freq += 500;                    /* 频率增加 500Hz */
                    Set_TIM6_forInt(freq);
                }
            }

            /* 等待 KEY1 释放 */
            while (!HAL_GPIO_ReadPin(KEY1_GPIO_Port, KEY1_Pin));
        }
        if (HAL_GPIO_ReadPin(KEY2_GPIO_Port, KEY2_Pin) == 0) /* KEY2 按下 */
        {
            HAL_Delay(10);                          /* 按键延时消抖 */
            /* KEY2 仍然按下 */
            if (HAL_GPIO_ReadPin(KEY2_GPIO_Port, KEY2_Pin) == 0)
            {
                if (freq > 500)
                {
                    freq -= 500;                    /* 频率减少 500Hz */
                    Set_TIM6_forInt(freq);
                }
            }

            /* 等待 KEY2 释放 */
```

```
            while (!HAL_GPIO_ReadPin(KEY2_GPIO_Port, KEY2_Pin));
        }
        if (HAL_GPIO_ReadPin(KEY3_GPIO_Port, KEY3_Pin) == 0) /* KEY3 按下 */
        {
            HAL_Delay(10);                        /* 按键延时消抖 */
            /* KEY3 仍然按下 */
            if (HAL_GPIO_ReadPin(KEY3_GPIO_Port, KEY3_Pin) == 0)
            {
                Set_TIM6_forInt(0);               /* 停止定时器运行 */
            }

            /* 等待 KEY3 释放 */
            while (!HAL_GPIO_ReadPin(KEY3_GPIO_Port, KEY3_Pin));
        }
    }
}
```

上面的代码采用软件延时来进行按键消抖，即程序一旦检测到按键输入端口为低电平，则调用延时函数 HAL_Delay 延时 10ms，然后再次检测按键输入端口，如果仍为低电平则确认有按键按下，如果为高电平，则表示没有按键按下，放弃本次检测。检测按键代码内部的 while 循环用于等待按下的按键释放。

由于本示例没有使用 STM32CubeMX 软件配置 TIM6，因此还需要打开 HAL 库配置文件 stm32f1xx_hal_conf.h 中使能定时器模块的宏，这样才能使用 HAL 库中的定时器模块，代码如下：

```
#define HAL_TIM_MODULE_ENABLED
```

5.6 定时器 PWM 输出

5.6.1 PWM 简介

脉冲宽度调制（pulse width modulation，PWM）是指通过对一系列脉冲的宽度进行调制，等效出所需要的波形，如图 5-10 所示。通过改变脉冲的频率（脉冲周期）和占空比，PWM 就能应用在众多领域中，比如控制电机速度、灯光亮度和通信调制等，具有控制简单、灵活和动态响应好的优点。STM32F103 的定时器中，除了 TIM6/7，其他定时器都有硬件 PWM 输出功能，可以自动输出 PWM 波形，不需要 MCU 干预。

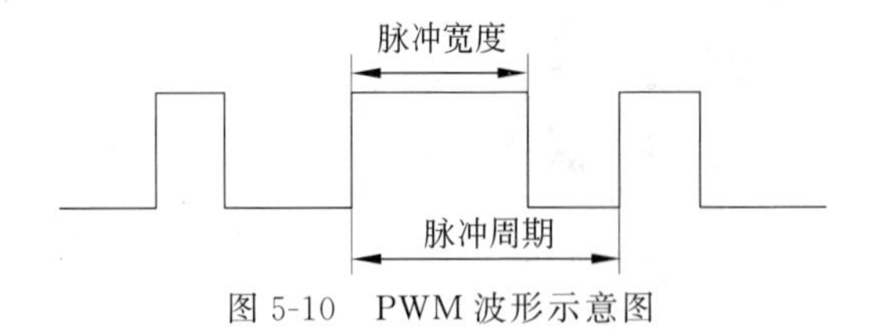

图 5-10 PWM 波形示意图

如图 5-11 所示，当定时器以递增计数 PWM 模式工作时，它会自动比较计数器寄存器(CNT)和捕获/比较寄存器(CCR)的值，当 CNT 值小于 CCR 值时，PWM 的输出引脚输出低电平；当 CNT 值大于或等于 CCR 值时，PWM 的输出引脚输出高电平；当 CNT 值达到 ARR 值时，CNT 值归 0，然后重新向上计数，依次循环。在此模式下，可以产生一个由 ARR 寄存器确定频率、由 CCR 寄存器确定占空比的 PWM 信号，这就是 PWM 输出的原理。

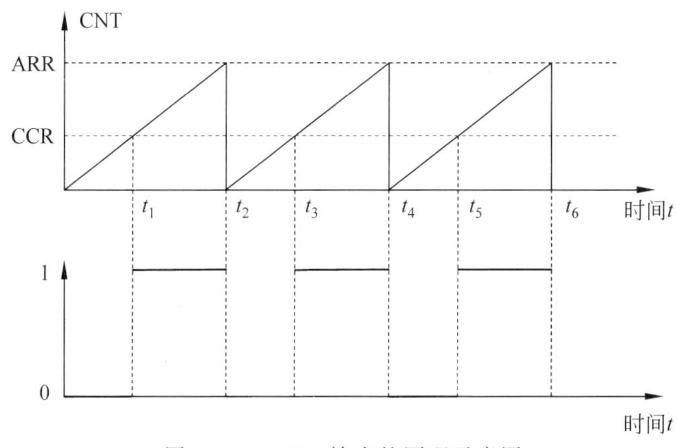

图 5-11　PWM 输出的原理示意图

5.6.2　简单音乐播放示例

本节使用 STM32F103 的 TIM3 产生不同频率和不同占空比的 PWM 输出，驱动蜂鸣器播放歌曲《两只老虎》。

如图 5-12 所示，蜂鸣器引脚 PB5 配置为推挽输出、非上拉和非下拉电阻与低速模式，默认输出低电平，这样系统上电时蜂鸣器不会鸣响，用户标签为 BEEP。按键 KEY1 的连接引脚 PE2 配置为上拉输入模式。

GPIO | RCC | SYS | TIM

Search Signals

Search (Crtl+F)　　☐ Show only Modified Pins

Pin Name	Sig...	GPIO output level	GPIO mode	GPIO Pull-up/Pull-down	Maxi...	User ...	Modif...
PB5	n/a	Low	Output Push Pull	No pull-up and no pull-down	Low	BEEP	☑
PE2	n/a	n/a	Input mode	Pull-up	n/a	KEY1	☑

图 5-12　蜂鸣器和按键引脚配置

如图 5-13 所示，选择 TIM3，再选择 PWM Generation CH2 功能，使用图示参数配置定时器的中断频率为 1kHz 和 PWM 的占空比，其余参数保持默认设置。由于 CH2 默认使用引脚 PA7 输出，但开发板上的蜂鸣器和引脚 PB5 相连接，因此还需要对引脚部分进行重映射。

函数 MX_TIM3_Init 调用 HAL_TIM_PWM_Init 函数配置 TIM3 定时时间为 1ms，设置 TIM3_CH2 的 PWM1 模式、输出比较极性和占空比等参数，代码如下：

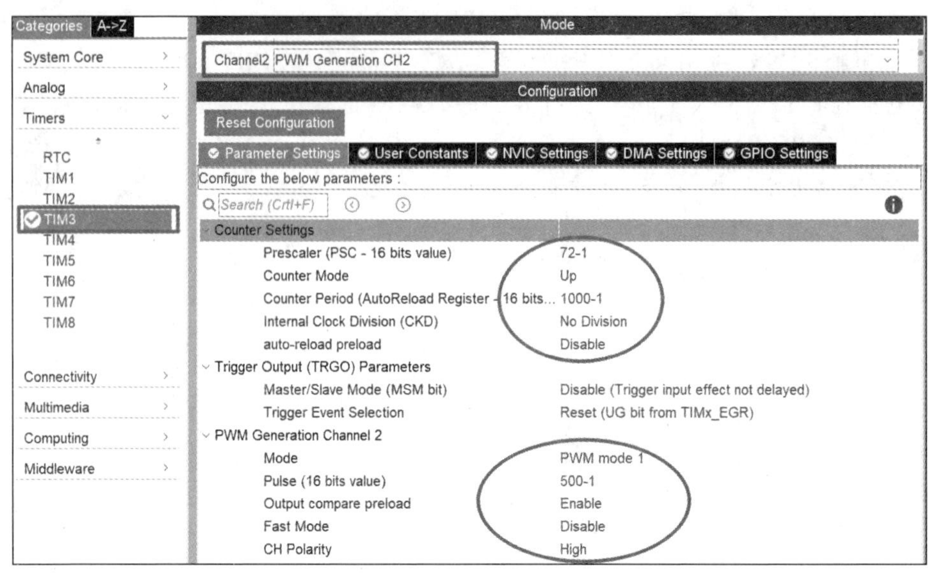

图 5-13 TIM3 PWM Generation CH2 功能配置

```
TIM_HandleTypeDef htim3;

static void MX_TIM3_Init(void)
{
    TIM_MasterConfigTypeDef sMasterConfig = {0};
    TIM_OC_InitTypeDef sConfigOC = {0};

    htim3.Instance = TIM3;                                  /*定时器 3*/
    htim3.Init.Prescaler = 72 - 1;                          /*定时器分频*/
    htim3.Init.CounterMode = TIM_COUNTERMODE_UP;            /*向上计数模式*/
    htim3.Init.Period = 1000 - 1;                           /*自动重装载值*/
    htim3.Init.ClockDivision = TIM_CLOCKDIVISION_DIV1;
    htim3.Init.AutoReloadPreload = TIM_AUTORELOAD_PRELOAD_DISABLE;
    if (HAL_TIM_PWM_Init(&htim3) != HAL_OK)
    {
        Error_Handler();
    }
    sMasterConfig.MasterOutputTrigger = TIM_TRGO_RESET;
    sMasterConfig.MasterSlaveMode = TIM_MASTERSLAVEMODE_DISABLE;
    if (HAL_TIMEx_MasterConfigSynchronization(&htim3,
      &sMasterConfig) != HAL_OK)
    {
        Error_Handler();
    }
    sConfigOC.OCMode = TIM_OCMODE_PWM1;                     /*模式选择 PWM1*/
    sConfigOC.Pulse = 500 - 1;                              /*占空比*/
    sConfigOC.OCPolarity = TIM_OCPOLARITY_HIGH;             /*输出比较极性为高*/
    sConfigOC.OCFastMode = TIM_OCFAST_DISABLE;
    if (HAL_TIM_PWM_ConfigChannel(&htim3, &sConfigOC,
        TIM_CHANNEL_2) != HAL_OK)                           /*通道 2*/
```

```
    {
        Error_Handler();
    }

    HAL_TIM_MspPostInit(&htim3);
}
```

TIM3_CH2 默认使用引脚 PA7 输出 PWM,因此需要设置 TIM3_REMAP 为部分重映射,让 TIM3_CH2 重映射到引脚 PB5。文件 stm32f1xx_hal_msp.c 中的函数 HAL_TIM_MspPostInit 完成引脚重映射工作,代码如下:

```
void HAL_TIM_MspPostInit(TIM_HandleTypeDef * htim)
{
    GPIO_InitTypeDef GPIO_InitStruct = {0};

    if (htim->Instance == TIM3)
    {
        __HAL_RCC_GPIOB_CLK_ENABLE();

        __HAL_AFIO_REMAP_TIM3_PARTIAL();                /* 引脚部分重映射到 PB5 */
        GPIO_InitStruct.Pin = BEEP_Pin;

        GPIO_InitStruct.Mode = GPIO_MODE_AF_PP;         /* 复用推挽输出 */
        GPIO_InitStruct.Speed = GPIO_SPEED_FREQ_LOW;
        HAL_GPIO_Init(BEEP_GPIO_Port, &GPIO_InitStruct);
    }
}
```

在 main.c 文件中定义函数 pwm_set 来动态调整 PWM 的频率和占空比,函数的参数_period 和_pulse 分别为设定 PWM 的周期和占空比,代码如下:

```
#define MAX_PERIOD 65535
#define MIN_PERIOD 3
#define MIN_PULSE  2

/* 设定 PWM 的周期和占空比, _period、_pulse 的单位均为 ns */
void pwm_set(uint32_t _period, uint32_t _pulse)
{
    uint32_t period, pulse;
    uint32_t tim_clock, psc;

    tim_clock = SystemCoreClock;

    tim_clock /= 1000000UL;
    period = _period * tim_clock / 1000ULL;          /* 计数值 */
    psc = period / MAX_PERIOD + 1;                   /* 预分频数 */
    period = period / psc;                           /* 自动重装载值 */
    __HAL_TIM_SET_PRESCALER(&htim3, psc - 1);
```

```
    if (period < MIN_PERIOD)
    {
        period = MIN_PERIOD;
    }
    __HAL_TIM_SET_AUTORELOAD(&htim3, period - 1);

    pulse = (unsigned long long)_pulse * tim_clock / psc / 1000ULL;
    if (pulse < MIN_PULSE)
    {
        pulse = MIN_PULSE;
    }
    else if (pulse > period)
    {
        pulse = period;
    }
    /* 设置 TIM 捕获/比较寄存器值 */
    __HAL_TIM_SET_COMPARE(&htim3, TIM_CHANNEL_2, pulse - 1);
    __HAL_TIM_SET_COUNTER(&htim3, 0);                   /* 设置 TIM 计数器寄存器值 */
}

void beep_on(uint16_t freq, uint8_t volume)
{
    uint32_t period, pulse;

    /* 将频率转换为周期,周期单位为 ns,频率单位为 Hz,1/(1Hz×10^9) = 1ns */
    period = 1000000000 / freq;
    pulse = period / 100 * volume;                      /* 根据声音大小计算占空比 */
    pwm_set(period, pulse);                             /* 设定 PWM 周期和占空比 */

    HAL_TIM_PWM_Start(&htim3, TIM_CHANNEL_2);           /* 使能蜂鸣器对应的 PWM 通道 */
}

void beep_off()
{
    HAL_TIM_PWM_Stop(&htim3, TIM_CHANNEL_2);            /* 停止 PWM 信号输出 */
}
```

主函数 main 使用按键 KEY1 控制蜂鸣器播放音乐,和 5.5.2 节一样,示例采用软件延时进行按键消抖。为了简单起见,直接定义出了《两只老虎》歌曲各个音符的发声频率、发声时长和不发声时长,PWM 输出频率为发声频率,PWM 的占空比可以等效为输出模拟效果的电压大小,占空比越大,模拟出的电压越大,音量越高。具体实现代码如下:

```
int main(void)
{
    uint16_t freq_tab[32] = { 524, 588, 660, 524, 524, 588, 660, 524, 660,
                              698, 784, 660, 698, 784, 784, 880, 784, 698,
                              660, 524, 784, 880, 784, 698, 660, 524, 524,
                              392, 524, 524, 392, 524 };      /* 频率 */
```

```
    uint16_t sound_len[32] = { 320, 320, 320, 320, 320, 320, 320, 320, 320,
                              320, 640, 320, 320, 640, 160, 160, 160, 160,
                              320, 200, 160, 160, 160, 160, 320, 200, 320,
                              320, 640, 320, 320, 640 };     /* 发声时长 */
    /* 不发声时长 */
    uint16_t sound_no[32] = { 80, 80, 80, 80, 80, 80, 80, 80, 80, 80, 160,
                              80, 80, 160, 40,40, 40, 40, 80, 200, 40, 40,
                              40, 40, 80, 200, 80, 80, 160, 80, 80, 160 };

    HAL_Init();                                              /* 初始化 HAL 库 */
    SystemClock_Config();                                    /* 配置系统时钟 */
    MX_GPIO_Init();
    MX_TIM3_Init();

    int i = 0;
    while (1)
    {
        if (HAL_GPIO_ReadPin(KEY1_GPIO_Port, KEY1_Pin) == 0) /* KEY1 按下 */
        {
            HAL_Delay(10);
            /* KEY1 仍然按下 */
            if (HAL_GPIO_ReadPin(KEY1_GPIO_Port, KEY1_Pin) == 0)
            {
                i = 0;
                while (i < 32)
                {
                    beep_on(freq_tab[i], 80);       /* 蜂鸣器鸣响,占空比为 80% */
                    HAL_Delay(sound_len[i]);
                    beep_off();                     /* 蜂鸣器停止鸣响 */
                    HAL_Delay(sound_no[i]);
                    i++;
                }
            }

            /* 等待 KEY1 释放 */
            while (!HAL_GPIO_ReadPin(KEY1_GPIO_Port, KEY1_Pin));
        }
    }
}
```

将代码下载到开发板上运行,按下 KEY1 键,蜂鸣器开始播放歌曲《两只老虎》。播放完毕后,再次按下 KEY1 键,重新开始播放。若在没有播放完毕前,再次按下 KEY1 键,不会对播放产生影响。

5.7 系统嘀嗒定时器

5.7.1 系统嘀嗒定时器简介

系统嘀嗒定时器(SysTick)是 Cortex-M3 内核的一个外设,所有基于该内核的 MCU 都有这个定时器,它被捆绑在 NVIC 中,一般使用该定时器来延时,或者作为实时系统的心跳时钟，以便代码在不同厂家 MCU 之间移植。在使用操作系统的嵌入式系统中，SysTick 一般用作系统时钟节拍。

SysTick 是一个 24 位、向下递减的计数定时器，每计数一次的时间为 1/SYSCLK。如表 5-6 所示，SysTick 有四个寄存器，一般只需要配置前三个寄存器，STK_CALIB 使用得比较少。当定时器倒计数到 0 时，将把从寄存器 STK_LOAD 中取出的值作为定时器的初始值，只要不清除寄存器 STK_CTRL 中的使能位，计数就永不停息。

表 5-6　SysTick 的寄存器

寄存器名称	寄存器描述
STK_CTRL	控制和状态寄存器
STK_LOAD	重加载数值寄存器
STK_VAL	当前数值寄存器
STK_CALIB	校准数值寄存器

如图 5-14 所示，STM32CubeMX 软件配置时钟树图中的"To Cortex System timer (MHz)"就是 SysTick 的时钟频率，一般配置为 72MHz。

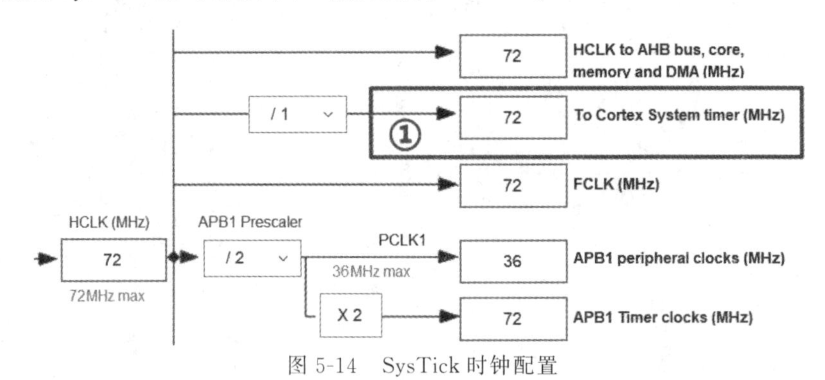

图 5-14　SysTick 时钟配置

如图 5-15 所示，STM32CubeMX 生成的工程默认选择 SysTick 作为系统时钟，且中断默认使能，无法关闭。

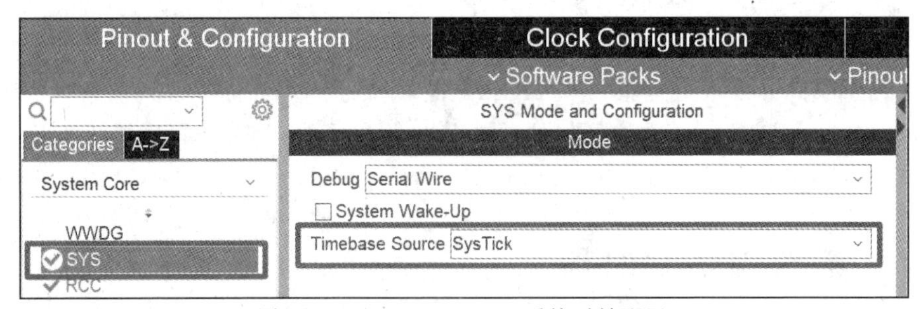

图 5-15　STM32CubeMX 系统时钟配置

HAL 库函数 HAL_InitTick 用于初始化 SysTick，在 HAL_Init 中被调用，其定义如下：

```
__weak HAL_StatusTypeDef  HAL_InitTick(uint32_t TickPriority)
{
    /* 配置 1ms 中断 */
    if (HAL_SYSTICK_Config(SystemCoreClock / (1000U / uwTickFreq)) > 0U)
    {
        return HAL_ERROR;
    }

    /* 配置 SysTick IRQ 优先级 */
    if (TickPriority < (1UL << __NVIC_PRIO_BITS))
    {
        HAL_NVIC_SetPriority(SysTick_IRQn, TickPriority, 0U);
        uwTickPrio = TickPriority;
    }
    else
    {
        return HAL_ERROR;
    }

    return HAL_OK;
}
```

代码中的函数 HAL_SYSTICK_Config 配置 SysTick 的定时时间为 1ms，该函数的参数用来设置重加载数值寄存器(STK_LOAD)的值，最大不能超过 $2^{24}-1=16777215$，全局变量 uwTickFreq 默认为 1。

5.7.2 延时函数 HAL_Delay 的实现原理

如果开启了 SysTick 中断，当计数到 0 时将触发中断，在其中断服务函数中可编写用户功能代码。HAL 库在 SysTick 中断时，调用函数 HAL_IncTick 累加全局计数值变量 uwTick，由于 uwTick 的值是在中断中更新的，因此用 volatile 关键字修饰，代码如下：

```
__IO uint32_t uwTick;

void SysTick_Handler(void)
{
    HAL_IncTick();
}

__weak void HAL_IncTick(void)
{
    uwTick += 1;
}

__weak uint32_t HAL_GetTick(void)
{
    return uwTick;
}
```

HAL 库延时函数 HAL_Delay 使用非常方便，它的实现原理是先调用函数 HAL_GetTick 获取 uwTick 的值作为初始值，然后不断调用函数 HAL_GetTick 获取 uwTick 的当前值，若当前值和初始值的差不小于设定的延时时间，则表示延时时间到了，该函数的定义如下：

```
__weak void HAL_Delay(uint32_t Delay)
{
    uint32_t tickstart = HAL_GetTick();
    uint32_t wait = Delay;

    if (wait < HAL_MAX_DELAY)                      /* 保证最小等待时间 */
    {
        wait += (uint32_t)(uwTickFreq);           /* 1ms 定时时，uwTickFreq 的值为 1 */
    }

    while ((HAL_GetTick() - tickstart) < wait)
    {
    }
}
```

注意：不要在中断服务函数中调用延时函数 HAL_Delay，因为该函数是通过 SysTick 中断实现的，而 SysTick 的中断优先级比较低，在中断服务函数中调用它会导致延时出现严重的误差。

练习题

1. 解释基本定时器的工作原理。
2. 解释定时器 PWM 输出的工作原理。
3. 使用 TIM6 实现流水灯程序，LED1～LED8 先从左至右，再从右至左依次点亮，每个 LED 点亮时间为 500ms。
4. 使用 TIM7 以中断方式实现 LED5 每 1s 闪烁一次，按下 KEY1 键启动 TIM7 运行，按下 KEY2 键停止 TIM7 运行。要求按键具有消抖功能。
5. 简述延时函数 void HAL_Delay(uint32_t Delay)的实现原理。

第6章 串口通信与DMA

CHAPTER 6

6.1 数据通信的基本概念

6.1.1 数据通信方式

按数据传送的方式，数据通信可分为串行通信与并行通信。串行通信是指设备之间通过少量数据信号线(一般8根以下)、地线以及控制信号线，按数据位形式一位一位地传输数据的通信方式。并行通信一般是指使用8、16、32、64根或更多的数据线传输数据的通信方式，数据各个位同时传输。

由于串行通信的数据是按位顺序传输，同一时刻只能传输一个数据位，因此在数据传输速率相同的情况下，并行通信传输的数据量要大得多，但是串行通信可以节省数据线的硬件成本(特别是远距离时)以及PCB的布线面积。由于并行通信对同步的要求较高，且随着通信速率的提高，信号干扰的问题会显著影响到通信性能，现在越来越多的器件采用串行传输，比如USART、USB、IIC、SPI、CAN和以太网等。

按数据同步的方式，数据通信又可分为同步通信和异步通信。同步通信是指通信前双方时钟必须要调整到同一个频率，先建立同步，然后双方开始不停地发送和接收连续的同步比特流。异步通信不需要建立同步，发送端可以在任意时刻开始发送字符，但必须给每个字符加上开始位和停止位，以便接收端能够正确接收每个字符，有时还需要双方约定数据的传输速率。同步通信和异步通信还可以根据通信过程中是否使用到同步时钟信号进行简单的区分。

6.1.2 串行通信简介

1. 串行通信的三种制式

如图6-1所示，串行通信按照数据传输的方向可以分为如下三种制式。

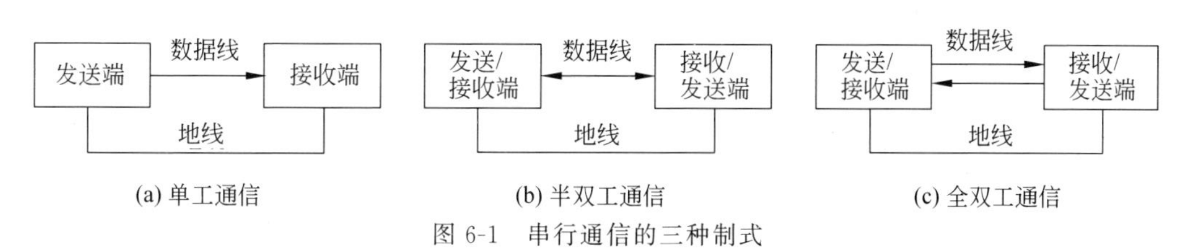

图6-1　串行通信的三种制式

(1) **单工通信**：只允许一方向另外一方传送信息，另外一方不能回传信息，只能单向传送数据，比如电视遥控器、收音机广播等。

(2) **半双工通信**：通信双方都具有发送器和接收器，既可发送也可接收，但同一时刻只能其中一方发给另外一方，比如对讲机。

(3) **全双工通信**：通信双方都具有发送器和接收器，发送数据的同时也能接收数据，比如电话通信。

2. 串口通信协议

串口通信的协议层规定了数据包的基本组成，即起始位、数据位、校验位以及停止位，如图 6-2 所示。为了保证数据通信的可靠性，通信双方必须都遵守该协议。

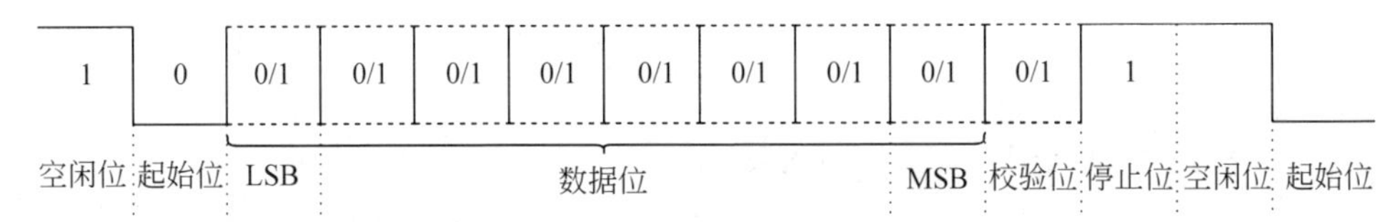

图 6-2 串口数据包的基本组成

起始位：发送 1 位逻辑 0(低电平)，每个数据包都是以起始信号开始的。

数据位：可以是 5～8 位的数据位，常见的是 8 位(1 字节)，其他的如 7 位的 ASCII。发送数据时，先发低位(LSB)，再发高位(MSB)。

校验位：可选的奇偶校验位，奇校验需保证数据和校验位中 1 的个数为奇数，偶校验需保证数据和校验位中 1 的个数为偶数。比如一个 8 位长的有效数据为 0110 1001，此时总共有 4 个 1，为达到奇校验效果，校验位须为 1，偶校验与奇校验的要求相反。

停止位：停止位是数据传输结束的标志，停止信号可由 0.5 个、1 个、1.5 个或 2 个逻辑 1 的数据位表示，只要双方约定一致即可。

空闲位：空闲时数据线为高电平状态，代表无数据传输。

串口通信的物理层使用的电平标准有两种：TTL 标准和 RS-232 标准。TTL 标准使用 +5V 表示二进制逻辑 1，使用 0V 表示逻辑 0。RS-232 标准使用 −15V 表示逻辑 1，+15V 表示逻辑 0，该标准增加了通信的传输距离及抗干扰能力。

3. 串口通信的波特率

波特率(baud rate)：表示每秒传输的码元符号的个数，是衡量数据传输速率的指标。

比特率(bit rate)：表示每秒传输的二进制位数，单位为比特/秒(b/s)，是衡量通信性能的一个非常重要的参数。比特率可表示为波特率和单个调制状态对应的二进制位数的乘积。

在嵌入式系统中，串口通信一般使用波特率，波特率和比特率往往相同。异步通信中由于没有同步时钟信号，收发双方要明确约定好通信波特率，双方的波特率必须保持一致才能正常通信，常见的波特率为 4800、9600、19200、115200 等。若波特率为 115200b/s，代表每秒传输比特的数量为 115200，传输 1bit 数据的时间就是 1/115200＝8μs。

6.2 STM32F1 的 USART

6.2.1 USART 介绍

STM32F1 集成的通用同步异步收发器(universal synchronous asynchronous receiver and transmitter，USART)用于与外部设备通信，通信双方遵循一致的串口协议和波特率，仅用两根信号线就可以进行全双工数据通信。USART 的分数波特率发生器可以提供宽范围的波特率选择，发送和接收共用的可编程波特率最高能达到 4.5Mb/s，它的可编程数据字长度为 8 位或 9 位，支持 1 个或 2 个停止位。USART 使用多缓冲器配置的 DMA 方式，可以实现高速数据通信。

STM32F103VET6 集成了三个 USART1/2/3 和两个 UART4/5，USART1 挂载在 APB2 总线上，最大频率为 72MHz，其他四个串口都挂载在 APB1 总线上，最大频率为 36MHz。UART 是在 USART 的基础上裁剪掉了同步通信功能，只有异步传输功能。

6.2.2　USART 的工作原理

USART 主要由引脚、数据通道、发送器控制和接收器控制、波特率生成器几部分组成，分别对应图 6-3 中的①、②、③、④部分，下面对各部分需要重点关注的内容进行说明。

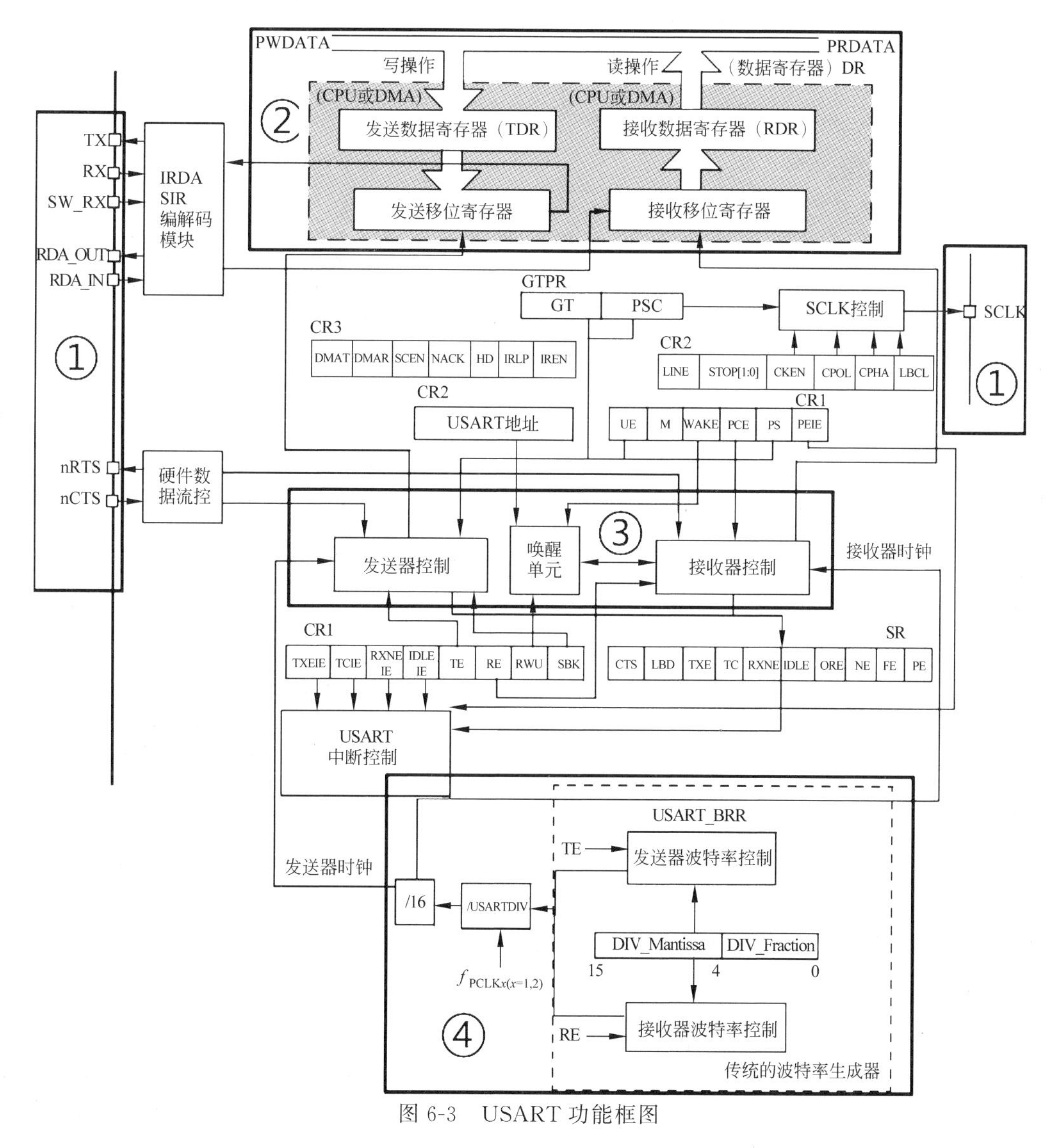

图 6-3　USART 功能框图

1. 引脚

USART双向通信至少需要两个引脚：发送数据串行输出引脚(TX)和接收数据串行输入引脚(RX)。当发送器被激活且不发送数据时，引脚TX处于高电平，当发送器被禁止时，引脚TX恢复到它的端口配置。当数据发送时，发送移位寄存器中的数据会在引脚TX上按照低位在前、高位在后的顺序依次输出。在USART接收期间，数据的最低有效位从引脚RX移进，RX采用过采样技术来区别数据和噪声。

USART在IRDA模式下需要使用IRDA_OUT和IRDA_IN引脚，在硬件流控模式下需要nRTS和nCTS引脚，图6-3最右边的SCLK引脚为同步模式下时钟信号的输出引脚。UART没有nCTS、nRTS和SCLK功能引脚。

2. 串口数据寄存器

串口数据寄存器(USART_DR)用来发送和接收数据，当写入数据到该寄存器时，串口就会自动发送；当串口收到数据时，收到的数据也自动存入该寄存器。如图6-4所示，USART_DR只有低9位有效，第9位数据是否有效取决于控制寄存器(USART_CR1)的M位设置，当M位为0时，表示8位数据字长；当M位为1时，表示9位数据字长，一般使用8位数据字长。寄存器的保留位被硬件强制置0。

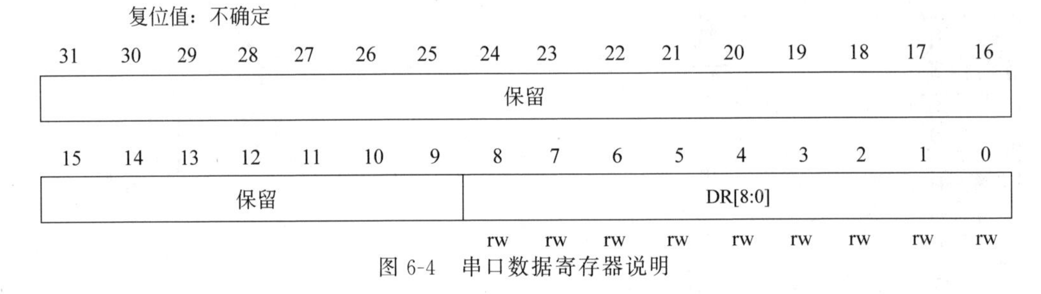

图6-4 串口数据寄存器说明

在物理上USART_DR包含两个寄存器：一个是用于发送的可写TDR，另一个是用于接收的可读RDR。向USART_DR写入的数据会自动存储在TDR内，从USART_DR读取数据会自动提取RDR中的数据。TDR和RDR都介于系统总线和移位寄存器之间。

3. USART控制器

USART有专门的发送器控制和接收器控制，有一个状态寄存器(USART_SR)和3个控制寄存器(USART_CR1/2/3)，用户程序随时都可以查询USART_SR，得到串口的状态。通过向控制寄存器写入控制参数，发送器控制和接收器控制部分将控制数据通道部分的移位寄存器发送和接收数据，具体如下。

(1) 对于发送器控制，当USART_CR1的发送使能位(TE)置1时，发送器开始会先发送一个空闲帧(即一个数据帧长度的高电平)，接下来就可以向USART_DR写入要发送的数据，即将数据写到寄存器TDR，发送控制器将适时地把数据从TDR加载到发送移位寄存器，当加载完成后，会产生TDR已空事件TXE；然后通过串口线TX，把数据一位一位地发送出去，当发送完成后，会产生数据发送完成事件TC。

(2) 对于接收器控制，当USART_CR1的接收使能位(RE)置1时，使能USART接收，接收器开始在RX线上搜索起始位。在确定到起始位后，根据RX线的电平状态把接收到的每位数据顺序保存到接收移位寄存器内，接收完成后再把数据移到 RDR 内，并把 USART_SR 的读数据寄存器非空位(RXNE)置 1，即数据已经被接收并且可以被读出。如果 USART_CR1 的接收缓冲区非空中断使能位(RXNEIE)置 1，将产生 USART 中断。在接收期间，如果检测到帧错误、噪声或溢出错误，相应的错误标志位将被置位。

4. 波特率生成

波特率寄存器(USART_BRR)用于产生分数波特率，包括 DIV_Mantissa(整数)和 DIV_Fraction(小数)两部分，如图 6-5 所示。

31	30	29	28	27	26	25	24	23	22	21	20	19	18	17	16
保留															
15	14	13	12	11	10	9	8	7	6	5	4	3	2	1	0
DIV_Mantissa[11:0]												DIV_Fraction[3:0]			
rw	rw	rw	rw	rw	rw	rw	rw	rw	rw	rw	rw	rw	rw	rw	rw

位	说明
位31:16	保留位，硬件强制为0
位15:4	DIV_Mantissa[11:0]：USARTDIV的整数部分 这12位定义了USART分频器除法因子(USARTDIV)的整数部分。
位3:0	DIV_Fraction[3:0]：USARTDIV的小数部分 这4位定义了USART分频器除法因子(USARTDIV)的小数部分。

图 6-5　波特率寄存器说明

串口时钟的分频值计算式为 USARTDIV = DIV_Mantissa + (DIV_Fraction/16)。

例如，若 USART_BRR=0x01BC，即 DIV_Mantissa=27(0x1B)，DIV_Fraction=12(0x0C)，则 USARTDIV=27+12/16=27.75。

USART 的发送器和接收器使用相同的波特率，波特率计算公式如下：

$$\text{TX/RX 波特率} = \frac{f_{\text{PCLK}_x}}{16\text{USARTDIV}}$$

其中 f_{PCLK_x} 为外设的时钟(PCLK1 用于 USART2/3/4/5，PCLK2 用于 USART1)，USARTDIV 是由寄存器 USART_BRR 定义的无符号定点数。

下面再看一下如何根据已知波特率来确定 USART_BRR 的值。由于 USART1 使用 APB2 总线时钟，频率最高可达 72MHz，即 $f_{\text{PCLK}_x}=72\text{MHz}$，假如为了得到 115200b/s 的波特率，此时：

$$115200=\frac{72000000}{16\text{USARTDIV}}$$

解得 USARTDIV=39.0625，算得 DIV_Fraction=0.0625×16=1=0x01，DIV_Mantissa=39=0x17，所以 USART_BRR 的值为 0x0171。

6.2.3　USART 中断控制

USART 有多种中断事件，它们被连接到同一个中断向量，如果设置了对应的使能控制位，就可以产生中断，如图 6-6 所示。例如，数据从 TDR 转移到移位寄存器时，会产生 TDR 已空事件(TXE)，若对应的使能控制位 TXEIE 为 1，则产生发送数据寄存器为空的中断。若移位寄存器中的数据全部发送出去，并且事件标志位 TXE 为 1，则产生数据发送完成事件(TC)。

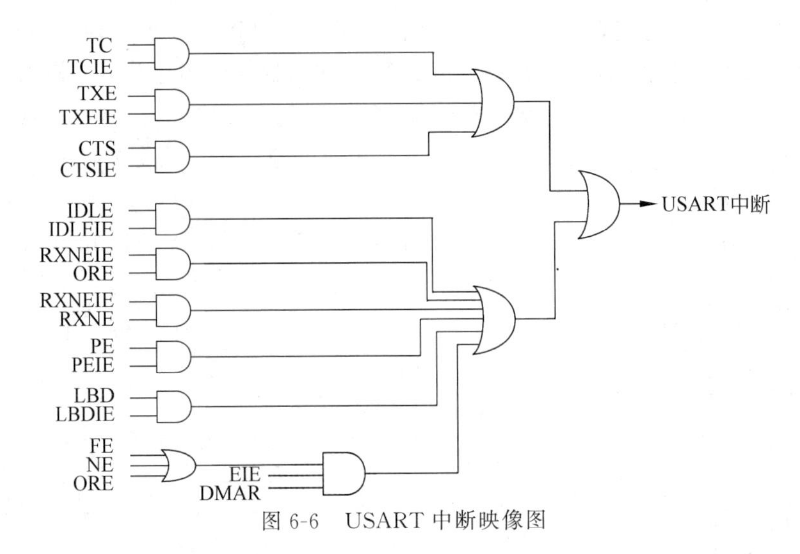

图 6-6 USART 中断映像图

USART 的中断事件分为发送和接收两大类，如表 6-1 所示。这里重点说明一下表中发送寄存器为空标志位(TXE)和发送完成标志位(TC)的区别：TEX 表示 TDR 为空，此时移位寄存器可能正在发送数据，数据还没有发送完；TC 则是在移位寄存器将数据全部移位完成后设置的标志位，也就是发送完了停止位。因此 TXE 允许程序有更充裕的时间写 TDR，而 TC 可以让程序知道确切的发送结束时间。

表 6-1 STM32F103 的 USART 中断事件及标志位

中断事件		事件标志	使能控制位
发送期间	发送数据寄存器为空	TXE	TXEIE
	清除发送	CTS	CTSIE
	发送完成	TC	TCIE
接收期间	接收数据就绪可读	RXNE	RXNEIE
	检测到数据溢出	ORE	
	检测到空闲线路	IDLE	IDLEIE
	奇偶校验错误	PE	PEIE
	断开检测	LBD	LBDIE
	噪声标志、溢出错误和帧错误	NE/ORE/FE	EIE

最后说一下 USART 的事件标志位的清零问题。对 USART_DR 的写操作，会将 TXE 清零。由软件序列先读 USART_SR，再写 USART_DR 将清除 TC 位，也可以向该位写 0，直接清除。若移位寄存器 RDR 中的数据被转移到 USART_DR 中，RXNE 位将被硬件置位，表示已经有数据被接收到了，对 USART_DR 的读操作可以将 RXNE 位清零。

6.3　串口的 HAL 库用法

6.3.1　串口寄存器结构体 USART_TypeDef

结构体数据类型 USART_TypeDef 和串口指针 USART1，USART2，USART3，UART4，…，UART5 在文件 stm32f103xe.h 中定义，代码如下：

```
typedef struct
{
    __IO uint32_t SR;       /* USART 状态寄存器，地址偏移量：0x00 */
    __IO uint32_t DR;       /* USART 数据寄存器，地址偏移量：0x04 */
    __IO uint32_t BRR;      /* USART 波特率寄存器，地址偏移量：0x08 */
    __IO uint32_t CR1;      /* USART 控制寄存器 1，地址偏移量：0x0C */
    __IO uint32_t CR2;      /* USART 控制寄存器 2，地址偏移量：0x10 */
    __IO uint32_t CR3;      /* USART 控制寄存器 3，地址偏移量：0x14 */
    __IO uint32_t GTPR;     /* USART Guard 时间和预分频器寄存器，地址偏移量：0x14 */
} USART_TypeDef;

#define PERIPH_BASE 0x40000000UL          /* 外设基地址 */
#define APB1PERIPH_BASE   PERIPH_BASE
#define APB2PERIPH_BASE   (PERIPH_BASE + 0x00010000UL)

#define USART1_BASE (APB2PERIPH_BASE + 0x00003800UL)
#define USART2_BASE (APB1PERIPH_BASE + 0x00004400UL)
#define USART3_BASE (APB1PERIPH_BASE + 0x00004800UL)
#define UART4_BASE    (APB1PERIPH_BASE + 0x00004C00UL)
#define UART5_BASE    (APB1PERIPH_BASE + 0x00005000UL)

#define USART1 ((USART_TypeDef *)USART1_BASE)
#define USART2 ((USART_TypeDef *)USART2_BASE)
#define USART3 ((USART_TypeDef *)USART3_BASE)
#define UART4   ((USART_TypeDef *)UART4_BASE)
#define UART5   ((USART_TypeDef *)UART5_BASE)
```

这些宏定义为访问 USART 的寄存器提供了便利，如访问 USART1 的 CR1 寄存器可以采用这种简便的形式：USART1->CR1 = 0。

6.3.2　串口句柄结构体 UART_HandleTypeDef

HAL 库在结构体 USART_TypeDef 的基础上封装了一个串口结构体数据类型 UART_HandleTypeDef，定义如下：

```
typedef struct __UART_HandleTypeDef
{
    USART_TypeDef        *Instance;            /* USART 实例 */
    UART_InitTypeDef      Init;                /* 串口初始化结构体 */
    uint8_t              *pTxBuffPtr;          /* 指向发送缓冲区的指针 */
```

```
    uint16_t              TxXferSize;              /* 发送缓冲区字节数 */
    __IO uint16_t         TxXferCount;             /* 已发送字节数,用于查询发送进度 */
    uint8_t              *pRxBuffPtr;              /* 指向 UART 接收传输缓冲区的指针 */
    uint16_t              RxXferSize;              /* 接收缓冲区字节数 */
    __IO uint16_t         RxXferCount;             /* 已接收字节数 */
    DMA_HandleTypeDef     *hdmatx;                 /* DMA 发送缓冲区指针 */
    DMA_HandleTypeDef     *hdmarx;                 /* DMA 接收缓冲区指针 */
    HAL_LockTypeDef       Lock;                    /* 锁定对象 */
    __IO HAL_UART_StateTypeDef   gState;           /* 发送状态 */
    __IO HAL_UART_StateTypeDef   RxState;          /* 接收状态 */
    __IO uint32_t ErrorCode;                       /* UART 错误码 */
#if (USE_HAL_UART_REGISTER_CALLBACKS == 1)
    …                                              /* 串口回调函数,略 */
#endif
} UART_HandleTypeDef;
```

结构体中的条件编译宏选项 USE_HAL_UART_REGISTER_CALLBACKS 用于配置串口回调函数,如果需要用到这些回调函数,在 stm32f1xx_hal_conf.h 文件中开启该宏选项。

结构体成员 Instance 是串口寄存器的实例化指针,可以方便编程操作寄存器,比如使能串口发送数据寄存器为空的中断的代码为 SET_BIT(huart->Instance->CR1, USART_CR1_TXEIE)。结构体成员 Init 是用户接触最多的,用于配置串口的基本参数,如波特率、奇偶校验、停止位等,该成员的数据类型为结构体 UART_InitTypeDef,定义如下:

```
typedef struct
{
    uint32_t BaudRate;          /* 波特率,一般设置为 2400、9600、19200、115200 */
    uint32_t WordLength;        /* 数据帧字长,可选 8 位或 9 位 */
    /* 停止位,可选 0.5 个、1 个、1.5 个和 2 个停止位。一般选择 1 个停止位 */
    uint32_t StopBits;
    uint32_t Parity;            /* 奇偶校验位,一般取 UART_PARITY_NONE */
    uint32_t Mode;              /* 收发模式,可选 USART_MODE_RX 和 USART_MODE_TX */
    uint32_t HwFlowCtl;         /* 硬件流控 */
    uint32_t OverSampling;      /* 过采样倍率,一般取 UART_OVERSAMPLING_16 */
} UART_InitTypeDef;
```

HAL 库函数会根据设置的波特率,通过计算为寄存器 UART_BRR 赋值。如果没有使能奇偶校验控制,一般数据帧字长为 8 位;如果使能了,则为 9 位。奇偶校验控制位可选 USART_PARITY_NONE(无校验)、USART_PARITY_EVEN(偶校验)及 USART_PARITY_ODD(奇校验)。收发模式允许使用逻辑或运算同时选择接收和发送模式。

6.3.3 USART 相关 HAL 库函数

1. 函数 HAL_UART_Init

函数 HAL_UART_Init 说明如表 6-2 所示。

表 6-2 函数 HAL_UART_Init 说明

函数原型	HAL_StatusTypeDef HAL_UART_Init(UART_HandleTypeDef * huart)
功能描述	根据 huart 中设定的参数初始化串口,并初始化关联的句柄
输入参数	huart: 指向包含指定 UART 模块配置信息的 UART_HandleTypeDef 结构体指针
返回值	HAL 状态
注意事项	HAL_UART_Init 内部会调用串口使能函数使能相应串口
应用示例	UART_HandleTypeDef huart1; /* 定义 UART 句柄 */ UART1_Handler.Instance = USART1; /* USART1 实例 */ UART1_Handler.Init.BaudRate = 115200; /* 波特率 */ UART1_Handler.Init.WordLength = UART_WORDLENGTH_8B; /* 字长为 8 位 */ UART1_Handler.Init.StopBits = UART_STOPBITS_1; /* 1 个停止位 */ UART1_Handler.Init.Parity = UART_PARITY_NONE; /* 无奇偶校验位 */ /* 无硬件流控 */ UART1_Handler.Init.HwFlowCtl = UART_HWCONTROL_NONE; UART1_Handler.Init.Mode = UART_MODE_TX_RX; /* 收、发模式 */ HAL_UART_Init(&huart1);

2. 函数 HAL_UART_MspInit

函数 HAL_UART_MspInit 说明如表 6-3 所示。

表 6-3 函数 HAL_UART_MspInit 说明

函数原型	void HAL_UART_MspInit(UART_HandleTypeDef * huart)
功能描述	根据 huart 中设定的参数初始化串口底层硬件资源
输入参数	huart: 指向包含指定 UART 模块配置信息的 UART_HandleTypeDef 结构体指针
注意事项	初始化函数 HAL_UART_Init 内部会先调用此 Msp 初始化回调函数
应用示例	HAL_UART_MspInit(&huart1);

3. 函数 HAL_UART_Transmit

函数 HAL_UART_Transmit 说明如表 6-4 所示。

表 6-4 函数 HAL_UART_Transmit 说明

函数原型	HAL_StatusTypeDef HAL_UART_Transmit(UART_HandleTypeDef * huart, uint8_t * pData, uint16_t Size, uint32_t Timeout)
功能描述	串口在阻塞模式下发送一定数量的数据
输入参数	huart: 指向包含指定 UART 模块配置信息的 UART_HandleTypeDef 结构体指针
	pData: 发送数据缓冲区指针
	Size: 要发送的数据量
	Timeout: 超时时间
返回值	HAL 状态
应用示例	uint8_t ch = 'A'; HAL_UART_Transmit(&huart1,(uint8_t *)&ch, 1, 0xFFFF);

4. 函数 HAL_UART_Receive_IT

函数 HAL_UART_Receive_IT 说明如表 6-5 所示。

表 6-5 函数 HAL_UART_Receive_IT 说明

函数原型	HAL_StatusTypeDef HAL_UART_Receive_IT(UART_HandleTypeDef * huart, uint8_t * pData, uint16_t Size)
功能描述	串口在中断模式下接收一定数量的数据
输入参数	huart:指向包含指定 UART 模块配置信息的 UART_HandleTypeDef 结构体指针
	pData:接收数据缓冲区指针
	Size:要接收的数据数量
返回值	HAL 状态
应用示例	uint8_t RxData; HAL_UART_Receive_IT(&huart1, &RxData, 1); /* 在中断模式下接收 1 字节数据 */

6.4 USART1 接收不定长数据及回显示例

本示例实现开发板和计算机之间串口通信,开发板上电后通过 USART1 发送提示字符串给计算机,然后就进入等待中断接收状态。如果计算机发送不定长的数据过来,USART1 产生中断并接收数据,当收到"#"结尾符后,把收到的数据回送给计算机。

由于单片机使用 TTL 电平标准,个人计算机使用 RS-232 电平标准,因此它们进行串行通信时,需要使用电平转换芯片(如 MAX3232)进行信号电平的相互转换。图 6-7 为开发板上 USB-UART 转换原理图,CH340C 是沁恒公司的 USB-UART 转换芯片,STM32 使用 USART1 与它连接,连接引脚为 PA9 和 PA10。

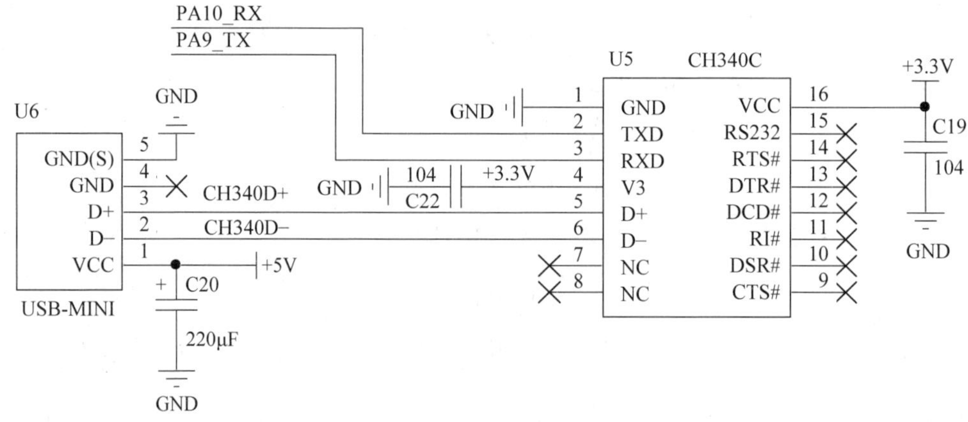

图 6-7 USB-UART 转换原理图

6.4.1 STM32CubeMX 工程配置

如图 6-8 所示,选择 USART1,通信模式设置为异步(Asynchronous)通信,配置波特率(Baud Rate)为 115200b/s、数据字长为 8 位、无奇偶校验位和 1 个停止位,串口配置为既能接收也能发送数据。

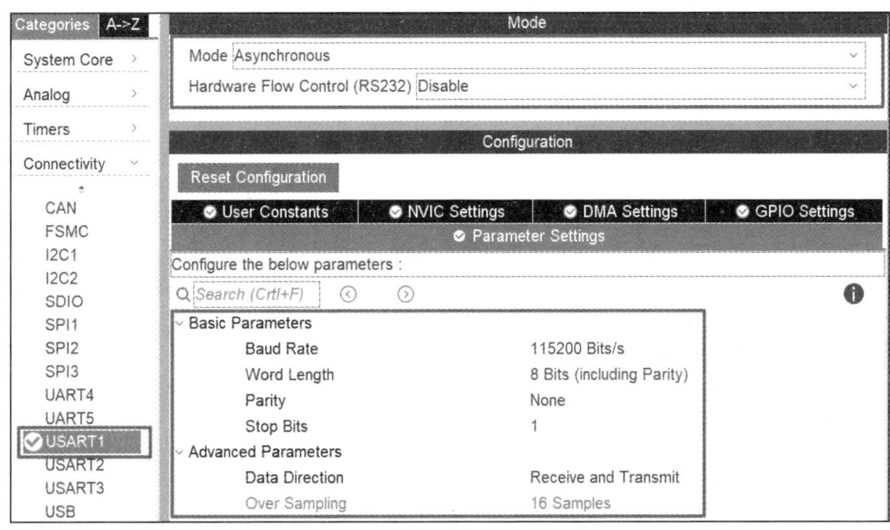

图 6-8　USART1 参数配置

USART1 默认使用引脚 PA9 和 PA10 作为发送引脚(USART1_TX)和接收引脚(USART1_RX)。如图 6-9 所示,软件自动设置 PA9 为复用推挽输出模式、PA10 为输入模式,且不需要设置用户标签。

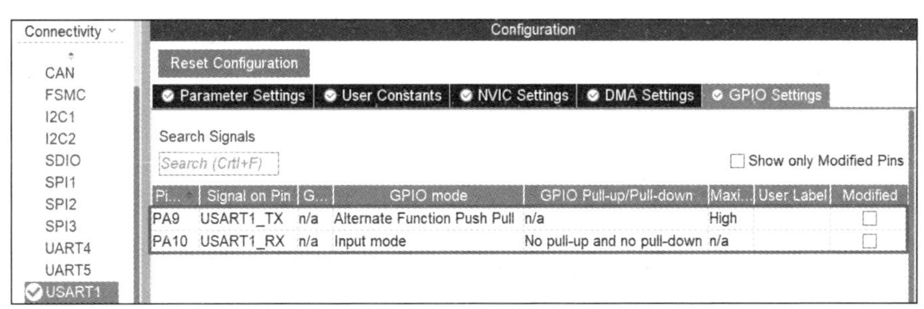

图 6-9　USART1 默认引脚配置图

如图 6-10 所示,配置 USART1 的 NVIC,使能 USART1 中断,抢占优先级和响应优先级均采用默认值 0。

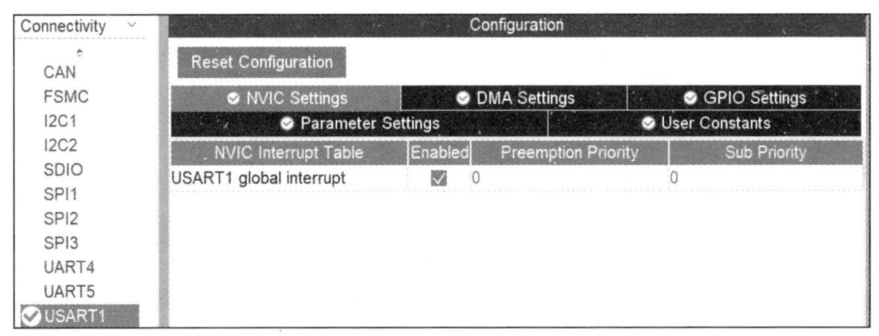

图 6-10　串口 NVIC 配置

6.4.2 串口配置及中断服务函数

1. 串口配置函数

在 main.c 文件中，STM32CubeMX 软件生成的函数 MX_USART1_UART_Init 用来初始化 USART1 的通用参数，这些参数的含义见代码中的注释，代码如下：

```
UART_HandleTypeDef  huart1;

static void MX_USART1_UART_Init(void)
{
    huart1.Instance = USART1;                                   /* 串口 1 实例 */
    huart1.Init.BaudRate = 115200;                              /* 波特率为 115200b/s */
    huart1.Init.WordLength = UART_WORDLENGTH_8B;                /* 数据帧字长为 8 位 */
    huart1.Init.StopBits = UART_STOPBITS_1;                     /* 停止位为 1 个 */
    huart1.Init.Parity = UART_PARITY_NONE;                      /* 无校验位 */
    huart1.Init.Mode = UART_MODE_TX_RX;                         /* 发送、接收全双工模式 */
    huart1.Init.HwFlowCtl = UART_HWCONTROL_NONE;                /* 无硬件流控 */
    huart1.Init.OverSampling = UART_OVERSAMPLING_16;            /* 过采样倍率 */
    if (HAL_UART_Init(&huart1) != HAL_OK)
    {
        Error_Handler();
    }
}
```

在文件 stm32f1xx_hal_msp.c 中，函数 HAL_UART_MspInit 实现了 USART1 的时钟使能、引脚配置、设置中断优先级和中断使能，代码如下：

```
void HAL_UART_MspInit(UART_HandleTypeDef * huart)
{
    GPIO_InitTypeDef GPIO_InitStruct = {0};

    if (huart->Instance == USART1)
    {
        /* 串口和 GPIO 时钟使能 */
        __HAL_RCC_USART1_CLK_ENABLE();
        __HAL_RCC_GPIOA_CLK_ENABLE();

        /* USART1 引脚配置 PA9  ----> USART1_TX, PA10 ----> USART1_RX */
        GPIO_InitStruct.Pin = GPIO_PIN_9;
        GPIO_InitStruct.Mode = GPIO_MODE_AF_PP;
        GPIO_InitStruct.Speed = GPIO_SPEED_FREQ_HIGH;
        HAL_GPIO_Init(GPIOA, &GPIO_InitStruct);

        GPIO_InitStruct.Pin = GPIO_PIN_10;
        GPIO_InitStruct.Mode = GPIO_MODE_INPUT;
        GPIO_InitStruct.Pull = GPIO_NOPULL;
        HAL_GPIO_Init(GPIOA, &GPIO_InitStruct);
```

```
        /* USART1 设置中断优先级和中断使能 */
        HAL_NVIC_SetPriority(USART1_IRQn, 0, 0);
        HAL_NVIC_EnableIRQ(USART1_IRQn);
    }
}
```

对函数 HAL_UART_MspInit 的理解可以参考 5.4.2 节相关内容。HAL 库初始化 USART1 的流程为 MX_USART1_UART_Init( )→HAL_UART_Init( )→HAL_UART_MspInit( ),函数 HAL_UART_MspInit 是一个弱函数,因此调用的是在 stm32f1xx_hal_msp.c 文件中定义的 HAL_UART_MspInit( )函数,即先初始化与 MCU 无关的串口协议,再初始化与 MCU 相关的串口设置,这样使得代码具有了非常强的移植性。

与之对应,函数 HAL_UART_MspDeInit 实现了与函数 HAL_UART_MspInit 相反的操作,用来重置 UART,代码如下:

```
void HAL_UART_MspDeInit(UART_HandleTypeDef *huart)
{
    if (huart->Instance == USART1)
    {
        __HAL_RCC_USART1_CLK_DISABLE();        /*禁用 USART1 时钟 */

        /* USART1 引脚配置 PA9------> USART1_TX, PA10 ---> USART1_RX */
        HAL_GPIO_DeInit(GPIOA, GPIO_PIN_9 | GPIO_PIN_10);
        HAL_NVIC_DisableIRQ(USART1_IRQn);      /* USART1 中断失能 */
    }
}
```

2. USART1 中断服务函数

HAL 库封装了串口的中断处理过程,中断服务函数在文件 stm32f1xx_it.c 中,代码如下:

```
void USART1_IRQHandler(void)
{
    HAL_UART_IRQHandler(&huart1);                 /* 调用中断处理公用函数 */

    /* 判断串口是否就绪 */
    while (HAL_UART_GetState(&huart1) != HAL_UART_STATE_READY);
    /* 开启新的接收中断 */
    while (HAL_UART_Receive_IT(&huart1, &RxData, 1) != HAL_OK);
}
```

串口中断处理公用函数 HAL_UART_IRQHandler 先判断哪个串口产生了中断,并清除它的中断标志位,若串口为接收模式,则调用函数 UART_Receive_IT 把每次中断接收到的字符保存到串口的缓存区,每接收到一个字符,计数器变量 RxXferCount 减 1,当 RxXferCount 减到 0 后,再调用接收完成弱回调函数 HAL_UART_RxCpltCallback 进行处理,该回调函数为 HAL 库函数,请大家参考库源代码学习。

上面的代码通过 while 循环调用函数 HAL_UART_GetState 判断串口是否完成数据

接收，若完成再继续调用函数 HAL_UART_Receive_IT 开启中断、重新设置 RxXferSize 和 RxXferCount 的初始值为 1，也就是开启新的接收中断。

注意： *在主函数 main 中要先调用 HAL_UART_Receive_IT 函数启动中断模式下接收 1 字节数据。*

3. 中断处理回调函数 HAL_UART_RxCpltCallback

为了实现串口接收不定长数据的功能，规定发送的字符串必须要以符号"#"作为结尾符。在文件 stm32f1xx_it.c 中，全局数组 g_RxBuf 用来缓存串口接收到的数据，全局变量 RxData 用来存放串口当前接收到的数据，全局变量 USART_RX_STA 用来保存接收的状态标志，bit15 为接收完成标志，bit14～0 为串口接收到的有效字节数，它们的定义如下：

```
uint8_t g_RxBuf[200];                          /* 串口接收数据缓冲区 */
uint8_t RxData;                                /* 串口当前接收到的数据 */
uint16_t USART_RX_STA = 0;                     /* 串口接收的状态标志 */
```

由于计数器变量 RxXferSize 为 1，因此每次串口接收到一个字符，就会将接收到的字符保存到变量 RxData 中，然后调用回调函数 HAL_UART_RxCpltCallback。在文件 stm32f1xx_it.c 中重定义该回调函数，代码如下：

```
void HAL_UART_RxCpltCallback(UART_HandleTypeDef *huart)
{
    if (huart->Instance == USART1)
    {
        if ((USART_RX_STA & 0x8000) == 0)          /* 接收未完成 */
        {
            if (RxData == '#')                     /* 接收到结尾符 */
                USART_RX_STA |= 0x8000;            /* 设置接收完成标志位 */
            else
            {
                g_RxBuf[USART_RX_STA & 0X7FFF] = RxData;    /* 缓存接收到的数据 */
                USART_RX_STA++;                    /* 增加接收到的字节数 */
                if (USART_RX_STA >= 200)
                    USART_RX_STA = 0;              /* 接收数据错误,重新开始接收 */
            }
        }
    }
}
```

上面的代码比较串口接收到的字符，若是结尾符"#"，则将接收状态标志 USART_RX_STA 的最高位置 1，表示本次接收完成；若不是结尾符"#"，则将接收到的字符存入全局数组 g_RxBuf 中，并将表示串口接收到的有效字节数的变量 USART_RX_STA 加 1。

为了方便读取串口接收缓冲区中的数据，在文件 stm32f1xx_it.c 中定义了一个接口函数 Get_Usart_RxBuf，该函数若判断本次接收串口数据已完成，则将串口缓冲区 g_RxBuf 中的数据复制到数组 buf 中，函数的实现代码如下：

```
#include <string.h>

int Get_Usart_RxBuf(uint8_t* buf, uint8_t* len)
```

```
{
    if (USART_RX_STA & 0x8000)                  /* 收到结尾符"#",本次接收完成 */
    {
        *len = USART_RX_STA & 0x7fff;           /* 接收到数据的长度 */
        memcpy(buf, g_RxBuf, *len);             /* 复制数据 */
        USART_RX_STA = 0;                       /* 接收状态标志清零,重新接收数据 */

        return 1;
    }

    return 0;
}
```

6.4.3 重定义 printf 函数

C 语言标准库使用的标准输出函数 printf,默认的输出设备是显示器,因此要实现 printf 函数输出到串口,必须重定义标准库里与 printf 相关的函数,即需要将 printf 函数内部调用的函数 int fputc(int ch, FILE *f)的输出指向串口(重定向),这样就能够向串口输出字符。

重定义输出函数 fputc 和输入函数 fgetc,fputc 原来的功能是将字符 ch 写入文件指针 f 所指向文件的当前写指针位置,就是把字符写入特定文件中,在这里将 ch 输出到 USART1。为了使用 C 语言库函数 printf 和 scanf,还需要包含头文件 stdio.h。在 main.c 文件中添加这两个函数,代码如下:

```
#include <stdio.h>

int fputc(int ch, FILE *f)
{
    USART1->DR = (uint8_t)ch;
    while ((USART1->SR & USART_SR_TC) == 0) {}       /* 等待发送结束 */
    return (ch);
}

int fgetc(FILE *f)
{
    while ((USART1->SR & USART_SR_RXNE) == 0) {}     /* 等待接收到数据 */
    return (int)USART1->DR;
}
```

要使用 C 语言标准库的输入/输出函数,还要在 MDK 的工程选项中勾选"Use MicroLIB"复选框,MicoroLIB 是默认 C 库的备选库,对标准 C 库进行了高度优化,使代码更少,如图 6-11 所示。

6.4.4 用户代码

主函数 main 在初始化串口后,调用函数 HAL_UART_Receive_IT 开启串口中断接收

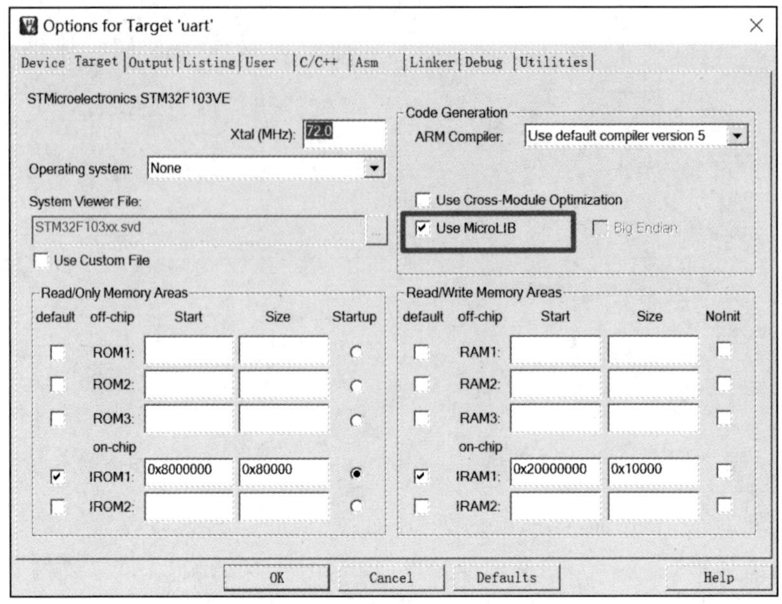

图 6-11　勾选“Use MicroLIB”复选框

模式，然后循环调用函数 Get_Usart_RxBuf 从串口接收缓冲区 g_RxBuf 中读取数据，若读取到数据，则将读到的数据添加字符串结尾符'\0'后从串口输出，函数代码如下：

```
int main(void)
{
    HAL_Init();                                        /* 初始化 HAL 库 */
    SystemClock_Config();                              /* 配置系统时钟 */
    MX_GPIO_Init();                                    /* GPIO 配置 */
    MX_USART1_UART_Init();                             /* USART1 初始化 */

    uint8_t len, buf[30];                              /* 接收数据长度和接收缓冲区 */
    printf("***    USART1 example.    ***\r\n");
    HAL_UART_Receive_IT(&huart1, &RxData, 1);          /* 在中断模式下接收 1 字节数据 */

    while (1)
    {
        if (Get_Usart_RxBuf(buf, &len))                /* 从接收缓冲区读取到数据 */
        {
            buf[len] = '\0';                           /* 添加字符串结尾符 */
            printf("The message received is %s.\r\n", buf);
        }
    }
}
```

上面代码中的全局变量 RxData 和函数 Get_Usart_RxBuf 在文件 stm32f1xx_it.c 中定义，因此在本文件中还需要对它们进行声明，代码如下：

```
extern uint8_t RxData;
extern int Get_Usart_RxBuf(uint8_t * buf, uint8_t * len);
```

6.4.5 下载验证

使用 USB 线连接开发板到计算机，在计算机上打开串口调试助手 XCOM，选择正确的串口号，设置波特率为 115200，如图 6-12 所示。程序运行时，使用串口助手发送任意长度并以“#”结尾的字符串，开发板收到字符串后再把它们原样回送到 PC。

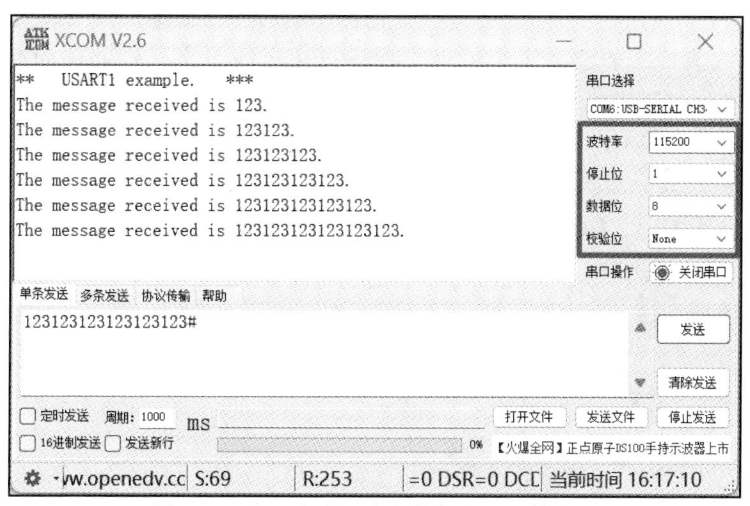

图 6-12 串口发送不定长数据及回显结果图

6.5 直接存储器存取

6.5.1 直接存储器存取简介

2.1 节介绍 STM32F1 系统架构时讲过，STM32 都由内核、片上外设、内存(SRAM)和系统总线等组成，工作时常有大量数据需要在内存与外设、外设与外设之间进行转移。例如，将 ADC 采集的数据转移到 SRAM 时，内核先通过 DCode 经过总线矩阵协调，从挂载在 APB2 总线上的 ADC 采集数据，然后再通过 DCode 经过总线矩阵协调把数据传送到 SRAM 中，整个过程会占用 CPU 十分宝贵的资源。

直接存储器访问(direct memory access，DMA)通过硬件提供了外设和存储器之间、存储器和存储器之间的数据高速传输的通道，适用于将数据从一个地址空间复制到另一个地址空间。如图 6-13 所示，在 DMA 传输过程中，不需要 CPU 直接控制传输，CPU 可以在 DMA 转移数据时进行数据运算、响应中断等操作，大大提高了 CPU 的效率。设计 DMA 的目的是解决大量数据转移过度消耗 CPU 资源的问题，使 CPU 更加专注于实用的操作。

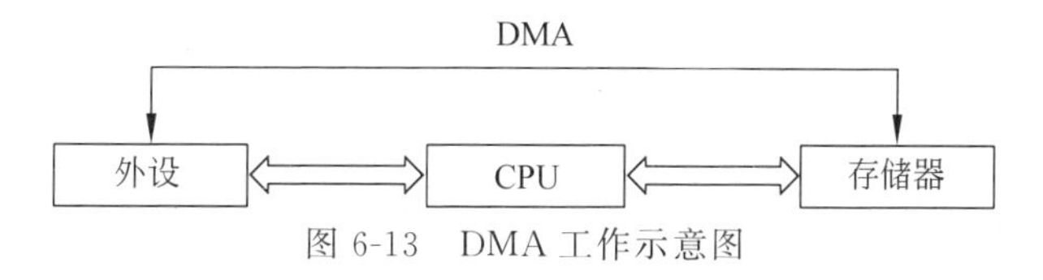

图 6-13 DMA 工作示意图

6.5.2 STM32F103 的 DMA

DMA 控制器独立于内核，属于单独的外设。STM32F1 集成了 DMA1、DMA2 两个控制器，它们与 CM3 内核共享系统数据总线，执行直接存储器数据传输。

1. DMA 通道

如表 6-6 和表 6-7 所示，STM32F103VE 的两个 DMA 控制器共有 12 个通道(DMA1 有 7 个通道，DMA2 有 5 个通道)，每个通道管理来自一个或多个外设的访问存储器的请求。外设产生的请求通过逻辑或输入 DMA 控制器，DMA 同一时间只能接收一个请求，不能同时接收多个请求，如 ADC1、TIM2_CH3 和 TIM4_CH1 的请求通过逻辑或输入 DMA1 的通道 1，但是在同一时间只能接收其中的一个请求。通过设置外设的相应寄存器中的控制位，能够独立地开启或关闭它的 DMA 请求。

表 6-6 DMA1 通道映像表

外设	通道 1	通道 2	通道 3	通道 4	通道 5	通道 6	通道 7
ADC1	ADC1						
SPI/IIS		SPI1_RX	SPI1_TX	SPI/IIS2_RX	SPI/IIS2_TX		
USART		USART3_TX	USART3_RX	USART1_TX	USART1_RX	USART2_RX	USART2_TX
IIC				IIC2_TX	IIC2_RX	IIC1_TX	IIC1_RX
TIM1		TIM1_CH1	TIM1_CH2	TIM1_TX4 TIM1_TRIG TIM1_COM	TIM1_UP	TIM1_CH3	
TIM2	TIM2_CH3	TIM2_UP			TIM2_CH1		TIM2_CH2 TIM2_CH4
TIM3		TIM3_CH3	TIM3_CH4 TIM3_UP			TIM3_CH1 TIM3_TRIG	
TIM4	TIM4_CH1			TIM4_CH2	TIM4_CH3		TIM4_UP

表 6-7 DMA2 通道映像表

外设	通道 1	通道 2	通道 3	通道 4	通道 5
ADC3					ADC3
SPI/IIS3	SPI/IIS3_RX	SPI/IIS3_TX			
UART4			UART4_RX		UART4_TX
SDIO				SDIO	
TIM5	TIM5_CH4 TIM5_TRIG	TIM5_CH3 TIM5_UP		TIM5_CH2	TIM5_CH1
TIM6/ DAC 通道 1			TIM6_UP/ DAC 通道 1		
TIM7/ DAC 通道 2				TIM7_UP/ DAC 通道 2	

续表

外设	通道 1	通道 2	通道 3	通道 4	通道 5
TIM8	TIM8_CH3 TIM8_UP	TIM8_CH4 TIM8_TRIG TIM8_COM	TIM8_CH1		TIM8_CH2

当同时有多个 DMA 通道请求时，会出现处理响应的先后问题。系统使用仲裁器协调 DMA 请求的优先级，仲裁器根据通道请求的优先级来启动对外设/存储器的访问。每个通道的优先级可通过软件设置为四个等级，即最高优先级、高优先级、中等优先级和低优先级；假如两个或两个以上的通道请求设置了相同的软件优先级，则它们的优先级取决于通道编号，通道编号越低，优先级越高。在大容量产品和互联型产品中，DMA1 控制器比 DMA2 控制器的优先级要高。

2. DMA 数据配置

DMA 传输数据的方向有如下 3 个。

(1) **外设到存储器**：外设寄存器地址为源地址，存储器的地址为目的地址。如 ADC 采集时，源地址为 ADC 数据寄存器的地址，目的地址就是用来接收 ADC 采集数据的内存地址。

(2) **存储器到外设**：存储器的地址为源地址，外设寄存器地址为目的地址。如串口向计算机发送数据时，源地址为存储串口待发送到计算机的数据缓冲区的地址，目的地址就是串口数据寄存器的地址。

(3) **存储器到存储器**：以内部 Flash(当作一个外设来看)向内部 SRAM 传输数据为例，源地址为内部 Flash 的地址，目的地址就是用来存储数据缓冲区(在 SRAM 中)的地址。

DAM 传输数据时，源地址和目的地址存储的数据宽度必须一致，比如串口数据寄存器为 8 位，要发送的数据也必须为 8 位，它们的数据宽度可以定义为 8/16/32 位。源地址和目的地址还必须有正确的数据指针增量模式，比如串口向计算机发送数据时，每发送完一个数据，存储器的地址指针就应该加 1，因为串口的数据寄存器只有一个，外设的地址指针就固定不变，具体的数据指针的增量模式由实际情况决定。

DMA 有一个 32 位的传输数据量寄存器(DMA_CNDTR)，用来存放当前所要传输的数据量，因此一次最多只能传输 65535 个数据，当数据量变为 0 时，表明 DMA 传输完成。

3. DMA 传输模式

DMA 的传输模式可以分为普通传输模式和循环传输模式两类。

(1) 普通传输模式：适合单次传输，比如存储器到存储器的数据复制。DMA 传输结束时，DMA 通道被自动关闭，不会响应进一步的 DMA 请求，若要再次传输，必须关断 DMA 使能再重新配置后才能继续传输。

(2) 循环传输模式：适合需要连续传输的场合。每次传输结束时，数据传输的配置会自动更新为初始状态，DMA 传输会连续不断地重复下去，这种模式一般用于处理一个环形的缓冲区。

4. DMA 传输过程

一个典型的 DMA 数据传输过程包含如下步骤。

(1) 初始化DMA控制器,包括设定DMA传输的源地址、目标地址、传输方向、数据宽度、优先级、地址是否递增、传输量和使能DMA相应通道。

(2) CPU向外设发出操作命令,外设向DMA控制器发送DMA请求。

(3) DMA控制器判别DMA请求的优先级及屏蔽,向总线裁决逻辑提出总线请求。

(4) DMA控制器获得总线控制权后,CPU挂起或只执行内部操作,启动DMA传输。

(5) DMA控制器传送完指定数量的数据后,释放总线控制权,并向外设发出结束信号。

5. DMA中断

每个DMA通道都可以在DMA传输过半、传输完成和传输错误事件发生时,置位相应的事件标志位,如果使能了该种类型的中断,则会产生中断,DMA中断事件的说明如表6-8所示。

表6-8 DMA中断事件的说明

中断事件	事件标志位	使能控制位
传输过半	HTIF	HTIE
传输完成	TCIF	TCIE
传输错误	TEIF	TEIE

6.5.3 DMA寄存器结构体DMA_Channel_TypeDef

与DMA相关的寄存器是用结构体数据类型DMA_Channel_TypeDef封装的,定义如下:

```
typedef struct
{
    __IO uint32_t CCR;                  /* 通道配置寄存器 */
    __IO uint32_t CNDTR;                /* 通道传输数量寄存器 */
    __IO uint32_t CPAR;                 /* 通道外设地址寄存器 */
    __IO uint32_t CMAR;                 /* 通道存储器地址寄存器 */
} DMA_Channel_TypeDef;

typedef struct
{
    __IO uint32_t ISR;
    __IO uint32_t IFCR;
} DMA_TypeDef;
```

DMA1和DMA2的寄存器基地址宏定义和DMA通道结构体指针在stm32f103xe.h文件中,定义如下:

```
#define PERIPH_BASE 0x40000000UL                /* 外设基地址 */
#define AHBPERIPH_BASE (PERIPH_BASE + 0x00020000UL)

#define DMA1_BASE (AHBPERIPH_BASE + 0x00000000UL)
#define DMA1_Channel1_BASE (AHBPERIPH_BASE + 0x00000008UL)
```

```
#define DMA1_Channel2_BASE (AHBPERIPH_BASE + 0x0000001CUL)
#define DMA1_Channel3_BASE (AHBPERIPH_BASE + 0x00000030UL)
#define DMA1_Channel4_BASE (AHBPERIPH_BASE + 0x00000044UL)
#define DMA1_Channel5_BASE (AHBPERIPH_BASE + 0x00000058UL)
#define DMA1_Channel6_BASE (AHBPERIPH_BASE + 0x0000006CUL)
#define DMA1_Channel7_BASE (AHBPERIPH_BASE + 0x00000080UL)

#define DMA2_BASE (AHBPERIPH_BASE + 0x00000400UL)
#define DMA2_Channel1_BASE (AHBPERIPH_BASE + 0x00000408UL)
#define DMA2_Channel2_BASE (AHBPERIPH_BASE + 0x0000041CUL)
#define DMA2_Channel3_BASE (AHBPERIPH_BASE + 0x00000430UL)
#define DMA2_Channel4_BASE (AHBPERIPH_BASE + 0x00000444UL)
#define DMA2_Channel5_BASE (AHBPERIPH_BASE + 0x00000458UL)

#define DMA1 ((DMA_TypeDef *)DMA1_BASE)
#define DMA2 ((DMA_TypeDef *)DMA2_BASE)
#define DMA1_Channel1 ((DMA_Channel_TypeDef *)DMA1_Channel1_BASE)
#define DMA1_Channel2 ((DMA_Channel_TypeDef *)DMA1_Channel2_BASE)
#define DMA1_Channel3 ((DMA_Channel_TypeDef *)DMA1_Channel3_BASE)
#define DMA1_Channel4 ((DMA_Channel_TypeDef *)DMA1_Channel4_BASE)
#define DMA1_Channel5 ((DMA_Channel_TypeDef *)DMA1_Channel5_BASE)
#define DMA1_Channel6 ((DMA_Channel_TypeDef *)DMA1_Channel6_BASE)
#define DMA1_Channel7 ((DMA_Channel_TypeDef *)DMA1_Channel7_BASE)
#define DMA2_Channel1 ((DMA_Channel_TypeDef *)DMA2_Channel1_BASE)
#define DMA2_Channel2 ((DMA_Channel_TypeDef *)DMA2_Channel2_BASE)
#define DMA2_Channel3 ((DMA_Channel_TypeDef *)DMA2_Channel3_BASE)
#define DMA2_Channel4 ((DMA_Channel_TypeDef *)DMA2_Channel4_BASE)
#define DMA2_Channel5 ((DMA_Channel_TypeDef *)DMA2_Channel5_BASE)
```

6.5.4 DMA 句柄结构体 DMA_HandleTypeDef

HAL 库在结构体 DMA_Channel_TypeDef 的基础上，封装了一个结构体数据类型 DMA_HandleTypeDef，定义如下：

```
typedef struct __DMA_HandleTypeDef
{
    DMA_Channel_TypeDef        *Instance;      /*寄存器基地址*/
    DMA_InitTypeDef            Init;           /*DMA 初始化参数*/
    HAL_LockTypeDef            Lock;           /*DMA 锁定对象*/
    HAL_DMA_StateTypeDef       State;          /*DMA 传输状态*/

    void *Parent;
    void(*XferCpltCallback)(struct __DMA_HandleTypeDef *hdma);
    void(*XferHalfCpltCallback)(struct __DMA_HandleTypeDef *hdma);
    void(*XferErrorCallback)(struct __DMA_HandleTypeDef *hdma);
    void(*XferAbortCallback)(struct __DMA_HandleTypeDef *hdma);

    __IO uint32_t          ErrorCode;              /*DMA 错误代码*/
    DMA_TypeDef            *DmaBaseAddress;       /*DMA 通道基地址*/
```

```
    uint32_t             ChannelIndex;          /* DMA 通道索引 */
} DMA_HandleTypeDef;
```

用户接触最多的是成员 Init，它用于配置 DMA 的基本参数，也是一个结构体类型，定义如下：

```
typedef struct
{
    uint32_t Direction;  /* 传输方向，可选外设到存储器、存储器到外设及存储器到存储器 */
    uint32_t PeriphInc;  /* 如果配置为 DMA_PINC_ENABLE，使能外设地址自动递增功能 */
    uint32_t MemInc;     /* 如果配置为 DMA_MINC_ENABLE，使能存储器地址自动递增功能 */
    /* 外设数据宽度，可选字节(8 位)、半字(16 位)和字(32 位) */
    uint32_t PeriphDataAlignment;
    /* 存储器数据宽度，可选字节(8 位)、半字(16 位)和字(32 位) */
    uint32_t MemDataAlignment;
    uint32_t Mode;       /* 传输模式选择，可选普通传输模式或循环传输模式 */
    /* 设置数据流的优先级，有 4 个可选优先级：最高、高、中等和低 */
    uint32_t Priority;
} DMA_InitTypeDef;
```

6.6 串口 DMA 控制

在嵌入式系统编程中，CPU(这里特指内核)与片上外设进行数据交换有三种常见的编程方式：轮询、中断和 DMA。

(1) **轮询方式**：CPU 不断查询各个外设，如外设满足要求则进行处理，并在处理完后返回继续查询。例如 CPU 不断查询串口是否完成传输工作。显然，这种方式会占用 CPU 相当一部分的处理时间，效率比较低，一般适用于 CPU 不忙并且传输速率不高的场合。

(2) **中断方式**：当外设处理完成后，向 CPU 发出中断请求，CPU 收到中断请求信号之后，再转到中断处理程序进行相应的处理。这种方式适用于实时控制和紧急事件的场合。尽管如此，每次中断处理都要保护和恢复现场，频繁的中断会导致 CPU 利用率降低和无法响应中断。

(3) **DMA 方式**：提供了外设和存储器之间、存储器和存储器之间的高速数据传输方式，只需要 CPU 在传输开始时向外设发出"传送块数据"命令，然后通过中断来获知传输完成的情况。这种方式适用于高速外设进行大批量或者频繁传送数据的场合。

USART 是一种低速的串行异步通信外设，对于传输数据数量大或提高波特率时可能带来浪费大量中断资源的问题，就有必要使用串口 DMA 传输数据。USART 的接收缓冲区和发送缓冲区的 DMA 请求是独立的，对应独立的 DMA 通道。

6.6.1 串口 DMA 发送

为 USART 分配一个 DMA 通道的步骤描述如下。

(1) 将存储器地址配置为 DMA 传输的源地址。在每个 TXE 事件后，将从此存储器区读出数据。

（2）将 USART_DR 地址配置为 DMA 传输的目的地址。在每个 TXE 事件后，读出的数据将被传送到这个地址。

（3）配置要传输的总字节数。

（4）配置通道优先级。

（5）根据应用程序的要求，配置在传输过半或传输完成时产生 DMA 中断。

（6）在 DMA 寄存器上激活该通道。

使用串口 DMA 发送数据前，要将 USART_CR3 中的 DMAT 位置 1 来使能 DMA 发送模式。然后，当 TXE 位被置为 1 时，DMA 就从指定的 SRAM 区传送数据到 USART_DR，启动发送过程，所有数据的发送过程不需要程序干涉。当 DMA 传输完成一半或传输完所有要发送的数据时，DMA 控制器会设置 DMA 中断状态寄存器（DMA_ISR）的通道半传输事件标志（HTIF）或通道传输完成事件标志（TCIF）。

6.6.2 串口 DMA 接收

将 USART_CR3 中的 DMAR 位置 1，使能 DMA 接收模式。当接收到数据时，RXNE 位被置 1，控制器会将数据从 USART_DR 自动加载到 SRAM 区域中，所有数据的接收过程不需要程序干涉。

更多串口利用 DMA 接收数据的内容，请自行查阅 STM32 参考手册学习。

6.6.3 USART DMA 相关 HAL 库函数

1. 函数 HAL_DMA_Init

函数 HAL_DMA_Init 说明如表 6-9 所示。

表 6-9 函数 HAL_DMA_Init 说明

函数原型	HAL_StatusTypeDef HAL_DMA_Init(DMA_HandleTypeDef * hdma)
功能描述	根据 hdma 中设定的参数初始化 DMA，并初始化关联的句柄
输入参数	hdma：指向 DMA_HandleTypeDef 结构的指针
返回值	HAL 状态

应用示例	DMA_HandleTypeDef hdma_usart1_tx; /* 串口 DMA 句柄 */
	
	hdma_usart1_tx.Instance = DMA1_Channel4; /* 选择通道 */
	hdma_usart1_tx.Init.Direction = DMA_MEMORY_TO_PERIPH; /* 存储器到外设 */
	hdma_usart1_tx.Init.PeriphInc = DMA_PINC_DISABLE; /* 外设非增量模式 */
	hdma_usart1_tx.Init.MemInc = DMA_MINC_ENABLE; /* 存储器增量模式 */
	/* 外设数据宽度为 8 位 */
	hdma_usart1_tx.Init.PeriphDataAlignment = DMA_PDATAALIGN_BYTE;
	/* 存储器数据宽度为 8 位 */
	hdma_usart1_tx.Init.MemDataAlignment = DMA_MDATAALIGN_BYTE;
	hdma_usart1_tx.Init.Mode = DMA_CIRCULAR; /* 循环传输模式 */
	hdma_usart1_tx.Init.Priority = DMA_PRIORITY_LOW; /* 低优先级 */
	HAL_DMA_Init(&hdma_usart1_tx);
	
	__HAL_LINKDMA(huart, hdmatx, hdma_usart1_tx); /* 将 DMA 与 USART1 联系起来 */

2. 函数 HAL_UART_Transmit_DMA

函数 HAL_UART_Transmit_DMA 说明如表 6-10 所示。

表 6-10 函数 HAL_UART_Transmit_DMA 说明

函数原型	HAL_StatusTypeDef HAL_UART_Transmit_DMA(UART_HandleTypeDef * huart, uint8_t * pData, uint16_t Size)
功能描述	串口在 DMA 模式下发送一定数量的数据
输入参数	huart：指向包含指定 UART 模块配置信息的 UART_HandleTypeDef 结构体指针
	pData：发送数据缓冲区指针
	Size：要发送的数据数量
返回值	HAL 状态
应用示例	uint8_t buf[22] = "0123456789abcdefghij\r\n"; /* 待发送字符串 */ /* 启动串口 DMA 传输 */ HAL_UART_Transmit_DMA(&huart1,(uint8_t *)buf, sizeof(buf));

3. 函数 HAL_UART_DMAStop

函数 HAL_UART_DMAStop 说明如表 6-11 所示。

表 6-11 函数 HAL_UART_DMAStop 说明

函数原型	HAL_StatusTypeDef HAL_UART_DMAStop(UART_HandleTypeDef * huart)
功能描述	停止 DMA 传输
输入参数	huart：指向包含指定 UART 模块配置信息的 UART_HandleTypeDef 结构体指针
返回值	HAL 状态
应用示例	HAL_UART_DMAStop(huart1);

6.7 USART1 的 DMA 通信示例

本示例演示使用 USART1 的 DMA 实现串口的高速数据传输功能。

6.7.1 STM32CubeMX 工程配置

如图 6-14 所示，设置 USART1 的 Mode 为异步通信(Asynchronous)，配置 USART1 的波特率为 115200b/s，传输数据位为 8 位，无奇偶校验位，1 个停止位，串口配置为既能接收，也能发送数据。

如图 6-15 所示，单击 Add 按钮添加串口 DMA，DMA Priority 设置为软件阶段优先级为低(Low)。模式配置为循环传输(Circular)，表示完成数据传输后再重新开始继续传输，不断循环，若选择普通传输(Normal)，则传输一次后就终止传输。由于串口是将全局数组中的数据不断发送到串口的发送数据寄存器，因此外设(Peripheral)地址不递增，存储器(Memory)地址选择为自动递增。外设和存储器的数据宽度(Data Width)都选择字节(Byte)，表示每次传输 1 字节。

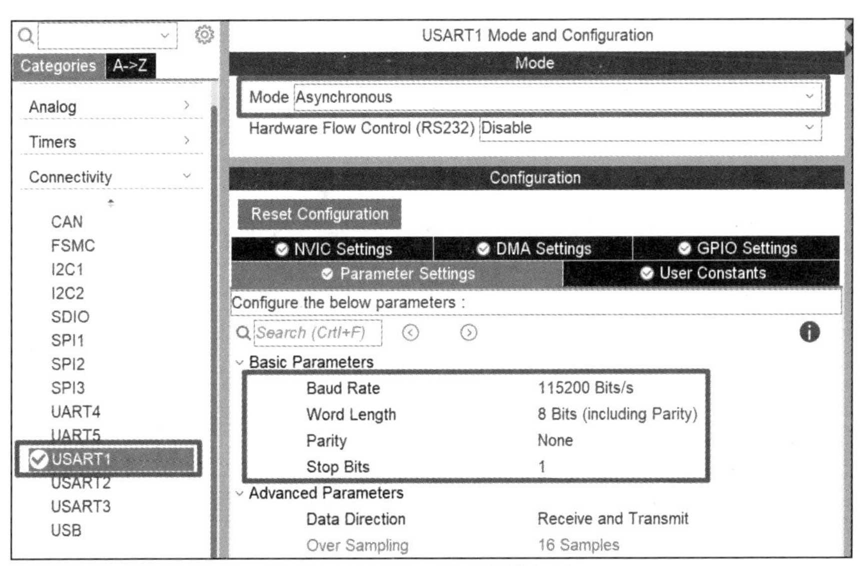

图 6-14　USART1 参数配置

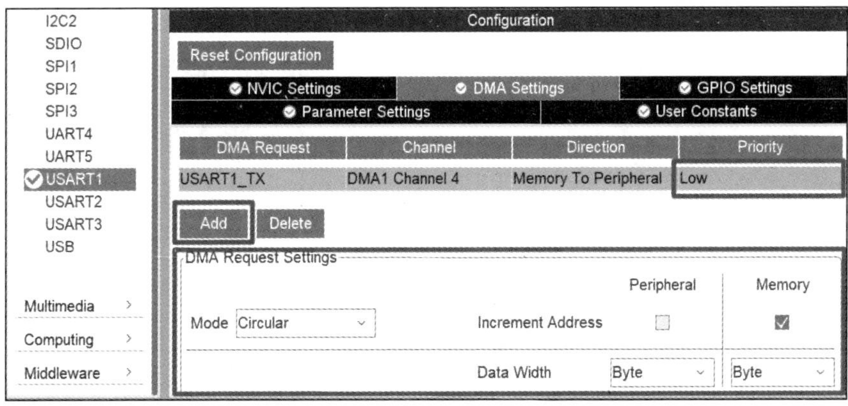

图 6-15　串口 DMA 配置

6.7.2　串口配置代码

在 main.c 文件中，STM32CubeMX 生成的函数 MX_USART1_UART_Init 和 MX_DMA_Init 分别用于初始化串口和配置 DMA1 通道 4 的中断，代码如下：

```
UART_HandleTypeDef huart1;
DMA_HandleTypeDef hdma_usart1_tx;

static void MX_USART1_UART_Init(void)
{
    huart1.Instance = USART1;                        /* 串口 1 实例 */
    huart1.Init.BaudRate = 115200;                   /* 波特率为 115200b/s */
    huart1.Init.WordLength = UART_WORDLENGTH_8B;     /* 数据帧字长为 8 位 */
    huart1.Init.StopBits = UART_STOPBITS_1;          /* 停止位为 1 个 */
    huart1.Init.Parity = UART_PARITY_NONE;           /* 无校验位 */
```

```
    huart1.Init.Mode = UART_MODE_TX_RX;                  /* 发送、接收全双工模式 */
    huart1.Init.HwFlowCtl = UART_HWCONTROL_NONE;         /* 无硬件流控 */
    huart1.Init.OverSampling = UART_OVERSAMPLING_16;     /* 过采样倍率 */
    if (HAL_UART_Init(&huart1) != HAL_OK)
    {
        Error_Handler();
    }
}

static void MX_DMA_Init(void)
{
    __HAL_RCC_DMA1_CLK_ENABLE();                         /* DMA1 时钟使能 */

    /* DMA1_Channel4_IRQn 中断配置 */
    HAL_NVIC_SetPriority(DMA1_Channel4_IRQn, 0, 0);
    HAL_NVIC_EnableIRQ(DMA1_Channel4_IRQn);
}
```

在文件 stm32f1xx_hal_msp.c 中，函数 HAL_UART_MspInit 初始化了 USART1 的默认引脚和 DMA，代码如下：

```
void HAL_UART_MspInit(UART_HandleTypeDef *huart)
{
    GPIO_InitTypeDef GPIO_InitStruct = {0};

    if (huart->Instance == USART1)
    {
        /* 使能外设时钟 */
        __HAL_RCC_USART1_CLK_ENABLE();
        __HAL_RCC_GPIOA_CLK_ENABLE();

        /**USART1 引脚配置 PA9  ------> USART1_TX, PA10 ------>USART1_RX */
        GPIO_InitStruct.Pin = GPIO_PIN_9;
        GPIO_InitStruct.Mode = GPIO_MODE_AF_PP;
        GPIO_InitStruct.Speed = GPIO_SPEED_FREQ_HIGH;
        HAL_GPIO_Init(GPIOA, &GPIO_InitStruct);

        GPIO_InitStruct.Pin = GPIO_PIN_10;
        GPIO_InitStruct.Mode = GPIO_MODE_INPUT;
        GPIO_InitStruct.Pull = GPIO_NOPULL;
        HAL_GPIO_Init(GPIOA, &GPIO_InitStruct);

        /* USART1 DMA 初始化 */
        hdma_usart1_tx.Instance = DMA1_Channel4;                /* 选择通道 4 */
        /* 传输方向为存储器到外设 */
        hdma_usart1_tx.Init.Direction = DMA_MEMORY_TO_PERIPH;
        hdma_usart1_tx.Init.PeriphInc = DMA_PINC_DISABLE;     /* 外设非增量模式 */
        hdma_usart1_tx.Init.MemInc = DMA_MINC_ENABLE;         /* 存储器增量模式 */
        /* 外设数据宽度为 8 位 */
```

```
        hdma_usart1_tx.Init.PeriphDataAlignment = DMA_PDATAALIGN_BYTE;
        /* 存储器数据宽度为 8 位 */
        hdma_usart1_tx.Init.MemDataAlignment = DMA_MDATAALIGN_BYTE;
        hdma_usart1_tx.Init.Mode = DMA_CIRCULAR;                /* 循环传输模式 */
        hdma_usart1_tx.Init.Priority = DMA_PRIORITY_LOW;        /* 低优先级 */
        if (HAL_DMA_Init(&hdma_usart1_tx) != HAL_OK)
        {
            Error_Handler();
        }
        /* 将 DMA 与 USART1 联系起来 */
        __HAL_LINKDMA(huart, hdmatx, hdma_usart1_tx);
    }
}
```

代码中变量 hdma_usart1_tx 用来填充 USART1 DMA 的初始化参数，示例是将字符串数组中的数据从串口输出，所以设置数据传输方向为存储器到外设，存储器地址指针递增，外设地址不变，数据宽度均设置成 8 位；传输模式选择循环传输；因只有一个 DMA 请求，优先级可以随便设置，最后调用 HAL_DMA_Init 函数把这些参数写到 DMA 的寄存器中。

最后一行代码的宏__HAL_LINKDMA 用于将 DMA 句柄关联到 UASRT1 句柄，将 DMA 与 USART1 联系起来。

6.7.3　用户代码

在文件 main.c 中重定义回调函数 HAL_UART_TxCpltCallback，该函数在串口 DMA 每次发送完指定数量的数据后被中断调用，实现的功能是当 DMA 完成 10 次发送缓冲区数据后，关闭串口 DMA 数据传输，代码如下：

```
void HAL_UART_TxCpltCallback(UART_HandleTypeDef * huart)
{
    static uint16_t times = 0;

    times++;
    if (times % 10 == 0)
    {
        times = 0;
        HAL_UART_DMAStop(huart);                    /* 关闭串口 DMA 数据传输 */
    }
}
```

主函数 main 初始化外设后，调用函数 HAL_UART_Transmit_DMA 启动 USART1 DMA 数据传输，该函数需要指定源数据的起始地址和长度，然后 DMA 开始循环发送全局数组 buf 中的字符串。while(1)无限循环每 100ms 翻转 LED1 的状态，提示 MCU 正在运行，代码如下：

```
uint8_t buf[22] = "0123456789abcdefghij\r\n";      /* 待发送字符串数组 */
```

```
int main(void)
{
    HAL_Init();                                              /* 初始化 HAL 库 */
    SystemClock_Config();                                    /* 配置系统时钟 */
    MX_GPIO_Init();
    MX_DMA_Init();
    MX_USART1_UART_Init();

    printf("\r\n*** Starting USART1 example based on DMA  ***\r\n");
    /* 启动 DMA 数据传输 */
    HAL_UART_Transmit_DMA(&huart1, (uint8_t *)buf, sizeof(buf));

    while (1)
    {
        /* 翻转 LED1,提示系统正在运行 */
        HAL_GPIO_TogglePin(LED1_GPIO_Port, LED1_Pin);
        HAL_Delay(100);
    }
}
```

本示例采用了 DMA 模式进行数据传输，该模式在外设向存储器传送数据块的过程中，只需要 CPU 在过程开始时向外设发出“传送块数据”命令，然后通过中断得知传送是否结束和下次操作是否准备就绪，极大地提高了 CPU 的工作效率。

6.7.4 下载验证

用 USB 线连接开发板到计算机，在计算机上打开串口终端软件 SecureCRT，在终端软件上选择正确的串口端口号，设置波特率为 115200b/s。

程序运行时，终端软件 SecureCRT 接收到 10 个字符串后，停止接收数据，如图 6-16 所示。串口 DMA 在传输数据时，开发板上的 LED1 一直不断闪烁，可以看出 DMA 传输数据的过程是不占用 CPU 资源的。

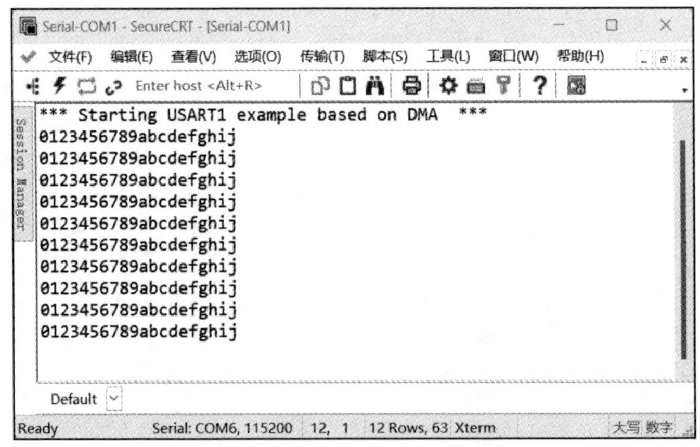

图 6-16 串口 DMA 示例结果图

最后说明一下，对于波特率小于或等于 115200b/s 而且数据量不大的通信场景，一般没必要使用 DMA，或者说使用 DMA 并不能充分发挥出 DMA 的作用。本示例串口发送的数据量比较小，目的只是演示串口 DMA 的功能，若增加串口数据传输量，会有更好的实验效果。

DMA 是 STM32 中一个非常好用的功能，它在减轻 CPU 负担的同时，还能提高数据传输速率，在第 7 章 ADC 和 DAC 的应用中，会进一步介绍 DMA 的用法。

练习题

1. 名词解释：串口通信协议、波特率。
2. 简述 STM32F103 的 USART 的功能特点。
3. STM32 使用串口和上位机通信，当收到上位机发送的不定长数字(如 1234)后，将数字加 1，然后返回给上位机显示(显示 1235)。
4. 什么是 DMA？ DMA 一般用在哪些场合？
5. 初始化串口 DMA 一般包含哪些内容？

第7章 模数转换与数模转换

CHAPTER 7

7.1 ADC简介

自然界中的绝大部分信号都是模拟信号，例如温度、湿度、压力和声音等，为了实现数字系统对工业和日常生活中模拟量的检测、运算和控制，需要将模拟量转换为数字量。将连续变化的模拟信号转换为离散的数字信号的器件称为模数转换器，简称A/D转换器或ADC。ADC是数字系统感知世界的窗口，是数字世界与现实模拟世界沟通的桥梁，如图7-1所示。

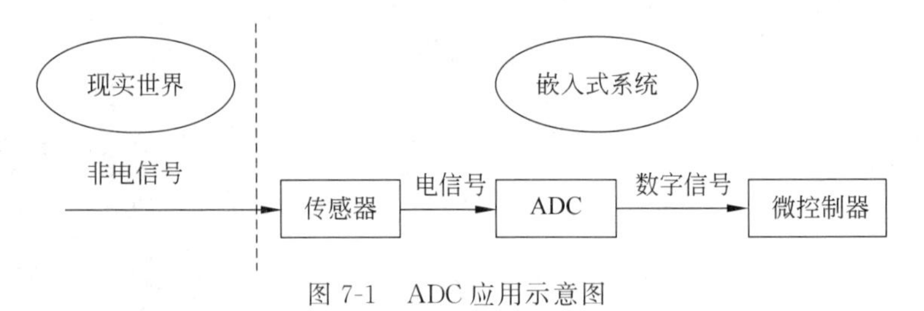

图7-1　ADC应用示意图

ADC进行模数转换一般包含下面三个关键步骤：采样、量化和编码。采样是指在间隔为T的T,$2T$,$3T$,…时刻抽取被测模拟信号的幅值，相邻两个采样时刻的间隔T称为采样周期。对模拟信号采样后，得到时间上离散的脉冲信号序列，对每个脉冲的幅度进行离散化处理，得到能被CPU处理的离散数值，这个过程称为量化。量化的结果用二进制表示称为编码，一个n位量化结果用一个n位二进制数表示，这个n位二进制数就是ADC转换完成后的输出结果。

目前种类最多、应用最广的ADC一般采用逐次逼近型(SAR)模拟至数字转换器，它依靠数模转换器(DAC)工作，转换原理：DAC首先将最高位置1，将输出参考电压的一半与采样到的模拟电压进行比较，如果DAC输出的电压高于采样电压，则将最高位置0，反之置1。确定第一位后，继续对其他位进行相同操作直至最后一位。简单来说，就是利用二分法逐步确定采样电压范围，最后得到模拟电压的数字编码。逐次逼近型ADC不仅转换精度高、转换速度快，而且价格适中，因此得到了广泛应用。

最初ADC以独立的集成电路形式存在，随着芯片集成度的日益提高，当今的ADC越来越多地以片上外设的形式集成在MCU的内部。

7.2 STM32F103 的 ADC

7.2.1 ADC 模块结构

ADC 模块是 STM32F1 系列处理器中最为复杂的片上外设之一，具有非常强大的功能。STM32F103 系列 MCU 内部集成了三个 ADC，这三个 ADC 可以独立使用，也可以使用双重模式（提高采样率），它们具有可编程的转换精度，分辨率可以设定为 6/8/10/12 位。在最高 12 位的转换精度，即 12 位分辨率下，最小量化单位 LSB = $V_{REF+}/2^{12}$。

如图 7-2 所示，ADC 模块的核心部分为模拟至数字转换器。该转换器由软件或硬件触发，在时钟信号 ADCCLK 的驱动下，对送入规则通道或注入通道中的模拟电压信号进行采样、量化和编码。它使用 SAR 原理分为多步执行转换，转换的步数等于 ADC 的位数。

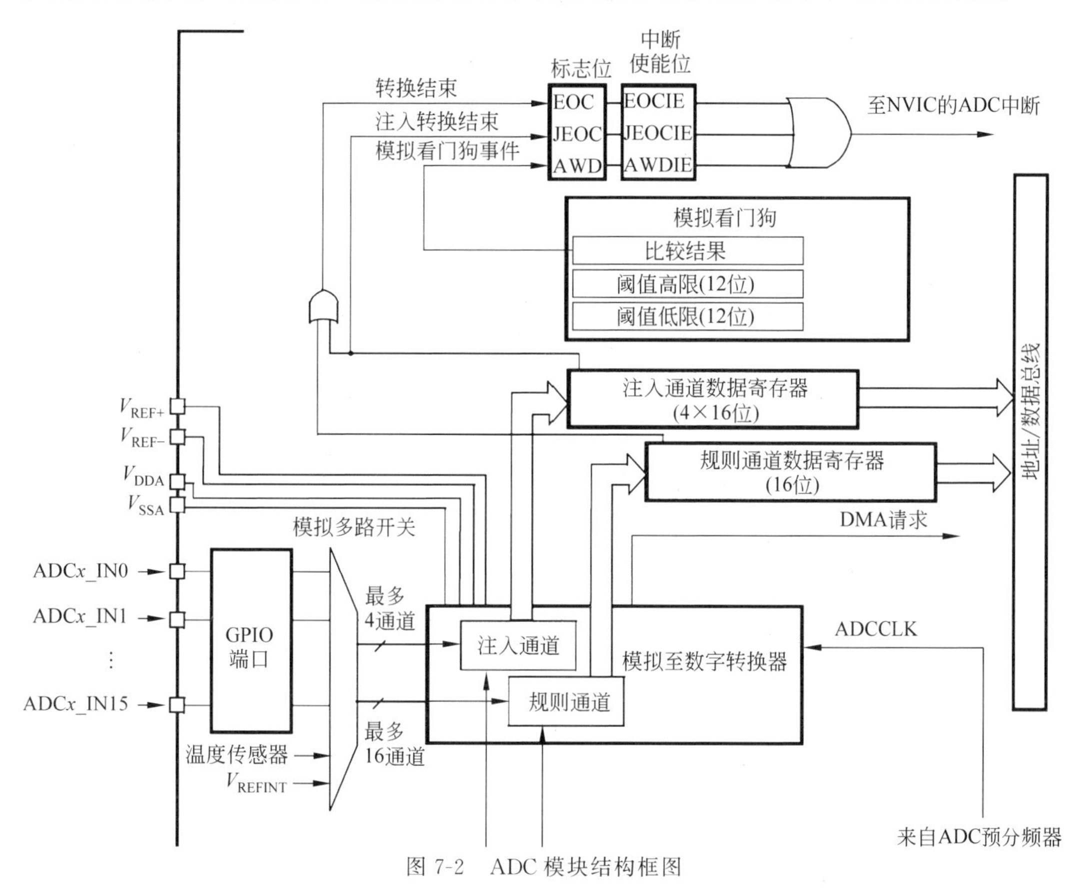

图 7-2　ADC 模块结构框图

1. 电压输入引脚

ADC 模块由专用的引脚 V_{DDA} 和 V_{SSA} 供电，供电电压为 2.4～3.6V。ADC 的输入电压范围为 $V_{REF-} \leqslant V_{IN} \leqslant V_{REF+}$，由外部引脚 V_{REF+}、V_{DDA}、V_{REF-} 和 V_{SSA} 决定，通常将 V_{REF+} 和 V_{DDA} 接＋3.3V，将 V_{REF-} 和 V_{SSA} 接地，因此 ADC 的输入电压范围为 0～＋3.3V，不高于它的供电电压。

2. 输入通道

ADC 采样的电压信号是经过通道输入 MCU，STM32F103VE 的 ADC1、ADC2 都有 16 个外部通道，即图 7-2 中的 ADCx_IN0～ADCx_IN15（x=1,2,3，表示 ADC 数），而 ADC3 只有 8 个外部通道，这些外部通道可通过配置与 GPIO 引脚连接，如表 7-1 所示。ADC1 的通道 ADC1_IN16、ADC1_IN17 分别连接内部温度传感器和内部参照电压 V_{REFINT}，可以按照注入通道或规则通道进行转换。ADC2 和 ADC3 的通道 16、17 只连接到了内部 VSS。

表 7-1 STM32F103VE ADC 通道分配

ADC1	I/O	ADC2	I/O	ADC3	I/O
通道 0	PA0	通道 0	PA0	通道 0	PA0
通道 1	PA1	通道 1	PA1	通道 1	PA1
通道 2	PA2	通道 2	PA2	通道 2	PA2
通道 3	PA3	通道 3	PA3	通道 3	PA3
通道 4	PA4	通道 4	PA4	通道 4	—
通道 5	PA5	通道 5	PA5	通道 5	—
通道 6	PA6	通道 6	PA6	通道 6	—
通道 7	PA7	通道 7	PA7	通道 7	—
通道 8	PB0	通道 8	PB0	通道 8	—
通道 9	PB1	通道 9	PB1	通道 9	连接内部 VSS
通道 10	PC0	通道 10	PC0	通道 10	PC0
通道 11	PC1	通道 11	PC1	通道 11	PC1
通道 12	PC2	通道 12	PC2	通道 12	PC2
通道 13	PC3	通道 13	PC3	通道 13	PC3
通道 14	PC4	通道 14	PC4	通道 14	连接内部 VSS
通道 15	PC5	通道 15	PC5	通道 15	连接内部 VSS
通道 16	内部温度传感器	通道 16	连接内部 VSS	通道 16	连接内部 VSS
通道 17	内部 V_{REFINT}	通道 17	连接内部 VSS	通道 17	连接内部 VSS

7.2.2 ADC 的分组及数据对齐

1. ADC 分组

为了更好地进行通道管理和成组转换，ADC 的 16 个外部通道分为规则通道组和注入通道组：

（1）**规则通道组**：可以自定义转换的通道顺序和通道个数，按照指定的顺序逐个进行转换，转换结束后，再从头循环，类似正常执行的程序。

规则通道组最多有 16 个通道，它们共用一个 ADC 规则通道数据寄存器（ADC_DR）。

（2）**注入通道组**：一些具有高转换优先级的通道，如规则通道正在转换时，有注入通道需要转换，则优先执行注入通道的转换，当注入通道完成转换后，再回到之前规则通道进行转换，类似中断。

注入通道组最多有 4 个通道，每个注入通道都有一个 ADC 注入数据寄存器（ADC_JDRx）(x=1,2,3,4)，用来存放转换的结果。

2. ADC 数据对齐

由于 ADC 是 12 位转换精度，数据寄存器是 16 位，因此转换完成后，转换的结果需要以左对齐方式或右对齐方式存储在数据寄存器中，如图 7-3 所示，SEXT 位是扩展的符号值。

注入组

SEXT	SEXT	SEXT	SEXT	D11	D10	D9	D8	D7	D6	D5	D4	D3	D2	D1	D0

规则组

0	0	0	0	D11	D10	D9	D8	D7	D6	D5	D4	D3	D2	D1	D0

(a) 数据右对齐

注入组

SEXT	D11	D10	D9	D8	D7	D6	D5	D4	D3	D2	D1	D0	0	0	0

规则组

D11	D10	D9	D8	D7	D6	D5	D4	D3	D2	D1	D0	0	0	0	0

(b) 数据左对齐

图 7-3 ADC 转换结果对齐方式

注入组转换的数据放在 ADC_JDRx 中，转换的数据值已经减去了 ADC 注入通道数据偏移寄存器（ADC_JOFRx）(x=1,2,3,4)定义的偏移量，因此结果可以是负值。对于规则组通道，转换的数据放在 ADC_DR 中，不用减去偏移值。

7.2.3 ADC 触发与启动

ADC 模块具有可编程的软件或硬件启动方式，可以选择多种触发源，如图 7-4 所示，如使用硬件触发 A/D 转换，可选择 TIM1/2/3/4 的内部定时器事件进行触发，具体选择哪一个触发源，由控制寄存器 ADC_CR2 中的 JEXTSEL[2:0]位和 EXTSEL[2:0]位来控制。选定触发源后，再由 ADC_CR2 中的 JEXTTRIG 位和 EXTTRIG 位来控制是否激活该触发源。

可以通过配置 ADC_CR2 的 ADON 位（只适用于规则通道）来开启 ADC 转换，写 1 时开始转换，写 0 时停止转换，也可以通过外部触发方式启动（适用于规则通道或注入通道）。

7.2.4 ADC 时钟与转换时间

1. ADC 时钟

ADC 的输入时钟 ADCCLK 是 APB2 经过分频后产生的，分频系数由 RCC 时钟配置寄存器设置，可以是 2/4/6/8 分频。一般配置 APB2 总线时钟为 72MHz，ADC 的最大工作频率为 14MHz，所以可设置分频系数为 6，这样 ADC 的输入时钟为 12MHz，配置示例如图 7-5 所示。

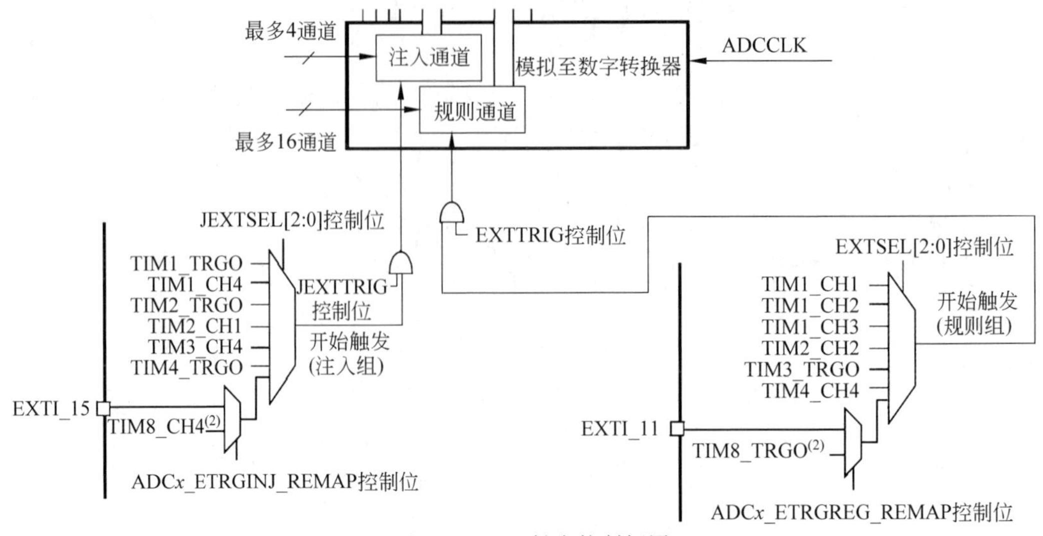

图 7-4　ADC 触发控制框图

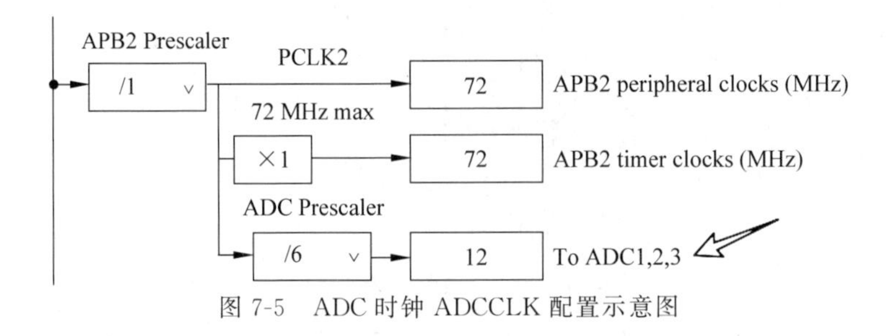

图 7-5　ADC 时钟 ADCCLK 配置示意图

2. ADC 转换时间

与大多数 SAR 型模拟至数字转换器一样，STM32F 的 ADC 模块的转换精度与转换时间成正比，转换精度越高，所需的转换时间越长。每一次 A/D 转换所用的时间 T_{CONV} 是采样时间和逐次逼近时间之和，即 T_{CONV}＝采样时间＋逐次逼近时间，12 位分辨率下逐次逼近时间固定为 12.5 个 ADC 时钟周期。

ADC 模块的采样时间是可编程的，采样时间一般根据输入电压的阻抗、转换精度以及转换时间来综合考虑，可以设置采样时间为 1.5～239.5 个 ADC 时钟周期。若要实现最快速的采样，需设置采样周期为最小值，即 1.5 个 ADC 时钟周期，这里的采样周期是 1/ADCCLK。采样时间一旦确定，将适用于所有通道，必要情况下可以根据通道的转换需求更改采样时间。

例如：若 ADCCLK 频率为 14MHz(最高)，并设置 1.5 个 ADC 时钟周期的采样时间，则转换周期为 14(1.5＋12.5)个周期，总的转换时间 T_{CONV} 为 1μs。一般设置 PCLK2 为 72MHz，经过 ADC 预分频器后最大的时钟频率只能是 12MHz，设置 1.5 个采样周期，可得最快的转换时间为 1.17μs。

7.2.5　ADC 的转换模式

通过配置寄存器 ADC_CR2 的连续转换位(CONT)，可设置 ADC 为单次转换模式和连续转换模式。

1. 单次转换模式(CONT=0)

在该模式下,所有被选择的通道都只执行一次转换,所有转换结束后:

(1) 对于规则通道的转换:将转换数据存储到 ADC_DR 寄存器中,通道转换结束位 EOC 被置 1,如果设置了 EOCIE 位,则产生 EOC 中断。

(2) 对于注入通道的转换:将转换数据存储到 ADC_JDR*x* 寄存器中,注入通道转换结束位 JEOC 被置 1,如果设置了 JEOCIE 位,则产生注入通道转换结束中断。

2. 连续转换模式(CONT=1)

在该模式下,当转换序列中的各个通道转换结束后,马上开始执行相同的序列转换。每次转换后,对于规则通道和注入通道的处理,与单次转换模式下转换后的处理是一样的。

7.2.6 ADC 中断和 DMA 请求

使用 ADC 中断和 DMA 请求可以提高 ADC 模块对数据和事件的处理能力。

1. ADC 中断

如表 7-2 所示,规则组转换结束、注入组转换结束和设置模拟看门狗状态位都会产生中断,它们都有独立的中断标志位和中断使能位。ADC1、ADC2 的中断映射在同一个中断向量上,而 ADC3 的中断则有自己的中断向量。

表 7-2 ADC 中断

中断事件	中断标志	使能控制位
规则组转换结束	EOC	EOCIE
注入组转换结束	JEOC	JEOCIE
设置模拟看门狗状态位	AWD	AWDIE

规则组和注入组在转换完成之后,可以在它们的中断函数中读取转换的值。开启设置模拟看门狗状态位中断后,当 ADC 转换的模拟电压值不在低阈值和高阈值范围之间时,就会产生中断,低阈值和高阈值由寄存器 ADC_LTR 和 ADC_HTR 设置,该功能可用来监视输入的模拟量是否正常。

2. DMA 请求

因为规则通道的转换结果都会存放在同一个数据寄存器(ADC_DR)中,为了避免丢失 ADC_DR 中的数据,在转换多个规则通道时需要使用 DMA 功能,这样可以显著减轻 CPU 的负担。只有 ADC1、ADC3 在规则通道转换结束时,才可以发送 DMA 请求,注入通道组不具备 DMA 传输能力。

将寄存器 ADC_CR2 中的 DMA 位置 1 可开启 ADC 模块的 DMA 传输模式,ADC 的 DMA 传输模式分为单次模式和循环模式。

(1) DMA 单次模式:在该模式下,ADC 在每次转换数据有效时产生一次 DMA 请求,将 ADC_DR 中的转换数据传送到用户指定的目的地址,一旦 DMA 传送数据达到上限,ADC 序列扫描停止并复位,同时产生一个 DMA_EOT 中断,之后即使新的 A/D 转换仍在进行,也不再产生 DMA 请求。该模式适用于传输固定长度的数据。

（2）DMA 循环模式：在该模式下，ADC 在每次转换数据有效时产生一次 DMA 请求，将 ADC_DR 中的转换数据传送到用户指定的目的地址，即使 DMA 传送数据达到上限也不例外。该模式适用于传输连续转换数据流。

7.2.7 ADC 校准

ADC 内部的电容器组的变化会带来准精度误差，执行 ADC 内置的自校准功能可减小这种误差。

校准可以按照如下步骤进行：启动校准前，ADC 必须处于关电状态（ADON＝0）至少两个 ADC 时钟周期；将 ADC_CR2 的 CAL 位置位，启动校准；在校准期间，每个电容器都会计算出一个误差修正码（数字值），该码用于消除在随后的转换中每个电容器产生的误差；校准阶段结束后，硬件复位 CAL 位，校准码存储在寄存器 ADC_DR 中。

为了保证转换精度，建议在每次上电后执行一次校准。当 ADC 模块长时间禁用时，需要在启动前重新做一次 ADC 校准操作。

7.3 ADC 的 HAL 库用法

7.3.1 ADC 寄存器结构体 ADC_TypeDef

与 ADC 相关的寄存器是通过结构体数据类型 ADC_TypeDef 封装的，在文件 stm32f103xe.h 中定义了该结构体与 ADC 的宏，代码如下：

```
typedef struct
{
    __IO uint32_t SR;
    __IO uint32_t CR1;
    __IO uint32_t CR2;
    …
    __IO uint32_t DR;
} ADC_TypeDef;

#define PERIPH_BASE 0x40000000UL                /* 外设基地址 */
#define APB2PERIPH_BASE (PERIPH_BASE + 0x00010000UL)

#define ADC1_BASE (APB2PERIPH_BASE + 0x00002400UL)
#define ADC2_BASE (APB2PERIPH_BASE + 0x00002800UL)
#define ADC3_BASE (APB2PERIPH_BASE + 0x00003C00UL)

#define ADC1 ((ADC_TypeDef *)ADC1_BASE)
#define ADC2 ((ADC_TypeDef *)ADC2_BASE)
#define ADC3 ((ADC_TypeDef *)ADC3_BASE)
```

7.3.2 ADC 句柄结构体 ADC_HandleTypeDef

HAL 库在 ADC_TypeDef 的基础上封装了一个结构体数据类型 ADC_HandleTypeDef，定义如下：

```
typedef struct __ADC_HandleTypeDef
{
    ADC_TypeDef            *Instance;          /* ADC1/ADC2/ADC3 */
    ADC_InitTypeDef         Init;              /* ADC 初始化结构体变量 */
    DMA_HandleTypeDef      *DMA_Handle;        /* DMA 处理指针 */
    HAL_LockTypeDef         Lock;              /* ADC 锁定对象 */
    __IO uint32_t           State;             /* ADC 通信状态 */
    __IO uint32_t           ErrorCode;         /* ADC 错误代码 */

#if (USE_HAL_ADC_REGISTER_CALLBACKS == 1)
    ...                                        /* ADC 回调函数,略 */
#endif                                         /* USE_HAL_ADC_REGISTER_CALLBACKS */
} ADC_HandleTypeDef;
```

结构体成员 Init 是用户接触最多的，用于配置 ADC 的基本参数，它的数据类型为结构体 ADC_InitTypeDef，定义如下：

```
typedef struct
{
    /* 对齐方式,右对齐 ADC_DataAlign_Right 或左对齐 ADC_DataAlign_Left */
    uint32_t   DataAlign;
    uint32_t   ScanConvMode;                 /* 扫描模式,配置规则组和注入组的序列器 */
    FunctionalState ContinuousConvMode;      /* 启动自动连续转换还是单次转换模式 */
    uint32_t   NbrOfConversion;              /* 指定将在规则组序列器中转换的列组数 */
    /* 指定规则组的转换序列是否按完整序列/不连续序列 */
    FunctionalState DiscontinuousConvMode;
    uint32_t   NbrOfDiscConversion;          /* 不连续采样通道数 */
    uint32_t   ExternalTrigConv;             /* 选择触发规则组转换开始的外部事件 */
} ADC_InitTypeDef;
```

7.3.3 ADC 相关 HAL 库函数

1. 函数 HAL_ADC_Init

函数 HAL_ADC_Init 说明如表 7-3 所示。

表 7-3　函数 HAL_ADC_Init 说明

函数原型	HAL_StatusTypeDef HAL_ADC_Init(ADC_HandleTypeDef * hadc)
功能描述	根据 hadc 中设定的参数初始化 ADC 外设和规则组
输入参数	hadc：指向包含指定 ADC 模块配置信息的 ADC_HandleTypeDef 结构体指针
返回值	HAL 状态
注意事项	此函数在两个范围内配置 ADC：整个 ADC 范围和规则组范围

续表

应用示例	ADC_HandleTypeDef hadc1; /* 定义 ADC 句柄 */ hadc1.Instance = ADC1; /* ADC1 */ hadc1.Init.ScanConvMode = ADC_SCAN_ENABLE; /* 扫描转换模式 */ hadc1.Init.ContinuousConvMode = ENABLE; /* 连续转换模式 */ hadc1.Init.DiscontinuousConvMode = DISABLE; /* 禁止间断模式 */ hadc1.Init.ExternalTrigConv = ADC_SOFTWARE_START; /* 软件触发启动 */ hadc1.Init.DataAlign = ADC_DATAALIGN_RIGHT; /* 数据右对齐 */ hadc1.Init.NbrOfConversion = 2; /* 转换通道数 */ HAL_ADC_Init(&hadc1);

2. 函数 HAL_ADC_Start_IT

函数 HAL_ADC_Start_IT 说明如表 7-4 所示。

表 7-4 函数 HAL_ADC_Start_IT 说明

函数原型	HAL_StatusTypeDef HAL_ADC_Start_IT(ADC_HandleTypeDef * hadc)
功能描述	使能 ADC,并以中断方式开始规则组的转换
输入参数	hadc:指向包含指定 ADC 模块配置信息的 ADC_HandleTypeDef 结构体指针
返回值	HAL 状态
应用示例	ADC_HandleTypeDef hadc1; /* 定义 ADC 句柄 */ HAL_ADC_Start_IT(&hadc1); /* 开启 ADC 中断转换 */

3. 函数 HAL_ADC_GetValue

函数 HAL_ADC_GetValue 说明如表 7-5 所示。

表 7-5 函数 HAL_ADC_GetValue 说明

函数原型	uint32_t HAL_ADC_GetValue(ADC_HandleTypeDef * hadc)
功能描述	获取 ADC 规则组的转换结果
输入参数	hadc:指向包含指定 ADC 模块配置信息的 ADC_HandleTypeDef 结构体指针
返回值	ADC 规则组转换的数据
应用示例	__IO uint32_t ADC_ConvertedValue; ADC_ConvertedValue = HAL_ADC_GetValue(hadc1);

4. 函数 HAL_ADC_ConfigChannel

函数 HAL_ADC_ConfigChannel 说明如表 7-6 所示。

表 7-6　函数 HAL_ADC_ConfigChannel 说明

函数原型	HAL_StatusTypeDef HAL_ADC_ConfigChannel(ADC_HandleTypeDef * hadc, ADC_ChannelConfTypeDef * sConfig)
功能描述	配置选择的规则组通道
输入参数	hadc：指向 ADC_HandleTypeDef 结构体的指针
	sConfig：指向规则组的 ADC 通道结构体的指针
返回值	HAL 状态
应用示例	ADC_ChannelConfTypeDef sConfig = {0}; sConfig.Channel = ADC_CHANNEL_8;　/* 配置到 ADC 规则组中的通道 */ sConfig.Rank = ADC_REGULAR_RANK_1;　/* 指定规则组序列器中的级别 */ /* 选定通道设置的采样周期 */ sConfig.SamplingTime = ADC_SAMPLETIME_55CYCLES_5; HAL_ADC_ConfigChannel(&hadc1, &sConfig);

5. 函数 HAL_ADC_Start_DMA

函数 HAL_ADC_Start_DMA 说明如表 7-7 所示。

表 7-7　函数 HAL_ADC_Start_DMA 说明

函数原型	HAL_StatusTypeDef HAL_ADC_Start_DMA(ADC_HandleTypeDef * hadc, uint32_t * pData, uint32_t Length)
功能描述	使能 ADC,并以 DMA 模式启动规则组的转换
输入参数	hadc：指向 ADC_HandleTypeDef 结构体的指针
	pData：指向用来存储 ADC 转换结果的数据缓冲区的指针
	Length：从 ADC 外设传输到数据缓冲区的数据数量
应用示例	uint32_t ADC_Value[100]; HAL_ADC_Start_DMA(&hadc1,(uint32_t *)&ADC_Value, sizeof(ADC_Value)/4);

7.4 ADC 应用示例

本示例使用芯片内集成的 ADC1 以 DMA 方式实时采集引脚 PB0、PB1 的输入电压值，并将结果通过串口输出。

7.4.1 硬件设计

如图 7-6 所示，开发板提供了两个可以调节的模拟电压供 ADC 模块采样，它们分别连接到 STM32 的 PB0、PB1 引脚，这两个引脚作为 ADC1 和 ADC2 的第 8、9 通道的电压输入，本示例使用 ADC1。

7.4.2 STM32CubeMX 工程配置

如图 7-7 所示，配置 ADC1 通道 IN8 和 IN9 的参数。示例只使用了 ADC1，因此选择独

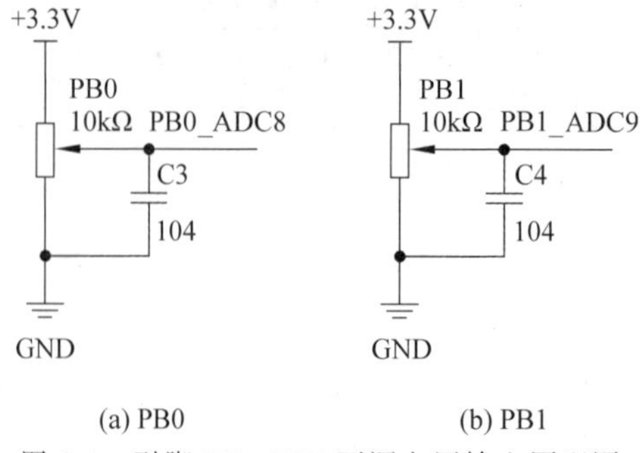

图 7-6 引脚 PB0、PB1 可调电压输入原理图

立模式(Independent mode),转换结果数据右对齐(Right alignment)。由于使用了 2 个通道,使能扫描转换模式(Scan Conversion Mode)和连续转换模式(Continuous Conversion Mode),禁止间断模式(Discontinuous Conversion Mode),也就是在某个事件触发下开启转换。

配置 ADC 规则组的转换通道数(Number Of Conversion)为 2,外部触发源(External Trigger Conversion Source)选择软件触发方式。采样周期(Sampling Time)采用默认值。采样周期越短,ADC 转换数据输出周期就越短,但数据精度越低;采样周期越长,ADC 转换数据输出周期就越长,但数据精度越高。

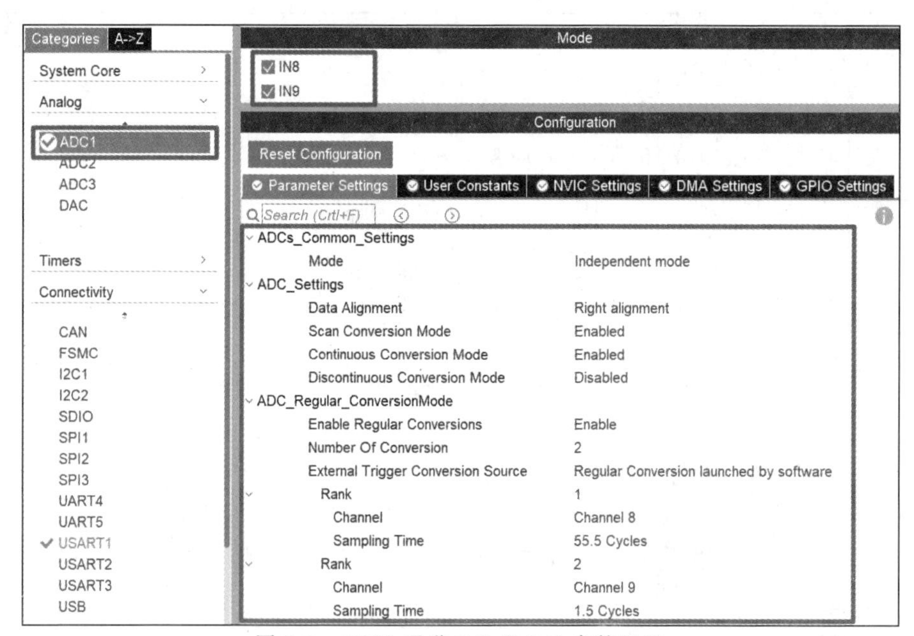

图 7-7 ADC1 通道 IN8 和 IN9 参数配置

如图 7-8 所示,配置 ADC1 DMA 时,数据传输方向默认为外设到内存,软件阶段优先级为低(Low),选择循环传输(Circular)模式,外设(Peripheral)地址不递增,存储器(Memory)地址自动递增,外设和存储器的数据宽度均配置为字(Word)。

7.4.3 ADC1 配置代码

在文件 main.c 中,STM32CubeMX 生成的函数 MX_ADC1_Init 用于配置 ADC1 的基

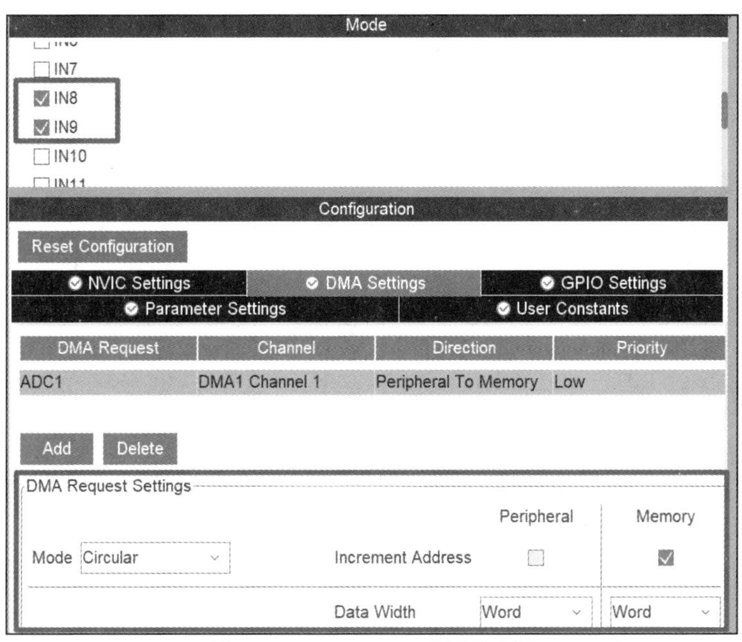

图 7-8　ADC1 DMA 配置示意图

本参数，代码如下：

```
ADC_HandleTypeDef hadc1;                                    /* 结构体变量,ADC1 句柄 */

static void MX_ADC1_Init(void)
{
    ADC_ChannelConfTypeDef sConfig = {0};

    hadc1.Instance = ADC1;                                  /* ADC1 */
    hadc1.Init.ScanConvMode = ADC_SCAN_ENABLE;              /* 使能扫描转换模式 */
    hadc1.Init.ContinuousConvMode = ENABLE;                 /* 连续转换模式 */
    hadc1.Init.DiscontinuousConvMode = DISABLE;             /* 禁止间断模式 */
    hadc1.Init.ExternalTrigConv = ADC_SOFTWARE_START;       /* 软件触发 */
    hadc1.Init.DataAlign = ADC_DATAALIGN_RIGHT;             /* 数据右对齐 */
    hadc1.Init.NbrOfConversion = 2;                         /* 转换通道数 */
    if (HAL_ADC_Init(&hadc1) != HAL_OK)                     /* 初始化 ADC 外设和规则组 */
    {
        Error_Handler();
    }

    sConfig.Channel = ADC_CHANNEL_8;                        /* 配置 ADC 规则组中的通道 8 */
    sConfig.Rank = ADC_REGULAR_RANK_1;                      /* 第 1 个序列,序列 1 */
    sConfig.SamplingTime = ADC_SAMPLETIME_55CYCLES_5;       /* 采样时间 */
    HAL_ADC_ConfigChannel(&hadc1, &sConfig);                /* 通道配置 8 */

    sConfig.Channel = ADC_CHANNEL_9;                        /* 配置 ADC 规则组中的通道 9 */
    sConfig.Rank = ADC_REGULAR_RANK_2;                      /* 第 2 个序列,序列 2 */
    sConfig.SamplingTime = ADC_SAMPLETIME_1CYCLE_5;         /* 采样时间 */
```

```
    HAL_ADC_ConfigChannel(&hadc1, &sConfig);      /* 通道配置 9 * /
}
```

在文件 main.c 中，函数 MX_DMA_Init 用于配置 ADC DMA 的中断，代码如下：

```
DMA_HandleTypeDef hdma_adc1;

static void MX_DMA_Init(void)
{
    __HAL_RCC_DMA1_CLK_ENABLE();                  /* 使能 DMA 时钟 * /

    /* DMA 中断配置 * /
    HAL_NVIC_SetPriority(DMA1_Channel1_IRQn, 0, 0);
    HAL_NVIC_EnableIRQ(DMA1_Channel1_IRQn);
}
```

文件 stm32f1xx_hal_msp.c 中的函数 HAL_ADC_MspInit 用于配置 ADC1 的与具体 MCU 有关的参数，在函数 HAL_ADC_Init 中被调用。该函数先开启 ADC1 与 GPIO 的时钟，配置 ADC1 通道的输入引脚的工作模式，再初始化 ADC1 DMA。函数中的宏__HAL_LINKDMA 用于将 DMA 句柄关联到 ADC1 句柄，将 DMA 与 ADC1 联系起来，具体的代码如下：

```
void HAL_ADC_MspInit(ADC_HandleTypeDef * hadc)
{
    GPIO_InitTypeDef GPIO_InitStruct = {0};

    if (hadc->Instance == ADC1)
    {
        __HAL_RCC_ADC1_CLK_ENABLE();                          /* 使能 ADC1 时钟 * /
        __HAL_RCC_GPIOB_CLK_ENABLE();                         /* 开启 GPIOB 时钟 * /

        /* ADC1 引脚配置:PB0 ------> ADC1_IN8, PB1 ------> ADC1_IN9 * /
        GPIO_InitStruct.Pin = GPIO_PIN_0 | GPIO_PIN_1;
        GPIO_InitStruct.Mode = GPIO_MODE_ANALOG;
        HAL_GPIO_Init(GPIOB, &GPIO_InitStruct);

        /* ADC1 DMA 初始化 * /
        hdma_adc1.Instance = DMA1_Channel1;                   /* 选择通道 1 * /
        /* 传输方向为外设到存储器 * /
        hdma_adc1.Init.Direction = DMA_PERIPH_TO_MEMORY;
        hdma_adc1.Init.PeriphInc = DMA_PINC_DISABLE;          /* 外设地址非增量模式 * /
        hdma_adc1.Init.MemInc = DMA_MINC_ENABLE;              /* 存储器地址增量模式 * /
        /* 外设数据宽度为 32 位 * /
        hdma_adc1.Init.PeriphDataAlignment = DMA_PDATAALIGN_WORD;
        /* 存储器数据宽度为 32 位 * /
        hdma_adc1.Init.MemDataAlignment = DMA_MDATAALIGN_WORD;
        hdma_adc1.Init.Mode = DMA_CIRCULAR;                   /* 循环传输模式 * /
        hdma_adc1.Init.Priority = DMA_PRIORITY_LOW;           /* 低优先级 * /
```

```
        HAL_DMA_Init(&hdma_adc1);
        __HAL_LINKDMA(hadc, DMA_Handle, hdma_adc1);  /* 将 DMA 与 ADC1 联系起来 */
    }
}
```

7.4.4 用户代码

在主函数 main 中定义数组 ADC_Value 存放 ADC1 转换后的数据，转换后的数据经过平均值滤波后存放到变量 ad1、ad2 中，最后计算出引脚 PB0、PB1 的输入电压值并输出，代码如下：

```
int main(void)
{
    uint32_t ADC_Value[100], ad1, ad2;
    uint8_t i;

    HAL_Init();                                     /* 初始化 HAL 库 */
    SystemClock_Config();                           /* 配置系统时钟 */
    MX_GPIO_Init();
    MX_DMA_Init();
    MX_ADC1_Init();
    MX_USART1_UART_Init();

    /* 以 DMA 模式启动规则组的转换 */
    HAL_ADC_Start_DMA(&hadc1, (uint32_t *)&ADC_Value,
                      sizeof(ADC_Value)/4);
    printf("\r\n************ADC with DMA Example************\r\n");

    while (1)
    {
        HAL_Delay(500);
        for (i = 0, ad1 = 0, ad2 = 0; i < 100;)
        {
            ad1 += ADC_Value[i++];
            ad2 += ADC_Value[i++];
        }
        ad1 /= 50;
        ad2 /= 50;

        printf("AD1 voltage value = %1.3fV,   ", ad1 * 3.3f / 4096);
        printf("AD2 voltage value = %1.3fV \r\n", ad2 * 3.3f / 4096);
    }
}
```

由于 DMA 工作在连续传输模式，ADC1 采集到的数据会不断传到数组 ADC_Value 中，ADC_Value[0：1]存储通道 8、9 采集的数据，ADC_Value[2：3]也存储通道 8、9 采集的数据，依次循环，当超出数组 ADC_Value 的范围后再从头开始存储，数组 ADC_Value 里的数据不断被刷新，整个数据传输过程由 DMA 控制，不需要 CPU 干预。程序将这两个通道采集的数据分别累加，再求它们的平均值，实现均值滤波的功能。

12 位的 ADC 满量程对应+3.3V，对应的数字值是 $2^{12}-1=4095$，数值 0 对应的就是 0V。因此引脚 PB0 的输入电压值可采用表达式 ad1×3.3f/4096 来计算，引脚 PB1 的输入电压值计算方法与引脚 PB0 一样。根据图 7-6，引脚的输入电压范围设定在 0～+3.3V，因此可以安全地使用滑动变阻器调节引脚的输入电压。

7.4.5 下载验证

设置串口终端软件的波特率为 115200b/s，将程序下载到开发板运行。如图 7-9 所示，终端软件不断显示引脚 PB0、PB1 的输入电压值，手动调节开发板上的滑动变阻器改变引脚的输入电压，串口显示的电压值随之改变。

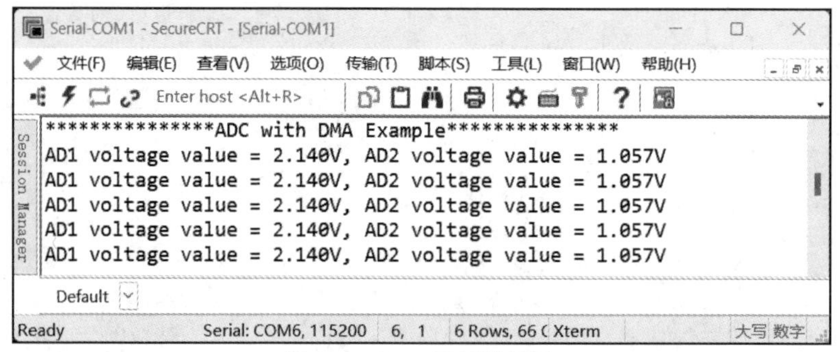

图 7-9 ADC 示例结果图

7.5 DAC 简介

DAC(digital-to-analog converter)即数模转换器，能将输入的数字编码转换成以标准量为基准的模拟量，功能与 ADC 相反。如图 7-10 所示，在典型的数控系统中，通过传感器将非电信号转换成模拟电压信号，ADC 把电压信号转换成易于数控系统存储、处理的数字信号，数控系统处理完成后，再由 DAC 输出模拟信号，驱动执行机构对控制对象进行控制。

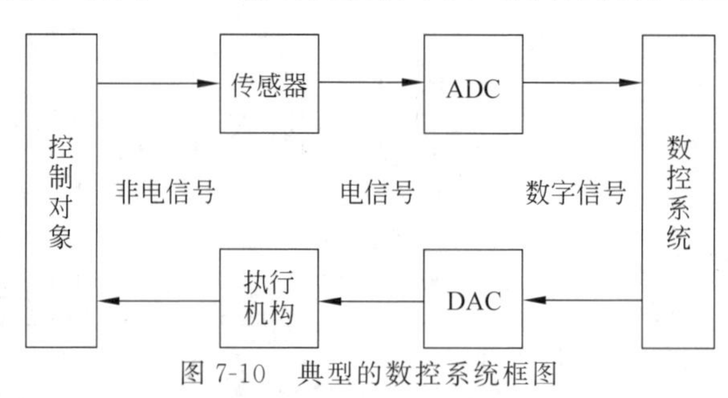

图 7-10 典型的数控系统框图

按照模拟量的输出类型，DAC 通常分为电流输出和电压输出类型，常见的 DAC 是电压输出型。DAC 的分辨率决定了它的转换精度，反映了输出模拟量的最小变化值，参考电压是转换输出电压的参考基准。

7.6 STM32F103 的 DAC 工作原理

STM32F103VE 内部集成了一个数字输入、电压输出的 DAC 模块，该模块有两个 DAC 转换器，每个转换器都对应一个输出通道，这两个通道互不影响，都可以与 DMA 控制器配合使用。它的分辨率可配置为 8 位或 12 位的数字输入信号。

7.6.1 DAC 模块结构

如图 7-11 所示，单个 DAC 通道由可编程的触发选择、DAC 控制寄存器、数据保持寄存器(data holding register，DHRx)、数据输出寄存器(data output register，DORx)和数字至模拟转换器 x 构成($x=1/2$)。DAC 的输出受 DORx 控制，不能直接对 DORx 写入数据，而是通过向 DHRx 写入数据，从而间接传送数据给 DORx，转换完成后，从模拟输出端 DAC_OUTx 输出以 V_{REF+} 为参考电压的模拟电压值。DAC 模块的输出部分还集成了输出缓冲器，用来减小输出阻抗并提高驱动负载的能力，这样不用外接运算放大器便可直接驱动外部负载。

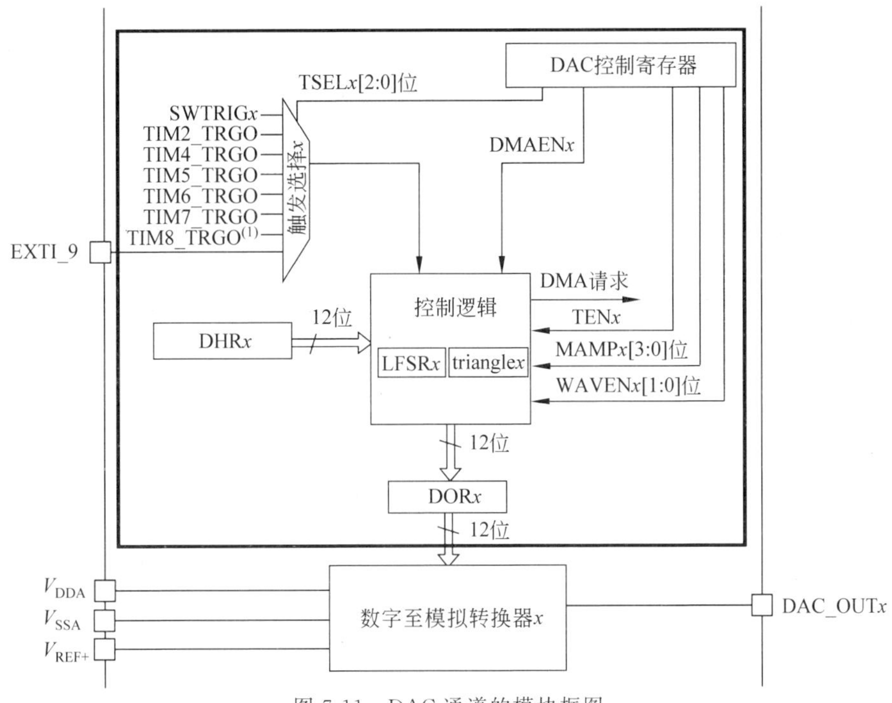

图 7-11 DAC 通道的模块框图

如表 7-8 所示，DAC 模块与 ADC 模块共用模拟供电引脚 V_{DDA} 和 V_{SSA}，一旦使能 DACx 通道，DAC 输出引脚 DAC_OUTx 会自动和引脚 PA4 或 PA5 连接。为避免寄生干扰和额外的功率消耗，在使能 DAC 通道前，应将它们设置为模拟输入模式。

表 7-8　DAC 的引脚说明

名　称	型号类型	注　释
V_{REF+}	输入，正模拟参考电压	DAC 使用的正极参考电压，2.4V≤V_{REF+}≤V_{DDA}(+3.3V)
V_{DDA}	输入，模拟电源	模拟电源
V_{SSA}	模拟电源地	模拟电源的地线
DAC_OUTx	DAC 通道 x 的模拟输出	引脚 PA4：通道 1
		引脚 PA5：通道 2

7.6.2　DAC 数据格式与转换启动

1. DAC 数据格式

在单通道 DAC 模式下，每个 DAC 通道都有三个数据寄存器可用，分别是 8 位右对齐、12 位左对齐和 12 位右对齐寄存器，当工作在 12 位模式时，数据可以设置成左对齐或右对齐，如图 7-12 所示。双 DAC 模式下数据格式可查阅 STM32 参考手册学习，这里不再赘述。

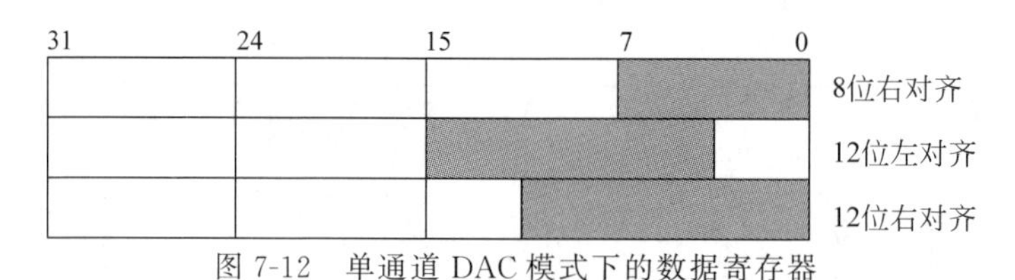

图 7-12　单通道 DAC 模式下的数据寄存器

根据数据对齐方式，单通道 x 将数据写入指定数据寄存器有如下三种情况：

(1) 8 位数据右对齐：数据写入 DAC_DHR8Rx[7:0]位(实际写入 DHRx[11:4]位)。

(2) 12 位数据左对齐：数据写入 DAC_DHR12Lx[15:4]位(实际写入 DHRx[11:0]位)。

(3) 12 位数据右对齐：数据写入 DAC_DHR12Rx[11:0]位(实际写入 DHRx[11:0]位)。

2. DAC 转换启动

通过配置控制寄存器 DAC_CR 的触发使能位(TENx)，可设置 DAC 模块的转换启动方式。

(1) 非触发启动(TENx=0)：DAC 通道 x 触发关闭，DAC_DHRx 中的数据在 1 个 APB1 时钟周期后自动传入 DAC_DORx，经过时间 $t_{SETTLING}$ 后在 DAC_OUT 引脚上输出电压，时间 $t_{SETTLING}$ 的大小与电源电压和模拟输出负载有关，如图 7-13 所示。

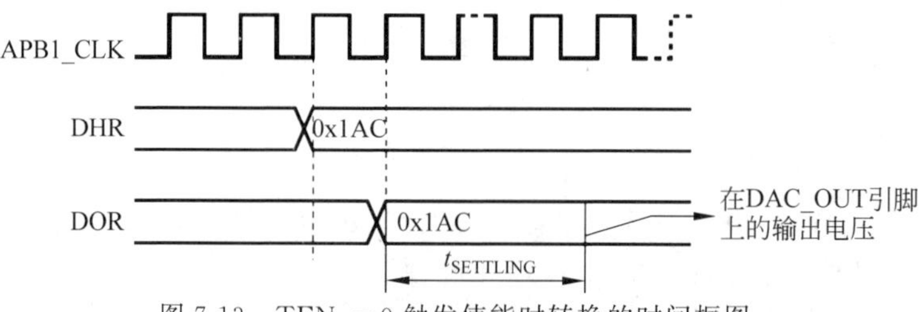

图 7-13　TEN_x=0 触发使能时转换的时间框图

(2) 触发启动(TENx=1)：DAC 通道 x 触发使能，写入 DAC_DHRx 的数据通过外部事件触发或软件触发被传入 DAC_DORx，具体的触发情况见 7.6.3 节介绍。

7.6.3　DAC 的触发选择

DAC 启动转换的触发源可来自片上定时器的内部信号、外部引脚和软件控制位，具体根据 DAC_CR 的控制位 TSELx[2:0]进行选择，如表 7-9 所示。

表 7-9　DAC 的触发选择

类　型	触　发　源	TSELx[2:0]
片上定时器的内部信号	定时器 6：TRGO 事件	000
	大容量产品为定时器 8：TRGO 事件	001
	定时器 7：TRGO 事件	010
	定时器 5：TRGO 事件	011
	定时器 2：TRGO 事件	100
	定时器 4：TRGO 事件	101
外部引脚	EXTI 线路 9	110
软件控制位	SWTRIG(软件触发)	111

当定时器的 TRGO 事件发生或在 EXTI 线路 9 上检测到一个上升沿后，DAC_DHRx 中的数据在 3 个 APB1 时钟周期后传入 DAC_DORx。如果选择软件触发，设置 SWTRIG 位后，DAC_DHRx 中的数据只需 1 个 APB1 时钟周期就可以传入 DAC_DORx，SWTRIG 位由硬件自动清零。

7.6.4　DAC 的输出电压

DAC 将输入的数字信号线性地转换为模拟电压，并通过与 DAC 通道对应的引脚输出，输出的电压范围为 $0 \sim V_{REF+}$。

在 12 位模式下，DAC 通道引脚上的输出电压满足下面的关系：

$$\text{DAC 输出电压} = V_{REF+} \times (DOR / 4095)$$

式中，DOR 为 DAC 的数据输出寄存器的值。

为了获得更精确的转换结果，DAC 可以通过引脚输入参考电压 V_{REF+}。

7.6.5　DAC 的 DMA 请求

DAC 的两个通道都具有 DMA 功能，可分别处理它们的 DMA 请求。

当控制寄存器 DAC_CR 的 DMA 使能位(DMAENx)置位后，如果发生外部触发(不是软件触发)，则产生一个 DMA 请求，将 DAC_DHRx 中的数据传入 DAC_DORx。

7.7　DAC 的 HAL 库用法

7.7.1　DAC 寄存器结构体 DAC_TypeDef

DAC 相关的寄存器是使用 HAL 库中的结构体数据类型 DAC_TypeDef 封装的，该结构体与 DAC 的宏在文件 stm32f103xe.h 中定义，代码如下：

```
typedef struct
{
    __IO uint32_t CR;
    __IO uint32_t SWTRIGR;
    __IO uint32_t DHR12R1;
    __IO uint32_t DHR12L1;
    __IO uint32_t DHR8R1;
    __IO uint32_t DHR12R2;
    __IO uint32_t DHR12L2;
    __IO uint32_t DHR8R2;
    __IO uint32_t DHR12RD;
    __IO uint32_t DHR12LD;
    __IO uint32_t DHR8RD;
    __IO uint32_t DOR1;
    __IO uint32_t DOR2;
} DAC_TypeDef;

#define PERIPH_BASE 0x40000000UL                /* 外设基地址 */
#define APB1PERIPH_BASE PERIPH_BASE

#define DAC_BASE (APB1PERIPH_BASE + 0x00007400UL)
#define DAC1 ((DAC_TypeDef *)DAC_BASE)
#define DAC ((DAC_TypeDef *)DAC_BASE);
```

7.7.2 DAC 规则通道结构体定义 DAC_ChannelConfTypeDef

HAL 库在 DAC_TypeDef 的基础上封装了一个结构体数据类型 DAC_HandleTypeDef，定义如下：

```
typedef struct
{
    DAC_TypeDef                 *Instance;       /* 寄存器基地址 */
    __IO HAL_DAC_StateTypeDef   State;           /* DAC 通信状态 */
    HAL_LockTypeDef             Lock;            /* DAC 锁定对象 */
    DMA_HandleTypeDef           *DMA_Handle1;    /* DMA 通道 1 的指针 */
    DMA_HandleTypeDef           *DMA_Handle2;    /* DMA 通道 2 的指针 */
    __IO uint32_t               ErrorCode;       /* 错误代码 */
}DAC_HandleTypeDef;

typedef struct
{
    uint32_t DAC_Trigger;                        /* 触发模式 */
    uint32_t DAC_OutputBuffer;                   /* 是否使能 DAC 的输出缓冲 */
} DAC_ChannelConfTypeDef;
```

7.7.3 DAC 相关 HAL 库函数

1. 函数 HAL_DAC_Init

函数 HAL_DAC_Init 说明如表 7-10 所示。

表 7-10　函数 HAL_DAC_Init 说明

函数原型	HAL_StatusTypeDef HAL_DAC_Init(DAC_HandleTypeDef * hdac)
功能描述	根据 hdac 中设定的参数初始化 DAC,并初始化关联的句柄
输入参数	hdac：指向包含指定 DAC 模块配置信息的 DAC _HandleTypeDef 结构体指针
返回值	HAL 状态
应用示例	DAC_HandleTypeDef hdac;　/ * 定义 DAC 句柄 * / hdac.Instance = DAC;　/ * DAC 实例 * / HAL_DAC_Init(&hdac);

2. 函数 HAL_DAC_ConfigChannel

函数 HAL_DAC_ConfigChannel 说明如表 7-11 所示。

表 7-11　函数 HAL_DAC_ConfigChannel 说明

函数原型	HAL_StatusTypeDef HAL_DAC_ConfigChannel(DAC_HandleTypeDef * hdac, DAC_ChannelConfTypeDef * sConfig, uint32_t Channel)
功能描述	配置所选 DAC 通道的触发类型以及输出缓冲
输入参数	hdac：指向包含指定 DAC 模块配置信息的 DAC_HandleTypeDef 结构体指针
	sConfig：指向 DAC 配置结构指针
	Channel：选定的 DAC 通道,可为 DAC_CHANNEL_1 或 DAC_CHANNEL_2
返回值	HAL 状态

应用示例	DAC_ChannelConfTypeDef sConfig = {0};　/ * DAC 配置常规通道结构 * /
	
	/ * 选择 TIM2_TRGO 为 DAC 通道的外部转换触发器 * /
	sConfig.DAC_Trigger = DAC_TRIGGER_T2_TRGO;
	/ * 禁止 DAC 输出缓冲器 * /
	sConfig.DAC_OutputBuffer = DAC_OUTPUTBUFFER_DISABLE;
	HAL_DAC_ConfigChannel(&hdac, &sConfig, DAC_CHANNEL_1)

3. 函数 HAL_DAC_SetValue

函数 HAL_DAC_SetValue 说明如表 7-12 所示。

表 7-12　函数 HAL_DAC_SetValue 说明

函数原型	HAL_StatusTypeDef HAL_DAC_SetValue(DAC_HandleTypeDef * hdac, uint32_t Channel, uint32_t Alignment, uint32_t Data)
功能描述	配置 DAC 的通道输出值,并设置数据对齐方式
输入参数	hdac：指向包含 DAC 配置信息的 DAC_HandleTypeDef 结构体的指针
	Channel：选定的 DAC 通道

续表

输入参数	Alignment：DAC 通道的数据对齐方式
	Data：要加载到数据寄存器中的数据
返回值	HAL 状态
应用示例	/* 以 12 位右对齐数据格式设置 DAC 值为 0 */ HAL_DAC_SetValue(&DAC1_Handler, DAC_CHANNEL_1, DAC_ALIGN_12B_R, 0);

4. 函数 HAL_DAC_Start_DMA

函数 HAL_DAC_Start_DMA 说明如表 7-13 所示。

表 7-13　函数 HAL_DAC_Start_DMA 说明

函数原型	HAL_StatusTypeDef HAL_DAC_Start_DMA(DAC_HandleTypeDef * hdac, uint32_t Channel, uint32_t * pData, uint32_t Length, uint32_t Alignment)
功能描述	使能 DAC，并以 DMA 模式启动数模转换
输入参数	hdac：指向包含 DAC 配置信息的 DAC_HandleTypeDef 结构体的指针
	Channel：选定的 DAC 通道
	pData：指向数据缓冲区的指针
	Length：从内存传输到 DAC 外设的数据长度
	Alignment：DAC 通道的数据对齐方式
返回值	HAL 状态
应用示例	uint16_t datBuf[100]; HAL_DAC_Start_DMA(&hdac, DAC_CHANNEL_1,(uint32_t *)datBuf, 100, DAC_ALIGN_12B_R);

7.8 简易波形发生器示例

本示例基于 DAC DMA 实现一个简易波形发生器，当按键 KEY1/2/3 按下后，引脚 PA4 分别输出正弦波、方波和三角波，这些波形的频率均为 1kHz。该波形发生器使用定时器 2 进行 DAC 触发。

7.8.1 STM32CubeMX 工程配置

打开 STM32CubeMX 软件，按照下面的步骤配置 DAC。

如图 7-14 所示，在 Analog 中选择 DAC，选择 DAC 通道 1(OUT1 Configuration)，不勾选 External Trigger 复选框，即不使用外部中断 EXTI9 来触发 DAC。输出缓冲(Output Buffer)用来减少输出阻抗，可直接驱动外部负载，使能输出缓冲后，DAC 输出的最小电压为 0.2V，最大电压为 $V_{REF}\pm0.2$V(即实际的最大输出电压与 V_{REF} 的偏差在 ±0.2V 之内)，若禁止输出缓冲，则输出电压可达到 0V。触发方式(Trigger)选择通用定时器 Timer 2 触发，这种方式可以输出特定的波形，若选择软件触发(Software trigger)，则当向寄存器 DAC_SWTRIGR 写入配置后即可触发转换。本例没有使用波形发生器模式(Wave generation mode)。

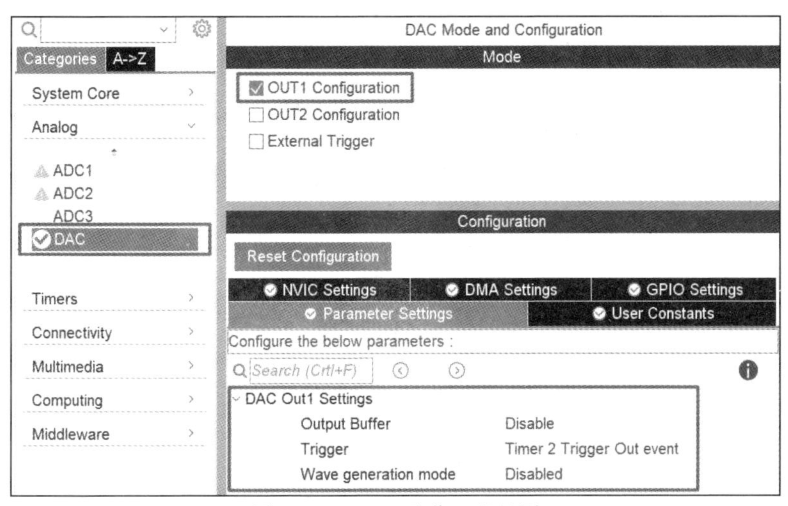

图 7-14 DAC 通道 1 配置图

如图 7-15 所示，单击 DMA Settings，添加 DAC_CH1 对应 DMA2 的通道 3(Channel 3)，数据传输方向默认为内存到外设，软件阶段优先级配置为低(Low)。DMA 模式选择为循环模式(Circular)，外设地址选择不递增、内存地址选择递增，外设和内存的数据宽度(Data Width)都选择半字(Half Word)。

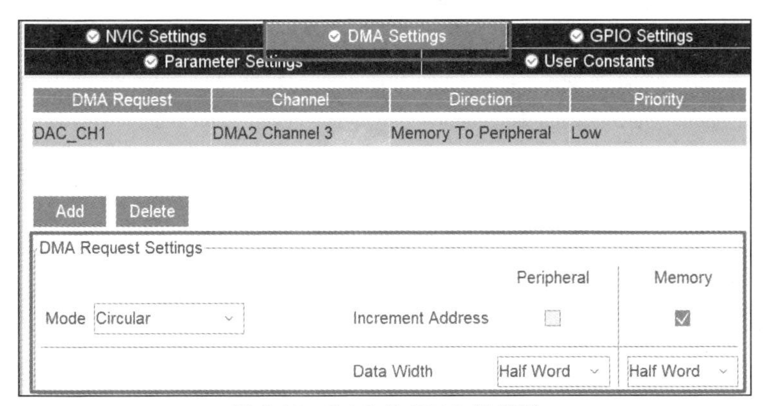

图 7-15 DAC 的 DMA 配置图

如图 7-16 所示，在 Timers 中选择 TIM2，时钟源(Clock Source)选择内部时钟(Internal Clock)。配置 TIM2 时钟预分频系数(Prescaler)为 0，即不分频，计数模式(Counter Mode)为向上计数模式，自动重装载值(Counter Period)设置为 720-1，因此触发频率为 72MHz/720=100kHz，触发事件选择为更新事件(Update Event)，即到达定时器的定时时间时输出一个信号来触发启动 DAC 转换。

7.8.2 DAC 配置代码

在 main.c 文件中，STM32CubeMX 生成的函数 MX_DAC_Init 和 MX_DMA_Init 分别初始化 DAC 的基本参数和配置 DMA 中断，代码如下：

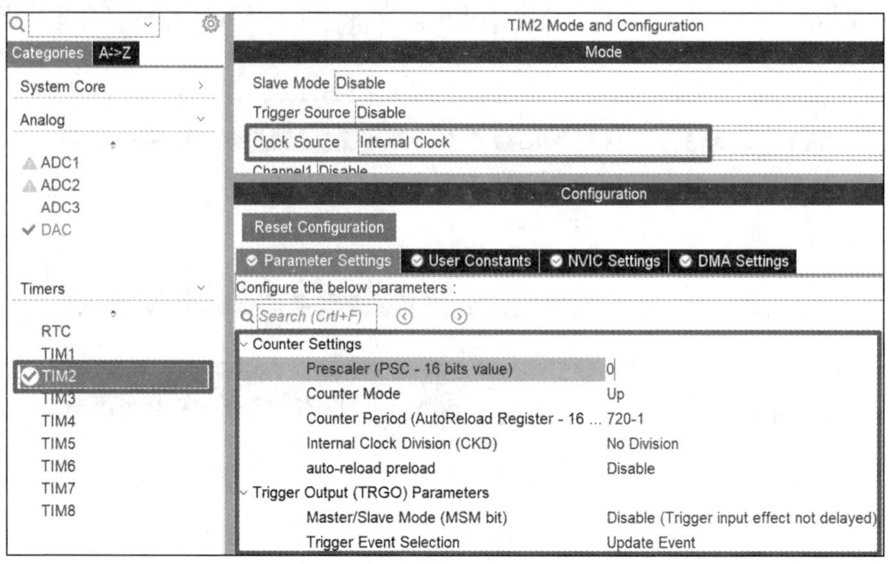

图 7-16 DAC 触发源 TIM2 配置图

```
DAC_HandleTypeDef hdac;

static void MX_DAC_Init(void)
{
    DAC_ChannelConfTypeDef sConfig = {0};

    hdac.Instance = DAC;                                        /* DAC 实例 */
    if (HAL_DAC_Init(&hdac) != HAL_OK)
    {
        Error_Handler();
    }

    sConfig.DAC_Trigger = DAC_TRIGGER_T2_TRGO;                  /* TIM2 TRGO 事件触发 */
    sConfig.DAC_OutputBuffer = DAC_OUTPUTBUFFER_DISABLE;  /* 禁止 DAC 输出缓冲 */
    if (HAL_DAC_ConfigChannel(&hdac, &sConfig, DAC_CHANNEL_1) != HAL_OK)
    {
        Error_Handler();
    }
}

static void MX_DMA_Init(void)
{
    __HAL_RCC_DMA2_CLK_ENABLE();                                /* 使能 DMA 时钟 */

    HAL_NVIC_SetPriority(DMA2_Channel3_IRQn, 0, 0);
    HAL_NVIC_EnableIRQ(DMA2_Channel3_IRQn);
}
```

上面代码中的函数 HAL_DAC_ConfigChannel 配置 DAC 通道 1 使用 TIM2 作为触发源、不使用波形发生器模式以及禁止 DAC 输出缓冲模式。

函数 MX_TIM2_Init 配置 TIM2 每隔 720×(1/72MHz)=0.01ms 触发一次 DAC 事件，即当定时器向上计数到设定的值时，产生 Update 事件触发 DAC 把寄存器 DAC_DHRx 的数据转移到 DAC_DORx，从而启动转换。TIM2 用作 DAC 触发源时，不需要设置中断。该函数具体的代码如下：

```
TIM_HandleTypeDef htim2;

static void MX_TIM2_Init(void)
{
    TIM_ClockConfigTypeDef sClockSourceConfig = {0};
    TIM_MasterConfigTypeDef sMasterConfig = {0};

    htim2.Instance = TIM2;                                      /* 通用定时器 2 */
    htim2.Init.Prescaler = 0;                                   /* 不分频 */
    htim2.Init.CounterMode = TIM_COUNTERMODE_UP;                /* 向上计数模式 */
    htim2.Init.Period = 720 - 1;                                /* 定时器计数周期值 */
    htim2.Init.ClockDivision = TIM_CLOCKDIVISION_DIV1;
    /* 自动重装载关闭 */
    htim2.Init.AutoReloadPreload = TIM_AUTORELOAD_PRELOAD_DISABLE;
    if (HAL_TIM_Base_Init(&htim2) != HAL_OK)
    {
        Error_Handler();
    }
    /* 内部时钟源 */
    sClockSourceConfig.ClockSource = TIM_CLOCKSOURCE_INTERNAL;
    if (HAL_TIM_ConfigClockSource(&htim2, &sClockSourceConfig) != HAL_OK)
    {
        Error_Handler();
    }
    /* 更新事件用作触发器输出 */
    sMasterConfig.MasterOutputTrigger = TIM_TRGO_UPDATE;
    /* 禁止主/从模式 */
    sMasterConfig.MasterSlaveMode = TIM_MASTERSLAVEMODE_DISABLE;
    if (HAL_TIMEx_MasterConfigSynchronization(&htim2,
      &sMasterConfig) != HAL_OK)
    {
        Error_Handler();
    }
}
```

DAC 通道 1 默认使用引脚 PA4 输出模拟电压信号，函数 HAL_DAC_MspInit 配置该引脚为模拟输入模式(没有模拟输出模式)，这样才能正常输出模拟电压，该函数会被函数 HAL_DAC_Init 调用，具体的代码如下：

```
void HAL_DAC_MspInit(DAC_HandleTypeDef * hdac)
{
    GPIO_InitTypeDef  GPIO_InitStruct = {0};
```

```
    if (hdac->Instance == DAC)
    {
        __HAL_RCC_DAC_CLK_ENABLE();
        __HAL_RCC_GPIOA_CLK_ENABLE();

        /* DAC 引脚配置:PA4  ------>  DAC_OUT1 */
        GPIO_InitStruct.Pin = GPIO_PIN_4;
        GPIO_InitStruct.Mode = GPIO_MODE_ANALOG;
        HAL_GPIO_Init(GPIOA, &GPIO_InitStruct);

        hdma_dac_ch1.Instance = DMA2_Channel3;                    /* 选择通道 3 */
        /* 传输方向为存储器到外设 */
        hdma_dac_ch1.Init.Direction = DMA_MEMORY_TO_PERIPH;
        /* 外设地址为非增量模式 */
        hdma_dac_ch1.Init.PeriphInc = DMA_PINC_DISABLE;
        /* 存储器地址为增量模式 */
        hdma_dac_ch1.Init.MemInc = DMA_MINC_ENABLE;
        /* 外设数据宽度为半字 */
        hdma_dac_ch1.Init.PeriphDataAlignment = DMA_PDATAALIGN_HALFWORD;
        /* 存储器数据宽度为半字 */
        hdma_dac_ch1.Init.MemDataAlignment = DMA_MDATAALIGN_HALFWORD;
        hdma_dac_ch1.Init.Mode = DMA_CIRCULAR;                    /* 循环传输模式 */
        hdma_dac_ch1.Init.Priority = DMA_PRIORITY_LOW;            /* 低优先级 */
        if (HAL_DMA_Init(&hdma_dac_ch1) != HAL_OK)
        {
            Error_Handler();
        }
        /* 将 DMA 与 DAC CH1 联系起来 */
        __HAL_LINKDMA(hdac, DMA_Handle1, hdma_dac_ch1);
    }
}
```

代码中变量 hdma_dac_ch1 用来填充 DAC DMA 的初始化参数，hdma_dac_ch1.Init 各个成员的含义见代码中的注释，最后调用宏__HAL_LINKDMA 将 DMA 与 DAC CH1 联系起来。

7.8.3 用户代码

要使 DAC 产生正弦波、方波和三角波，实质上是要控制 DAC 以这三种波形的函数关系输出随时间变化的电压。由于数字信号是离散的，DAC 产生波形时只能按一定时间间隔输出波形曲线上的点，在该时间间隔内输出相同的电压值，若缩短时间间隔，提高单个周期内的输出点数，可以得到近似连续的波形。

在 main.c 文件中，函数 Make_Sin_Table 用于生成一个周期内的正弦波波形数据，并将生成的数据存储到数组 datBuf 中，本例一个周期取 100 个点。根据触发源 TIM2 的触发频率，可计算出正弦波的频率=触发频率/点数，即 100kHz/100=1kHz。与此类似，请自行分析产生方波和三角波波形数据的函数，代码如下：

```
#include <math.h>
uint16_t datBuf[100];                                    /*存放波形数据数组*/

/*产生正弦波波形数据,buf 为波形数据缓冲区指针*/
static void Make_Sin_Table(uint16_t *buf)
{
    uint16_t i;

    for (i = 0; i < 100; i++)
    {
        buf[i] = (uint16_t)((2047 * sin(i * 2 * 3.1415926f / 100)) + 2048);
    }
}

/*产生方波波形数据,buf 为波形数据缓冲区指针*/
static void Make_Square_Table(uint16_t *buf)
{
    uint16_t i;

    for (i = 0; i < 50; i++)
    {
        buf[i] = 0;
    }
    for (i = 50; i < 100; i++)
    {
        buf[i] = 4095;
    }
}

/*产生三角波波形数据,buf 为波形数据缓冲区指针*/
static void Make_Tri_Table(uint16_t *buf)
{
    uint16_t i, diff;

    diff = (4095) / 50;                                  /*幅度差值*/

    for (i = 0; i < 50; i++)
    {
        buf[i] = (uint16_t)(diff * i);
    }
    for (i = 50; i < 100; i++)
    {
        buf[i] = (uint16_t)(4095 - diff * (i - 50));
    }
}

/*根据按键的状态,输出相应的波形*/
void Wave_Output(GPIO_TypeDef *GPIOx, uint16_t GPIO_Pin,
                void(*fun)(uint16_t *buf))
{
```

```
    if (HAL_GPIO_ReadPin(GPIOx, GPIO_Pin) == 0)        /* 有按键被按下 */
    {
        HAL_Delay(10);                                  /* 按键延时消抖 */
        if (HAL_GPIO_ReadPin(GPIOx, GPIO_Pin) == 0)    /* 该按键继续被按下 */
        {
            fun(datBuf);                                /* 生成波形数据 */
            HAL_DAC_Start_DMA(&hdac, DAC_CHANNEL_1, (uint32_t *)datBuf,
                              100, DAC_ALIGN_12B_R);    /* 开启 DAC-DMA 输出波形 */
        }
        while (!HAL_GPIO_ReadPin(GPIOx, GPIO_Pin));    /* 等待该按键释放 */
    }
}

int main(void)
{
    HAL_Init();                                         /* 初始化 HAL 库 */
    SystemClock_Config();                               /* 配置系统时钟 */
    MX_GPIO_Init();                                     /* GPIO 配置 */
    MX_DMA_Init();                                      /* DMA 初始化 */
    MX_DAC_Init();                                      /* DAC 初始化 */
    MX_TIM2_Init();                                     /* TIM2 初始化 */

    Make_Sin_Table(datBuf);                             /* 生成正弦波波形数据 */
    HAL_TIM_Base_Start(&htim2);                         /* 开启定时器 2 */
    /* 开启 DAC-DMA 输出正弦波 */
    HAL_DAC_Start_DMA(&hdac, DAC_CHANNEL_1, (uint32_t *)datBuf,
                      100, DAC_ALIGN_12B_R);

    while (1)
    {
        /* KEY1 按下,输出正弦波 */
        Wave_Output(KEY1_GPIO_Port, KEY1_Pin, Make_Sin_Table);
        /* KEY2 按下,输出方波 */
        Wave_Output(KEY2_GPIO_Port, KEY2_Pin, Make_Square_Table);
        /* KEY3 按下,输出三角波 */
        Wave_Output(KEY3_GPIO_Port, KEY3_Pin, Make_Tri_Table);
    }
}
```

主函数 main 先初始化所有要用到的模块,开始时默认输出正弦波。然后根据按键 KEY1/2/3 的状态生成相应的波形数据,并存入全局数组 datBuf 中,再开启 DAC-DMA 功能产生周期性的波形。DMA 每次触发都会更改 DAC 的输出值,触发 100 次就完成一个周期的波,因此 DMA 的触发频率 100kHz 除以 100 就是生成波形的频率 1kHz。

注意:示例中按键采用软件延时的方法消抖,具体说明见 5.5.2 节相关内容。

7.8.4 下载验证

将示波器探头连接到引脚 PA4,下载程序到开发板运行。使用按键 KEY1～KEY3 选择不同的输出波形,在示波器上可看到频率为 1kHz 的正弦波、方波和三角波,如图 7-17

所示。

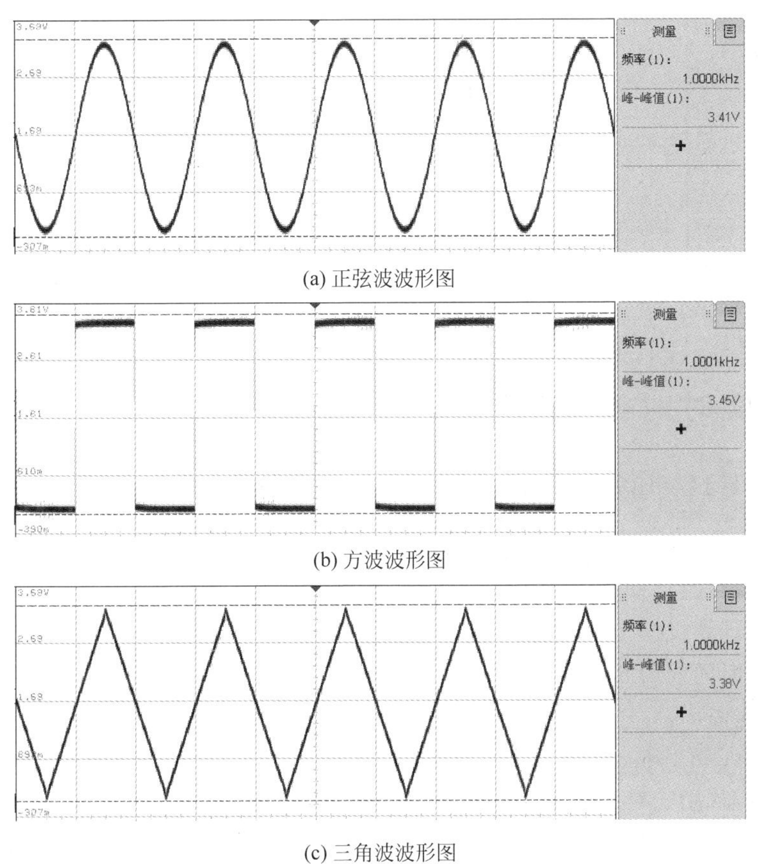

(a) 正弦波波形图

(b) 方波波形图

(c) 三角波波形图

图 7-17　DAC 通道 1 输出的三种波形结果图

练习题

1. 简述 STM32F103 片内 ADC 模块的功能特性。

2. STM32 的 ADC 有哪些通道？简述它的分组方式和转换模式。

3. 设计程序实时(1s)检测 STM32 芯片的温度，并将温度通过串口发送到 PC 显示。

4. 设计程序使用 ADC2 实时(2s)采集引脚 PB0 的输入电压，并用串口输出结果。

5. 在简易波形发生器示例基础上增加功能：按下 KEY4 按键，输出锯齿波。

6. 在简易波形发生器示例基础上增加功能：每次按下 KEY4 按键，三种波形的频率增加 100Hz。

第8章 实时时钟与电源控制

CHAPTER 8

8.1 实时时钟(RTC)

8.1.1 RTC简介

时间戳是一个与时钟相关的概念,定义为从格林尼治时间1970年01月01日00时00分00秒起至现在的总秒数,也被称为UNIX时间戳(UNIX timestamp),是一种时间表示方式。由于最初计算机操作系统是32位,使用有符号的32位整型变量来保存UNIX时间戳,能表示的最长时间约为68年,实际上到2038年01月19日03时14分07秒便会达到最大时间,将会发生溢出。

实时时钟(real time clock,RTC)通常称为时钟芯片,用于提供精确的实时时间,它一般包含一个计数器,用于对晶体振荡器提供的稳定时钟信号进行计数,并根据计数值来表示小时、分钟、秒、日期和年份等。RTC可使用电池供电来保持时间的准确性,具有系统掉电后还能继续运行的特性,即主电源断开后,由电池给RTC供电。

STM32F1内部集成了一个RTC模块,该模块是一个独立的32位定时器,拥有一组连续计数的计数器,程序可以通过读写计数器的值来读取和设置当前的时间与日期,它还可以提供闹钟、定时等功能。

8.1.2 BCD码简介

RTC可以使用BIN格式或BCD码来表示日期和时间。BIN其实就是指二进制数据,单片机系统的所有数据本质上都是二进制的,但是在日常中用得最多的是十进制数字,所以产生了BCD(binary-coded decimal)码。

BCD码又称二-十进制码,是一种用二进制的数字编码形式表示十进制的数字,即用4位二进制数来表示1位十进制数中的0~9这10个数字。十进制表示的一位0~9的数字,用4位二进制表示就是0b0000~0b1001,不存在0b1010~0b1111这6个数字。BCD码如果到了0b1001,再加1的话,数字就变成0b0001 0000了,相当于用8位二进制数字表示2位十进制数字。BCD码使二进制和十进制之间的转换可以快捷进行。

RTC模块用BCD码存储日期和时间的好处是:在将存储的数据转换为可以直观显示(比如在液晶上显示)的ASCII码时,只要把表示1位十进制数字的4个二进制位加上0x30,就能得到该数字的ASCII码,从而省去了将二进制数转换到ASCII码的过程。

8.1.3 STM32F1的RTC

1. RTC系统组成

如图8-1所示，STM32F103的RTC模块由两个主要部分组成。

(1) APB1接口：由PCLK1时钟驱动，还包含一组通过APB1总线进行读写操作的16位寄存器，该接口由系统复位。

(2) RTC核心：由一组可编程计数器组成，分成两个主要模块（见图8-1中阴影背景部分）。

第一个模块是预分频器模块，包含一个20位的可编程分频器，分频系数最高达2^{20}，可产生最长为1s的RTC时间基准TR_CLK。

第二个模块主要由可编程计数器(RTC_CNT)和闹钟寄存器(RTC_ALR)组成。32位的RTC_CNT可用于较长时间段的测量，由两个寄存器RTC_CNTL和RTC_CNTH组成，用于存放计数值的低16位和高16位。RTC_ALR用于产生闹钟，计数值按TR_CLK周期累加并与RTC_ALR中的可编程时间做比较，若比较匹配，将产生闹钟中断。

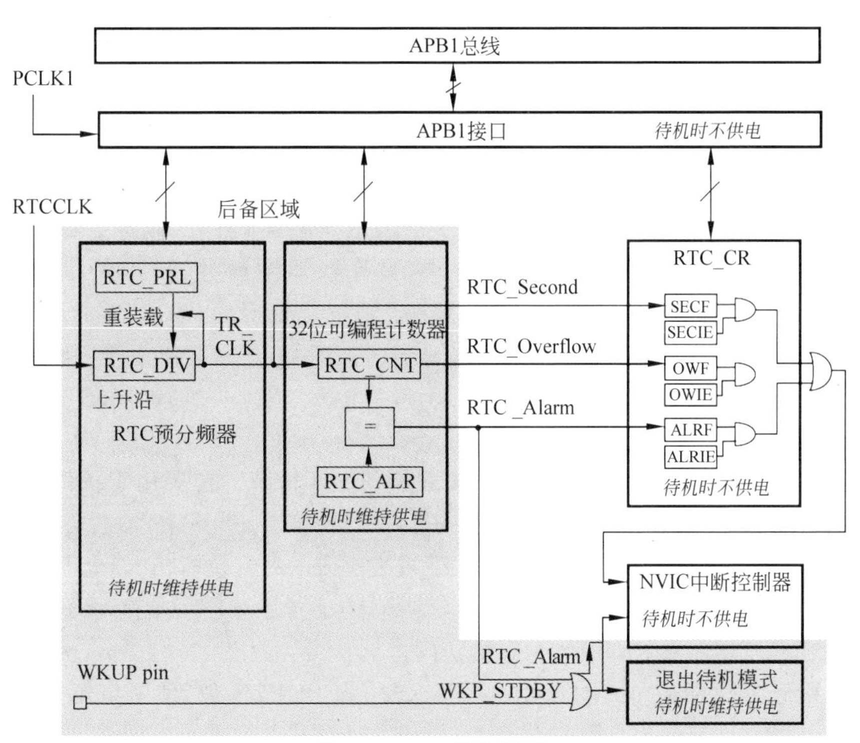

图8-1 RTC模块框图

如图8-2所示，RTC有三种时钟源：外部高速时钟(HSE)的128分频(HSE/128)、外部低速时钟(LSE)和内部低速时钟(LSI)。若使用HSE分频时钟或LSI，当主电源V_{DD}掉电时，它们都会受到影响，不能保证RTC正常工作，因此一般使用LSE，它的频率通常为32.768kHz，这是因为32 768=2^{15}，通过分频很容易实现1s的时钟频率。配置RTC的时钟时，通常把输入的32 768Hz进行32 768分频，因此驱动计数器的时钟TR_CLK的频率为RTCCLK/32 768 = 1Hz，即在TR_CLK的驱动下，每秒计数器的值加1。

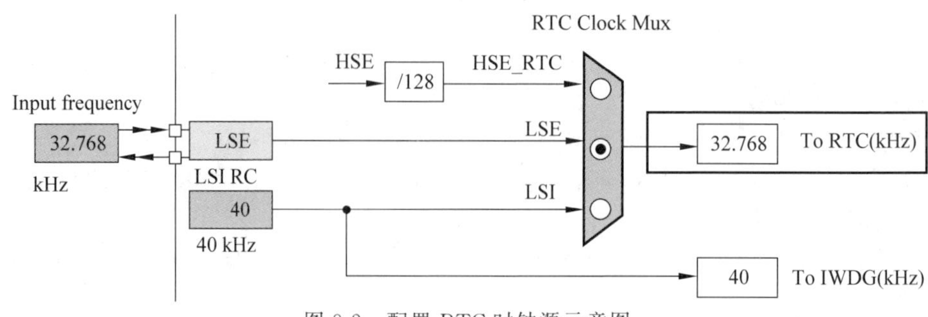

图 8-2　配置 RTC 时钟源示意图

当主电源 V_{DD}有效时，RTC 由 V_{DD}供电，当 V_{DD}掉电时，备份域(图 8-1 中阴影背景部分)可在 V_{BAT}的驱动下继续运行。RTC 的数据都保存在属于 RTC 的备份域中，备份域还有 42 个 16 位的寄存器，可以在 V_{DD}掉电的情况下用来保存用户数据，系统复位或电源复位时，这些数据不会被复位。

注意：若主电源 V_{DD}和 V_{BAT}都掉电，备份域中所有的数据都会丢失。

2. RTC 中断

RTC 模块有两个专门的可屏蔽中断：

(1) RTC_Second 中断(秒中断)：若控制寄存器高位(RTC_CRH)设置了允许秒中断位(SECIE)，则在每个 TR_CLK 周期，都会触发该中断。

(2) RTC_Alarm 中断(闹钟中断)：若控制寄存器高位(RTC_CRH)设置了允许闹钟中断位(ALRIE)，则比较匹配(RTC_CNT=RTC_ALR)时将产生一个闹钟中断。

此外，RTC 模块还有一个指示内部可编程计数器溢出并回转为 0 状态的 RTC_Overflow(溢出)事件，定时器的溢出事件无法被配置为中断。

8.2　备份寄存器

备份寄存器(BKP)包括 42 个 16 位的寄存器(共 84 字节)，主要用于备份数据，一般用来存储一些运行状态信息。BKP 处在备份域里，平时由 V_{DD}供电，当 V_{DD}被切断后自动切换由 V_{BAT}维持供电。当系统复位、在待机模式下被唤醒或电源复位时，它们也不会被复位。

系统复位后，默认禁止访问 BKP 和 RTC，并且为了防止意外写操作，备份域也被保护。执行以下操作可以使能对 BKP 和 RTC 的访问：

(1) 设置寄存器 RCC_APB1ENR 的 PWREN 和 BKPEN 位，使能电源和后备接口的时钟。

(2) 设置电源控制寄存器(PWR_CR)的 DBP 位，使能对 BKP 和 RTC 的访问。

设置 BKP 为可访问后，首次通过 APB1 接口访问 RTC 时，因为时钟频率的差异，必须等待 APB1 与 RTC 同步，确保读取到正确的 RTC 寄存器的值。若在同步之后，一直没有关闭 APB1 的 RTC 外设接口，就不需要再次同步了。

如图 8-3 所示，备份数据寄存器 x(BKP_DRx)(x=1,2,…,42)的地址偏移分为两部分，共有 42 个寄存器，它们的复位值均为 0，可以用半字(16 位)或字(32 位)的方式操作它们。

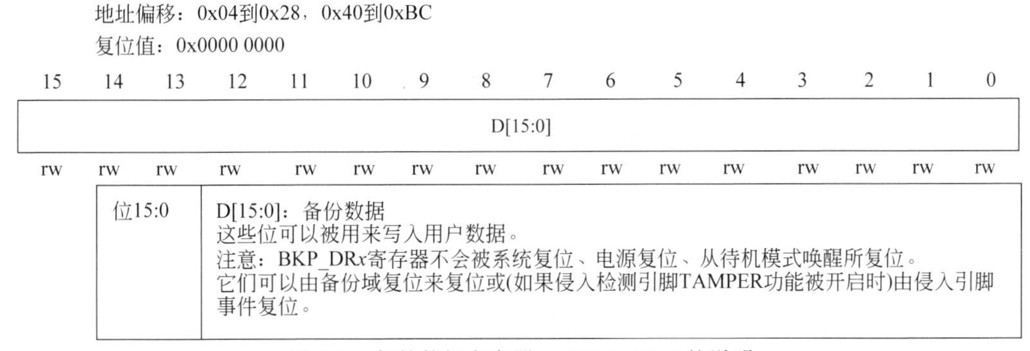

地址偏移：0x04到0x28，0x40到0xBC
复位值：0x0000 0000
15 14 13 12 11 10 9 8 7 6 5 4 3 2 1 0
D[15:0]
rw rw rw rw rw rw rw rw rw rw rw rw rw rw rw rw
位15:0
D[15:0]：备份数据
这些位可以被用来写入用户数据。
注意：BKP_DRx寄存器不会被系统复位、电源复位、从待机模式唤醒所复位。
它们可以由备份域复位来复位或(如果侵入检测引脚TAMPER功能被开启时)由侵入引脚事件复位。

图 8-3　备份数据寄存器 x(BKP_DRx)的说明

8.3　RTC 的 HAL 库用法

8.3.1　RTC 寄存器结构体 RTC_TypeDef

RTC 相关的寄存器是通过 HAL 库中的结构体 RTC_TypeDef 封装的，该结构体和 RTC 的宏都是在 stm32f103xe.h 文件中定义的，代码如下：

```
typedef struct
{
    __IO uint32_t CRH;
    __IO uint32_t CRL;
    __IO uint32_t PRLH;
    __IO uint32_t PRLL;
    __IO uint32_t DIVH;
    __IO uint32_t DIVL;
    __IO uint32_t CNTH;
    __IO uint32_t CNTL;
    __IO uint32_t ALRH;
    __IO uint32_t ALRL;
} RTC_TypeDef;

#define PERIPH_BASE 0x40000000UL                /* 外设基地址 */
#define APB1PERIPH_BASE PERIPH_BASE

#define RTC_BASE (APB1PERIPH_BASE + 0x00002800UL)
#define RTC ((RTC_TypeDef *)RTC_BASE)
```

8.3.2　RTC 句柄结构体 RTC_HandleTypeDef

HAL 库在 RTC_TypeDef 的基础上封装了一个结构体数据类型 RTC_HandleTypeDef，定义如下：

```
typedef struct
{
```

```
    RTC_TypeDef          * Instance;            /* 寄存器基地址 */
    RTC_InitTypeDef      Init;                  /* RTC 初始化参数 */
    RTC_DateTypeDef      DateToUpdate;          /* 用户设置并自动更新的当前日期 */
    HAL_LockTypeDef      Lock;                  /* RTC 锁定对象 */
    __IO HAL_RTCStateTypeDef  State;            /* 时间通信状态 */
} RTC_HandleTypeDef;
```

成员 Init 用于配置 RTC 的基本参数，它的数据类型为结构体 RTC_InitTypeDef，定义如下：

```
typedef struct
{
    uint32_t AsynchPrediv;                      /* 配置 RTC_CLK 的异步分频系数 */
    uint32_t OutPut;                            /* 指定以哪一路信号作为 RTC 的输出 */
} RTC_InitTypeDef;
```

结构体成员 AsynchPrediv 的取值范围为 0x00～0xFFFFF 或取值 RTC_AUTO_1_SECOND，如果选择 RTC_AUTO_1_SECOND，系统将自动计算 AsynchPrediv 的值以获得 1s 的时基。

8.3.3 RTC 相关的结构体

为了方便用户程序设计，在 stm32f1xx_hal_rtc.h 文件中，HAL 库还定义了几个与 RTC 操作函数有关的结构体数据类型。

时间结构体 RTC_TimeTypeDef 用来对小时、分钟和秒进行封装，定义如下：

```
typedef struct
{
    /* 小时设置，12 小时制式时，取值范围为 0~11；24 小时制式时，取值范围为 0~23 */
    uint8_t Hours;
    uint8_t Minutes;                            /* 分钟设置，取值范围为 0~59 */
    uint8_t Seconds;                            /* 秒设置，取值范围为 0~59 */
} RTC_TimeTypeDef;
```

日期结构体 RTC_DateTypeDef 用来对星期、月份、日和年份进行封装，定义如下：

```
typedef struct
{
    uint8_t WeekDay;                            /* 星期设置，取值范围为 1~7 */
    uint8_t Month;                              /* 月份设置，取值范围为 1~12 */
    uint8_t Date;                               /* 日设置，取值范围为 1~31 */
    uint8_t Year;                               /* 年份设置，取值范围为 0~99 */
} RTC_DateTypeDef;
```

HAL 库在结构体 RTC_TimeTypeDef 的基础上封装了一个结构体数据类型 RTC_AlarmTypeDef，用来设置 RTC 的闹钟时间，定义如下：

```
typedef struct
{
    RTC_TimeTypeDef  AlarmTime;            /* 设定 RTC 闹钟时间的结构体变量 */
    uint32_t    Alarm;                     /* RTC 闹钟选择,STM32F1 只有 1 个闹钟 */
} RTC_AlarmTypeDef;
```

8.3.4　RTC 相关 HAL 库函数

1. 函数 HAL_RTC_Init

函数 HAL_RTC_Init 说明如表 8-1 所示。

表 8-1　函数 HAL_RTC_Init 说明

函数原型	HAL_StatusTypeDef HAL_RTC_Init(RTC_HandleTypeDef *hrtc)
功能描述	根据 hrtc 中设定的参数初始化 RTC 模块
输入参数	hrtc：指向包含 RTC 模块配置信息的 RTC_HandleTypeDef 结构体指针
返回值	HAL 状态
应用示例	RTC_HandleTypeDef　hrtc;　　/* 定义 RTC 句柄 */ hrtc.Instance = RTC;　　/* RTC 实例 */ /* 自动计算分频值以获得 1s 的时基 */ hrtc.Init.AsynchPrediv = RTC_AUTO_1_SECOND; hrtc.Init.OutPut = RTC_OUTPUTSOURCE_ALARM;　　/* 使能闹钟 A 输出 */ HAL_RTC_Init(&hrtc);

2. 函数 HAL_RTC_SetTime

函数 HAL_RTC_SetTime 说明如表 8-2 所示。

表 8-2　函数 HAL_RTC_SetTime 说明

函数原型	HAL_StatusTypeDef HAL_RTC_SetTime(RTC_HandleTypeDef *hrtc, RTC_TimeTypeDef *sTime, uint32_t Format)
功能描述	设置 RTC 时间
输入参数	hrtc：指向 RTC_HandleTypeDef 结构体的指针
	sTime：指向 RTC_TimeTypeDef 结构体的指针
	Format：设置输入时间格式，可取值为 RTC_FORMAT_BIN 或 RTC_FORMAT_BCD
返回值	HAL 状态
应用示例	RTC_TimeTypeDef sTime = {0};　　/* 定义时间结构体变量 */ sTime.Hours = 0x2;　　/* 小时 */ sTime.Minutes = 0x3;　　/* 分钟 */ sTime.Seconds = 0x4;　　/* 秒 */ HAL_RTC_SetTime(&hrtc, &sTime, RTC_FORMAT_BCD);

3. 函数 HAL_RTC_GetTime

函数 HAL_RTC_GetTime 说明如表 8-3 所示。

表 8-3 函数 HAL_RTC_GetTime 说明

函数原型	HAL_StatusTypeDef HAL_RTC_GetTime(RTC_HandleTypeDef * hrtc, RTC_TimeTypeDef * sTime, uint32_t Format)
功能描述	获取 RTC 当前时间
输入参数	hrtc：指向 RTC_HandleTypeDef 结构体的指针
	sTime：指向 RTC_TimeTypeDef 结构体的指针
	Format：设置输入时间格式，可取值为 RTC_FORMAT_BIN 或 RTC_FORMAT_BCD
返回值	HAL 状态
应用示例	RTC_TimeTypeDef sTime = {0}; /* 定义时间结构体变量 */ HAL_RTC_GetTime(&hrtc, &sTime, RTC_FORMAT_BIN);

4. 函数 HAL_RTC_SetDate 和函数 HAL_RTC_GetDate

设置和获取日期的函数与设置和获取时间的函数用法类似，可以对照学习，这两个函数的原型如下：

```
/* 设置日期 */
HAL_StatusTypeDef  HAL_RTC_SetDate(RTC_HandleTypeDef *hrtc,
                          RTC_DateTypeDef *sDate, uint32_t Format);
/* 获取日期 */
HAL_StatusTypeDef  HAL_RTC_GetDate(RTC_HandleTypeDef *hrtc,
                          RTC_DateTypeDef *sDate, uint32_t Format);
```

5. 函数 HAL_RTC_SetAlarm_IT

函数 HAL_RTC_SetAlarm_IT 说明如表 8-4 所示。

表 8-4 函数 HAL_RTC_SetAlarm_IT 说明

函数原型	HAL_StatusTypeDef HAL_RTC_SetAlarm_IT(RTC_HandleTypeDef * hrtc, RTC_AlarmTypeDef * sAlarm, uint32_t Format)
功能描述	设置 RTC 闹钟中断
输入参数	hrtc：指向包含配置信息的 RTC_HandleTypeDef 结构体的指针
	sAlarm：指向闹钟结构体 RTC_AlarmTypeDef 的指针
	Format：设置输入时间格式，可取值为 RTC_FORMAT_BIN 或 RTC_FORMAT_BCD
返回值	HAL 状态
应用示例	RTC_AlarmTypeDef alarm = {0}; alarm.Alarm = RTC_ALARM_A; /* 闹钟 A */ alarm.AlarmTime.Hours = 1; /* 小时 */ alarm.AlarmTime.Minutes = 12; /* 分钟 */ alarm.AlarmTime.Seconds = 25; /* 秒 */ HAL_RTC_SetAlarm_IT(&hrtc, &alarm, RTC_FORMAT_BIN);

6. 函数 HAL_RTCEx_BKUPWrite

函数 HAL_RTCEx_BKUPWrite 说明如表 8-5 所示。

表 8-5　函数 HAL_RTCEx_BKUPWrite 说明

<table>
<tr><td>函数原型</td><td>void HAL_RTCEx_BKUPWrite(RTC_HandleTypeDef * hrtc, uint32_t BackupRegister, uint32_t Data)</td></tr>
<tr><td>功能描述</td><td>将数据写入指定的 RTC 备份数据寄存器</td></tr>
<tr><td rowspan="3">输入参数</td><td>hrtc：指向 RTC_HandleTypeDef 结构体的指针</td></tr>
<tr><td>BackupRegister：RTC 备份数据寄存器的编号</td></tr>
<tr><td>Data：要写入指定 RTC 备份数据寄存器的数据</td></tr>
<tr><td>应用示例</td><td>#define RTC_BKP_DR1　0x00000001U　　/* 备份数据寄存器的编号 */
#define RTC_BKP_DATA 0xA5A5　　/* 要写入备份寄存器的数据 */

RTC_HandleTypeDef　hrtc;　　/* 定义 RTC 句柄 */

HAL_RTCEx_BKUPWrite(&hrtc, RTC_BKP_DR1, RTC_BKP_DATA);</td></tr>
</table>

7. 函数 HAL_RTCEx_BKUPRead

函数 HAL_RTCEx_BKUPRead 说明如表 8-6 所示。

表 8-6　函数 HAL_RTCEx_BKUPRead 说明

<table>
<tr><td>函数原型</td><td>uint32_t HAL_RTCEx_BKUPRead(RTC_HandleTypeDef * hrtc, uint32_t BackupRegister)</td></tr>
<tr><td>功能描述</td><td>从指定的 RTC 备份数据寄存器读取数据</td></tr>
<tr><td rowspan="2">输入参数</td><td>hrtc：指向 RTC_HandleTypeDef 结构体的指针</td></tr>
<tr><td>BackupRegister：RTC 备份数据寄存器的编号</td></tr>
<tr><td>返回值</td><td>读取到的值</td></tr>
<tr><td>应用示例</td><td>#define RTC_BKP_DR1　0x00000001U　　/* 备份数据寄存器的编号 */
#define RTC_BKP_DATA 0xA5A5　　/* 写入备份寄存器的数据 */

RTC_HandleTypeDef　hrtc;　　/* RTC 句柄 */

if (HAL_RTCEx_BKUPRead(&hrtc, RTC_BKP_DR1) != RTC_BKP_DATA)
{
　　…
}</td></tr>
</table>

8.4　实时时钟应用示例

本示例基于片内 RTC 实现一个实时时钟，该实时时钟能通过串口实时输出当前日期和时间，且只在第一次运行时设置初始的日期和时间(年/月/日和时/分/秒)，另外 RTC 闹钟每 5s 输出一次报警信息。

8.4.1 硬件设计

开发板使用纽扣电池插槽接入了一颗型号为 CR1220 的纽扣电池，当主电源正常时，MCU 备份域由稳压器输出+3.3V 通过电源引脚 V_{BAT} 供电，当主电源掉电时，由纽扣电池(+3V)供电，如图 8-4(a)所示。如图 8-4(b)所示，开发板的 LSE 电路使用了一个频率为 32.768kHz 的晶振，晶振的两端分别接了一个 22pF 的对地微调电容，对其分频可以得到 1Hz 的 RTC 计时时钟。

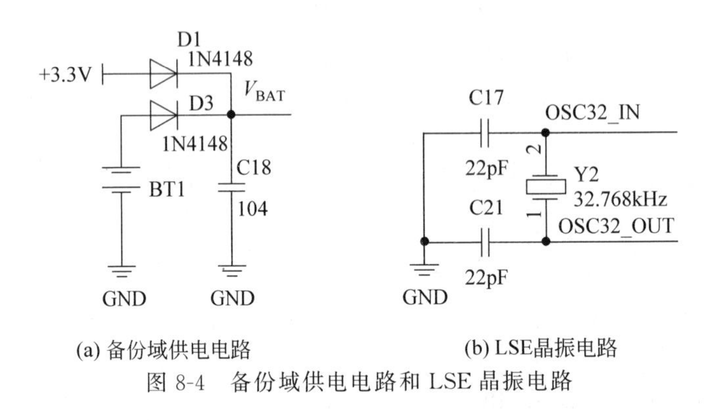

图 8-4 备份域供电电路和 LSE 晶振电路

8.4.2 STM32CubeMX 工程配置

使用 STM32CubeMX 软件，按照下面的步骤配置 RTC 日历和闹钟。在此之前先配置 RCC，如图 8-5 所示，外部高速时钟(HSE)和外部低速时钟(LSE)都使用晶振/陶瓷谐振器(Crystal/Ceramic Resonator)。

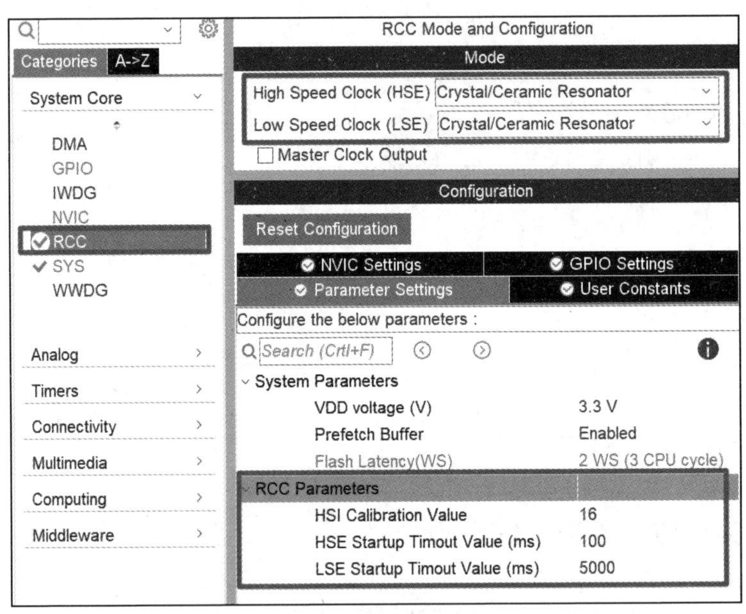

图 8-5 RCC 配置图

单击 Clock Configuration 配置 RTC 的时钟源，由于使用了外部晶振，这里选择 RTC

时钟源为频率为 32.768kHz 的外部低速时钟(LSE),如图 8-6 所示。

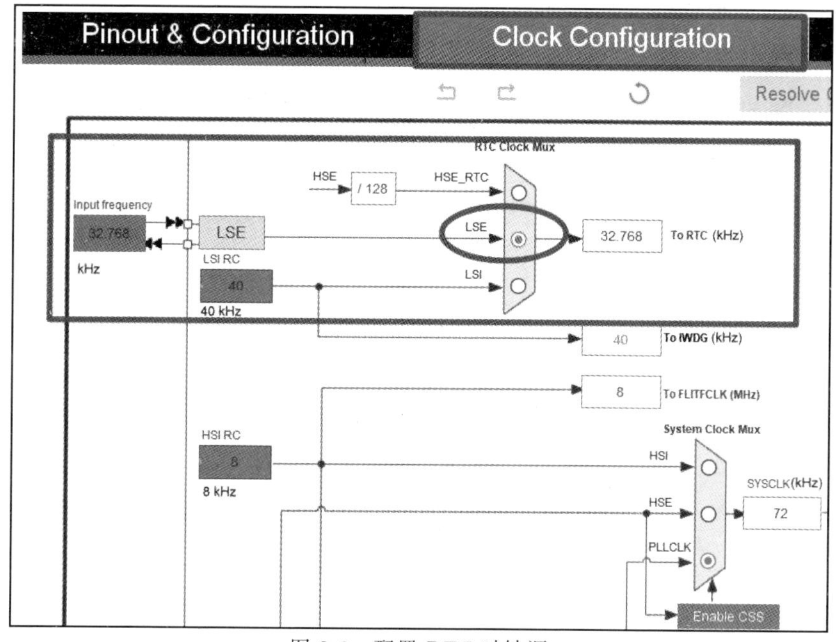

图 8-6　配置 RTC 时钟源

如图 8-7 所示配置 RTC 模块,勾选"Activate Clock Source"和"Activate Calendar"复选框激活时钟源和万年历。在 Parameter Settings 中按照图示参数配置 RTC,当异步分频系数选择"Auto Predivider Calculation Enabled"时,RTC 预分频器将自动计算分频值以获得 1s 的时基。

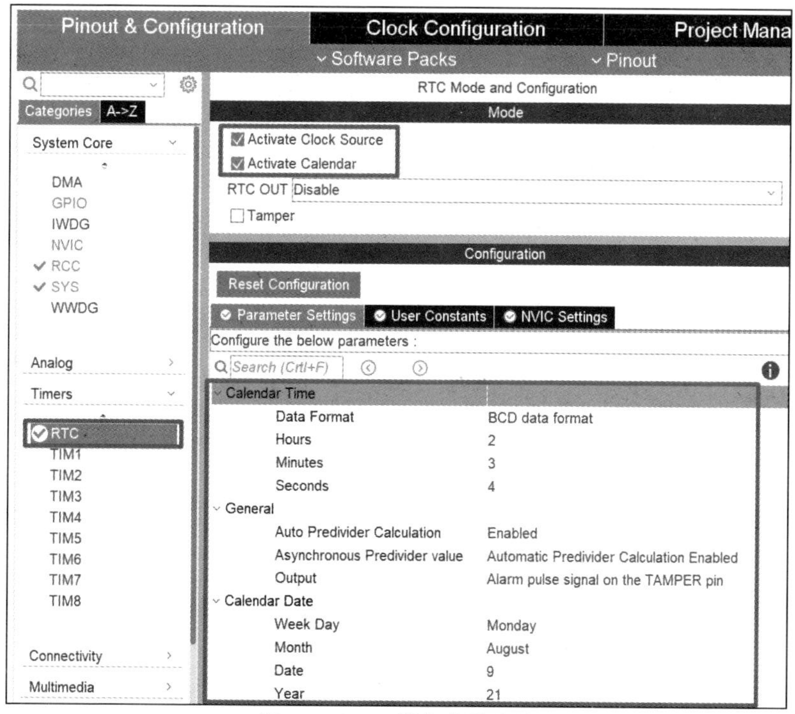

图 8-7　RTC 模块参数配置

如图 8-8 所示，在 RTC 的 NVIC Settings 选项卡中勾选“RTC alarm interrupt through EXTI line 17”复选框，使能 RTC 闹钟中断，EXTI line 17 用于特定的 RTC 闹钟事件，它的抢占优先级和响应优先级均默认为 0。

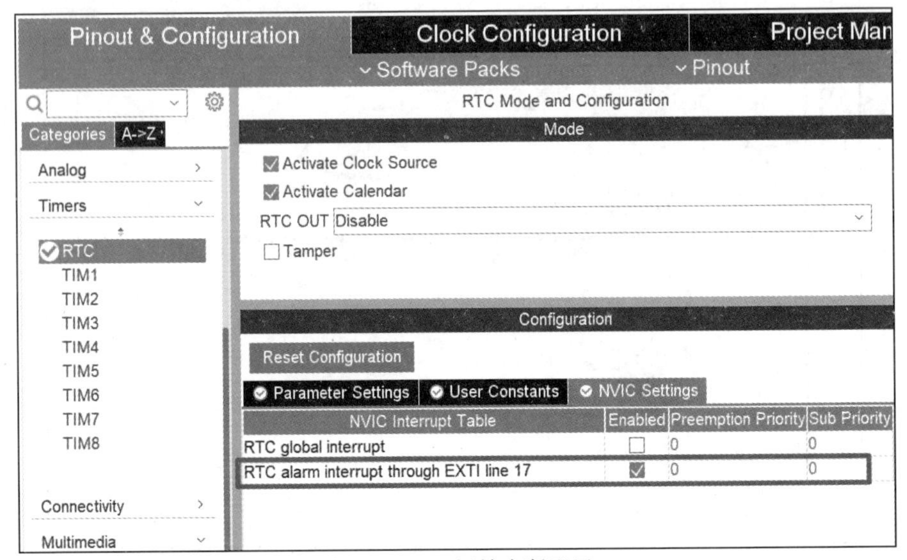

图 8-8 RTC 闹钟中断配置

8.4.3 RTC 配置代码

在文件 main.c 中，STM32CubeMX 生成的函数 MX_RTC_Init 用于配置 RTC 的基本参数，代码如下：

```
RTC_HandleTypeDef hrtc;                                    /* 结构体变量，RTC 句柄 */

#define RTC_BKP_DATA 0xA5A5                                /* 要写入备份寄存器的数据 */

static void MX_RTC_Init(void)
{
    RTC_TimeTypeDef sTime = {0};
    RTC_DateTypeDef DateToUpdate = {0};

    hrtc.Instance = RTC;
    hrtc.Init.AsynchPrediv = RTC_AUTO_1_SECOND;    /* 自动计算 1s 的时基 */
    hrtc.Init.OutPut = RTC_OUTPUTSOURCE_ALARM;    /* TAMPER 引脚输出闹钟脉冲信号 */
    if (HAL_RTC_Init(&hrtc) != HAL_OK)
    {
        Error_Handler();
    }

    /* 是否为第一次配置 */
    if (HAL_RTCEx_BKUPRead(&hrtc, RTC_BKP_DR1) != RTC_BKP_DATA)
    {
        sTime.Hours = 9;
```

```
        sTime.Minutes = 5;
        sTime.Seconds = 4;
        /* 配置 RTC 时间 */
        if (HAL_RTC_SetTime(&hrtc, &sTime, RTC_FORMAT_BIN) != HAL_OK)
        {
            Error_Handler();
        }

        DateToUpdate.WeekDay = RTC_WEEKDAY_MONDAY;
        DateToUpdate.Month = RTC_MONTH_FEBRUARY;
        DateToUpdate.Date = 13
        DateToUpdate.Year = 23;
        if (HAL_RTC_SetDate(&hrtc, &DateToUpdate,
            RTC_FORMAT_BIN) != HAL_OK)              /* 配置 RTC 日期 */
        {
            Error_Handler();
        }
        /* 写入备份值 */
        HAL_RTCEx_BKUPWrite(&hrtc, RTC_BKP_DR1, RTC_BKP_DATA);
    }
}
```

每次芯片上电运行时，都会调用函数 MX_RTC_Init 初始化 RTC 模块。通过调用函数 HAL_RTCEx_BKUPRead 读取备份寄存器 BKP_DR1 的值，判断 RTC 是否已经配置了日期和时间，如果没有配置过，则设置 RTC 的初始时间和日期，并调用函数 HAL_RTCEx_BKUPWrite 把数值 0xA5A5 写入寄存器 BKP_DR1，表示已经完成了 RTC 时间初始化。0xA5A5 是随意选择的数字，只要写入值和读出值一致即可，在这里作标记使用，不过建议使用 0xA5A5。

文件 stm32f1xx_hal_msp.c 中的函数 HAL_RTC_MspInit 是 HAL 库提供的 RTC 初始化 Msp 函数，在函数 HAL_RTC_Init 中被调用，完成使能备份寄存器时钟和配置 RTC 闹钟中断，具体的代码如下：

```
void HAL_RTC_MspInit(RTC_HandleTypeDef* hrtc)
{
    if (hrtc->Instance == RTC)
    {
        HAL_PWR_EnableBkUpAccess();
        __HAL_RCC_BKP_CLK_ENABLE();
        __HAL_RCC_RTC_ENABLE();
        /* RTC 中断初始化 */
        HAL_NVIC_SetPriority(RTC_Alarm_IRQn, 0, 0);
        HAL_NVIC_EnableIRQ(RTC_Alarm_IRQn);
    }
}
```

在文件 stm32f1xx_it.c 中，STM32CubeMX 生成了 RTC 闹钟中断服务函数 RTC_Alarm_IRQHandler，代码如下：

```
void RTC_Alarm_IRQHandler(void)
{
    HAL_RTC_AlarmIRQHandler(&hrtc);
}
```

函数 HAL_RTC_AlarmIRQHandler 进一步调用 HAL_RTC_AlarmAEventCallback 回调函数，该回调函数默认为弱函数，用户需要对其重定义，实现闹钟服务功能。

8.4.4 用户代码

在文件 main.c 中重定义回调函数 HAL_RTC_AlarmAEventCallback，当可编程计数器(RTC_CNT)的值与闹钟寄存器(RTC_ALR)中的值相等时，会触发闹钟事件，并产生 RTC 闹钟中断，此时该回调函数会被调用，代码如下：

```
RTC_TimeTypeDef tim = {0};

static void Set_AlarmTime(void)                                /* 设置闹钟时间 */
{
    RTC_AlarmTypeDef alarm = {0};

    HAL_RTC_GetTime(&hrtc, &tim, RTC_FORMAT_BIN);              /* 获取当前时间 */

    alarm.Alarm = RTC_ALARM_A;
    alarm.AlarmTime.Hours = tim.Hours;
    alarm.AlarmTime.Minutes = tim.Minutes;
    /* 当前时间过 5s 后闹钟被触发,可以不考虑加法和大于 60s */
    alarm.AlarmTime.Seconds = tim.Seconds + 5;

    HAL_RTC_SetAlarm_IT(&hrtc, &alarm, RTC_FORMAT_BIN);        /* 启动闹钟中断事件 */
}

void HAL_RTC_AlarmAEventCallback(RTC_HandleTypeDef * hrtc)
{
    Set_AlarmTime();                                           /* 重新设置闹钟时间 */

    printf("---> Alarm, the time is: %02d:%02d:%02d.\r\n",
           tim.Hours, tim.Minutes, tim.Seconds);
}
```

主函数 main 完成初始化工作后，在 while(1)无限循环中每间隔 1s 读取 RTC 模块的时间和日期，并将读到的数据发送到计算机串口终端显示，代码如下：

```
RTC_HandleTypeDef hrtc;

int main(void)
{
    RTC_TimeTypeDef sTime = {0};                   /* 时间结构体 */
    RTC_DateTypeDef sDate = {0};                   /* 日期结构体 */
```

```
    HAL_Init();                                     /* 初始化 HAL 库 */
    SystemClock_Config();                           /* 配置系统时钟 */
    MX_GPIO_Init();
    MX_RTC_Init();
    MX_USART1_UART_Init();

    Set_AlarmTime();                                /* 设置闹钟时间 */
    printf("\r\nThis is an RTC calendar lab.\r\n");

    while (1)
    {
        HAL_RTC_GetTime(&hrtc, &sTime, RTC_FORMAT_BIN);
        HAL_RTC_GetDate(&hrtc, &sDate, RTC_FORMAT_BIN);

        printf("Date:%02d-%02d-%02d, ", 2000 + sDate.Year,
               sDate.Month, sDate.Date);
        printf("Time:%02d:%02d:%02d.\r\n", sTime.Hours,
               sTime.Minutes, sTime.Seconds);

        HAL_Delay(1000);
    }
}
```

8.4.5 下载验证

设置串口终端软件的波特率为 115200b/s，下载程序到开发板运行。如图 8-9 所示，在图中①区每间隔 1s 输出当前的日期和时间，每间隔 5s 输出时钟闹钟信息。

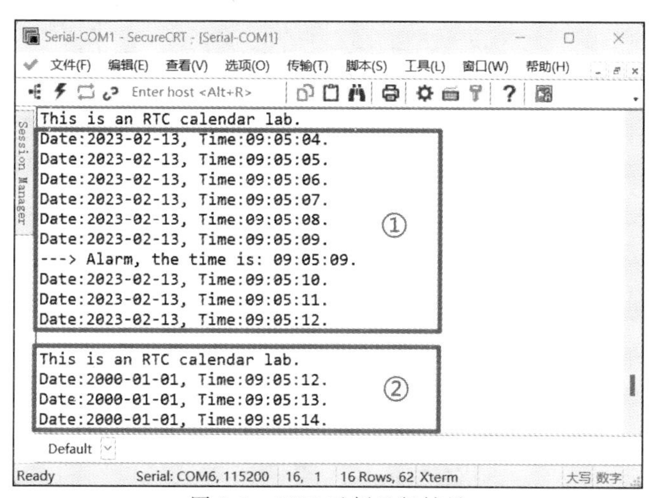

图 8-9 RTC 示例运行结果

在 V_{DD}不断电的情况下将 MCU 复位，发现时间正常显示，但日期显示为 2000-01-01，这是不正常现象，如图中②区所示。究其原因，是因为 STM32F1 集成的 RTC 是一个 32 位的秒计数器，HAL 库函数 HAL_RTC_SetTime 将时/分/秒的值写入 RTC 计数器寄存器，但是函数 HAL_RTC_SetDate 只是将年/月/日的值填进句柄 hrtc 的时间变量中，并没有转换成计数值写入 RTC 计数器寄存器，所以复位后年/月/日就丢失了。

进一步实验发现，当开发板上安装了纽扣电池，即 V_{BAT} 用电池供电时，系统复位后时间正常显示，若不安装纽扣电池，系统断电后，重新运行程序，时间会丢失，系统按照预设的初始时间运行。

为了解决使用 HAL 库函数在芯片复位后不能保存年/月/日的问题，可以不使用 HAL 库函数，而是自编函数直接读写用来记录秒值的计数器寄存器(RTC_CNT)来操作时间：将初始时间换算成秒数，写入 RTC_CNT 设置初始时间；通过读取 RTC_CNT 的值来计算当前时间。具体的示例代码可以参考本书 9.4 节内容学习。

8.5 STM32F103 电源控制

8.5.1 STM32F103 的电源系统

STM32 的电源通常分为三类：数字电源 V_{DD}、模拟电源 V_{DDA} 和备份电源 V_{BAT}。数字电源是系统的主电源，主要用于数字部分；模拟电源用于模拟部分的电源，比如 ADC，以便单独滤波并屏蔽 PCB 上的噪声，避免对模拟部分的干扰；备份电源用于备份区域的电源，比如 RTC 和备份寄存器等，一旦主电源掉电，备份电源可以为这些区域提供电源。

如图 8-10 所示，STM32F103 根据它的外设和内核等模块的功能划分了供电区域，主要分为 V_{DDA} 供电区域、V_{DD}/1.8V 供电区域以及后备供电区域。

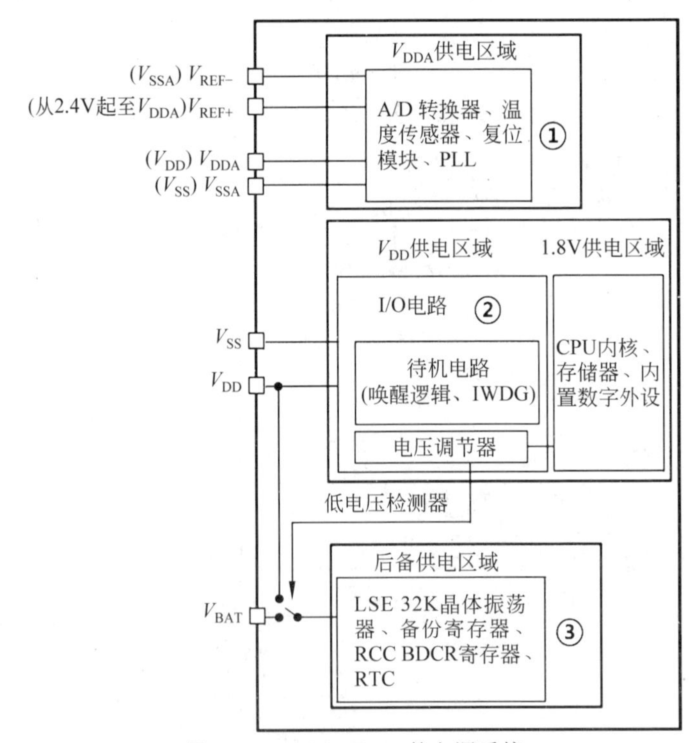

图 8-10 STM32F103 的电源系统

1. V_{DDA}供电区域

为提高转换精度及方便单独滤波，ADC配有独立的电源接口，工作电源由引脚V_{DDA}提供，引脚V_{SSA}作为独立的地连接，引脚V_{REF}为ADC提供测量使用的参考电压。

2. V_{DD}/1.8V 供电区域

V_{DD}工作电压要求介于2.0～3.6V，内置的电压调节器供电非常重要，它的输出电压约为1.8V，使用它供电的区域称为1.8V供电区域，该区域主要为备份域及除待机电路以外的所有数字电路供电，包括CPU内核、存储器及内置数字外设等。

3. 后备供电区域

LSE 32K晶体振荡器、备份寄存器及RTC等器件被包含进后备供电区域中，它们可以从STM32F103的V_{BAT}引脚获取供电电源，在实际应用中一般使用3V的纽扣电池对该引脚供电。

8.5.2　低功耗模式

STM32具有运行、睡眠、停止和待机四种工作模式，后三种为低功耗工作模式。一般情况下STM32上电复位后处于运行模式，当内核不需要继续运行(例如等待外部事件)时，可以选择进入某种低功耗模式，节省系统功耗。

低功耗模式是通过关闭MCU内部的部分功能来达到省电的目的，只针对MCU内部功能，外接电路产生的功耗没有计算在其中。如表8-7所示，三种低功耗模式层层递进，运行的时钟和芯片功能越来越少，功耗也越来越低。

表8-7　STM32的低功耗模式说明

模式	进入方式	唤醒方式	对1.8V供电区域时钟的影响	对V_{DD}供电区域时钟的影响	电压调压器
睡眠	WFI命令	任一中断	CPU时钟关闭，对其他时钟和ADC时钟无影响	无	开
	WFE命令	唤醒事件			
停止	PDDS和LPDS位+SLEEPDEEP位+WFI或WFE	任意一个外部中断(在外部中断寄存器中设置)	关闭所有1.8V供电区域的时钟	HSI和HSE的振荡器关闭	开启或处于低功耗模式
待机	PDDS位+SLEEPDEEP位+WFI或WFE	外部引脚WKUP的上升沿、RTC闹钟事件、NRST引脚复位、IWDG复位			关

1. 睡眠模式(sleep mode)

睡眠模式是仅关闭内核时钟，并停止内核运行，所有外设包括CM3片上外设，如NVIC、SysTick等仍然在运行。

有两种方式可以进入睡眠模式，即执行WFI(wait for interrupt)命令和WFE(wait for event)命令，进入睡眠的方式决定了睡眠唤醒的方式，即由任意一个外部中断唤醒和由事件唤醒。睡眠模式又分为sleep-now和sleep-on-exit模式，前者在执行WFI或WFE命令时，MCU马上进入睡眠模式，后者在MCU退出最低优先级ISR时进入睡眠模式。

2. 停止模式(stop mode)

停止模式是进一步关闭其他所有时钟，所有外设都停止工作，可以选择电压调节器为开启模式或低功耗模式，但由于 1.8V 供电区域的部分电源没有关闭，从而内核寄存器和内存的信息得以保留，因此唤醒并重新开启时钟后，系统还可以从上次停止处继续执行代码。

进入停止模式前，必须清除所有外部中断的请求位（挂起寄存器 EXTI_PR）和 RTC 的闹钟标志，否则会跳过进入停止模式的流程，程序继续运行。停止模式可由任意一个外部中断唤醒。

注意：由于在停止模式下引脚状态和断电前保持一致，因此要保持最低功耗，可将所有不用的 GPIO 配置为模拟输入，若不配置则默认为浮空输入，将带来电流损耗。另外，STM32 进入停止模式后不能直接通过外设（如 UART）中断唤醒，而要通过 EXTI 外部中断唤醒，因此在 MCU 进入停止模式前将复用引脚设为 EXTI 模式，并使能对应的中断来实现唤醒。

3. 待机模式（standby mode）

待机模式是除了关闭所有的时钟，还把 1.8V 供电区域的电源也完全关闭了，具有最低的功耗。

待机模式只有四种唤醒方式，即外部引脚 WKUP（PA0）的上升沿、RTC 闹钟事件、NRST 引脚复位和 IWDG（独立看门狗）复位，唤醒源相对比较少。待机模式下唤醒单片机等效于让单片机复位，重新检测 boot 条件，程序重新从头开始执行，可以通过查询电源寄存器中的标志位（SBF）来判断单片机是从待机模式被唤醒的，不是被复位的。

注意：在待机模式下，所有的外设都关闭，意味着所有外设配置都为默认值。因此唤醒 STM32 之后，需要重新初始化所有要使用的外设。

当系统处于低功耗模式时，若备份域电源正常供电，则备份域内的 RTC 可以正常运行，备份域内寄存器的数据都会被保存，不会受到低功耗模式的影响。

8.6 PWR 的 HAL 库用法

8.6.1 PWR 寄存器结构体 PWR_TypeDef

与 PWR 相关的寄存器是通过结构体数据类型 PWR_TypeDef 进行封装的，代码如下：

```
typedef struct
{
    __IO uint32_t CR;
    __IO uint32_t CSR;
} PWR_TypeDef;

#define PERIPH_BASE 0x40000000UL                    /* 外设基地址 */
#define APB1PERIPH_BASE PERIPH_BASE

#define PWR_BASE (APB1PERIPH_BASE + 0x00007000UL)
#define PWR ((PWR_TypeDef *) PWR_BASE)
```

8.6.2 WFI 和 WFE 命令

需要调用 WFI 或 WFE 命令进入低功耗模式，它们实质上都是内核指令，前者需要用中断来唤醒，后者则需要用事件来唤醒。在库文件 core_cm3.h 中，它们被封装成了函数，代码如下：

```
/*暂停执行当前指令至任意中断产生后被唤醒*/
#define __WFI __wfi

/*暂停执行当前指令至任意事件产生后被唤醒*/
#define __WFE __wfe
```

这两个指令需要使用函数的格式__WFI()和__WFE()调用，__wfi 及__wfe 是编译器内置函数，函数内部调用了相应的汇编指令。

8.6.3 进入低功耗模式库函数

直接调用 WFI 和 WFE 指令可以进入睡眠模式，而进入停止模式还需要在调用指令前设置一些寄存器位，HAL 库已经把这部分的操作封装到函数 HAL_PWR_EnterSTOPMode 中了，该函数把内核寄存器的 SLEEPDEEP 位置 1，再调用 WFI 命令或 WFE 命令，然后 STM32 就进入停止模式了。函数结尾处的代码在 STM32 被唤醒时才会执行，用于复位 SLEEPDEEP 位的状态。

```
void HAL_PWR_EnterSTOPMode(uint32_t Regulator, uint8_t STOPEntry)
{
    /*检查参数是否合法*/
    assert_param(IS_PWR_REGULATOR(Regulator));
    assert_param(IS_PWR_STOP_ENTRY(STOPEntry));

    CLEAR_BIT(PWR->CR, PWR_CR_PDDS);                    /*清除 PWR 寄存器中的 PDDS 位*/
    MODIFY_REG(PWR->CR, PWR_CR_LPDS, Regulator);       /*设置调压器的模式*/
    /*设置 SLEEPDEEP 位*/
    SET_BIT(SCB->SCR, ((uint32_t)SCB_SCR_SLEEPDEEP_Msk));

    if (STOPEntry == PWR_STOPENTRY_WFI)                /*需要中断唤醒*/
    {
        __WFI();
    }
    else                                                /*需要事件唤醒*/
    {
        __SEV();
        PWR_OverloadWfe();                              /*WFE 本地重新定义*/
        PWR_OverloadWfe();
    }

    /*清除 SLEEPDEEP 位,在唤醒系统时才执行*/
    CLEAR_BIT(SCB->SCR, ((uint32_t)SCB_SCR_SLEEPDEEP_Msk));
}
```

注意：STM32 被唤醒时使用 HSI 作为系统时钟(8MHz)，这会影响到很多外设的工作状态，所以系统一般在被唤醒后需要重新开启 HSE，恢复系统时钟到原来的状态。

HAL 库也提供了进入待机模式的函数 HAL_PWR_EnterSTANDBYMode，待机模式也可以使用 WFE 指令进入，请自行参考 HAL 库相关源代码学习。

8.7 电源控制应用示例

本节将通过示例介绍 STM32 的睡眠、停止和待机这三种低功耗工作模式的进入与唤醒方法。使用按键 KEY1 作为外部中断去唤醒处于睡眠模式和停止模式下的 MCU，使用按键 WK_UP 和 RTC 闹钟事件这两种方式唤醒处于待机模式下的 MCU。

8.7.1 硬件设计

本示例使用 LED1 和串口进行信息提示，LED1 电路原理图参见 2.5.1 节。按键 WK_UP 原理图如图 8-11 所示。

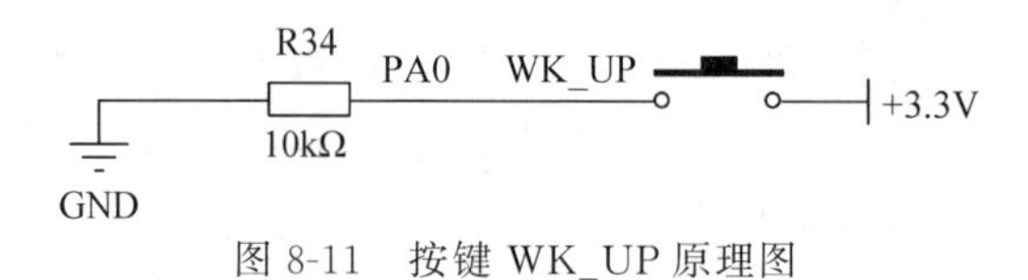

图 8-11 按键 WK_UP 原理图

8.7.2 STM32CubeMX 工程配置

如图 8-12 所示，配置引脚 PC0(LED1)为推挽输出模式，用户标签设置为“LED1”。

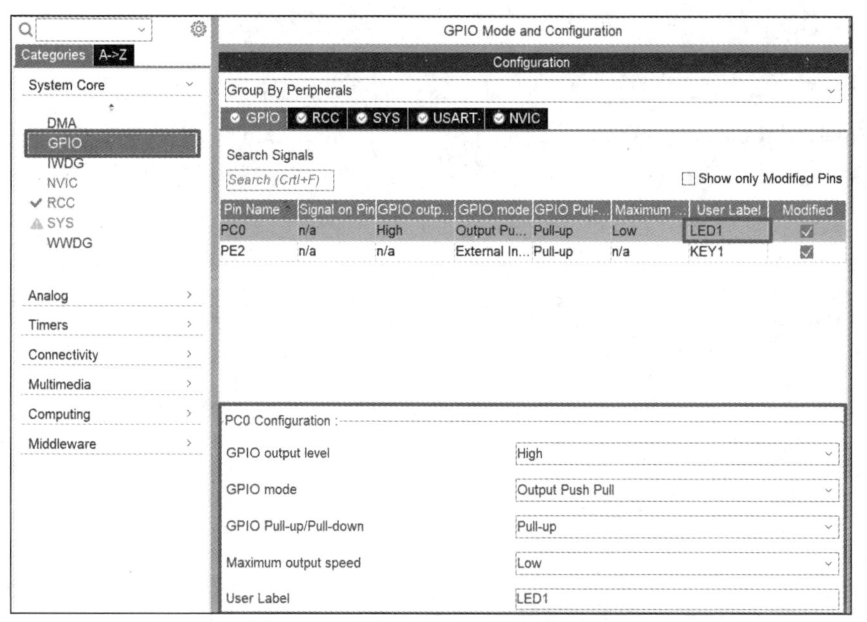

图 8-12 引脚 PC0(LED1)参数配置

如图 8-13 所示，配置引脚 PE2(KEY1)为下降沿触发中断，选择内部上拉电阻。

由于引脚 PE2 为外部中断，如图 8-14 所示，设置优先级分组为第 4 组，使能 EXTI 线 2 中断并将它的抢占优先级和响应优先级均设为 0。

使用图 8-15 所示参数配置 RTC，时间和日期的初始值可以设置为在合理范围内的任意值，RTC 预分频器将自动计算分频值以获得 1s 的时基。

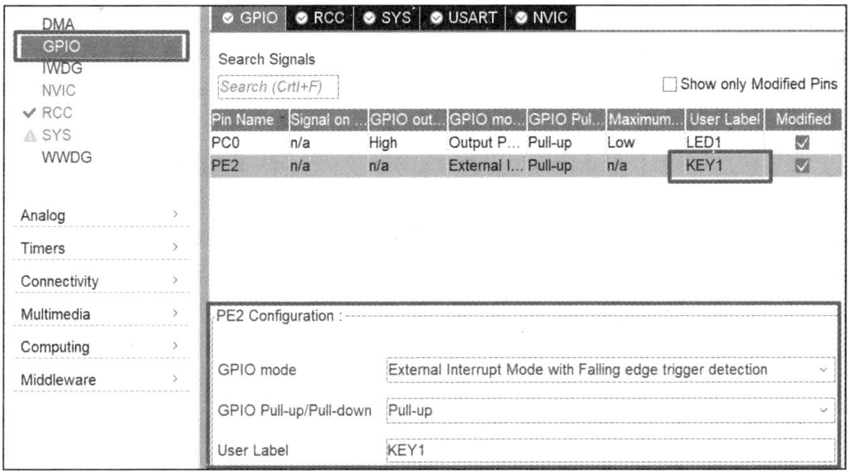

图 8-13 引脚 PE2(KEY1)参数配置

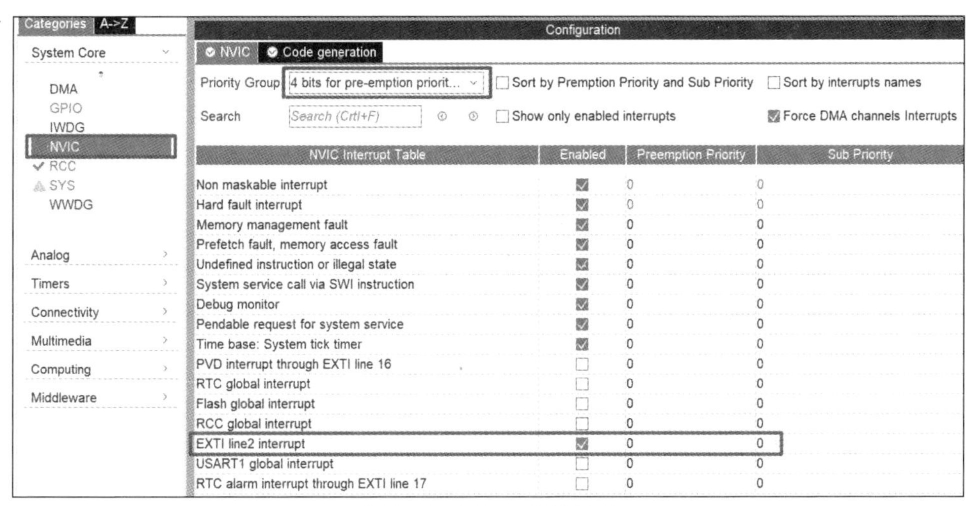

图 8-14 KEY1 中断配置

8.7.3 用户代码

1. 进入睡眠模式

程序使用 WFI 指令进入睡眠模式,任意中断产生都会退出睡眠模式。进入睡眠模式前要先调用函数 HAL_SuspendTick 挂起系统嘀嗒定时器(SysTick),否则系统会被 SysTick 中断唤醒。函数 HAL_PWR_EnterSLEEPMode 被调用后,系统进入睡眠模式,程序停止运行。当系统被唤醒后,调用函数 HAL_ResumeTick 恢复嘀嗒时钟。

```
void Sys_Enter_Sleep(void)              /* 系统进入睡眠模式 */
{
    HAL_SuspendTick();                  /* 暂停嘀嗒时钟,防止通过嘀嗒时钟中断唤醒 */
    /* 进入睡眠模式 */
    HAL_PWR_EnterSLEEPMode(PWR_MAINREGULATOR_ON, PWR_SLEEPENTRY_WFI);
    HAL_ResumeTick();                   /* 唤醒后,恢复嘀嗒时钟 */
}
```

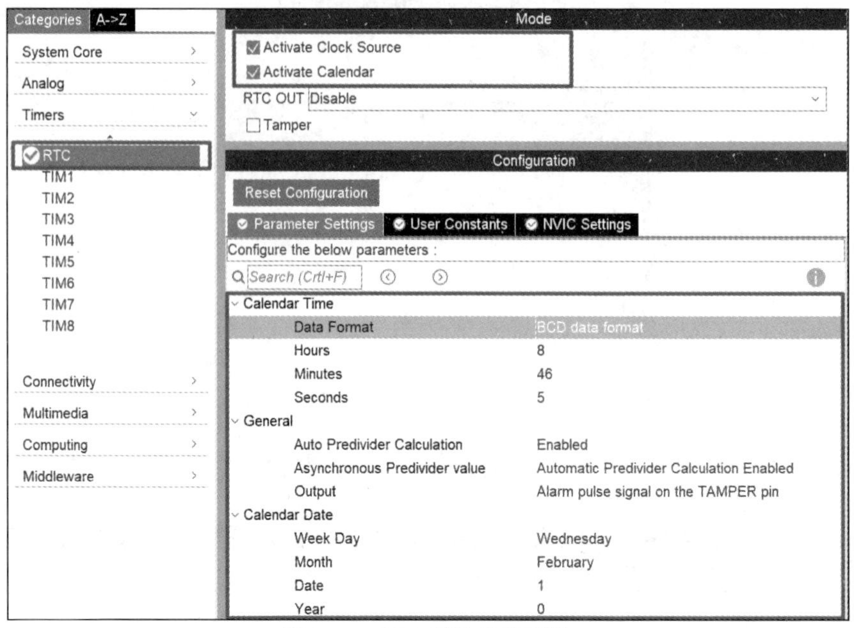

图 8-15　RTC 模块参数配置

2. 进入停止模式

调用函数 HAL_PWR_EnterSTOPMode 后，系统进入停止模式，此时 STM32 的所有 I/O 都保持在停止前的状态。系统被唤醒时，STM32 使用 HSI(8MHz)作为系统时钟运行，这会影响到很多外设的工作，所以调用函数 SYSCLKConfig_STOP 重置系统时钟，代码如下：

```
static void SYSCLKConfig_STOP(void)
{
    RCC_ClkInitTypeDef RCC_ClkInitStruct = {0};
    RCC_OscInitTypeDef RCC_OscInitStruct = {0};
    uint32_t pFLatency = 0;

    __HAL_RCC_PWR_CLK_ENABLE();              /* 启用电源控制时钟 */
    /* 根据内部 RCC 寄存器获取振荡器配置 */
    HAL_RCC_GetOscConfig(&RCC_OscInitStruct);

    /* 从停止模式唤醒后重新配置系统时钟:启用 HSE 和 PLL */
    RCC_OscInitStruct.OscillatorType = RCC_OSCILLATORTYPE_HSE;
    RCC_OscInitStruct.HSEState = RCC_HSE_ON;
    RCC_OscInitStruct.PLL.PLLState = RCC_PLL_ON;
    if (HAL_RCC_OscConfig(&RCC_OscInitStruct) != HAL_OK)
    {
        while (1);
    }

    /* 根据内部 RCC 寄存器获取时钟配置 */
    HAL_RCC_GetClockConfig(&RCC_ClkInitStruct, &pFLatency);
```

```
    /* 选择 PLL 作为系统时钟源,并配置 HCLK、PCLK1 和 PCLK2 时钟分频系数 */
    RCC_ClkInitStruct.ClockType = RCC_CLOCKTYPE_SYSCLK;
    RCC_ClkInitStruct.SYSCLKSource = RCC_SYSCLKSOURCE_PLLCLK;
    if (HAL_RCC_ClockConfig(&RCC_ClkInitStruct, pFLatency) != HAL_OK)
    {
        while (1);
    }
}

void Sys_Enter_Stop(void)                  /* 系统进入停止模式 */
{
    HAL_SuspendTick();                     /* 暂停嘀嗒时钟,防止嘀嗒时钟中断唤醒 */
    /* 进入停止模式,设置电压调节器为低功耗模式,等待中断唤醒 */
    HAL_PWR_EnterSTOPMode(PWR_MAINREGULATOR_ON, PWR_STOPENTRY_WFI);

    SYSCLKConfig_STOP();                   /* 重置系统时钟 */
    HAL_ResumeTick();                      /* 被唤醒后,恢复嘀嗒时钟 */
}
```

3. 进入待机模式

系统进入待机模式后,内核和外设都停止工作,1.8V 供电区域断电,SRAM 和寄存器的内容也将丢失,只有备份域还在工作。待机模式只有四种唤醒方式,唤醒后系统重新运行程序,相当于重启。

```
void Sys_Enter_Standby(void)                         /* 系统进入待机模式 */
{
    __HAL_RCC_PWR_CLK_ENABLE();                      /* 使能 PWR 时钟 */
    __HAL_PWR_CLEAR_FLAG(PWR_FLAG_WU);               /* 清除 Wake_UP 标志 */
    HAL_PWR_EnableWakeUpPin(PWR_WAKEUP_PIN1);        /* 设置 WKUP 用于唤醒 */
    HAL_SuspendTick();                    /* 暂停嘀嗒时钟,防止通过嘀嗒时钟中断唤醒 */
    HAL_PWR_EnterSTANDBYMode();                      /* 进入待机模式 */
}
```

4. RTC 时钟唤醒低功耗待机模式

函数 RTC_AlarmStart 用于启动闹钟中断事件,它先获取当前时间,将当前时间加 5s 后赋值给变量 sAlarm,再调用函数 HAL_RTC_SetAlarm_IT 启动闹钟中断事件,这样 5s 后 RTC 就会唤醒处于待机模式下的 MCU。在秒数加 5 时,不用考虑秒数加和超过 60 的问题。该函数实现代码如下:

```
void RTC_AlarmStart(void)
{
    RTC_AlarmTypeDef sAlarm = {0};
    RTC_TimeTypeDef tim = {0};

    HAL_RTC_GetTime(&hrtc, &tim, RTC_FORMAT_BIN);     /* 获取当前时间 */

    sAlarm.AlarmTime.Hours = tim.Hours;
```

```
    sAlarm.AlarmTime.Minutes = tim.Minutes;
    sAlarm.AlarmTime.Seconds = tim.Seconds + 5;          /* 当前时间的 5s 后唤醒 */
    sAlarm.Alarm = RTC_ALARM_A;

    HAL_RTC_SetAlarm_IT(&hrtc, &sAlarm, RTC_FORMAT_BIN);   /* 启动闹钟中断事件 */
}
```

5. 主函数 main

在 main.c 文件中定义了四个宏，分别对应四种测试低功耗模式的方法，每次只能使用一个宏选择一种测试方法，如下面的代码选择测试睡眠模式。

```
#define SLEEP_MODE                           /* 测试睡眠模式,按 KEY1 唤醒 */
//#define STOP_MODE                          /* 测试停止模式,按 KEY1 唤醒 */
//#define STANDBY_MODE                       /* 测试待机模式,按 WK_UP 唤醒 */
//#define STANDBY_RTC_MODE                   /* 测试待机模式,RTC 定时唤醒 */
```

主函数 main 调用函数 MX_GPIO_Init 设置按键 KEY1 对应的引脚为外部中断模式，这样当系统进入睡眠或停止模式时，可以通过 KEY1 唤醒系统。测试 RTC 定时唤醒低功耗 STANDBY 模式时需要使用 RTC 模块，因此使用条件编译的宏 #if defined 选择是否调用 RTC 初始化函数 MX_RTC_Init。函数__HAL_PWR_GET_FLAG 查看电源状态寄存器(PWR_CSR)中的待机标志位 SBF，该位由硬件设置，为 0 时表示系统不在待机模式，为 1 时表示系统进入待机模式。另外，使用条件编译指令 #if...#endif 选择一种低功耗测试方法的代码运行，代码如下：

```
int main(void)
{
    HAL_Init();                                       /* 初始化 HAL 库 */
    SystemClock_Config();                             /* 配置系统时钟 */
    MX_GPIO_Init();
    MX_USART1_UART_Init();

#if defined(RTC_STANDBY_MODE)
    MX_RTC_Init();        /* 非 RTC 时钟唤醒低功耗 STANDBY 模式,不需要使用 RTC 功能 */
#endif

    if (__HAL_PWR_GET_FLAG(PWR_FLAG_SB) == SET)   /* 检测系统是否处于待机模式 */
    {
        __HAL_PWR_CLEAR_FLAG(PWR_FLAG_SB);            /* 清除待机标志位 */
        printf("---从待机模式唤醒---\r\n");
    }

    while (1)
    {
        HAL_GPIO_WritePin(LED1_GPIO_Port, LED1_Pin, GPIO_PIN_RESET);
        HAL_Delay(2000);

#if defined(SLEEP_MODE)
```

```
        printf("进入 SLEEP 模式, 按 KEY1 唤醒...\r\n");
        Sys_Enter_Sleep();
        printf("从 SLEEP 模式唤醒, 程序继续运行...\r\n");
#elif defined(STOP_MODE)
        printf("进入 STOP 模式, 按 KEY1 唤醒...\r\n");
        Sys_Enter_Stop();
        printf("从 STOP 模式唤醒, 程序继续运行...\r\n");
#elif defined(STANDBY_MODE)
        printf("进入 STANDBY 模式, 按 WK_UP 唤醒...\r\n");
        Sys_Enter_Standby();
        printf("从 STANDBY 模式唤醒, 程序不可能运行到这里...\r\n");
#elif defined(RTC_STANDBY_MODE)
        printf("进入 STANDBY 模式, 5s 后由 RTC 定时唤醒...\r\n");
        RTC_AlarmStart();
        Sys_Enter_Standby();
        printf("从 STANDBY 模式唤醒, 程序不可能运行到这里...\r\n");
#endif
    }
}
```

由于按键 KEY1 触发的外部中断作为唤醒源时，对它的中断服务函数没有额外的要求，本示例直接使用 STM32CubeMX 添加的函数，代码如下：

```
void EXTI2_IRQHandler(void)
{
    HAL_GPIO_EXTI_IRQHandler(GPIO_PIN_2);
}
```

注意：睡眠模式可以使用任意中断唤醒，在实际应用中也可以把按键 KEY1 外部中断改成串口中断、定时器中断等，而停止模式可由任意一个外部中断唤醒。

8.7.4 下载验证

示例代码需要分为四次编译和运行，每次只测试一种低功耗模式的进入和唤醒方法。

每种模式测试开始时，LED1 点亮 2s 后，系统将进入相应的低功耗模式。当系统进入睡眠模式或停止模式时，按键 KEY1 按下都将唤醒系统，程序从上次停止处继续执行，整个过程中 LED1 一直点亮，不受低功耗模式的影响。当系统进入待机模式时，LED1 会熄灭，按键 WK_UP 按下或 RTC 闹钟中断事件都将唤醒系统。系统从待机模式唤醒后，相当于芯片复位，重新检测 boot 条件，从头开始执行程序。本示例串口输出的结果如图 8-16 所示。

注意：当系统处于低功耗状态时，若 J_LINK 下载器不能下载程序，需唤醒系统后再下载，或者按复位键使系统处于复位状态，再单击 MDK 下载按钮，释放复位按键后下载。

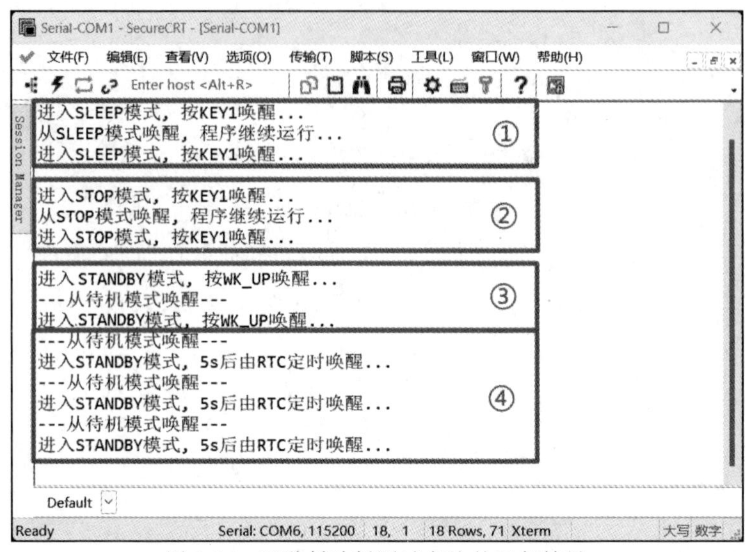

图 8-16 四种低功耗测试方法的运行结果

练习题

1. 简要说明 RTC 模块的内部结构。

2. 简述 STM32 实时时钟 RTC 的配置步骤。

3. 使用直接读写计数器寄存器(RTC_CNT)的方法实现一个实时时钟，时钟的功能和示例一样。

4. STM32F1 的睡眠、停止和待机三种低功耗工作模式各有什么特点？有哪些唤醒方法？

第9章 HAL库开发实例——电子钟系统

CHAPTER 9

9.1 电子钟系统设计概况

本章将介绍一个使用 HAL 库函数实现的综合应用实例。以 STM32F103VE 内部集成的 RTC 为核心，使用开发板上的六位数码管和四个按键设计一个可校时的电子钟系统，不使用 STM32CubeMX 软件对它们进行配置，而是直接编写它们的 BSP，以此加强对 HAL 库的学习。本系统还使用了一个简单的多任务时间片轮询框架来简化系统设计，可为后面学习本书嵌入式操作系统部分打下基础。

可校时的电子钟系统要实现的功能如下：

(1) 时钟系统运行时，数码管显示当前时间。每次 KEY1(K1)键按下，时钟依次进入 6 个校时设置状态，如图 9-1 所示。

(2) 当时钟系统处于校时状态时，数码管显示开始校时的时间，且相应的设置位会闪烁提示。

(3) 当时钟系统处在校时状态时，每次 KEY2(K2)键按下，相应校时位上的数值加 1，且数值能自动调整大小，如秒高位的数字在 0～5 调整，小时高位的数字在 0～2 调整。

(4) 当时钟系统处在校时状态时，若 KEY3(K3)键按下，则用调整后的校时时间去设置 RTC 时间，完成校时操作。

(5) 当时钟系统处在校时状态时，若 KEY4(K4)键按下或 10s 内无任何按键按下，则不设置 RTC 时间，系统直接返回，且时钟依然以正常时间运行。

(6) 无论时钟系统处在何种状态，串口始终以 1s 的时间间隔输出当前时间。

(7) 数码管显示的数字亮度均匀，按键操作灵敏、可靠。

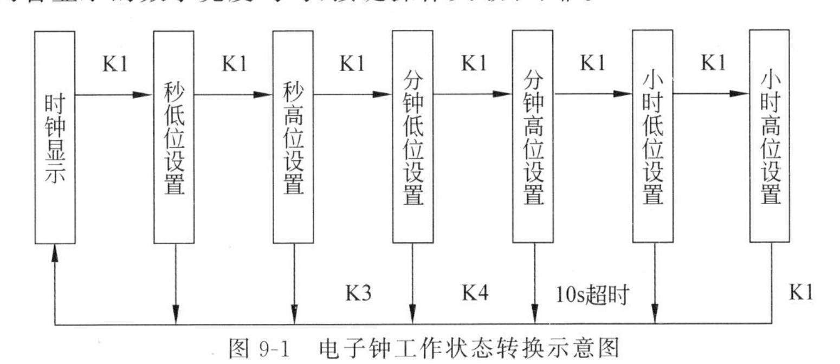

图 9-1 电子钟工作状态转换示意图

9.2 LED 数码管动态显示驱动程序设计

9.2.1 LED 数码管及动态显示原理

1. LED 数码管简介

LED 数码管是嵌入式系统中经常使用的显示器件。如图 9-2 所示，LED 数码管一般由 8 个发光二极管 a、b、c、d、e、f、g、dp 组成，每个发光二极管称为一个字段。LED 数码管分为共阴极和共阳极两种结构。共阴极就是 8 个二极管的阴极连接在一起，阴极是公共端，由阳极来控制每个 LED 的亮灭；共阳极就是 8 个二极管的阳极连接在一起，阳极是公共端，由阴极来控制每个 LED 的亮灭。

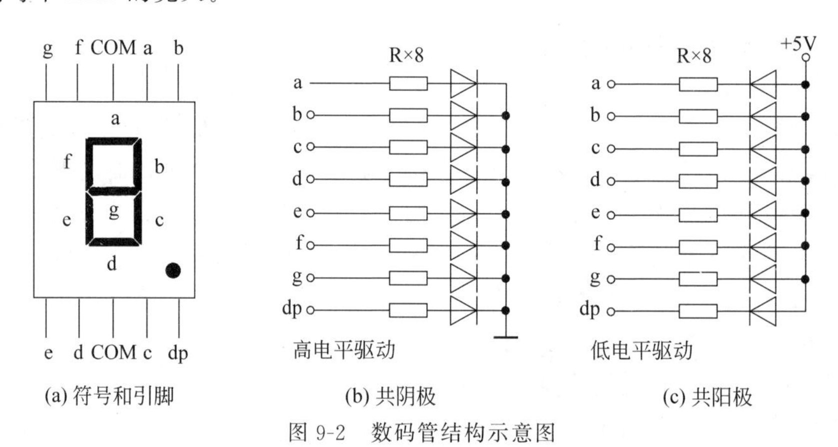

(a) 符号和引脚　(b) 共阴极　(c) 共阳极

图 9-2　数码管结构示意图

把 LED 数码管的某些字段加上不同的电平将其置 1 或置 0，让这些字段的发光二极管发光或者熄灭，就可以得到 0～F 共 16 个不同的显示字型。表 9-1 所示为八段 LED 数码管的真值表，真值表里显示的数字都是不带小数点的，若要显示小数点，将 dp 字段置 1 即可。

表 9-1　八段 LED 数码管的真值表

显示字型	dp	g	f	e	d	c	b	a	段　码 共阴极	段　码 共阳极
0	0	0	1	1	1	1	1	1	3FH	C0H
1	0	0	0	0	0	1	1	0	06H	F9H
2	0	1	0	1	1	0	1	1	5BH	A4H
3	0	1	0	0	1	1	1	1	4FH	B0H
4	0	1	1	0	0	1	1	0	66H	99H
5	0	1	1	0	1	1	0	1	6DH	92H
6	0	1	1	1	1	1	0	1	7DH	82H
7	0	0	0	0	0	1	1	1	07H	F8H
8	0	1	1	1	1	1	1	1	7FH	80H

续表

显示字型	dp	g	f	e	d	c	b	a	段码共阴极	段码共阳极
9	0	1	1	0	1	1	1	1	6FH	90H
A	0	1	1	1	0	1	1	1	77H	88H
b	0	1	1	1	1	1	0	0	7CH	83H
C	0	0	1	1	1	0	0	1	39H	C6H
d	0	1	0	1	1	1	1	0	5EH	A1H
E	0	1	1	1	1	0	0	1	79H	86H
F	0	1	1	1	0	0	0	1	71H	8EH

2. 动态显示原理

对于将8个字段连接在一起的多位LED数码管来说，在同一时刻只能让一个数码管点亮，否则所有数码管会显示相同的内容。多位LED数码管动态显示的原理是，在显示数字时，轮流点亮各位数码管，由于人眼的视觉暂留效应，若扫描数码管的时间间隔足够短，人眼就观察不到闪烁，所有数码管看起来是同时点亮的。在动态扫描显示时，数码管的亮度取决于每位点亮的时间、扫描间隔时间和点亮导通时的电流大小这三个因素。

如图9-3所示，开发板上的6位共阳极数码管的公共端COM1～COM6通过6个三极管连接到+3.3V电源，由引脚PD0～PD5控制三极管导通，在任何时刻，PD0～PD5中只能有一个输出低电平，即只能够有一位数码管被点亮。当同时显示6位数字时，MCU必须循环轮流控制引脚PD0～PD5的电平，使其中只有一个引脚输出低电平，同时引脚PC0～PC7输出当前时刻要显示位的段码值。

注意：*即使显示的6位数字不发生改变，MCU也要不停进行循环扫描处理。*

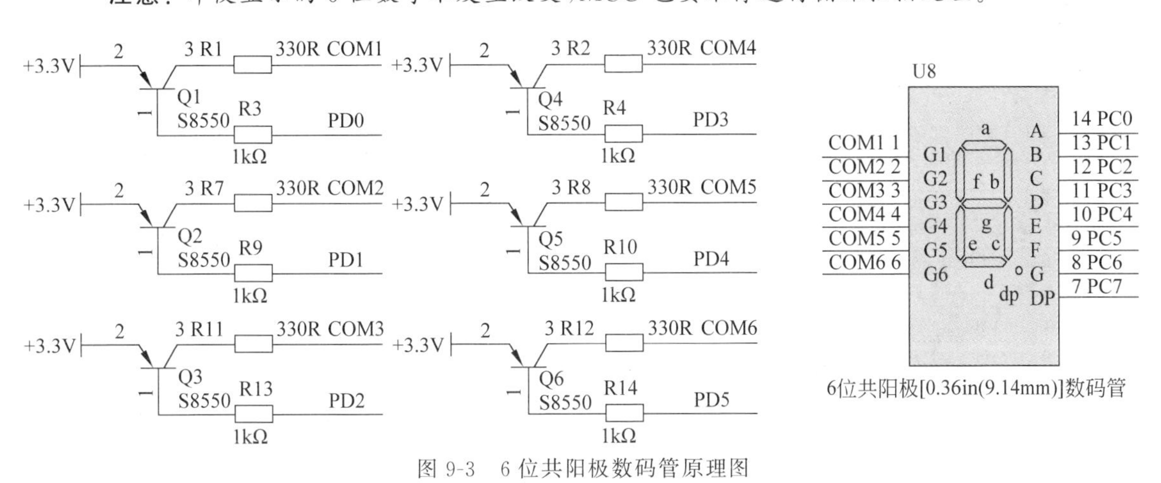

图9-3 6位共阳极数码管原理图

LED数码管的整体刷新时间为单个数码管点亮时间乘以数码管的个数，通常每个数码管点亮的持续时间为1～2ms，更快的刷新频率对显示效果不会有明显的改善，只会增加MCU的负担。为了保持各个数码管发光亮度均匀，每位数码管点亮的持续时间要尽量相同。

9.2.2 数码管输出接口设计

为了便于对数码管进行管理，在 seg.h 文件中定义结构体 segment_led_t，成员 buff 数组用来保存要显示的 6 个数字的段码，成员 dot 和 colon 用来控制数码管是否显示符号"."和"："，定义如下：

```
struct segment_led_t
{
    unsigned char buff[6];                  /* 数码管显示缓冲区 */
    unsigned char dot;                      /* 是否显示小数点".",0 不显示,1 显示 */
    unsigned char colon;                    /* 是否显示":",0 不显示,1 显示 */
};
```

为了便于程序移植，根据图 9-3 所示的数码管原理图，在文件 seg.c 中对 6 个位码引脚 PD0～PD5 和 8 个段码引脚 PC0～PC7 进行宏定义，代码如下：

```
#define ALL_BIT_GPIO_Port  GPIOD
#define ALL_SEG_GPIO_Port  GPIOC

#define BIT1_Pin GPIO_PIN_0
#define BIT2_Pin GPIO_PIN_1
#define BIT3_Pin GPIO_PIN_2
#define BIT4_Pin GPIO_PIN_3
#define BIT5_Pin GPIO_PIN_4
#define BIT6_Pin GPIO_PIN_5

#define SEG1_Pin GPIO_PIN_0
#define SEG2_Pin GPIO_PIN_1
#define SEG3_Pin GPIO_PIN_2
#define SEG4_Pin GPIO_PIN_3
#define SEG5_Pin GPIO_PIN_4
#define SEG6_Pin GPIO_PIN_5
#define SEG7_Pin GPIO_PIN_6
#define SEG8_Pin GPIO_PIN_7

#define BIT5_0() ALL_BIT_GPIO_Port->BRR = BIT1_Pin
#define BIT5_1() ALL_BIT_GPIO_Port->BSRR = BIT1_Pin
#define BIT4_0() ALL_BIT_GPIO_Port->BRR = BIT2_Pin
#define BIT4_1() ALL_BIT_GPIO_Port->BSRR = BIT2_Pin
#define BIT3_0() ALL_BIT_GPIO_Port->BRR = BIT3_Pin
#define BIT3_1() ALL_BIT_GPIO_Port->BSRR = BIT3_Pin
#define BIT2_0() ALL_BIT_GPIO_Port->BRR = BIT4_Pin
#define BIT2_1() ALL_BIT_GPIO_Port->BSRR = BIT4_Pin
#define BIT1_0() ALL_BIT_GPIO_Port->BRR = BIT5_Pin
#define BIT1_1() ALL_BIT_GPIO_Port->BSRR = BIT5_Pin
#define BIT0_0() ALL_BIT_GPIO_Port->BRR = BIT6_Pin
#define BIT0_1() ALL_BIT_GPIO_Port->BSRR = BIT6_Pin
```

```
/* 初始化数码管,参数 dot:是否显示"."符号;参数 colon:是否显示":"符号 */
void seg_led_init(unsigned char dot, unsigned char colon)
{
    GPIO_InitTypeDef GPIO_InitStruct = {0};

    /* 打开 GPIO 时钟 */
    __HAL_RCC_GPIOC_CLK_ENABLE();
    __HAL_RCC_GPIOD_CLK_ENABLE();

    /* 数码管全部熄灭 */
    HAL_GPIO_WritePin(GPIOC, SEG1_Pin | SEG2_Pin | SEG3_Pin | SEG4_Pin
           | SEG5_Pin | SEG6_Pin | SEG7_Pin | SEG8_Pin, GPIO_PIN_SET);
    HAL_GPIO_WritePin(GPIOD, BIT1_Pin | BIT2_Pin | BIT3_Pin | BIT4_Pin
           | BIT5_Pin | BIT6_Pin, GPIO_PIN_SET);

    /* 段码引脚配置 */
    GPIO_InitStruct.Pin = SEG1_Pin | SEG2_Pin | SEG3_Pin | SEG4_Pin | SEG5_Pin
                        | SEG6_Pin | SEG7_Pin | SEG8_Pin;
    GPIO_InitStruct.Mode = GPIO_MODE_OUTPUT_PP;
    GPIO_InitStruct.Pull = GPIO_PULLUP;
    GPIO_InitStruct.Speed = GPIO_SPEED_FREQ_LOW;
    HAL_GPIO_Init(GPIOC, &GPIO_InitStruct);

    /* 位码引脚配置 */
    GPIO_InitStruct.Pin = BIT1_Pin | BIT2_Pin | BIT3_Pin | BIT4_Pin
                         | BIT5_Pin | BIT6_Pin;
    HAL_GPIO_Init(GPIOD, &GPIO_InitStruct);

    g_tSeg.dot = dot;
    g_tSeg.colon = colon;
    seg_clear();                                  /* 关闭数码管显示 */
}
```

根据表 9-1 所示数码管真值表，定义数组 SmgChar 存放显示 0～F 时的段码，全局结构体变量 g_tSeg 表示一个数码管对象，定义函数 seg_data_set 设置数码管显示的数字，函数 seg_clear 关闭数码管显示，具体的代码如下：

```
/* 数码管显示 0~F 时的段码 */
uint8_t SmgChar[] = {0xC0, 0xF9, 0xA4, 0xB0, 0x99, 0x92, 0x82, 0xF8,
                     0x80, 0x90, 0x88, 0x83, 0xC6, 0xA1, 0x86, 0x8E};

struct segment_led_t g_tSeg;                      /* 全局数码管对象 */

/* 设置数码管显示的数字,i 为显示位置,number 为显示的数字 */
void seg_data_set(char i, char number)
{
    if (number == '-')                            /* 数码管显示符号- */
    {
```

```
        g_tSeg.buff[i] = 0xBF;
        return;
    }

    if (number == ' ')                              /* 数码管不显示任何内容 */
    {
        g_tSeg.buff[i] = 0xFF;
        return;
    }

    g_tSeg.buff[i] = SmgChar[number];

    if (g_tSeg.dot == 1 && i == 1)                  /* 数码管第 2 位显示符号"." */
    {
        g_tSeg.buff[1] = SmgChar[number] & 0x7F;
    }
    /* 数码管第 3、5 位显示符号":" */
    if (g_tSeg.colon == 1 && (i == 2 || i == 4))
    {
        g_tSeg.buff[i] = SmgChar[number] & 0x7F;
    }
}

void seg_clear(void)
{
    /* 关闭数码管显示,缓冲区为 0xFF 时都不亮 */
    for (char i = 0; i < 6; i++)
        g_tSeg.buff[i] = 0xFF;
}
```

根据多位数码管显示的动态扫描原理，定义函数 seg_scan 扫描数码管，函数中的宏 BITx_1()和 BITx_0()(x=0～5)将相应的引脚电平置 1 和置 0，每次扫描时都只点亮一位数码管，代码如下：

```
void seg_scan(void * parameter)
{
    static unsigned char i = 0;                    /* 动态扫描的索引 */
    ALL_SEG_GPIO_Port->ODR = 0xFF;                 /* 显示消隐 */

    switch(i)
    {
    case 0:
        BIT5_1(); BIT4_1();BIT3_1(); BIT2_1(); BIT1_1(); BIT0_0();
        ALL_SEG_GPIO_Port->ODR = g_tSeg.buff[0];
        break;
    case 1:
        BIT5_1(); BIT4_1(); BIT3_1(); BIT2_1(); BIT1_0(); BIT0_1();
        ALL_SEG_GPIO_Port->ODR = g_tSeg.buff[1];
        break;
```

```
        case 2:
            BIT5_1(); BIT4_1(); BIT3_1(); BIT2_0(); BIT1_1(); BIT0_1();
            ALL_SEG_GPIO_Port->ODR = g_tSeg.buff[2];
            break;
        case 3:
            BIT5_1(); BIT4_1(); BIT3_0(); BIT2_1(); BIT1_1(); BIT0_1();
            ALL_SEG_GPIO_Port->ODR = g_tSeg.buff[3];
            break;
        case 4:
            BIT5_1(); BIT4_0(); BIT3_1(); BIT2_1(); BIT1_1(); BIT0_1();
            ALL_SEG_GPIO_Port->ODR = g_tSeg.buff[4];
            break;
        case 5:
            BIT5_0(); BIT4_1();BIT3_1(); BIT2_1(); BIT1_1(); BIT0_1();
            ALL_SEG_GPIO_Port->ODR = g_tSeg.buff[5];
            break;

        default:
            break;
        }

        if (++i == 6)
            i = 0;
    }
```

需要定时调用扫描函数 seg_scan，比如配置 TIM6 的定时周期为 2ms，在它的中断服务函数中调用 seg_scan。

9.3 通用按键驱动程序设计

9.3.1 按键基本介绍

按键是嵌入式系统中最常见的一种输入接口，学习的重点在于它的驱动方法。按键的驱动程序编写方法多种多样，但是编写可靠、高效、能适应阻塞和非阻塞情况的按键驱动代码还是需要用户具备较高的软件设计能力和程序编写技巧。

如图 9-4 所示，普通按键 KEY1～KEY4 与引脚 PE2～PE5 连接。当按键没有被按下

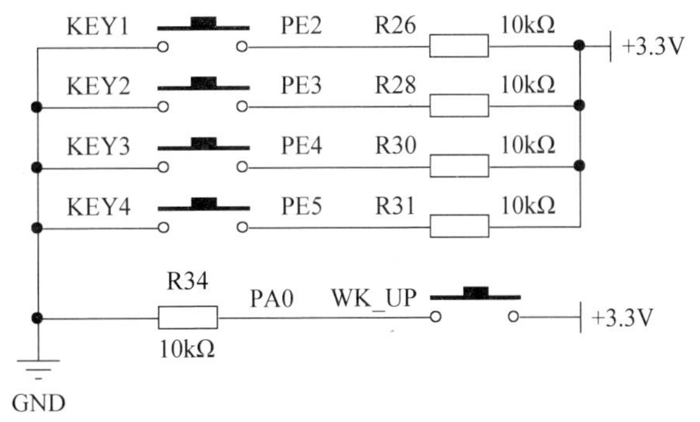

图 9-4　开发板按键电路原理图

时，相应的 GPIO 引脚输入高电平；当按键被按下时，相应的 GPIO 引脚输入低电平。唤醒按键 WK_UP 则是没有被按下时，引脚 PA0 输入低电平；被按下时，引脚 PA0 输入高电平。

开发板使用的机械按键，由于其机械弹性触点在闭合、断开时的弹性作用，不会马上稳定接通或断开，会产生不稳定的情况，即产生抖动，如图 9-5 所示。因此在确认按键的状态时，需要考虑按键的抖动问题，否则，由于 MCU 的代码执行速度很快，它可能会将抖动产生的多个脉冲误认为发生了多次按键。在实际应用中，一般采用硬件滤波或者软件消抖的方法进行处理。

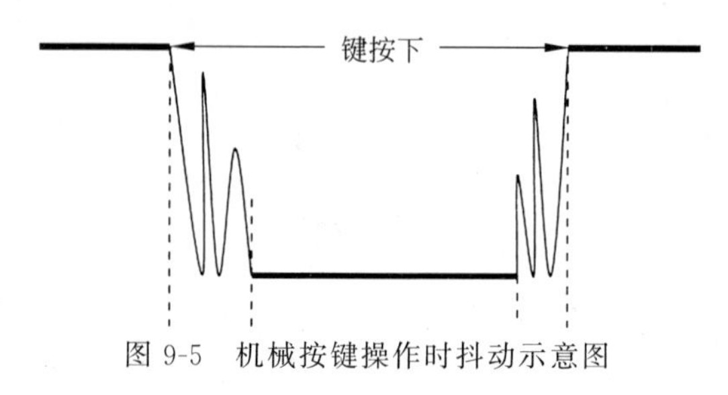

图 9-5　机械按键操作时抖动示意图

9.3.2　按键输入接口设计

前面已经介绍了两种按键检测的方法。一种方法是 4.4 节介绍的通过引脚电平下降沿触发中断的方式来检测按键是否被按下，并执行相应的按键程序，但由于按键的机械抖动特性，在程序进入中断后必须进行滤波处理才能判定是否为有效的按键事件，另外多个按键需要配置多个中断，而过多的中断会影响系统的稳定性，因此这种方法并不实用。另一种方法是 5.5 节介绍的采用延时消抖的方式来检测按键是否被按下，由于软件延时会降低 MCU 的效率，且不容易同其他功能模块协调工作，这种按键检测方法只是在一些简单的系统中可以采用。

本节将介绍一种灵活、实用的按键检测方法，这种方法使用先进先出（first input first output，FIFO）队列保存键值，可以检测按键的按下和弹起，且具有软件滤波机制。它的基本原理是每隔一定的时间间隔就扫描一次按键的状态（轮询），如果连续多次按键的状态都是按下（或弹起）状态，就认为按键是按下（或弹起）的。这种方法虽然会耗费一定的系统资源，但是具有非常优秀的性能，且支持在操作系统下运行，本书操作系统示例代码中的按键驱动都是采用这种检测方法。

下面将分两部分来介绍按键驱动程序的编写方法，一部分是按键 FIFO 的实现，另一部分是按键检测的实现。

1. 按键 FIFO 的实现

如图 9-6 所示，按键结构体管理具有 5 字节空间的 FIFO 队列，成员 Write 表示按键事件写入的位置，成员 Read 表示按键事件读取的位置，键值缓冲区 Buf 用来存放按键事件，每次检测到按键事件后，会将按键事件存入 FIFO 队列中。

当写入按键事件时，写入位置 Write 的值会增加。当读取按键事件时，如果变量 Read 和 Write 相等，则表示没有按键事件发生；否则，读出按键值并增加读取位置 Read 的值。如果 FIFO 队列空间写满了，Write 会被重新赋值为 0，也就是重新从第一个字节空间写入按键事件。如果这个地址空间的数据不能被及时读取出来，就有可能会被后来的数据覆盖掉。

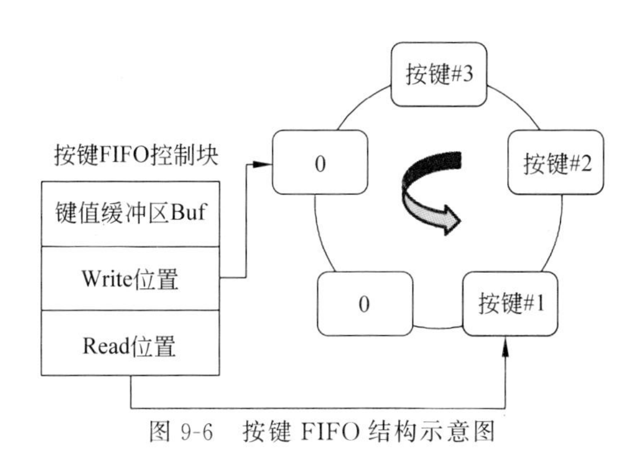

图 9-6　按键 FIFO 结构示意图

为避免出现这种情况，可以适当扩大 FIFO 队列空间，对于一般的应用，10 字节的 FIFO 缓冲区就足够了。

下面介绍按键 FIFO 的代码实现，在文件 key.h 中定义枚举类型 KEY_ENUM，成员包括所有按键的按下和弹起事件且必须按次序定义，每个按键对象占用 2 个数值，这里定义了 5 个按键，KEY_NONE = 0 表示没有按键事件发生。结构体类型 KEY_FIFO_T 为 FIFO 结构，它的键值缓冲区具有 10 字节空间，具体的实现代码如下：

```
typedef enum
{
    KEY_NONE = 0,                              /* 0 无按键事件 */

    KEY_DOWN_K1,                               /* 1 键按下 */
    KEY_UP_K1,                                 /* 1 键弹起 */

    KEY_DOWN_K2,                               /* 2 键按下 */
    KEY_UP_K2,                                 /* 2 键弹起 */

    KEY_DOWN_K3,                               /* 3 键按下 */
    KEY_UP_K3,                                 /* 3 键弹起 */

    KEY_DOWN_K4,                               /* 4 键按下 */
    KEY_UP_K4,                                 /* 4 键弹起 */

    KEY_DOWN_WK,                               /* 5 键按下 */
    KEY_UP_WK,                                 /* 5 键弹起 */
} KEY_ENUM;

#define KEY_FIFO_SIZE 10                       /* 按键 FIFO 缓冲区大小 */

typedef struct
{
    uint8_t Buf[KEY_FIFO_SIZE];                /* 键值缓冲区 */
    uint8_t Read;                              /* 缓冲区读位置 */
    uint8_t Write;                             /* 缓冲区写位置 */
} KEY_FIFO_T;
```

在文件 key.c 中，定义全局静态结构体变量 s_tKey，函数 key_put 用于将一个按键事件存入 FIFO 队列，函数 key_get 用于从 FIFO 队列读取一个按键事件，代码如下：

```
static KEY_FIFO_T s_tKey;                           /* 按键 FIFO 变量 */

/* 将 1 个键值压入按键 FIFO 缓冲区, _KeyCode 为按键代码 */
static void key_put(uint8_t _KeyCode)
{
    s_tKey.Buf[s_tKey.Write] = _KeyCode;

    if (++s_tKey.Write >= KEY_FIFO_SIZE)
    {
        s_tKey.Write = 0;
    }
}

/* 从按键 FIFO 缓冲区读取一个键值 */
uint8_t key_get(void)
{
    uint8_t ret;

    if (s_tKey.Read == s_tKey.Write)
    {
        return KEY_NONE;
    }
    else
    {
        ret = s_tKey.Buf[s_tKey.Read];

        if (++s_tKey.Read >= KEY_FIFO_SIZE)
        {
            s_tKey.Read = 0;
        }
        return ret;
    }
}
```

使用按键 FIFO 主要有如下好处：能够可靠地记录每个按键事件，避免遗漏；读取按键的函数可以设计为非阻塞的，没有等待按键处理抖动的过程；在定时器的中断函数中定时执行按键检测，不需要在主程序中一直检测。

2. 按键检测的实现

在文件 key.h 中定义结构体数据类型 KEY_T，成员 IsKeyDownFunc 是函数指针，用来记录判断按键按下的检测函数，使用函数指针可以将每个按键和组合键的检测代码进行统一管理，代码如下：

```
#define KEY_COUNT 5                          /* 4 个独立键 + 1 个 WK_UP 键 */

#define KEY_FILTER_TIME 5
```

```
typedef struct
{
    uint8_t( * IsKeyDownFunc)(void);         /* 按键按下的判断函数,返回 1 表示按下 */

    uint8_t Count;                           /* 滤波器计数器 */
    uint8_t State;                           /* 按键当前状态(按下还是弹起) */
} KEY_T;
```

每个按键都要有一个 KEY_T 类型的结构体变量,在文件 key.c 中定义一个 KEY_T 类型的数组 s_tBtn,数组的大小为按键对象的个数。函数 key_var_init 主要用来初始化该结构体数组,设置每个按键的参数和函数指针,系统初始化时需调用该函数,代码如下:

```
static KEY_T s_tBtn[KEY_COUNT];

static void key_var_init(void)
{
    uint8_t i;

    /* 对按键 FIFO 读和写指针清零 */
    s_tKey.Read = 0;
    s_tKey.Write = 0;

    /* 给每个按键结构体成员变量赋一组默认值 */
    for (i = 0; i < KEY_COUNT; i++)
    {
        /* 将计数器设置为滤波时间的一半 */
        s_tBtn[i].Count = KEY_FILTER_TIME / 2;
        s_tBtn[i].State = 0;                          /* 按键默认状态,0 为未按下 */
    }

    /* 设置判断按键按下的检测函数 */
    s_tBtn[0].IsKeyDownFunc = IsKeyDown1;
    s_tBtn[1].IsKeyDownFunc = IsKeyDown2;
    s_tBtn[2].IsKeyDownFunc = IsKeyDown3;
    s_tBtn[3].IsKeyDownFunc = IsKeyDown4;
    s_tBtn[4].IsKeyDownFunc = IsKeyDown5;
}

/* 检测第 i 个按键,非阻塞状态 */
static void key_detect(uint8_t i)
{
    KEY_T * pBtn;

    pBtn = &s_tBtn[i];
    if (pBtn->IsKeyDownFunc())
    {
        if (pBtn->Count < KEY_FILTER_TIME)
        {
```

```
            pBtn->Count = KEY_FILTER_TIME;
        }
        else if (pBtn->Count < 2 * KEY_FILTER_TIME)
        {
            pBtn->Count++;
        }
        else
        {
            if (pBtn->State == 0)
            {
                pBtn->State = 1;
                key_put((uint8_t)(2 * i + 1));     /* 发送按钮按下的消息 */
            }
        }
    }
    else
    {
        if (pBtn->Count > KEY_FILTER_TIME)
        {
            pBtn->Count = KEY_FILTER_TIME;
        }
        else if (pBtn->Count != 0)
        {
            pBtn->Count--;
        }
        else
        {
            if (pBtn->State == 1)
            {
                pBtn->State = 0;
                key_put((uint8_t)(2 * i + 2));     /* 发送按钮弹起的消息 */
            }
        }
    }
}

/* 扫描所有按键,非阻塞,需要被周期性调用 */
void key_scan(void *parameter)
{
    uint8_t i;

    for (i = 0; i < KEY_COUNT; i++)
    {
        key_detect(i);
    }
}
```

函数 key_scan 一般需要每 10ms 被调用一次,用于扫描检测所有按键的状态。为方便起见,可在系统嘀嗒定时器(SysTick)的中断服务函数中调用该函数,代码如下:

```
void SysTick_Handler(void)                              /*定时时间为 1ms*/
{
    HAL_IncTick();

    static unsigned char i = 0;

    if (i == 10)                                        /*10ms 时间到*/
    {
        i = 0;
        key_scan ();
    }
    i++;
}
```

上面介绍了结合软件轮询和 FIFO 检测多个按键的按下和弹起事件的设计方法，这种设计方法值得认真去体会，对提高嵌入式系统的编程能力有极大的好处。

9.4 RTC 驱动程序设计

本书第 8 章介绍了 STM32F1 内部集成的 RTC 模块，并使用 HAL 库函数编写了 RTC 的驱动代码，但是在运行代码时出现了 MCU 复位后，年/月/日数据无法保存的问题。为了解决该问题，本节将介绍一种通过直接读写 RTC 计数器寄存器(RTC_CNT)来实现 RTC 驱动程序的方法。

RTC 模块的寄存器 RTC_CNT 是由两个 16 位的寄存器 RTC_CNTH 和 RTC_CNTL 组成的，用来记录以“时间纪元”为起始时间的秒值，即当 RTC_CNTH 和 RTC_CNTL 都是 0 时，代表 1970 年 1 月 1 日 0 时 0 分。因此若要设置时间，只需要把当前时间的年份减去 1970，将剩下的时间换算成秒数写入 RTC_CNT 即可；若要读取时间，则读取 RTC_CNT 的值再计算出当前的时间，计算的时间也是从 1970 年开始的，这就是驱动程序设计的思路。

在头文件 rtc.h 中定义结构体 tm，用来存放年份、月份、日、小时、分钟及秒的值，定义如下：

```
struct tm
{
    int tm_year;                                        /*年份，以 1970 起始*/
    int tm_mon;                                         /*月份，0~11*/
    int tm_mday;                                        /*日，1~31*/
    int tm_hour;                                        /*小时，0~23*/
    int tm_min;                                         /*分钟，0~59*/
    int tm_sec;                                         /*秒，0~60*/
};
```

文件 rtc.c 列出了 RTC 的驱动代码，为节省篇幅，下面只列出关键部分的代码，其余内容可参考附书代码学习，代码如下：

```
#include "stm32f1xx_hal.h"
#include "rtc.h"
```

```
RTC_HandleTypeDef hrtc;
struct tm tm_init = {2023, 3, 13, 9, 40, 10};          /* 初始时间 */
struct tm tm_now = {0};                                 /* 当前时间 */

void alarm_time_set(void)                               /* 设置 RTC 闹钟时间 */
{
    tm_init = rtc_data_get();                           /* 获取当前时间 */
    tm_init.tm_sec += 5;                                /* 当前时间之后 5s 唤醒 */
    rtc_data_set(0);                                    /* 设置闹钟时间 */
}

__weak void RTC_AlarmAEventCallback()                   /* 自定义 RTC 定时报警回调函数 */
{
    UNUSED(hrtc);
}

void RTC_IRQHandler(void)
{
    /* 闹钟中断 */
    if (__HAL_RTC_ALARM_GET_FLAG(&hrtc, RTC_FLAG_SEC) != RESET)
    {
        /* 清除闹钟中断标志位 */
        __HAL_RTC_ALARM_CLEAR_FLAG(&hrtc, RTC_FLAG_ALRAF);
        RTC_AlarmAEventCallback();                      /* 调用闹钟回调函数 */
        alarm_time_set();                               /* 更新报警时间 */
    }

    __HAL_RTC_ALARM_CLEAR_FLAG(&hrtc, RTC_FLAG_OW);    /* 清除溢出标志位 */
}

void rtc_data_set(uint8_t cmd)
{
    uint32_t seccount = 0;                              /* 秒数 */

    …   /* 将 tm_init 表示的年份、月份、日、小时、分钟、秒转换为秒数,并累加到 seccount */

    RTC->CRL |= 1 << 4;                                 /* 允许配置 */
    if (cmd == 1)                                       /* 配置时钟 */
    {
        RTC->CNTL = seccount & 0xffff;
        RTC->CNTH = seccount >> 16;
    }
    else                                                /* 配置定时报警 */
    {
        RTC->ALRL = seccount & 0xffff;
        RTC->ALRH = seccount >> 16;
    }

    RTC->CRL &= ~(1 << 4);                              /* 配置更新 */
```

```
    while (!(RTC->CRL&(1 << 5)));                    /* 等待 RTC 寄存器操作完成 */
}

struct tm rtc_data_get(void)
{
    uint32_t timecount = 0;

    timecount = (RTC->CNTH << 16) | (RTC->CNTL);  /* 得到计数器中的值(秒数) */
    ...         /* 将秒数 timecount 转换为年份、月份、日、小时、分钟、秒,并赋值到 tm_now */

    return tm_now;                                     /* 返回当前时间 */
}
```

函数 rtc_data_set 将全局变量 tm_init 表示的时间转换为以 1970 年 01 月 01 日 00 时 00 分 00 秒为起始时间的秒数,然后根据参数 cmd 选择将秒数写入寄存器 RTC_CNT 设置时间,还是写入寄存器 RTC_ALR 设置闹钟时间。中断服务函数 RTC_IRQHandler 判断发生的事件是否为闹钟中断,若是,则调用自定义的 RTC 闹钟回调函数,并重新设置报警时间。

注意:弱回调函数 RTC_AlarmAEventCallback 一般要在其他文件中重定义。

9.5 简单的多任务时间片轮询框架

在嵌入式系统开发中,常用的软件架构有按照顺序执行的前后台系统、时间片轮询系统和多任务操作系统,具体说明见 1.3 节。本书前面部分介绍了多个前后台系统示例,它们的主程序中有一个包含所有的业务逻辑的 while(1)循环,但是若某个业务逻辑占用 CPU 时间过长,会导致程序实时性能变差,而且如果管理不当还会导致混乱,随着业务逻辑的增多,这些弊端会体现得更加明显,如果使用 RTOS 又显得太浪费。这时可以使用基于软件定时器实现的时间片轮询框架,即使用一个硬件定时器,它每次中断时都会对一个全局变量加 1,然后在主循环中根据这个全局变量的值判断执行相应的任务。每个任务相当于一个软件定时器,都有一个运行间隔时间,即任务轮询的时间片。

在 scheduler.h 文件中定义一个与管理任务相关的结构体,该结构体有三个数据成员,它们的含义见注释,定义如下:

```
typedef struct
{
    unsigned int period;                        /* 任务运行间隔时间 */
    unsigned int cnt;                           /* 计数值变量 */

    void(*fun)(void);                           /* 任务回调函数 */
}task_t;
```

在 scheduler.c 文件中定义一个全局任务数组 task_queue,函数 task_create 用于创建任务,每次创建一个新任务时就向任务数组中增加一个任务节点,代码如下:

```
#define MAX_TASKS 10                            /* 最大任务数目 */
```

```
volatile unsigned char task_num = 0;                /*已经定义了的任务数目*/
volatile unsigned int jiffies = 0;                  /*系统时间嘀嗒*/
static task_t task_queue[MAX_TASKS] = {0};

int task_create(void(*fun)(void), unsigned short period)
{
    if (task_num >= MAX_TASKS)
    {
        return -1;
    }

    task_queue[task_num].period = period;       /*任务运行间隔时间*/
    task_queue[task_num].cnt = 0;               /*计数值变量*/
    task_queue[task_num].fun = fun;             /*任务回调函数*/

    task_num++;
    return 0;
}

void task_loop(void)
{
    for (unsigned char i = 0; i < task_num; i++)
    {
        if (jiffies >= task_queue[i].cnt)       /*任务计数周期到*/
        {
            task_queue[i].fun();                /*调用回调函数*/
            task_queue[i].cnt = jiffies + task_queue[i].period;
        }
    }
}

void task_ticker(void)                          /*被系统嘀嗒定时器中断调用,1ms*/
{
    jiffies++;
}
```

任务处理函数 task_loop 在主函数的 while(1)大循环中被调用，该函数会遍历所有任务，将全局变量 jiffies 与每个任务的定时计数值 cnt 进行比较，如果某一任务的定时时间到达，则执行它的回调函数，同时更新它的定时计数值 cnt。

本时间片轮询框架是基于软件定时器来管理任务调度的，需要一个硬件定时器提供时基。示例使用定时时间为 1ms 的系统嘀嗒定时器，在它的中断服务函数中调用函数 task_ticker 将全局变量 jiffies 加 1，代码如下：

```
void SysTick_Handler(void)
{
    HAL_IncTick();
    task_ticker();
}
```

到此，一个基于时间片轮询的程序架构就建好了，这个框架处理简单的应用非常好用，既有顺序执行方式的优点，还有操作系统的部分优点。

注意：所有任务的执行时间不能超过时基的时间，并且任务中不能有任何阻塞行为，比如使用延时函数。对于长时间任务或者包含延时需求的任务，可以利用状态机把它拆分成多段来执行。

9.6 电子钟应用系统示例

9.6.1 STM32CubeMX 工程配置

为了加深对 HAL 库函数的理解，本示例不使用 STM32CubeMX 软件构建数码管、按键和 RTC 的驱动代码，而是直接编写它们的 BSP。

新建一个 STM32CubeMX 工程 CLOCK.ioc，按照前面介绍的方法配置 USART1 和 RTC，配置 RTC 的目的是让工程中包含 RTC 的 HAL 库文件。生成工程代码后，再将工程代码中与自编写的 RTC 驱动代码相冲突的部分删除。

9.6.2 工程添加板级支持包

板级支持包(board support package，BSP)是指在一个特殊硬件平台上快速构建一个嵌入式系统所需的软件包，构建 BSP 主要是为了便于代码的复用和移植。示例中数码管、按键和 RTC 的 BSP 都由一对.h 头文件和.c 源文件组成，它们被集中放置在文件夹 BSP 中。

打开工程文件，在工程名“CLOCK”上右击，选择 Add Group 增加组，将生成的组命名为“BSP”，如图 9-7 所示。

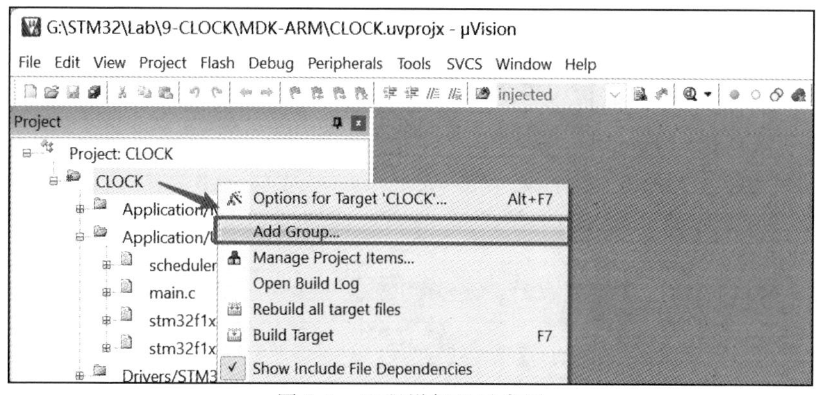

图 9-7 工程增加组示意图

如图 9-8 所示，右击 BSP 组，选择“Add Existing Files to Group ‘BSP’”，将文件夹 BSP 下的文件 led.c、seg.c 和 key.c 添加到工程中。

在 Project 对话框中可以看到外设驱动文件 key.c、seg.c 和 led.c 已经添加到工程中了，如图 9-9 所示。

下面设置编译包含路径，如图 9-10 所示，单击“魔术棒”图标，弹出“Options for Target ‘CLOCK’”对话框，再选择“C/C++”选项卡，然后单击“Include Paths”后面的“...”按钮，弹出“Folder Setup”对话框。

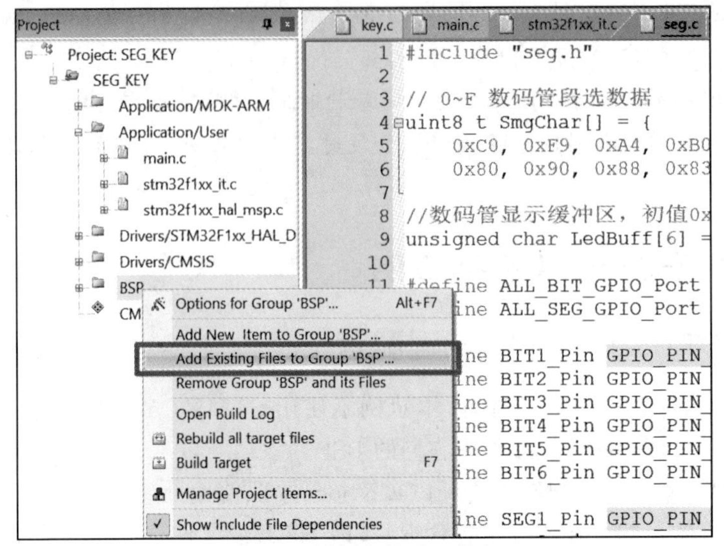

图 9-8　添加文件到工程中

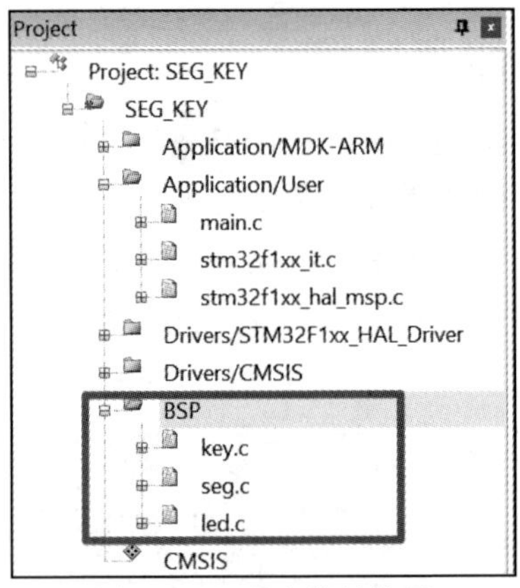

图 9-9　工程文件结构图

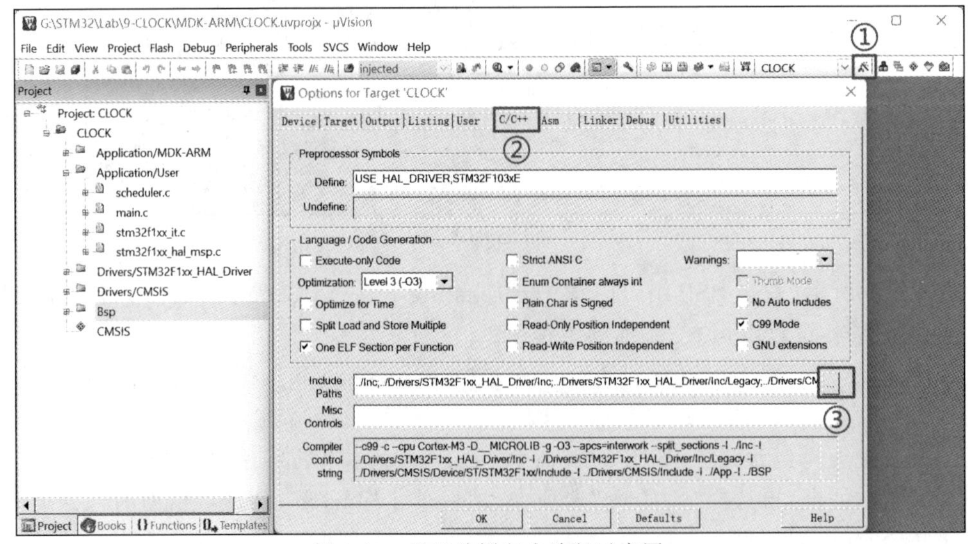

图 9-10　设置编译包含路径示意图

如图 9-11 所示，在“Folder Setup”对话框中先单击“新建”图标，然后在路径栏中添加 BSP 文件夹的路径。

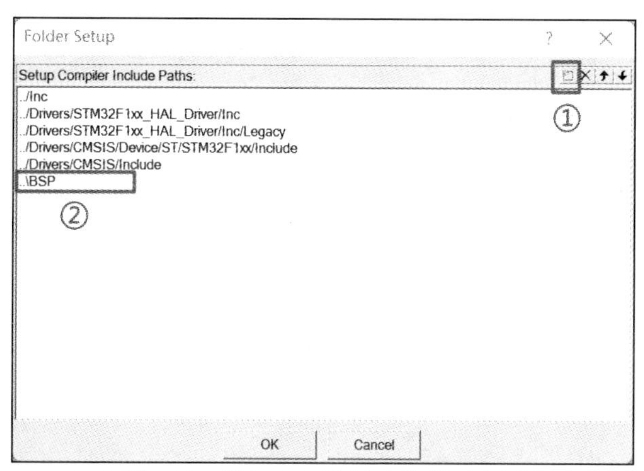

图 9-11　添加 BSP 文件夹路径示意图

9.6.3　用户代码

可校时电子钟系统使用了多任务时间片轮询框架，在主函数 main 中添加了 5 个任务：按键扫描任务和数码管扫描任务负责对数码管与按键进行周期性扫描，数码管显示任务和串口输出任务处理系统的输出，按键处理任务则处理系统的输入，所有按键操作都集中在该任务中进行处理。

```
#include "main.h"
#include "scheduler.h"
#include "key.h"
#include "seg.h"
#include "rtc.h"

unsigned char key_operate = 0;                          /* 按键操作选择 */
unsigned int no_key_time;                               /* 无按键操作持续时间 */
static struct tm tm_now, tm_set;                        /* 当前时间和设置时间 */

UART_HandleTypeDef huart1;

#include <stdio.h>
int fputc(int ch, FILE * f)
{
    HAL_UART_Transmit(&huart1, (uint8_t *)&ch, 1, 0xFFFF);
    return (ch);
}

void key_scan_task(void)                                /* 按键扫描任务,10ms */
{
    key_scan(NULL);
}

void seg_scan_task(void)                                /* 数码管扫描任务,3ms */
```

```
{
    seg_scan(NULL);
}

void seg_task(void)                                      /* 数码管显示任务,250ms */
{
    static unsigned char n = 0;
    struct tm tm_temp;

    /* 选择数码管上显示的内容:实时时间或校时时间 */
    tm_temp = (key_operate == 0) ? tm_now : tm_set;
    seg_data_set(0, tm_temp.tm_sec % 10);                /* 秒个位和十位 */
    seg_data_set(1, tm_temp.tm_sec / 10);
    seg_data_set(2, tm_temp.tm_min % 10);                /* 分钟个位和十位 */
    seg_data_set(3, tm_temp.tm_min / 10);
    seg_data_set(4, tm_temp.tm_hour % 10);               /* 小时个位和十位 */
    seg_data_set(5, tm_temp.tm_hour / 10);
    //g_tSeg.colon = 1 - g_tSeg.colon;                   /* : 标志闪烁 */

    if (key_operate != 0 && n == 0)                      /* 校时位闪烁周期为 500ms */
    {
        seg_data_set(key_operate - 1, ' ');              /* 校时位熄灭 */
    }
    n = 1 - n;
}

void uart_task(void)                                     /* 串口输出任务,1000ms */
{
    tm_now = rtc_data_get();                             /* 获取当前时间 */
    printf("The data: %02d/%02d/%02d, ", tm_now.tm_year, tm_now.tm_mon,
           tm_now.tm_mday);
    printf("The time: %02d:%02d:%02d\r\n", tm_now.tm_hour, tm_now.tm_min,
           tm_now.tm_sec);
    if ((key_operate != 0) && (++no_key_time >= 10))            /* 10s 内无操作,返回 */
        key_operate = 0;
}

void key_task(void)                                 /* 按键处理任务,20ms */
{
    uint8_t ucKeyCode;

    ucKeyCode = key_get();                          /* 获取按键值 */
    if (ucKeyCode != KEY_NONE)
    {
        no_key_time = 0;                            /* 有键按下,重新计数无按键操作时间 */
        switch (ucKeyCode)
        {
        case KEY_DOWN_K1:                           /* KEY1 键按下,状态转换 */
            if (key_operate == 0)
                tm_set = rtc_data_get();            /* 校时开始时的时间 */
```

```
        if (++key_operate > 6)
            key_operate = 1;
        break;
    case KEY_DOWN_K2:                           /* KEY2 键按下,加 1 */
        switch (key_operate)
        {
        case 1:                                 /* 调整秒的个位 */
            if (++tm_set.tm_sec >= 60)
                tm_set.tm_sec -= 60;
            break;
        case 2:                                 /* 调整秒的十位 */
            tm_set.tm_sec += 10;
            if (tm_set.tm_sec >= 60)
                tm_set.tm_sec -= 60;
            break;
        case 3:                                 /* 调整分钟的个位 */
            if (++tm_set.tm_min >= 60)
                tm_set.tm_min -= 60;
            break;
        case 4:                                 /* 调整分钟的十位 */
            tm_set.tm_min += 10;
            if (tm_set.tm_min >= 60)
                tm_set.tm_min -= 60;
            break;
        case 5:                                 /* 调整小时的个位 */
            if (++tm_set.tm_hour >= 24)
                tm_set.tm_hour -= 24;
            break;
        case 6:                                 /* 调整小时的十位,范围为 0~2 */
            tm_set.tm_hour += 10;
            if (tm_set.tm_hour >= 24)
                tm_set.tm_hour %= 10;
            break;
        default:
            break;
        }
        break;
    case KEY_DOWN_K3:                           /* KEY3 键按下,设置新时间 */
        if (key_operate != 0)
        {
            tm_now = tm_set;
            tm_init = tm_set;
            rtc_data_set(1);                    /* 设置 RTC 模块时间 */
            key_operate = 0;
        }
        break;
    case KEY_DOWN_K4:                           /* KEY4 键按下,取消设置时间操作 */
        if (key_operate != 0)
            key_operate = 0;
        break;
```

```
            default:
                break;
            }
        }
    }

int main(void)
{
    HAL_Init();                                 /* 初始化 HAL 库 */
    SystemClock_Config();                       /* 配置系统时钟 */
    MX_GPIO_Init();
    MX_USART1_UART_Init();

    printf("-----> This is an electronic clock example <-----\r\n");
    key_init();
    seg_led_init(0, 1);
    rtc_init();

    task_create(key_scan_task, 10);             /* 按键扫描任务,执行周期为 10ms */
    task_create(seg_scan_task, 3);              /* 数码管扫描任务,执行周期为 3ms */
    task_create(seg_task, 250);                 /* 数码管显示任务,执行周期为 250ms */
    task_create(uart_task, 1000);               /* 串口输出任务,执行周期为 1000ms */
    task_create(key_task, 20);                  /* 按键处理任务,执行周期为 20ms */

    while (1)
    {
        task_loop();                            /* 任务处理 */
    }
}
```

代码中最核心的是全局变量 key_operate，它将按键的操作分为 7 种状态：为 0 时表示电子钟正常显示时间，为 1～6 时分别表示调整电子钟小时/分钟/秒的十位和个位，每次 KEY1 键按下，key_operate 的值都会加 1。KEY2 键按下后，根据 key_operate 的值调整设置的时间；KEY3 键按下则用调整后的时间重新设置 RTC 模块的时间，完成校时操作；KEY4 键按下，将变量 key_operate 重置为 0，电子钟恢复到正常走时状态。

在按键处理任务中，只要检测到有按键按下，无按键操作持续时间变量 no_key_time 都会重新赋值为 0。串口输出任务每 1s 运行一次，累加变量 no_key_time，当该变量值为 10 时，则表示 10s 内没有任何按键操作，该变量会被重置为 0，电子钟返回正常走时状态。

9.6.4 下载验证

将编译好的代码下载到开发板上运行，示例结果如下。

(1) 时钟系统正常运行时，数码管显示当前时间。

(2) 按下 KEY1 键，系统进入校时状态，数码管显示开始校时的时间，并且相应的校时位会闪烁。

(3) 时钟系统处于校时状态时，每按一下 KEY2 键，相应设置位上的数值加 1。调整完成后按下 KEY3 键，完成校时操作，系统按照设置的时间开始计时。

（4）时钟系统处于校时状态时，KEY4 键按下或 10s 内无任何键按下，系统直接返回，数码管显示当前时间。

（5）系统在正常计时或者处于校时状态时，串口都以 1s 的时间间隔输出当前日期和时间，如图 9-12 所示。

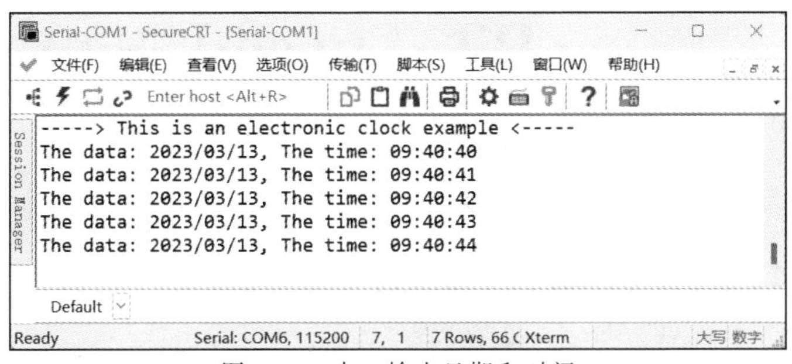

图 9-12 串口输出日期和时间

练习题

1. 编写秒表程序，每 10ms 计一次数，使用 6 个数码管显示时间，时间保留到小数点后两位，秒表初始显示“00:00:00”。KEY1 键按下，秒表启动计时；KEY2 键按下，秒表停止计时，数码管显示两次按下按键的时间间隔；KEY3 键按下，秒表复位。

2. 简述从 RTC 模块中读出寄存器 RTC_CNT 的值后，是如何换算成小时/分钟/秒数值的。

3. 在电子钟应用系统基础上，扩充如下功能。

（1）增加“日期”调整功能，WK_UP 键用于切换“日期”调整和“时间”调整。

（2）为通用按键驱动程序增加按键“长按”事件检测功能，按键持续按下 2s 认为是长按事件。

（3）增加报警功能，当系统处于校时状态时，若 KEY3 键长按，则将校时的时间设置为报警时间。报警时间到，蜂鸣器播放简单的音乐（如歌曲《两只老虎》），同时 LED1 闪烁。音乐停止播放后，LED1 也停止闪烁。

（4）使用板载的 AT24C02 芯片记录所有的报警时间（最多保存最近的 50 条信息），当 KEY1 键长按时，串口输出所有记录的报警时间。

（5）系统初始化时，使用 ESP8266 模组连接网络，将从 NTP 服务器中获取的网络时间更新至 RTC。

第10章 嵌入式操作系统 RT-Thread Nano

CHAPTER 10

10.1 RT-Thread Nano 简介

嵌入式实时操作系统(RTOS)是指工作在资源(空间、时间)受限的场景,能在确定的时间内对外部事件做出响应,并执行功能的一类轻量级操作系统,旨在管理嵌入式系统的软硬件资源。图10-1所示为嵌入式RTOS的主要特点。

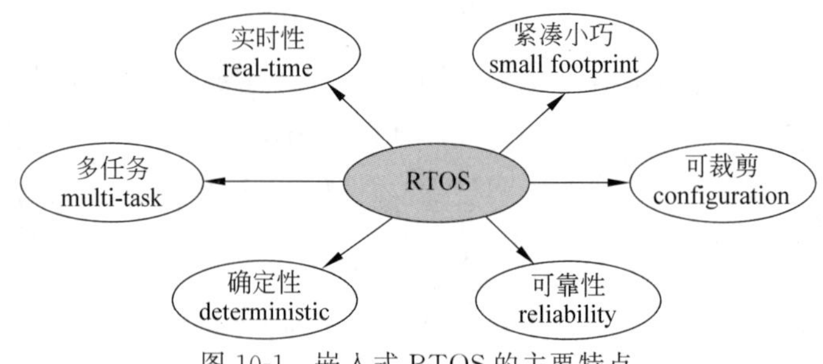

图10-1 嵌入式RTOS的主要特点

RT-Thread是由上海睿赛德电子科技有限公司于2006年推出的一个集RTOS内核、中间件组件和开发者社区于一体的技术平台。该系统面向嵌入式与物联网应用领域,把面向对象的设计方法应用到实时系统设计中,具有内核极小、组件丰富、架构清晰、稳定可靠、高度可伸缩等特点,已经成为软硬件生态好、装机量大和开发者数量多的物联网操作系统之一。

RT-Thread Nano是RT-Thread的一个子集,去除了完整版特有的device框架和组件,仅是一个纯净的内核,于2017年7月发布。系统裁剪后仅需要3KB Flash和1.2KB RAM的内存资源就可以使用,非常适用于家电、消费电子、医疗设备、工控等领域大量使用的32位ARM的场合。

如图10-2所示,RT-Thread Nano支持ARM、RISC-V等CPU架构,主要功能包括线程管理、时钟管理、中断管理、内存管理和线程间同步与通信等相对完整的RTOS特性,还有可移植的FinSH组件。

下面简要介绍一下RT-Thread Nano的主要特性。

1. 线程管理

线程是RT-Thread Nano中最小的调度单位,采用基于优先级的抢占式算法进行调度,

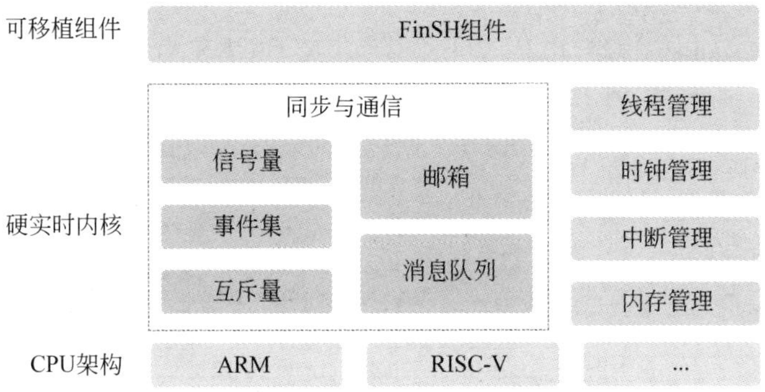

图 10-2 RT-Thread Nano 软件架构框图

也支持具有相同优先级的线程采用时间片轮转算法调度。

2. 时钟管理

时钟节拍是 RT-Thread Nano 中最小的时钟单位。以时钟节拍为基础，RT-Thread 提供单次触发和周期触发两类定时器机制。

3. 内存管理

RT-Thread Nano 支持动态内存堆和静态内存池管理。前者可在当前资源满足的情况下，根据用户需求分配任意大小的内存块，后者用于分配大量相同大小的小内存块。

4. 线程间同步

RT-Thread Nano 支持信号量、互斥量与事件集，用于线程间同步。互斥量使用优先级继承的方法解决 RTOS 常见的优先级反转问题，事件集支持一对多、多对多的线程间同步。

5. 线程间通信

RT-Thread Nano 支持邮箱和消息队列等通信机制，邮箱中一封邮件的长度固定为 4 字节大小，消息队列能够接收不固定长度的消息，它们都可以安全用于中断服务程序中发送消息。

10.2 在 MDK 中移植 RT-Thread Nano

10.2.1 移植 RT-Thread Nano 的步骤

RT-Thread Nano 已经被集成到 MDK 中了，可以直接在 MDK 中下载和添加，也可以事先下载好 RT-Thread Nano pack 安装包，再进行安装。本书使用下载好的安装包来移植 RT-Thread Nano，主要步骤如下。

1. 准备一份 MDK 裸机工程

可以直接使用本书第 6 章由 STM32CubeMX 软件创建的 USART.ioc 项目，其中已经配置好了 GPIO 及 USART1。将该项目名称改为 Nano.ioc，生成裸机工程 Nano.uvprojx，按照第 9 章介绍的方法将 key.c、led.c 和 seg.c 等板级驱动添加到工程中。

2. 添加 RT-Thread Nano 到裸机工程

从官网(https://www.rt-thread.org/index.html)下载 RT-Thread Nano 的离线安装文件 RealThread.RT-Thread.3.1.5.pack，下载结束后双击该文件安装 RT-Thread Nano pack。

打开准备好的裸机工程 Nano.uvprojx，单击工具栏上的“Manage Run-Time Environment”

按钮打开运行环境管理对话框，如图 10-3 所示，在对话框中的 Software Component 栏中选择“RTOS”，在 Variant 栏中选择“RT-Thread”，勾选 shell 和 kernel 复选框，然后单击“OK”按钮添加 RT-Thread 内核到工程。

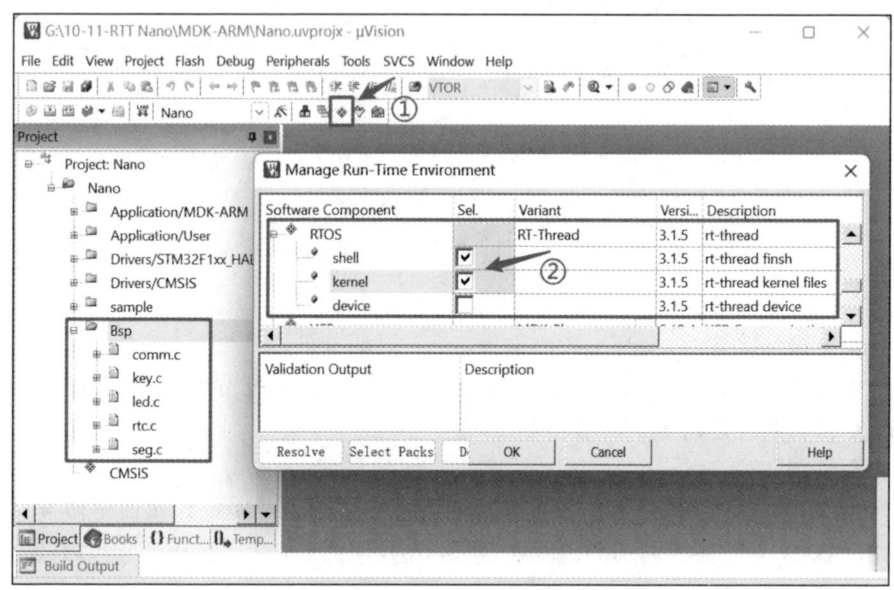

图 10-3　添加 RT-Thread 内核到工程

现在可以在 Project 中看到 RT-Thread RTOS 已经被添加进来了，在分组 RTOS 中可以看到添加的 RT-Thread 源代码文件。

3. 适配 RT-Thread Nano 到自己的硬件平台

1）中断与异常处理

裸机源代码中的异常处理函数 HardFault_Handler 和悬挂处理函数 PendSV_Handler 已由 RT-Thread 实现并接管，所以需要删除“stm32f1xx_it.c”文件中的这两个函数，避免编译时产生重复定义的错误。

2）配置系统时钟与开启系统内存堆

RT-Thread 源文件 board.c 中的函数 rt_hw_board_init 用于配置系统时钟与初始化内存堆，代码如下：

```
void rt_hw_board_init(void)
{
    extern void SystemClock_Config(void);      /* 函数声明 */

    HAL_Init();                   /* 初始化 HAL 库 */
    SystemClock_Config();         /* 配置系统时钟,主要为 MCU 内核、外设提供工作时钟 */
    SystemCoreClockUpdate();      /* 更新 SystemCoreClock 变量 */

    /* OS Tick 配置,启用系统定时器,频率为 RT_TICK_PER_SECOND */
    HAL_SYSTICK_Config(HAL_RCC_GetHCLKFreq() / RT_TICK_PER_SECOND);

#ifdef RT_USING_COMPONENTS_INIT
```

```
    rt_components_board_init();
#endif

#if defined(RT_USING_USER_MAIN) && defined(RT_USING_HEAP)
    /* 初始化系统内存堆 */
    rt_system_heap_init(rt_heap_begin_get(), rt_heap_end_get());
#endif
}

void SysTick_Handler()
{
    rt_os_tick_callback();        /* 间接通知操作系统已经过去一个时钟节拍 */
}
```

上面的代码中，函数 HAL_SYSTICK_Config 用于配置系统定时器（SysTick），定时频率为 RT_TICK_PER_SECOND，当值为 1000 时，一个时钟节拍的时间就为 1ms，这个时钟节拍将作为 OS 的心跳。宏 RT_USING_HEAP 用于启用内存堆功能，当该功能开启后，即可正常使用动态内存功能，如使用 rt_malloc、rt_free 和各种创建动态对象的 API。

另外，在该文件中重新实现的中断服务程序 SysTick_Handler 用于产生时钟节拍，所以还需要将裸机工程中生成的函数 SysTick_Handler 删除，避免产生重复定义错误。

4. 配置 RT-Thread Nano

打开文件 rtconfig.h，根据用户需要修改里面的宏定义，配置 RT-Thread Nano 的相应功能。为了方便起见，如图 10-4 所示，单击左下角“Configuration Wizard”，打开配置向导，可以在 Value 栏中选择相关功能及修改相关值，这等同于直接修改配置文件 rtconfig.h。

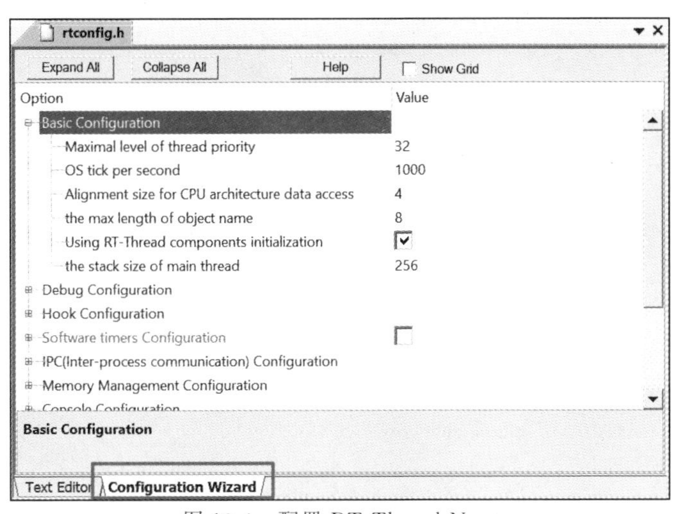

图 10-4　配置 RT-Thread Nano

5. 添加 UART 控制台

UART 控制台用来实现打印功能，添加该功能后，就可以使用函数 rt_kprintf 打印信息，方便定位代码错误或者获取系统当前运行状态等。要添加该功能，只需要实现 uart_init 和 rt_hw_console_output 两个函数。

函数 uart_init 完成串口参数(如引脚、波特率、停止位等)的初始化,具体的实现代码可以直接从裸机代码中复制。该函数默认使用宏 INIT_BOARD_EXPORT 在系统初始化时被系统调用,因此就不需要用户再调用了,代码如下:

```
static UART_HandleTypeDef UartHandle;

static int uart_init(void)
{
    /* 初始化串口参数,如波特率、停止位等 */
    UartHandle.Instance = USART1;
    UartHandle.Init.BaudRate = 115200;
    UartHandle.Init.HwFlowCtl = UART_HWCONTROL_NONE;
    UartHandle.Init.Mode = UART_MODE_TX_RX;
    UartHandle.Init.OverSampling = UART_OVERSAMPLING_16;
    UartHandle.Init.WordLength = UART_WORDLENGTH_8B;
    UartHandle.Init.StopBits = UART_STOPBITS_1;
    UartHandle.Init.Parity = UART_PARITY_NONE;

    HAL_UART_Init(&UartHandle);                    /* 初始化串口 */

    return 0;
}
INIT_BOARD_EXPORT(uart_init);                      /* 使用宏进行自动初始化 */
```

系统输出函数 rt_hw_console_output 用于控制台字符输出,默认为弱函数,因此需要重定义该函数,实现代码如下:

```
void rt_hw_console_output(const char * str)
{
    rt_size_t i = 0, size = 0;
    char a = '\r';

    __HAL_UNLOCK(&UartHandle);

    size = rt_strlen(str);
    for (i = 0; i < size; i++)
    {
        if (*(str + i) == '\n')
        {
            HAL_UART_Transmit(&UartHandle, (uint8_t *)&a, 1, 1);
        }
        HAL_UART_Transmit(&UartHandle, (uint8_t *)(str + i), 1, 1);
    }
}
```

6. 移植 FinSH 组件

FinSH 是 RT-Thread 的命令行组件(shell),提供了一套供用户在命令行中调用的操作接口,主要用于调试或查看系统信息,支持两种输入模式:C 语言解释器模式(c-style)和传统命令行模式(msh,官方推荐)。在移植系统时已经添加了FinSH源代码到工程。

控制台已实现了FinSH组件的打印功能,若还要实现命令输入功能,则需要在文件board.c中重写控制台输入函数rt_hw_console_getchar,实现从UART读取字符的功能,代码如下:

```
char rt_hw_console_getchar(void)
{
    int ch = -1;

    if (__HAL_UART_GET_FLAG(&UartHandle, UART_FLAG_RXNE) != RESET)
    {
        ch = UartHandle.Instance->DR & 0xff;
    }
    else
    {
        if (__HAL_UART_GET_FLAG(&UartHandle, UART_FLAG_ORE) != RESET)
        {
            __HAL_UART_CLEAR_OREFLAG(&UartHandle);
        }
        rt_thread_mdelay(10);
    }

    return ch;
}
```

至此,完成了RT-Thread Nano在STM32F103VE上的移植工作。

10.2.2 编写第一个RT-Thread Nano应用

下面编写本书首个RT-Thread程序,以此来体验一下嵌入式OS的特点。在示例工程的“nano_sample.c”文件中的函数nano_sample创建了thread1、thread2两个线程,thread1比thread2的优先级低,thread1每隔1000ms通过串口输出信息并闪烁LED1,thread2每隔500ms通过串口输出信息并闪烁LED2,代码如下:

```
#include <rtthread.h>
#include "led.h"

#define THREAD_PRIORITY        25                /* 线程优先级 */
#define THREAD_STACK_SIZE      512               /* 线程栈大小 */
#define THREAD_TIMESLICE       5                 /* 线程时间片 */

/* 线程 1 的入口函数 */
static void thread1_entry(void * parameter)
{
    while (1)
    {
        rt_kprintf("I am thread1.\n");
        led_toggle(1);
```

```
        rt_thread_mdelay(1000);
    }
}

/* 线程 2 的入口函数 */
static void thread2_entry(void * parameter)
{
    while (1)
    {
        rt_kprintf("I am thread2.\n");
        led_toggle(2);
        rt_thread_mdelay(500);
    }
}

int nano_sample(void)
{
    static rt_thread_t tid1, tid2;              /* 线程 ID */

    /* 创建线程 1 */
    tid1 = rt_thread_create("thread1", thread1_entry, RT_NULL,
            THREAD_STACK_SIZE, THREAD_PRIORITY, THREAD_TIMESLICE);
    if (tid1 != RT_NULL)
        rt_thread_startup(tid1);                /* 启动线程 1 */

    /* 创建线程 2 */
    tid2 = rt_thread_create("thread2", thread2_entry, RT_NULL,
            THREAD_STACK_SIZE, THREAD_PRIORITY - 1, THREAD_TIMESLICE);
    if (tid2 != RT_NULL)
        rt_thread_startup(tid2);                /* 启动线程 2 */

    return 0;
}

MSH_CMD_EXPORT(nano_sample, nano sample);      /* 导出到 msh 命令列表中 */
```

示例中的入口函数作为线程的代码呈现形式，是一个无限循环的函数，里面必须要有让出 CPU 的操作，这里使用了 RT-Thread 提供的延时函数 rt_thread_mdelay，该延时函数会引起系统调度，阻塞当前运行的线程并使其让出 CPU 到指定的时间。当指定的时间到达后，线程会被唤醒并再次进入就绪状态。

最后一行代码使用宏 MSH_CMD_EXPORT 将 nano_sample 函数导出到 msh 命令列表，这样就能在控制台输入命令“nano_sample”来启动示例运行。

10.2.3 RT-Thread 程序的运行方法

通常使用两种方法来运行 RT-Thread 代码：实物运行和 MDK 软件仿真运行。

1. 实物运行

按照第 2 章介绍的程序编译下载方法，将本节示例程序下载到开发板运行。

打开串口终端软件 SecureCRT，当鼠标焦点在 msh 控制台中时，按下计算机键盘上的 Tab 键，控制台将输出系统所有可执行的命令列表，本示例加入的“nano_sample”命令也在列表中，如图 10-5 所示。

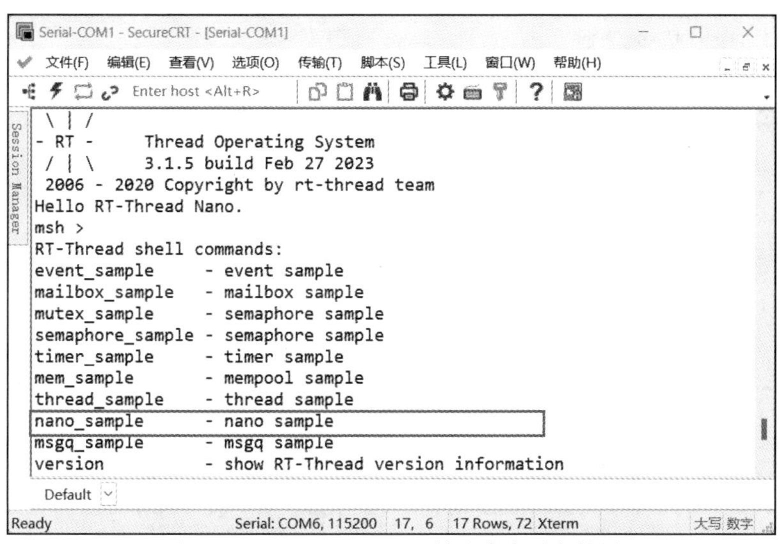

图 10-5 RT-Thread Nano 输出命令列表结果

如图 10-6 所示，在控制台输入“nano_sample”命令启动示例运行，可以看到线程 thread1 每输出一条信息时，线程 thread2 输出两条信息(即线程 thread2 输出信息的速度比线程 thread1 快一倍)，同时板上的 LED1、LED2 不断闪烁，且 LED2 闪烁频率比 LED1 高。

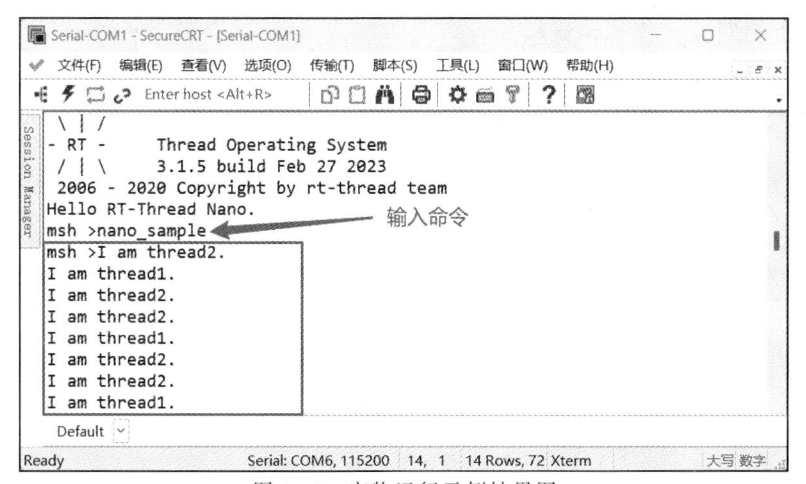

图 10-6 实物运行示例结果图

2. MDK 软件仿真运行

MDK 软件提供了强大的软件模拟仿真功能，通过软件仿真可以查看硬件相关的寄存器信息，使用软件串口可以输出程序的打印结果。对于 RT-Thread 内容的学习，有时候使用 MDK 软件仿真比使用开发板会更方便。

在进行 MDK 软件仿真之前，需要配置一些选项。在 Nano 工程管理窗口中的工程名“Nano”上右击，在弹出的菜单中选择“Options for Target 'Nano'...”命令打开对话框，如

图 10-7 所示，在对话框“Debug”选项卡中选择“Use Simulator”，表示使用软件仿真，勾选“Run to main()”复选框表示跳过汇编代码，直接跳转到 main 函数开始仿真。按照图示设置“Dialog DLL”选项和“Parameter”选项的参数，用于支持 STM32F103VE 的软硬件仿真。

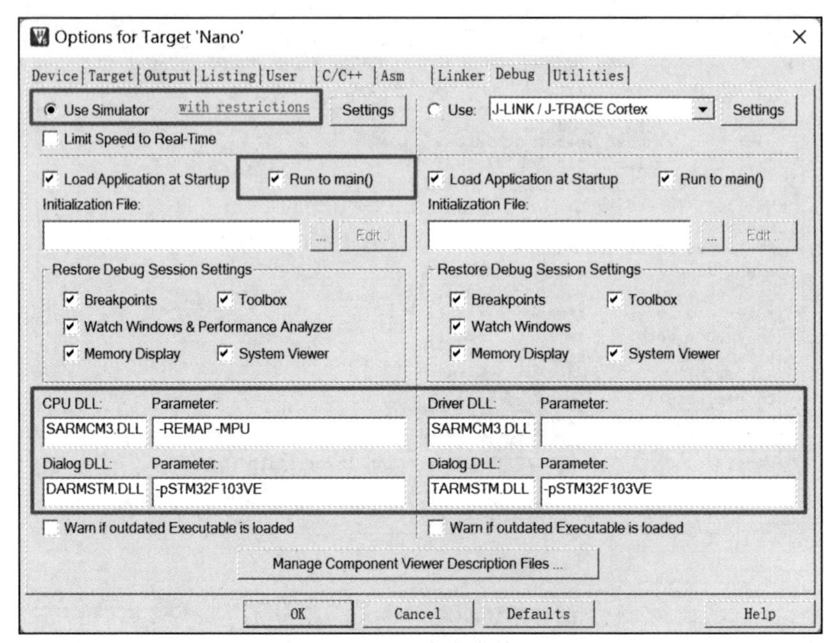

图 10-7　MDK 软件仿真设置

如图 10-8 所示，选择菜单 Debug→Start/Stop Debug Session 命令或者单击工具栏中的“Debug”按钮，软件进入模拟调试模式。

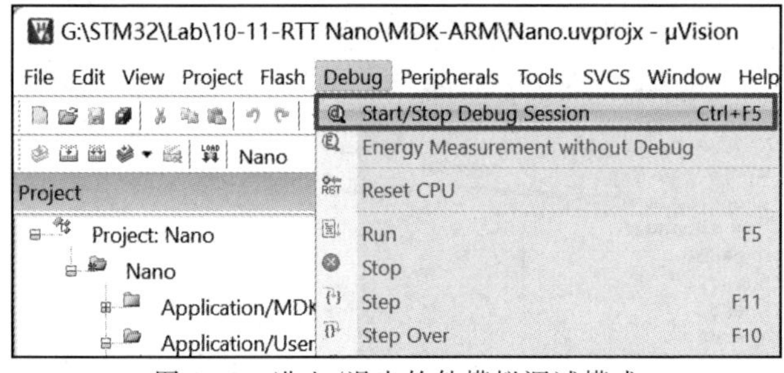

图 10-8　进入/退出软件模拟调试模式

在调试状态下，选择菜单 View→Serial Windows→UART #1 命令，打开软件串口对话框 UART #1，如图 10-9 所示。

单击工具栏上的“Run”按钮运行程序，在 UART #1 对话框输出示例的运行结果，结果和使用实物运行一致，如图 10-10 所示。

在调试状态下，选择菜单 Peripherals→General Purpose I/O→GPIOC 命令，打开 GPIOC 仿真对话框，如图 10-11 所示。

如图 10-12 所示，LED1 和 LED2 的亮、灭状态用 GPIOC 对话框中的“Pins”是否勾选来表示，可以看到 LED 的仿真结果也和实物运行结果是一致的。

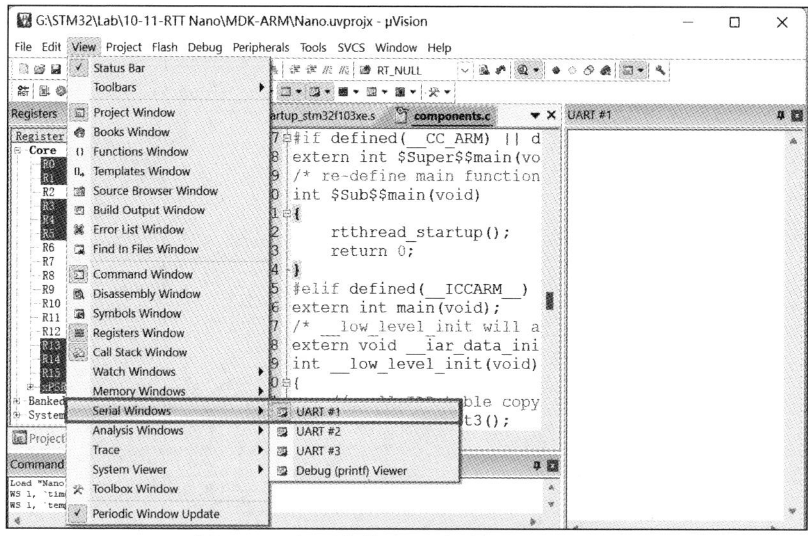

图 10-9　打开软件串口对话框 UART ＃1

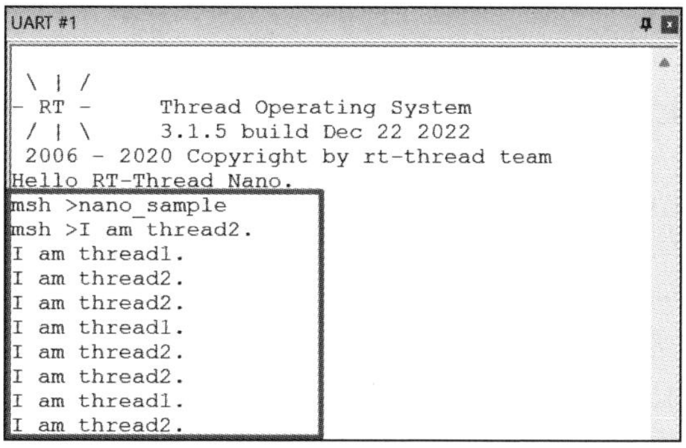

```
UART #1

 \ | /
- RT -     Thread Operating System
 / | \     3.1.5 build Dec 22 2022
 2006 - 2020 Copyright by rt-thread team
Hello RT-Thread Nano.
msh >nano_sample
msh >I am thread2.
I am thread1.
I am thread2.
I am thread2.
I am thread1.
I am thread2.
I am thread2.
I am thread1.
I am thread2.
```

图 10-10　软件仿真运行结果

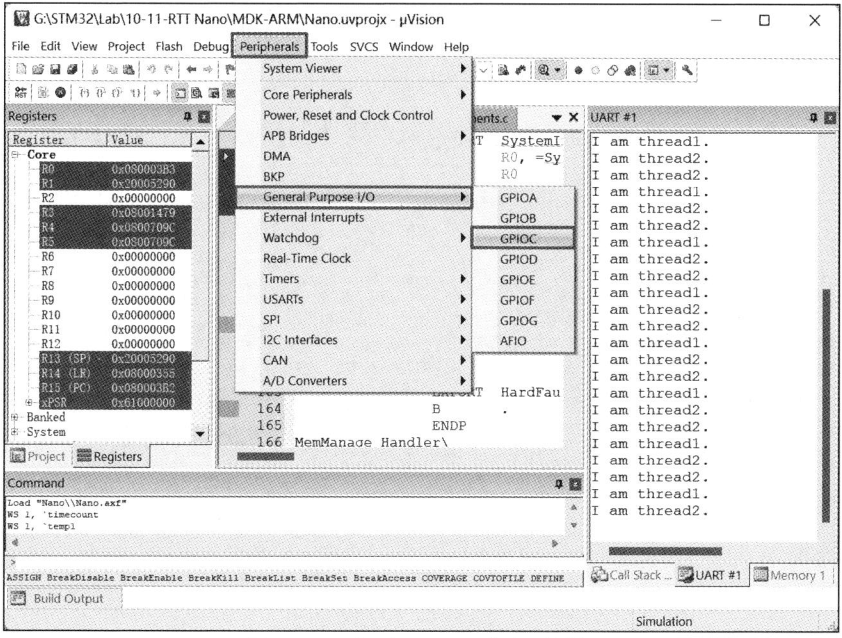

图 10-11　打开 GPIOC 仿真对话框

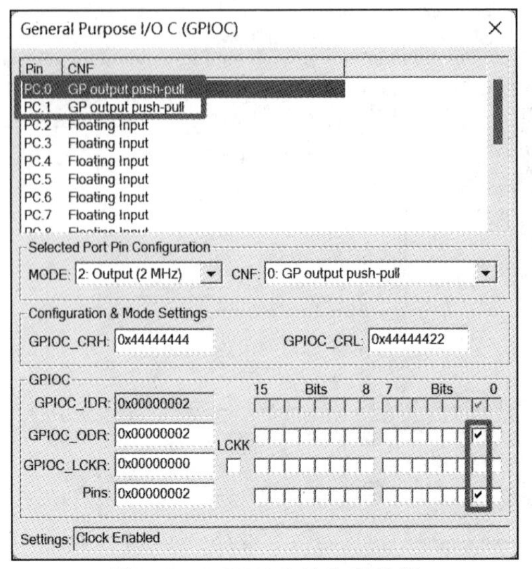

图 10-12　GPIOC 的仿真结果

10.3　RT-Thread 的启动流程

10.3.1　扩展 main

RT-Thread 的启动流程与其他 RTOS 有所不同，许多 RTOS 的启动入口函数为 main，而 RT-Thread 在 main 函数运行之前，就已经进行了一系列的初始化工作，这些初始化操作主要针对 RT-Thread 内核和具体开发板，用户不需要干预这个启动流程。

RT-Thread 的启动流程主要应用了 MDK 的扩展功能符号\$Sub\$\$和\$Super\$\$，如果需要在原函数运行前先执行一些代码，但又不修改原函数，这时就可以使用这两个符号。符号\$Sub\$\$用来替代原始的函数，符号\$Super\$\$用来直接调用原始函数，如下面的代码在每次调用 test()函数时执行：\$Sub\$\$test()→\$Super\$\$test()→test()，代码如下：

```
extern int $Super$$test(void);
void test(void)                                   /* 原函数 */
{
    rt_kprintf("Test run.\r\n");
}

int $Sub$$test(void)                              /* 替代原函数被调用 */
{
    rt_kprintf("Run before test.\r\n");           /* 需要先执行的代码 */
    $Super$$test();                               /* 调用原函数 */
    return 0;
}
```

为了在进入 main 函数之前完成 RT-Thread 的系统功能初始化，给其添加前缀符号定义一个新功能函数\$Sub\$\$main，这样该新函数就可以在 main 函数运行前先执行，但又不需

要修改 main 函数。函数$Sub$$main 仅调用了 RT-Thread 规定的统一启动入口函数 rtthread_startup(),在文件 components.c 中定义,代码如下:

```
int  $Sub$$main(void)
{
    rtthread_startup();

    return 0;
}
```

函数 rtthread_startup 用于初始化硬件和系统内核对象,完成一系列需要在 main 之前进行的初始化操作,这样用户就可以不用去管这些系统初始化操作,将主要精力用于实现需求的功能模块。该函数的定义如下:

```
int rtthread_startup(void)
{
    rt_hw_interrupt_disable();

    rt_hw_board_init();                 /* 初始化与系统相关的硬件、系统组件、系统堆内存等 */
    rt_show_version();                  /* 打印 RT-Thread 版本信息 */
    rt_system_timer_init();             /* 初始化系统定时器队列链表 */
    rt_system_scheduler_init();         /* 调度器初始化 */
    rt_application_init();              /* 创建一个名为 main 的主线程 */
    rt_system_timer_thread_init();      /* 软件定时器线程初始化 */
    rt_thread_idle_init();              /* 空闲线程初始化 */
    rt_system_scheduler_start();        /* 启动调度器,系统切换到第一个线程开始运行 */

    return 0;                           /* 程序永远不会执行到此行 */
}
```

10.3.2 进入 main

在函数 rtthread_startup 中调用的函数 rt_application_init 会创建一个系统线程 main,在该线程中初始化 RT-Thread 组件,并调用函数$Super$$main,从而执行主函数 main,代码如下:

```
void main_thread_entry(void * parameter)        /* 系统线程 main 的入口函数 */
{
    rt_components_init();                       /* RT-Thread 组件初始化 */
    $Super$$main();                             /* 调用主函数 main */
}
```

主函数 main 是 RT-Thread 的用户代码入口,用户可以在其中添加自己的功能代码。

总结一下 RT-Thread 的启动流程:系统先从启动文件开始运行,然后调用函数$Sub$$main,执行启动函数 rtthread_startup,在其中调用函数 rt_application_init 创建系统线程 main,在线程的入口函数 main_thread_entry 中调用函数$Super$$main,即执行用户函数 main,如图 10-13 所示。

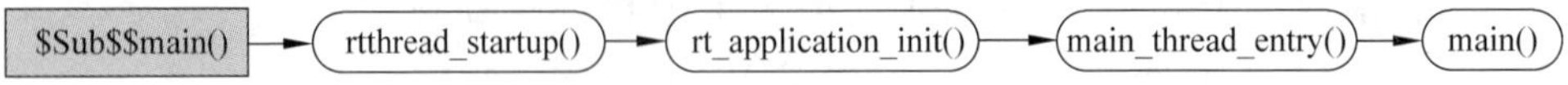

$Sub$$main() → rtthread_startup() → rt_application_init() → main_thread_entry() → main()

图 10-13 主线程的调用过程

10.4 RT-Thread 的线程管理

10.4.1 线程与线程管理

通常在完成一项较复杂的任务时，会把它拆分为许多个小任务，通过完成这些小任务，最终达到完成大任务的目的，在 RT-Thread 中与上述小任务对应的程序实体就是线程，线程是最基本的调度单位。高效的线程管理是使用 RT-Thread 的一个重要原因，线程管理的主要功能是调度线程，即从多个就绪线程中找到合适的线程交给 CPU 去运行，四类比较常见的线程调度场景如下：

（1）对于不同优先级的线程，采用抢占式调度，高优先级的就绪线程总是抢占低优先级线程的 CPU 使用权，保证系统的实时性。

（2）对于同等优先级的线程，采用时间片轮转式调度，每个线程都规定了执行的时间片数量，时间片消耗完后切换到另外一个相同优先级的线程。

（3）当前线程因等待某个资源而挂起时，会主动放弃 CPU 使用权，调度器将选择已经就绪的最高优先级线程运行。

（4）若中断服务程序使一个更高优先级的线程满足运行条件，中断完成后，被中断的线程被挂起，优先级高的线程开始运行。

在上述场景下，RT-Thread 寻找就绪状态的具有最高优先级线程的时间是恒定的。

10.4.2 组成线程的三要素

线程是实现任务的载体，描述了一个任务执行的运行环境，主要由三部分组成，即线程控制块、线程栈和入口函数，这三部分称为线程三要素。如图 10-14 所示，线程在表现形式上是一个无限循环的函数（入口函数），每个线程必须有单独的线程控制块和线程栈，但多个线程可以共用一个入口函数。

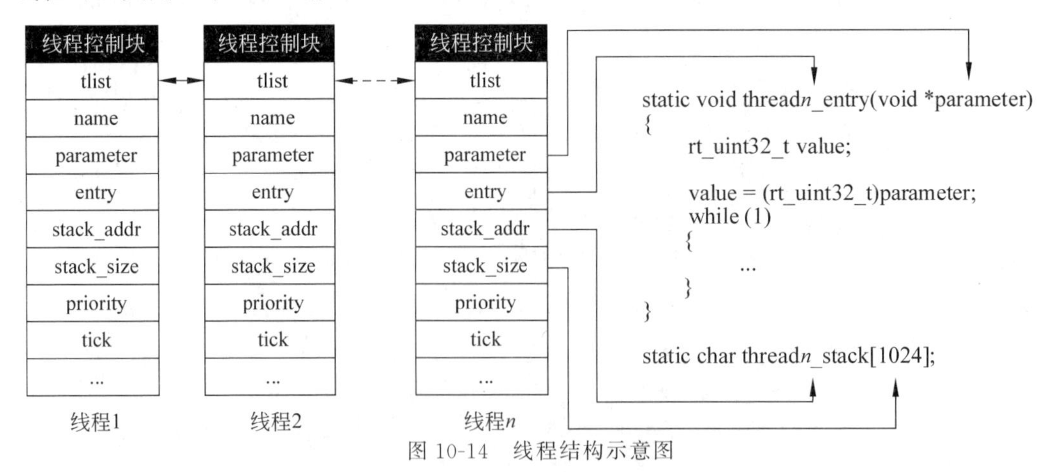

图 10-14 线程结构示意图

1. 线程控制块

线程控制块是操作系统管理线程的基本数据结构，是线程的“身份证”，存放线程的所有信息，例如线程名称、入口函数指针、优先级等，对线程的所有操作均可以通过这个线程控制块来实现，线程控制块用结构体 rt_thread 定义，定义如下：

```
struct rt_thread
{
    char            name[RT_NAME_MAX];              /* 线程名称 */
    rt_uint8_t      type;                           /* 对象类型 */
    rt_uint8_t      flags;                          /* 标志位 */

    rt_list_t       list;                           /* 对象列表 */
    rt_list_t       tlist;                          /* 线程链表 */

    void            * sp;                           /* 栈指针 */
    void            * entry;                        /* 入口函数的指针 */
    void            * parameter;                    /* 入口函数的参数 */
    void            * stack_addr;                   /* 栈指针 */
    rt_uint32_t     stack_size;                     /* 栈大小 */

    rt_err_t        error;                          /* 线程错误代码 */
    rt_uint8_t      stat;                           /* 线程状态 */

    rt_uint8_t      current_priority;               /* 当前优先级 */
    rt_uint8_t      init_priority;                  /* 初始优先级 */
    rt_uint32_t     number_mask;
    rt_uint32_t     event_set;                      /* 事件集 */
    rt_uint8_t      event_info;

    rt_ubase_t      init_tick;                      /* 线程初始化计数值 */
    rt_ubase_t      remaining_tick;                 /* 线程剩余计数值 */

    struct rt_timer thread_timer;                   /* 内置线程定时器 */

    void( * cleanup)(struct rt_thread * tid);       /* 线程退出清除函数 */
    rt_uint32_t user_data;                          /* 用户数据 */
};
typedef struct rt_thread  * rt_thread_t;
```

在线程运行过程中，当前优先级 current_priority 可能会被系统改变，而在创建线程时指定的初始优先级 init_priority 不会被改变，除非用户执行线程控制函数调整线程优先级。回调函数 cleanup 执行用户设置的清理现场等工作，在线程退出时被空闲线程回调。成员 user_data 可由用户挂接一些数据信息到线程控制块中。

2. 线程栈

为什么要定义线程栈呢？因为在多线程系统中，每个线程都是独立的，都需要有自己的线程栈，线程栈是线程切换后能够恢复运行的关键。线程执行时的运行环境（又称为上下文环境，context）具体来说就是各个变量和数据，包括所有的寄存器变量、堆栈和内存信息等，当调度器调度线程切换时，会把当前线程的上下文信息保存到它的线程栈中，当再次切回到这个线程运行时，调度器从栈中读取上下文信息，将该线程的上下文信息恢复，这样就保证了单个任务像是以独占CPU的方式运行而不丢失数据。线程栈还用来存放线程函数中定义的局部变量。

线程栈在形式上是一段连续的内存空间，可以是预先定义的一个全局数组，也可以是动态分配的一段内存空间。

3. 入口函数

实时系统通常总是在等待外界事件的发生，然后进行相应的处理，因此实时系统中的线程通常是被动式的。线程控制块中的entry是线程的入口函数指针，指向线程实现功能的函数，入口函数由用户自己设计，一般有以下两种代码形式。

(1) **无限循环模式**：线程一直被系统循环调度运行，永不删除，入口函数的代码形式如下。

```
void thread_entry(void * paramenter)
{
    while (1)
    {
        /* 等待事件的发生 */
        /* 对事件进行处理 */
    }
}
```

线程看似没有限制程序执行的因素，似乎所有的操作都可以执行，其实不然，作为一个优先级明确的实时系统，如果一个线程中的代码陷入了死循环操作，那么比它优先级低的线程都将不能够执行。所以在RTOS中要注意不能让线程陷入死循环操作，必须要有让出CPU使用权的动作，比如在循环中调用延时函数或者主动挂起。

(2) **顺序执行或者有限次循环模式**：线程不会永久循环，是"一次性"线程，一定会被执行完毕，然后会被系统自动删除或者脱离。在顺序执行模式下，入口函数的代码形式如下：

```
static void thread_entry(void * parameter)
{
    /* 处理事务 #1 */
    …
    /* 处理事务 #2 */
    …
    /* 处理事务 #3 */
}
```

10.4.3 线程的重要属性

1. 线程状态

在系统运行的过程中，同一时间内只允许有一个线程在处理器中运行。从线程运行的过程上划分，RT-Thread的线程有五种状态，运行时会自动根据线程运行的情况来动态调整，如图10-15所示。

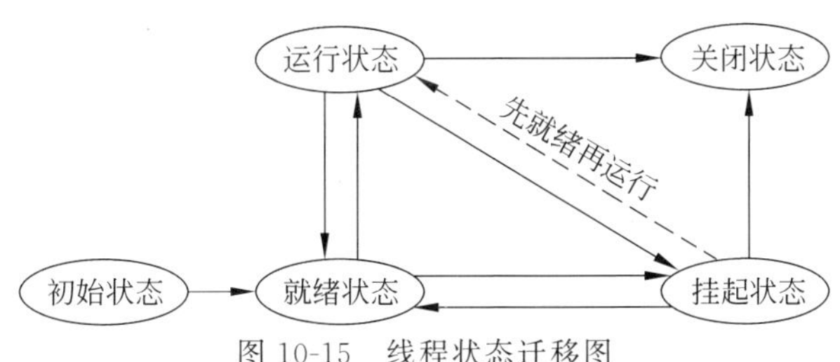

图 10-15 线程状态迁移图

初始状态：线程刚被创建还没有开始运行时的状态，此时线程也不参与调度。

就绪状态：线程已经具备运行条件，按照优先级排队，等待被执行。一旦当前线程运行完毕并让出处理器，系统会马上寻找最高优先级的就绪状态线程运行。

运行状态：线程正在占用 CPU 运行的状态。

挂起状态：也称阻塞状态，线程可能因为资源不可用而挂起等待，或线程主动延时一段时间而挂起，此时线程也不参与调度。

关闭状态：线程运行结束时，处于关闭状态。

RT-Thread 提供了一系列的操作系统调用接口(函数)，调用这些接口使得线程的状态在五种状态之间来回切换，从应用的角度出发，学习嵌入式 OS，实质上就是在学习这些函数的用法。

2. 线程优先级

线程优先级用来表示线程被调度的优先程度。每个线程都具有优先级，线程越重要，被赋予的优先级就应该越高，这样线程被调度的可能性才会越大。

RT-Thread 最多支持 256 个线程优先级(0～255)，优先级数值越小，优先程度越高，最高为 0，最低优先级默认分配给空闲线程使用，用户一般不使用。如果系统资源不足，可以根据实际情况在系统配置中选择 8 个或 32 个优先级，对于 Cortex-M3 系列单片机，普遍采用 32 个优先级。

3. 线程的时间片

优先级相同的线程采用时间片轮转的方式进行调度。线程创建时会指定时间片参数，该参数仅对具有相同优先级的就绪状态线程有效，用来限制线程单次运行的最长时间，单位是一个系统节拍(OS Tick)。当这个时间片运行结束后，调度器自动选择下一个就绪状态的相同优先级线程运行。

如图 10-16 所示，若有三个具有相同优先级的就绪状态线程 A、B 和 C，它们的时间片分别设置为 1、2 和 3，如果系统中不存在更高优先级的就绪状态线程，系统将在这三个线程间来回切换执行，线程的不同时间片长度意味着不同的运行时间占空比。

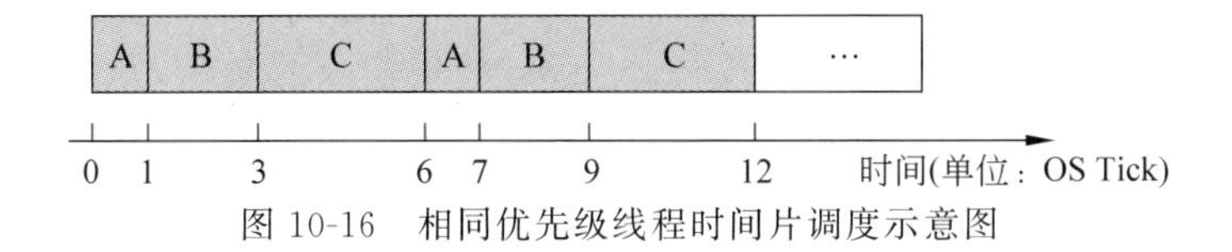

图 10-16 相同优先级线程时间片调度示意图

注意：在 RTOS 中，一般要求程序的运行逻辑是可预测的，按照时间片轮转的调度方式设计业务逻辑会增加系统的复杂性，所以线程使用相同优先级的情况并不多。

10.4.4 默认启动的线程

RT-Thread 系统中总共存在两类线程，即系统线程和用户线程，前者由内核创建，后者由应用程序创建。当系统开启 shell 功能后，初始化系统时将默认启动三个线程，即主线程 main、空闲线程 tidle 和线程 tshell，主线程 main 和空闲线程 tidle 属于系统线程，线程 tshell 是在初始化 FinSH 命令行组件时创建，属于用户线程。

如图 10-17 所示，在 msh 中输入“ps”命令查看系统所有线程的信息。图中主线程 main 的优先级最高，为 10，处于挂起状态；线程 tshell 的优先级，为 21；空闲线程 tidle 的优先级最低，为 31。

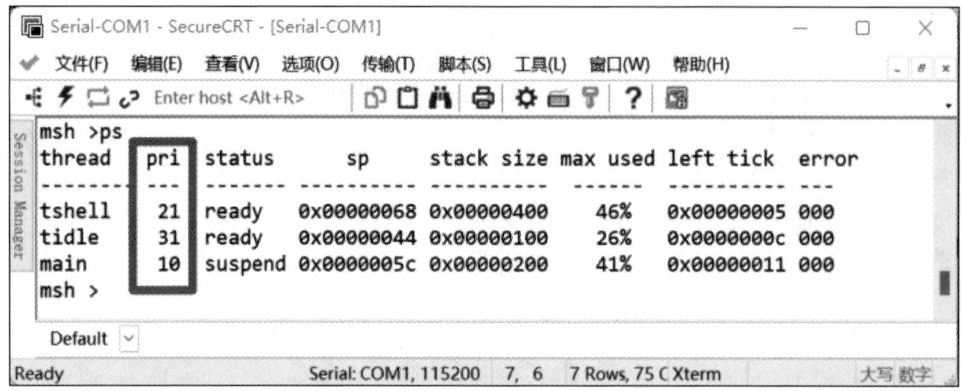

图 10-17 查看系统中的线程信息

1. 主线程 main

RT-Thread 启动时会创建主线程 main（见 10.3 节）。主线程 main 的优先级为 RT_THREAD_PRIORITY_MAX/3。系统调度器启动后，主线程 main 就开始运行，用户的应用入口函数 main 就是从这里开始运行的。

2. 空闲线程 tidle

空闲线程是系统创建的一个必不可少的特殊线程，永远为就绪状态，具有最低优先级（RT_THREAD_PRIORITY_MAX－1）。当系统中没有其他就绪线程时，空闲任务就会运行，保证系统至少有一个线程在运行。它通常是一个死循环，且永远不会被挂起，但可以被其他高优先级线程抢占。

空闲线程有着特殊的用途，如可以回收被删除线程的资源，也可以运行用户设置的钩子函数，用于钩入功耗管理、看门狗喂狗等工作。

3. 线程 tshell

在 shell.c 文件中创建的线程 tshell，其主要工作是不断获取在控制台中输入的字符，如果获取到'\r'或'\n'字符，则调用系统函数 msh_exec 解析输入的命令，并寻找是否有相对应的指令。如果没有，则打印命令出错提示“command not found”；如果有，则调用函数 cmd_func 执行该指令。

注意：当在控制台输入命令后，启动的函数在 tshell 线程中运行。

10.4.5　线程管理 API 函数

1. 动态线程创建 rt_thread_create

函数 rt_thread_create 说明如表 10-1 所示。

表 10-1　函数 rt_thread_create 说明

函数原型	rt_thread_t rt_thread_create(const char * name,　　/ * 线程名称 * / void(* entry)(void * parameter),　　/ * 线程的入口函数 * / void　* parameter,　　/ * 线程入口函数的参数 * / rt_uint32_t stack_size,　　/ * 线程栈大小,单位是字节 * / rt_uint8_t　priority,　　/ * 线程的优先级 * / rt_uint32_t tick);　　/ * 时间片大小,单位是时钟节拍 * /
功能描述	创建动态线程。从动态堆内存中分配线程句柄,按照参数指定的栈大小从动态堆内存中分配相应的栈空间
返回值	线程句柄:线程创建成功
	RT_NULL:线程创建失败
注意事项	线程名称的最大长度由宏 RT_NAME_MAX(值为 8)指定,超出部分会被自动截掉

应用示例	rt_thread_t tid = RT_NULL;
	
	tid = rt_thread_create("thread", thread_entry, (void *)1, 512, 25, 5);

2. 动态线程删除 rt_thread_delete

函数 rt_thread_delete 说明如表 10-2 所示。

表 10-2　函数 rt_thread_delete 说明

函数原型	rt_err_t rt_thread_delete(rt_thread_t thread);
功能描述	删除动态线程。线程对象会被移出线程队列并从内核对象管理器中删除,占用的堆栈空间也会被释放
输入参数	thread:待删除的线程句柄
返回值	RT_EOK:删除线程成功
	-RT_ERROR:删除线程失败
注意事项	该函数操作的对象是由 rt_thread_create 创建的句柄,执行时仅把相应的线程状态更改为关闭状态,真正的删除动作(释放线程控制块和释放线程栈)需要在下一次空闲线程执行时完成

应用示例	if (rt_thread_delete(tid) == RT_EOK)
	{
	　tid = RT_NULL;
	　rt_kprintf("线程 thread 删除成功\r\n");
	}

3. 静态线程初始化 rt_thread_init

函数 rt_thread_init 说明如表 10-3 所示。

表 10-3　函数 rt_thread_init 说明

函数原型	rt_err_t rt_thread_init(struct rt_thread * thread, /* 线程句柄 */ const char * name, /* 线程的名称 */ void(* entry)(void * parameter), /* 线程的入口函数 */ void * parameter, /* 线程入口函数的参数 */ void * stack_start, /* 线程栈的起始地址 */ rt_uint32_t stack_size, /* 线程栈大小，单位是字节 */ rt_uint8_t priority, /* 线程的优先级 */ rt_uint32_t tick); /* 时间片大小，单位是时钟节拍 */
功能描述	初始化静态线程对象
返回值	RT_EOK：线程初始化成功
注意事项	需由用户定义线程对象和分配栈空间，在编译时就被确定和处理，内核不负责动态分配内存空间。用户提供的栈首地址需做系统对齐，例如 ARM 上需要做 4 字节对齐
应用示例	static char td_stack[1024]; static struct rt_thread td; rt_thread_init(&td, "thread", td_entry, RT_NULL, &td_stack[0], sizeof(td_stack), 20, 5);

4. 静态线程脱离 rt_thread_detach

函数 rt_thread_detach 说明如表 10-4 所示。

表 10-4　函数 rt_thread_detach 说明

函数原型	rt_err_t rt_thread_detach(rt_thread_t thread);
功能描述	脱离一个静态线程。线程对象将会被移出线程队列，并从内核对象管理器中脱离
输入参数	thread：待脱离的线程句柄
返回值	RT_EOK：脱离线程成功
	-RT_ERROR：脱离线程失败
注意事项	该函数操作的对象是使用函数 rt_thread_init 初始化的线程控制块。线程运行结束，自动设置为关闭状态

应用示例	if (rt_thread_detach(&td) == RT_EOK)
	{
	rt_kprintf("线程 thread 脱离成功\r\n");
	}

5. 启动线程 rt_thread_startup

函数 rt_thread_startup 说明如表 10-5 所示。

表 10-5　函数 rt_thread_startup 说明

函数原型	rt_err_t rt_thread_startup(rt_thread_t thread);
功能描述	让创建/初始化成功的线程进入就绪状态，并将它放到相应优先级队列中等待调度

续表

输入参数	thread：待启动的线程句柄
返回值	RT_EOK：线程启动成功
	-RT_ERROR：线程启动失败
注意事项	如果新启动的线程优先级比当前线程优先级高，系统将立刻切换到这个新线程
应用示例	if (tid ! = RT_NULL) rt_thread_startup(tid);

6. 线程睡眠

常用的三个线程睡眠函数说明如表 10-6 所示。

表 10-6　线程睡眠函数说明

函数原型	rt_err_t rt_thread_sleep(rt_tick_t tick);　　/ * 睡眠时间以 1 个 OS Tick 为单位 * /
	rt_err_t rt_thread_delay(rt_tick_t tick);　　/ * 睡眠时间以 1 个 OS Tick 为单位 * /
	rt_err_t rt_thread_mdelay(rt_int32_t ms);　　/ * 睡眠时间以 1ms 为单位 * /
功能描述	使当前运行的线程延迟一段指定的时间，当前线程会被阻塞并让出 CPU 资源。当指定的时间到达后，线程会被唤醒并再次进入就绪状态
输入参数	tick/ms：线程睡眠的时间
返回值	RT_EOK：操作成功
应用示例	thread_mdelay(100);　　/ * 线程睡眠 100ms * /

10.4.6　线程管理示例

示例代码(在文件"thread_sample.c"中)创建了两个具有相同优先级(为 25)的动态线程 thread1 和 thread2，它们以时间片轮转调度方式运行，同时共用一个无限循环模式的入口函数，每隔一段时间运行一次并打印计数值，通过调用睡眠函数 rt_thread_mdelay 让出 CPU 使用权；还初始化了一个较高优先级(24)的静态线程 thread3，它会抢占线程 thread1 和 thread2 优先运行，是一次性线程，输出 10 次信息后被系统脱离。具体的代码如下：

```
#include <rtthread.h>

#define THREAD_PRIORITY       25                    /* 线程优先级 */
#define THREAD_STACK_SIZE     512                   /* 线程栈大小 */
#define THREAD_TIMESLICE      5                     /* 线程时间片 */

/* 动态线程 thread1、thread2 的共用入口函数 */
static void thread_entry(void * parameter)
{
    rt_uint32_t count = 0, value;

    value = (rt_uint32_t)parameter;               /* 入口函数参数 */
    while (1)
    {
```

```
        rt_kprintf("thread%d is running, count = %d\n", value, count);
        count += value;
        rt_thread_mdelay(500);
    }
}

ALIGN(RT_ALIGN_SIZE)
static char thread3_stack[1024];                    /* 线程栈 */
static struct rt_thread thread3;                    /* 线程控制块 */

/* 静态线程 thread3 的入口函数 */
static void thread3_entry(void * param)
{
    rt_uint32_t count = 0;

    /* 线程 3 拥有较高的优先级,会抢占线程 1、2 而优先运行 */
    for (count = 0; count < 10; count++)
        rt_kprintf("thread3 count: %d\n", count);

    rt_kprintf("thread3 exit\n");
}

int thread_sample(void)
{
    static rt_thread_t tid = RT_NULL;

    /* 创建线程 thread 1 */
    tid = rt_thread_create("thread1", thread_entry, (void *)1,
            THREAD_STACK_SIZE, THREAD_PRIORITY, THREAD_TIMESLICE);
    if (tid != RT_NULL)
        rt_thread_startup(tid);

    /* 创建线程 thread 2 */
    tid = RT_NULL;
    tid = rt_thread_create("thread2", thread_entry, (void *)2,
            THREAD_STACK_SIZE,THREAD_PRIORITY, THREAD_TIMESLICE);
    if (tid != RT_NULL)
        rt_thread_startup(tid);

    /* 初始化线程 thread3 */
    rt_thread_init(&thread3, "thread3", thread3_entry, RT_NULL,
            &thread3_stack[0], sizeof(thread3_stack),
            THREAD_PRIORITY - 1, THREAD_TIMESLICE);
    rt_thread_startup(&thread3);

    return 0;
}

MSH_CMD_EXPORT(thread_sample, thread sample);    /* 导出到 msh 命令列表中 */
```

注意：线程 thread1、thread2 之所以可以共用入口函数，这是因为它们都有自己的线程栈，在调用同一个入口函数时，会将入口函数的参数及局部变量复制到它们的线程栈中，从而实现函数重入。

按照 10.2.3 节介绍的 MDK 软件仿真方法运行本示例，使用控制台 UART #1 作为 msh 终端。在终端输入"thread_sample"命令后，线程 thread3 先运行，当其计数从 0 到 9 后执行完毕，然后线程 thread1 和 thread2 不断交叉运行，它们打印的计数值相差 1 倍，仿真运行结果如下：

```
 \ | /
- RT -     Thread Operating System
 / | \     3.1.5 build Dec 22 2022
2006 - 2020 Copyright by rt-thread team
Hello RT-Thread Nano.
msh >thread_sample
msh >thread3 count: 0
thread3 count: 1
thread3 count: 2
thread3 count: 3
thread3 count: 4
thread3 count: 5
thread3 count: 6
thread3 count: 7
thread3 count: 8
thread3 count: 9
thread3 exit
thread1 is running, count = 0
thread2 is running, count = 0
thread1 is running, count = 1
thread2 is running, count = 2
thread1 is running, count = 2
thread2 is running, count = 4
thread1 is running, count = 3
thread2 is running, count = 6
thread1 is running, count = 4
thread2 is running, count = 8
thread1 is running, count = 5
thread2 is running, count = 10
thread1 is running, count = 6
thread2 is running, count = 12
…
```

为了加深对本示例代码的理解，下面分析一下它的运行流程：

(1) 在控制台输入"thread_sample"命令后，函数 thread_sample 在线程 tshell(优先级为 21)中运行：创建动态线程 thread1 和 thread2，初始化静态线程 thread3。这三个线程都处于就绪状态，由于线程 tshell 的优先级比它们高，它们都不能运行。

(2) 函数 thread_sample 执行完毕后，线程 tshell 被挂起，在操作系统的调度下，优先级较高的线程 thread3 开始运行。

(3) 线程 thread3 计数到一定值后执行完毕,系统自动脱离线程 thread3。

(4) 低优先级的线程 thread1 和 thread2 以时间片轮转调度方式运行,输出计数信息之后,调用延时函数 rt_thread_mdelay 将自己挂起。

(5) 由于系统中没有优先级更高的就绪线程,系统开始执行空闲线程。

(6) 延时时间到,再次执行线程 thread1 和 thread2。

(7) 不断循环执行步骤(4)~步骤(6)。

10.4.7 线程管理应用小结

在使用 RT-Thread 进行多线程应用开发的时候,需要注意以下一些事项:

(1) 抢占式调度器能够保证就绪队列里,最高优先级的线程总能获得 CPU 的使用权,因此在创建线程时,要充分考虑各个线程的优先级,越重要的线程,分配的优先级越高。

(2) 每个线程都有独立的线程栈,用来保存线程调度时的上下文信息,因此在创建线程时,还要充分考虑线程栈空间的大小。

(3) 通过动态方式创建的线程,需要设置好系统内存堆的大小;而通过静态方式创建的线程,线程栈和线程句柄在程序编译的时候就已经确定好了,之后不能被动态分配和释放。

(4) 在线程的循环体里要设置某些条件,在必要的时候主动让出 CPU 的使用权,特别是对于高优先级的线程,否则可能会导致低优先级的线程永远不会被调度执行。

(5) 大多数线程都是在不断循环执行的,无须进行删除,一般不推荐主动删除线程。

(6) 一次性线程执行完毕后,资源的回收是在空闲线程里面进行的,线程变为关闭状态后,不代表资源马上被回收。

10.5 RT-Thread 的时钟管理

RT-Thread 的时钟管理包含两部分:第一部分是操作系统中最小的时间单位(时钟节拍,OS Tick),任何操作系统都需要一个时钟节拍以便处理所有和时间有关的事件;第二部分是基于时钟节拍的软件定时器。

10.5.1 RT-Thread 的时钟节拍

时钟节拍是特定的周期性中断,通常被称为系统心跳,这个系统心跳是通过一个硬件定时器提供的,定时时间一般为 1~100ms。时钟节拍频率越高,系统的实时响应越快,但是系统的额外开销就越大。

系统使用 SysTick 中断实现时钟节拍,10.2.1 节介绍了调整时钟节拍周期的方法,默认配置周期为 1ms。每次 SysTick 中断发生时,会间接调用函数 rt_tick_increase 通知操作系统已经过去一个时钟节拍,代码如下:

```
void rt_os_tick_callback(void)
{
    rt_interrupt_enter();                    /* 通知内核进入中断状态 */
    rt_tick_increase();                      /* 通知内核已过去一个时钟节拍 */
    rt_interrupt_leave();                    /* 通知内核离开中断状态 */
}
```

```
void SysTick_Handler()
{
    rt_os_tick_callback();
}
```

在函数 rt_tick_increase 中，将用来记录时钟节拍的全局变量 rt_tick 的值加 1，并检查当前线程的时间片是否用完，如果用完，则进行线程切换，最后检查是否有软件定时器超时，如果有，则执行对应的回调函数。

全局变量 rt_tick 的值表示了系统从启动开始到目前总共经过的时钟节拍数(即系统时间)，可以调用系统函数 rt_tick_get 获取，该函数代码如下：

```
rt_tick_t rt_tick_get(void)
{
    return rt_tick;                                       /* 返回总的时钟节拍数 */
}
```

10.5.2 RT-Thread 的软件定时器

在嵌入式系统中，定时器可以分为硬件定时器和软件定时器。

(1) **硬件定时器**：芯片提供的定时功能，定时精度较高，可以达到纳秒级别，以中断方式触发，但是定时器的数量有限，本书讲解 HAL 库开发时，使用的就是硬件定时器(STM32F103VE 片内集成了 8 个硬件定时器)。

(2) **软件定时器**：操作系统提供的以硬件定时器为基础的一类系统接口，不限数量，通常以时钟节拍(OS Tick)为单位，但是相较于硬件定时器，定时精度较差，且定时数值必须是时钟节拍的整数倍。

下面将从定时器控制块、定时器的超时函数和定时器的工作模式三方面介绍 RT-Thread 的软件定时器。

1. 软件定时器控制块

软件定时器控制块是 RT-Thread 管理定时器的一个数据结构，由结构体 rt_timer 定义，具体的定义如下：

```
struct rt_timer
{
    struct rt_object parent;
    rt_list_t    row[RT_TIMER_SKIP_LIST_LEVEL];   /* 定时器队列链表节点 */

    void( * timeout_func)(void * parameter);       /* 定时器超时调用的回调函数 */
    void         * parameter;                      /* 超时函数的参数 */

    rt_tick_t    init_tick;                        /* 定时器初始超时节拍数 */
    rt_tick_t    timeout_tick;                     /* 定时器实际超时时的节拍数 */
};
typedef struct rt_timer * rt_timer_t;
```

2. 软件定时器的超时函数

定时器的作用是在经过指定的时间后，使系统能够自动执行用户设定的动作，也就是执行超时函数。每经过一个时钟节拍，RT-Thread 将依次检查系统中运行的软件定时器，当发现某个定时器设定的定时时间到了时，就会调用该定时器的超时函数。超时函数在创建定时器时由用户自己定义，可将需要定时执行的代码放在超时函数中处理。

3. 软件定时器的工作模式

根据触发模式，RT-Thread 提供了两类软件定时器机制：

（1）**单次触发定时器**：启动后只会触发一次定时器事件，然后定时器自动停止。

（2）**周期触发定时器**：会周期性触发定时器事件，直到用户手动停止，否则将永远持续执行下去。

根据超时函数执行时所处的上下文环境，RT-Thread 的软件定时器又分为 HARD_TIMER 模式和 SOFT_TIMER 模式：

（1）**HARD_TIMER 模式**：超时函数在中断的上下文环境中执行，在创建/初始化定时器时使用参数 RT_TIMER_FLAG_HARD_TIMER 来指定该模式，是系统默认的工作方式。

该模式下的超时函数是在 SysTick 的中断函数中执行，因此要求执行时间尽量短，执行时不能挂起线程，不能去申请或释放动态内存，否则会导致其他中断的响应时间变长或占用其他线程执行的时间。

（2）**SOFT_TIMER 模式**：超时函数在线程的上下文环境中执行，在创建/初始化定时器时使用参数 RT_TIMER_FLAG_SOFT_TIMER 来指定该模式，默认不开启。

在该模式下，系统初始化时会创建一个 timer 线程，超时函数都会在 timer 线程的上下文环境中执行。

注意：系统配置宏定义 RT_USING_TIMER_SOFT 决定了是否启用 SOFT_TIMER 模式。

10.5.3 软件定时器管理 API 函数

从 RT-Thread 的启动流程可知，系统在进入函数 main 之前调用了函数 rtthread_startup，在该函数中调用了下面两个函数初始化软件定时器：

```
void rt_system_timer_init(void);        /* 定时器系统初始化 */
/* 定时器线程初始化,启用 SOFT_TIMER 模式 */
void rt_system_timer_thread_init(void);
```

1. 创建动态定时器 rt_timer_create

函数 rt_timer_create 说明如表 10-7 所示。

表 10-7 函数 rt_timer_create 说明

<table>
<tr><td>函数原型</td><td>rt_timer_t rt_timer_create(const char * name, /* 定时器名称 */
void(* timeout)(void * parameter), /* 定时器超时函数指针 */
void * parameter, /* 定时器超时函数的入口参数 */
rt_tick_t time, /* 定时器的超时时间，单位是时钟节拍 */
rt_uint8_t flag); /* 定时器创建时的参数 */</td></tr>
</table>

续表

功能描述	创建动态定时器。从动态内存堆中分配一个定时器控制块,然后初始化该控制块
输入参数	参数 flag 可以用“或”关系取以下多个值： • #define RT_TIMER_FLAG_ONE_SHOT 0x0：单次定时器 • #define RT_TIMER_FLAG_PERIODIC 0x2：周期定时器 • #define RT_TIMER_FLAG_HARD_TIMER 0x0：HARD_TIMER 模式 • #define RT_TIMER_FLAG_SOFT_TIMER 0x4：SOFT_TIMER 模式
返回值	创建的定时器句柄：定时器创建成功
	RT_NULL：定时器创建失败
应用示例	rt_timer_t timer; /* 创建 10ms 的周期定时器 */ timer = rt_timer_create("timer",　　/* 定时器名字为 timer */ 　　key_scan,　　/* 超时时回调的处理函数 */ 　　RT_NULL,　　/* 超时函数的入口参数 */ 　　RT_TICK_PER_SECOND/100,　　/* 定时时间,以 OS Tick 为单位 */ 　　RT_TIMER_FLAG_PERIODIC | RT_TIMER_FLAG_SOFT_TIMER); 　　/* 周期性定时器 */

2. 删除动态定时器 rt_timer_delete

函数 rt_timer_delete 说明如表 10-8 所示。

表 10-8　函数 rt_timer_delete 说明

函数原型	rt_err_t rt_timer_delete(rt_timer_t timer);
功能描述	删除动态定时器,将其从 rt_timer_list 链表中删除,然后释放相应定时器控制块占有的内存
输入参数	timer：指向要删除的定时器句柄
返回值	RT_EOK：删除定时器成功
注意事项	如果定时器处于运行状态,则先停止定时器工作,然后从系统对象容器中删除定时器

应用示例	if (rt_timer_delete(timer) == RT_EOK)
	{
	　timer = RT_NULL;
	　rt_kprintf("定时器删除成功\r\n");
	}

3. 初始化静态定时器 rt_timer_init

函数 rt_timer_init 说明如表 10-9 所示。

表 10-9　函数 rt_timer_init 说明

函数原型	void rt_timer_init (rt_timer_t timer,　　/* 指向要初始化的定时器控制块 */ 　　const char * name,　　/* 定时器名称 */ 　　void(* timeout)(void * parameter),　　/* 定时器超时函数指针 */ 　　void * parameter,　　/* 定时器超时函数的入口参数 */ 　　rt_tick_t time,　　/* 定时器的超时时间,单位是时钟节拍 */ 　　rt_uint8_t flag);　　/* 定时器创建时的参数,详见创建动态定时器函数 */

续表

功能描述	初始化静态定时器，初始化相应的定时器控制块，包括定时器名称、定时器超时函数等
应用示例	struct rt_timer timer; rt_timer_init(&timer, "timer", timeout, RT_NULL, 10, RT_TIMER_FLAG_PERIODIC);

4. 脱离静态定时器 rt_timer_detach

函数 rt_timer_detach 说明如表 10-10 所示。

表 10-10　函数 rt_timer_detach 说明

函数原型	rt_err_t rt_timer_detach(rt_timer_t timer);
功能描述	脱离静态定时器。把定时器对象从内核对象容器中脱离，但是不会释放定时器对象所占用的内存
输入参数	timer：指向要脱离的定时器句柄
返回值	RT_EOK：定时器脱离成功
注意事项	如果定时器处于运行状态，则先停止定时器工作，然后从系统对象容器中脱离定时器

应用示例	if (rt_timer_detach(&timer) == RT_EOK)
	{
	  rt_kprintf("定时器脱离成功\r\n");
	}

5. 启动定时器 rt_timer_start

函数 rt_timer_start 说明如表 10-11 所示。

表 10-11　函数 rt_timer_start 说明

函数原型	rt_err_t rt_timer_start(rt_timer_t timer);
功能描述	启动定时器。更改定时器的状态为激活状态，并按照超时顺序插入定时器队列链表中
输入参数	timer：要启动的定时器句柄
返回值	RT_EOK：启动定时器成功
	-RT_ERROR：启动定时器失败
应用示例	rt_timer_start(timer);

6. 停止定时器 rt_timer_stop

函数 rt_timer_stop 说明如表 10-12 所示。

表 10-12　函数 rt_timer_stop 说明

函数原型	rt_err_t rt_timer_stop(rt_timer_t timer);
功能描述	停止定时器运行。更改定时器状态为停止状态，并从定时器队列链表中脱离出来，不再参与定时器超时检查
输入参数	timer：要停止的定时器句柄

续表

返回值	RT_EOK：停止定时器成功
	-RT_ERROR：定时器已经处于停止状态
应用示例	rt_timer_stop(timer)；

10.5.4 软件定时器应用示例

示例代码(在文件“timer_sample.c”中)创建了一个名称为 key_thread 的动态线程，用于处理按键事件，因此设置该线程具有较高的优先级(10)；还创建了一个动态周期性定时器 timer1(定时周期为 1000ms)。具体的代码如下：

```
#include <rtthread.h>
#include "key.h"
#include "seg.h"

static rt_timer_t timer1;                                    /* 定时器控制块 */
static int count = 0;

/* 六位数码管显示整数 n */
static void set_seg(int n)
{
    signed char i;
    unsigned char buf[6];                                    /* 存放整数 n 的 6 个位的数组 */

    /* 将 n 的 6 个位分别存入数组 */
    buf[0] = n % 10;
    buf[1] = (n / 10) % 10;
    buf[2] = (n / 100) % 10;
    buf[3] = (n / 1000) % 10;
    buf[4] = (n / 10000) % 10;
    buf[5] = (n / 100000) % 10;
    for (i = 5; i >= 1; i--)      /* 将整数 n 的高位 0 转换为空字符,在数码管上不显示 */
    {
        if (buf[i] == 0)
            seg_data_set(i, ' ');
        else
            break;
    }
    for (; i >= 0; i--)           /* 将剩下的有效数字位转换为显示字符 */
    {
        seg_data_set(i, buf[i]);
    }
}

/* 定时器 timer1 的超时函数 */
static void timeout(void * parameter)
{
```

```
    uint32_t ticks = (uint32_t)rt_tick_get();          /* 获取当前 ticks */
    rt_kprintf("count = %3d, os ticks = %d.\n", count, ticks);
    set_seg(count);                                    /* 在数码管上显示数字 count */

    count++;
}

static void key_entry(void *parameter)
{
    uint8_t ucKeyCode;

    rt_kprintf("Description: KEY1-Start counting;
               KEY2-Stop counting; KEY3-Count 0.\r\n");
    while (1)
    {
        ucKeyCode = key_get();                         /* 获取按键值 */
        if (ucKeyCode != KEY_NONE)
        {
            switch (ucKeyCode)
            {
            case KEY_DOWN_K1:                          /* KEY1 键按下 */
                rt_kprintf("K1 pressed,Start counting.\r\n");
                if (timer1 != RT_NULL)
                    rt_timer_start(timer1);            /* 启动定时器 timer1 */
                break;
            case KEY_DOWN_K2:
                rt_kprintf("K2 pressed,Stop counting.\r\n");
                rt_timer_stop(timer1);                 /* 停止定时器 timer1 */
                break;
            case KEY_DOWN_K3:
                rt_kprintf("K3 pressed,Count 0.\r\n");
                count = 0;                             /* 超时次数清零 */
                set_seg(0);
                break;
            default:                                   /* 其他的键值不处理 */
                break;
            }
        }

        rt_thread_mdelay(20);
    }
}

int timer_sample(void)
{
    static rt_thread_t key_thread_id = RT_NULL;

    seg_led_init(0, 0);                                /* 数码管初始化 */
    key_thread_id = rt_thread_create("key_thread", key_entry, RT_NULL,
                                     512, 10, 5);
```

```
    if (key_thread_id != RT_NULL)
        rt_thread_startup(key_thread_id);

    /* 创建周期性定时器 timer1 */
    timer1 = rt_timer_create("timer1", timeout, RT_NULL,
              RT_TICK_PER_SECOND, RT_TIMER_FLAG_PERIODIC);
    return 0;
}
MSH_CMD_EXPORT(timer_sample, timer sample);          /* 导出到 msh 命令列表中 */
```

周期性定时器 timer1 的超时函数 timeout 每 1000ms 执行一次，获取当前 ticks 的值（即程序启动后时钟节拍的累加和）并通过串口输出。全局变量 count 用于记录定时器的超时次数，并用数码管显示它的值。线程 key_thread 用于处理按键事件，每间隔 20ms 查询是否有按键被按下：若 KEY1 键被按下，则启动定时器；KEY2 键被按下，则停止定时器运行；KEY3 键被按下，则将变量 count 清零。

将代码下载到开发板，在控制台输入"timer_sample"命令，启动程序运行。如图 10-18 所示，周期性定时器 timer1 每间隔 1s 输出信息。可以观察到，变量 count 只在定时器超时的时候才会累加，而 os ticks 的值每秒增加 1000（RT-Thread Nano 的时钟节拍配置为 1ms），与定时器没有关系。

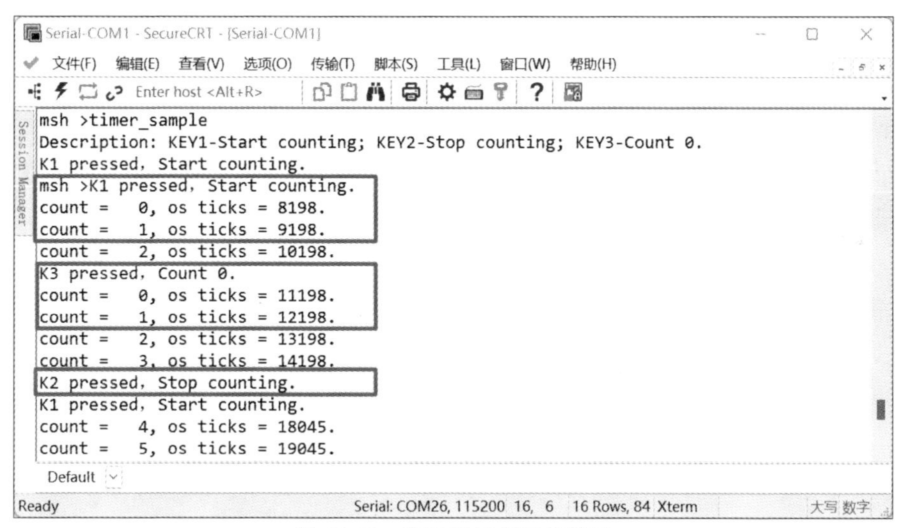

图 10-18 定时器示例运行结果

10.6 RT-Thread 内存管理

10.6.1 内存管理概述

内存是计算机中十分重要的资源，程序的指令、局部变量和全局变量都会在内存中存放，一般来说，可将其分为静态内存和动态内存。

（1）静态内存是在编译过程中将内存分配给程序，分配的内存不能改变大小，如初始化线程时用到的线程栈和线程句柄。因为内存是在程序执行前分配的，所以具有较强的实时性。

(2) 动态内存是在运行时分配,因为一些数据需要使用的内存大小要在程序运行时才能根据实际情况确定,如创建线程时要申请动态内存。标准 C 库中的分配(malloc)和释放(free)函数可以实现动态内存管理,但反复地分配与释放,容易产生内存碎片,且它们不是线程安全的,每次执行的时间还不同,因此限制了它们在嵌入式 OS 中使用。

相比通用 OS,嵌入式 OS 的内存管理有更严苛的要求,必须要有确定的分配内存时间,还要尽量减少在内存区域产生内存碎片。针对不同的系统资源和上层应用,RT-Thread 提供了两类内存分配管理算法,即动态内存堆管理与静态内存池管理,它们都需要先获得一块内存空间,当用户需要一块内存空间时,先向系统提出申请,然后系统选择一块合适的内存空间分配给用户,用户使用完毕后,再将该内存空间释放到相应的存储区,以便系统回收该内存空间。

10.6.2 内存堆管理之小内存管理

内存堆管理用于管理一段指定边界的连续的内存空间,在当前资源满足的情况下,可以分配任意大小的内存块,当使用这些内存块完毕后,再将它们释放回内存堆。根据应用程序需求和系统资源的差异,RT-Thread 提供了三种动态内存堆管理算法:小内存管理算法、slab 管理算法和 memheap 管理算法。本书主要介绍小内存管理算法,对于另外两种内存堆管理算法,请参考 RT-Thread 官网上的文档学习。

小内存管理算法之所以被称为“小”,是因为它更适合内存资源比较少,一般小于 2MB 内存空间的系统,是一种简单但应用最广泛的内存分配管理算法。

1. 内存堆初始化

使用内存堆管理功能前,需要开启宏定义 RT_USING_HEAP。本书配套开发板使用的系统在文件 board.c 中定义了一个 15KB 大小的数组作为内存堆空间使用,在初始化系统时调用函数 rt_system_heap_init 初始化该内存空间,代码如下:

```
#define RT_HEAP_SIZE (15 * 1024)                /* 内存堆大小为 15KB */
static rt_uint8_t rt_heap[RT_HEAP_SIZE];        /* 定义数组,用作内存堆空间 */

RT_WEAK void * rt_heap_begin_get(void)          /* 获取内存堆起始地址 */
{
    return rt_heap;
}

RT_WEAK void * rt_heap_end_get(void)            /* 获取内存堆结束地址 */
{
    return rt_heap + RT_HEAP_SIZE;
}

/* 以下代码片段在 rt_hw_board_init 函数中 */
#if defined(RT_USING_USER_MAIN) && defined(RT_USING_HEAP)
        rt_system_heap_init(rt_heap_begin_get(),
            rt_heap_end_get());                 /* 初始化内存堆 */
#endif
```

函数 rt_system_heap_init 将整个可用堆空间分割为两个内存块,这两个内存块通过数据头的双向链表进行连接：第一个内存块包括数据头和所有可用空间，它的链表指针 next 直接指向 heap_end；第二个内存块仅包括内存堆结束数据头 heap_end，无实际可用空间。全局空闲链表指针 lfree 始终指向第一个空闲内存块的数据头，方便分配内存时从这个空闲块开始遍历，如图 10-19 所示。

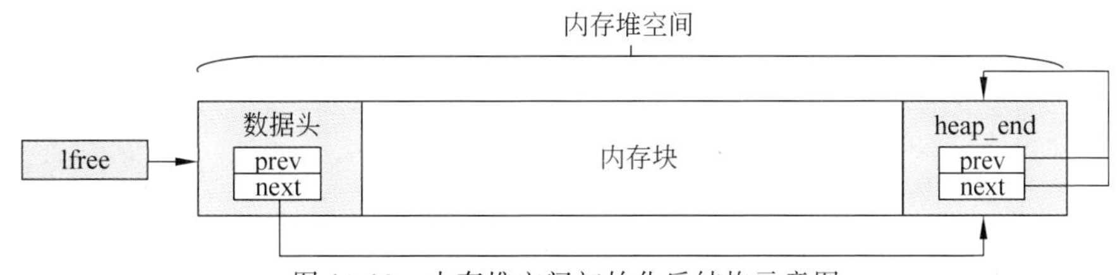

图 10-19　内存堆空间初始化后结构示意图

每个内存块都包含一个管理用的数据头，用于把内存块用双向链表连接起来，使用块和空闲块都在同一个链表中管理。数据头由结构体 heap_mem 表示，对于 Cortex-M3 芯片，该结构体的大小为 12 字节(数据类型 rt_size_t 为 4 字节)，定义如下：

```
#define HEAP_MAGIC 0x1ea0                          /* 魔数的值 */
struct heap_mem
{
    rt_uint16_t magic;                             /* 魔数,标识内存管理块的头部 */
    rt_uint16_t used;                              /* 内存块的分配状态 */

    rt_size_t next, prev;                          /* 用于双向链表的连接 */
};
```

2. 内存块的分配与释放

初始时内存堆是一块大的内存，当分配内存块时，从空闲内存指针 lfree 位置开始遍历，当找到一块足够大小的内存块时，从中分隔出一块相匹配的内存块，前半部分给调用程序使用，剩余的部分继续插入链表中，内存块使用完毕后，再将它还回到内存堆。

内存堆管理的表现主要体现在内存块的分配与释放上，下面举一个例子，如图 10-20 所示，每个内存块前面都有一个 12 字节的数据头，提供给用户使用内存的地址是数据头后的地址。

(1) 依次在初始化后的内存堆空间中分配 24、36 和 48 字节的内存块，空闲链表指针 lfree 指向第一个空闲内存块的起始地址。

(2) 释放 36 字节的内存块，内存的中间出现一块空闲的区域，lfree 指向该空闲内存块的数据头。

(3) 继续释放 24 字节的内存块，此时相邻的两个内存块都是空闲的，则将它们合并，并更新 lfree 指针。

(4) 申请 20 字节的内存块，分配时按照首次适配原则从链表中分配，此时要申请的空间可以在空闲区域里找到。如果此时申请 100 字节，就需要到后面大的未分配空间去分配。

从上述内存块的分配与释放过程可看出，小内存管理可以按需分配内存块，使用简单灵活，适合在申请和释放内存块不是太频繁的情况下使用。

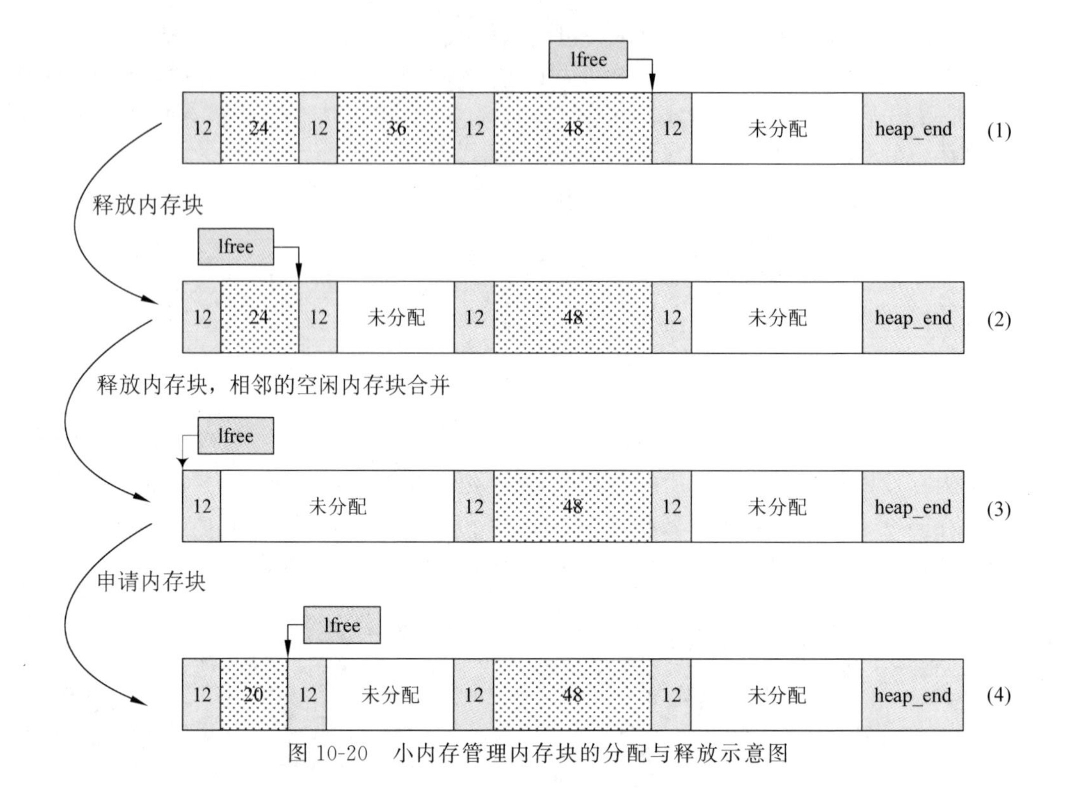

图 10-20　小内存管理内存块的分配与释放示意图

10.6.3　内存堆管理 API 函数

在 RT-Thread 运行时，只能选择三种动态内存堆管理算法之一使用，它们使用完全相同的 API 接口定义。

1. 初始化内存堆 rt_system_heap_init

函数 rt_system_heap_init 说明如表 10-13 所示。

表 10-13　函数 rt_system_heap_init 说明

函数原型	void rt_system_heap_init(void * begin_addr, /* 堆内存区域起始地址 */ void * end_addr); /* 堆内存区域结束地址 */
功能描述	把 begin_addr 和 end_addr 之间的内存空间作为内存堆来使用
应用示例	rt_system_heap_init(rt_heap_begin_get(), rt_heap_end_get());

2. 内存堆上分配内存块 rt_malloc

函数 rt_malloc 说明如表 10-14 所示。

表 10-14　函数 rt_malloc 说明

函数原型	void * rt_malloc(rt_size_t nbytes);
功能描述	从内存堆上分配用户指定大小的内存块
输入参数	nbytes：需要分配的内存块的大小，单位为字节

续表

返回值	分配的内存块地址：分配内存块成功
	RT_NULL：分配内存块失败
注意事项	应用程序使用完申请的内存块后，必须及时释放内存块，否则会造成内存泄露
应用示例	char * ptr = RT_NULL; /* 内存块指针 */ ptr = rt_malloc(1024); /* 分配 1024 字节的内存空间 */

3. 释放内存块 rt_free

函数 rt_free 说明如表 10-15 所示。

表 10-15 函数 rt_free 说明

函数原型	void rt_free(void * ptr);
功能描述	释放内存块，把待释放的内存还回到堆管理器中
输入参数	ptr：待释放的内存块指针
注意事项	应用程序使用完申请的内存块后，必须及时释放内存块，否则会造成内存泄露

应用示例	if (ptr != RT_NULL)
	{
	rt_free(ptr); /* 释放内存块 */
	ptr = RT_NULL;
	}

4. 其他内存堆管理 API 函数

若需要在已分配内存块的基础上重新配置内存块的大小(增加或缩小)，在重新分配内存块时，原来内存块中的数据将保持不变，但在缩小内存块大小的情况下，后面的数据会被自动截断，重新分配内存块函数原型如下：

```
void *rt_realloc(void *rmem, rt_size_t newsize);
```

若需要从内存堆中分配连续内存地址的多个内存块，可以使用下面的函数：

```
void *rt_calloc(rt_size_t count, rt_size_t size);
```

上面这两个内存堆管理 API 函数的具体使用说明，请自行在 RT-Thread 官网学习。

10.6.4 内存池管理

动态内存堆管理内存虽然方便，但存在一定的弊端，主要是向系统申请内存块的时候，需要遍历空闲内存链表，查找可用内存块，然后再分配给用户，效率不是很高，而且不可避免会产生内存碎片。为此，RT-Thread 提供了静态内存池管理的方式，用于分配用户初始化时预设大小的内存块，具有分配和释放内存块的效率高、静态内存池中无内存碎片的优点。

1. 内存池分配机制

在创建内存池时，先向系统申请一大块内存，然后将其分成指定个数的大小相等的小内存块，并用链表将它们连接起来。内存池一旦创建完成，就不能再调整它内部的内存块大小。系统中允许创建多个内存池，内核用它们来进行动态内存管理，如图 10-21 所示。

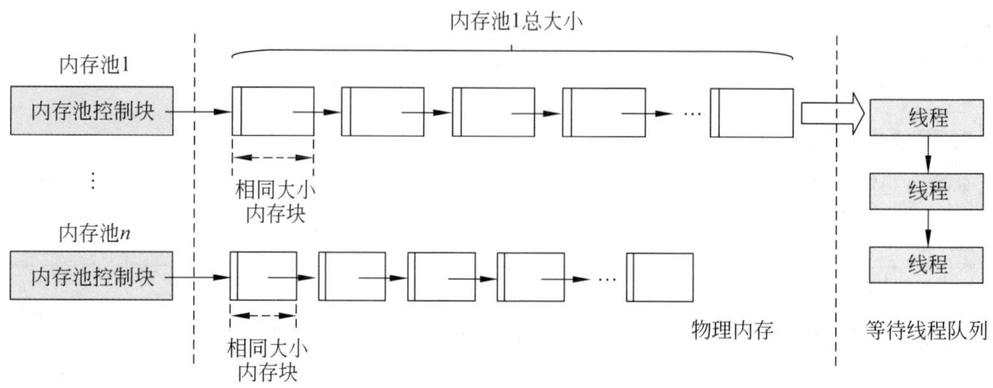

图 10-21　内存池分配机制示意图

当用户申请内存的时候，就从这些固定大小的内存块里面申请，从空闲链表中取出链头上的第一个内存块，把它分配给申请者；当内存块使用完毕后，再将其释放回空闲内存块链表。显然，内存池管理加快了内存分配与释放的速度，还能尽量避免内存碎片化。

此外，静态内存池还支持线程挂起操作，当系统收到用户线程的分配内存块申请时，若内存池中没有可用内存块，并且申请的超时时间大于零，则把申请线程挂起在该内存池对象上，直到内存池中有可用的内存块或超时时间到达，再将它唤醒。

2. 内存池控制块

创建内存池对象时，系统会给它分配一个内存池控制块，用于系统对内存池进行管理。该控制块由结构体 rt_mempool 表示，定义如下：

```
struct rt_mempool
{
    struct rt_object parent;

    void        * start_address;            /* 内存池数据区域开始地址 */
    rt_size_t     size;                     /* 内存池数据区域大小 */

    rt_size_t     block_size;               /* 内存块大小 */
    rt_uint8_t   * block_list;              /* 内存块列表 */
    /* 内存池数据区域中能够容纳的最大内存块数 */
    rt_size_t     block_total_count;
    rt_size_t     block_free_count;         /* 内存池中空闲的内存块数 */
    rt_list_t     suspend_thread;           /* 因为内存块不可用而挂起的线程列表 */
    rt_size_t     suspend_thread_count;     /* 因为内存块不可用而挂起的线程数 */
};
typedef struct rt_mempool * rt_mp_t;
```

rt_mp_t 表示内存块句柄，在 C 语言中的实现是指向内存池控制块的指针。

10.6.5　内存池管理 API 函数

1. 创建内存池 rt_mp_create

函数 rt_mp_create 说明如表 10-16 所示。

表 10-16　函数 rt_mp_create 说明

函数原型	`rt_mp_t rt_mp_create(const char * name, /* 内存池名称 */`
	`rt_size_t block_count, /* 内存块数量 */`
	`rt_size_t block_size); /* 内存块大小 */`

功能描述	从系统中申请一个内存池对象，并将申请成功的内存缓冲区组织成可分配的空闲块链表
返回值	已创建内存池的句柄：创建内存池对象成功
	RT_NULL：创建内存池对象失败

应用示例	`static rt_mp_t mpl; /* 定义内存池句柄 */`
	
	`mpl = rt_mp_create("mp1", /* 内存池名称 */`
	`50, /* 内存块数量 */`
	`80); /* 内存块大小 */`
	`if (mpl != RT_NULL)`
	`{`
	`rt_kprintf("静态内存池创建成功!");`
	`}`

2. 删除内存池 rt_mp_delete

函数 rt_mp_delete 说明如表 10-17 所示。

表 10-17　函数 rt_mp_delete 说明

函数原型	`rt_err_t rt_mp_delete(rt_mp_t mp);`
功能描述	删除内存池对象，并释放申请的内存
输入参数	mp：函数 rt_mp_create 返回的内存池对象句柄
返回值	RT_EOK：删除成功
注意事项	首先唤醒等待在该内存池对象上的所有线程，然后再释放从内存堆上分配的内存池数据存放区域，最后删除内存池对象

应用示例	`rt_err_t ret = rt_mp_delete(mpl);`
	`if (ret == RT_EOK)`
	`{`
	`rt_kprintf("删除内存块成功");`
	`}`

3. 初始化内存池 rt_mp_init

函数 rt_mp_init 说明如表 10-18 所示。

表 10-18 函数 rt_mp_init 说明

函数原型	rt_err_t rt_mp_init (rt_mp_t mp, /* 内存池对象 */ const char * name, /* 内存池名称 */ void * start, /* 内存池的起始位置 */ rt_size_t size, /* 内存池数据区域大小 */ rt_size_t block_size); /* 内存块大小 */
功能描述	初始化内存池,将内存池用到的内存空间组织成可分配的空闲块链表
返回值	RT_EOK:初始化成功
	-RT_ERROR:初始化失败
注意事项	内存池块个数 = size/(block_size + 4 链表指针大小),计算结果取整数
应用示例	static rt_uint8_t mempool[1024]; /* 内存池数据区域大小为 1024 字节 */ static struct rt_mempool mp; /* 生成 1024/ (80+4)= 12 个内存池块 */ rt_mp_init(&mp, "mp1", &mempool[0], sizeof(mempool), 80);

4. 脱离内存池 rt_mp_detach

函数 rt_mp_detach 说明如表 10-19 所示。

表 10-19 函数 rt_mp_detach 说明

函数原型	rt_err_t rt_mp_detach(rt_mp_t mp);
功能描述	将内存池对象从内核对象管理器中脱离
输入参数	mp:内存池对象
返回值	RT_EOK:脱离成功
注意事项	内核会先唤醒所有等待在该内存池对象上的线程
应用示例	rt_mp_detach(&mp);

5. 内存池中分配内存块 rt_mp_alloc

函数 rt_mp_alloc 说明如表 10-20 所示。

表 10-20 函数 rt_mp_alloc 说明

函数原型	void * rt_mp_alloc (rt_mp_t mp, /* 内存池对象 */ rt_int32_t time); /* 申请分配内存块的超时时间 */
功能描述	从指定的内存池中分配一个内存块。如果内存池中有可用的内存块,则从它的空闲块链表上取下一个内存块,并返回这个内存块地址;如果内存池中没有空闲内存块,则判断超时时间,若超时时间设置为 0,则立刻返回空内存块;若超时时间大于 0,则把当前线程挂起在该内存池对象上,直到内存池中有可用的内存块,或超时时间到达
返回值	分配的内存块地址:成功
	RT_NULL:失败
注意事项	该函数不能永远等待超时

续表

应用示例	static rt_uint8_t * ptr;
	
	/* 申请从内存池中分配内存块,若无空闲内存块,则立刻返回空 */
	ptr = rt_mp_alloc(&mp, 0);
	if (ptr != RT_NULL)
	{
	  rt_kprintf("分配内存块成功\n");
	}

6. 释放内存块 rt_mp_free

函数 rt_mp_free 说明如表 10-21 所示。

表 10-21　函数 rt_mp_free 说明

函数原型	void rt_mp_free (void * block);
功能描述	释放内存块,并把待释放的内存块还回到空闲内存块链表上
输入参数	block: 待释放的内存块指针
返回值	无
注意事项	若该内存池对象上有挂起等待的线程,则唤醒挂起线程链表上的首线程
应用示例	rt_mp_free(ptr); ptr = RT_NULL;

10.6.6　内存堆与内存池管理应用示例

本示例主要对系统内存堆和内存池进行测试,代码在文件"mem_sample.c"中。在函数 mem_sample 中初始化一个具有 12 个内存块的内存池对象,创建一个动态线程 key_thread 处理按键事件,具体的代码如下:

```
#include <rtthread.h>
#include "key.h"
#include "comm.h"

#define MP_PTR_NUM 20
static rt_uint8_t *ptr[MP_PTR_NUM];                    /* 内存池指针数组 */
static rt_uint8_t mempool[1024];                       /* 内存池用到的内存空间数组 */
static struct rt_mempool mp;                           /* 内存池对象 */

/* 内存堆测试,试图申请 100 个 1K 字节的内存块 */
void test_dynmem(void)
{
    static char *buffers[100];                         /* 内存块指针数组 */

    for (int i = 0; i < 100; i++)
        buffers[i] = RT_NULL;

    for (int i = 0; i < 100; i++)
```

```
    {
        buffers[i] = (char *)rt_malloc(1024);     /*试图分配 1K 字节的内存块*/
        if (buffers[i] != RT_NULL)
        {
            rt_kprintf("Memory space [No.%2d] allocated successfully,
                        size = %2dK.\r\n", i + 1, i + 1);
        }
        else
        {
            rt_kprintf("Memory space [No.%2d] allocation failed,
                       size = %2dK.\r\n", i + 1, i + 1);
            break;
        }
    }

    /*释放所有申请到的内存块*/
    for (int i = 0; i < 100; i++)
    {
        if (buffers[i] != RT_NULL)
        {
            rt_free(buffers[i]);                  /*释放内存块*/
            buffers[i] = RT_NULL;
        }
    }
}

/*试图从指定的内存池中申请 count 个内存块*/
void mempool_alloc(int count)
{
    uint8_t n = 0;

    for (int i = 0; i < MP_PTR_NUM; i++)
    {
        if (ptr[i] == RT_NULL)
        {
            ptr[i] = rt_mp_alloc(&mp, 0);     /*从指定的内存池中分配一个内存块*/
            if (ptr[i] != RT_NULL)
            {
                n++;
                rt_kprintf("Allocate memory blocks [No.%2d].\r\n", i);
                rt_memset(ptr[i], i, 80);     /*将内存池编号赋值给内存池空间*/
                if (n == count)               /*若申请到了 count 个内存块,则返回*/
                {
                    break;
                }
            }
        }
    }
}
```

```
/* 释放所有分配成功的内存块 */
void mempool_free(void)
{
    for (int i = 0; i < MP_PTR_NUM; i++)
    {
        if (ptr[i] != RT_NULL)
        {
            rt_kprintf("Free memory block [No.%2d].\r\n", i);
            rt_mp_free(ptr[i]);                     /* 释放内存块 */
            ptr[i] = RT_NULL;
        }
    }
}

/* 显示所有分配成功的内存块数据 */
void mempool_dump(void)
{
    for (int i = 0; i < MP_PTR_NUM; i++)
    {
        if (ptr[i] != RT_NULL)
        {
            rt_kprintf("Memory block [No.%2d] data:\n", i);
            hex_dump(ptr[i], 80);                   /* 以十六进制输出缓冲区内容 */
        }
    }
}

static void key_entry(void *parameter)
{
    uint8_t ucKeyCode;

    while (1)
    {
        ucKeyCode = key_get();                      /* 获取按键值 */
        if (ucKeyCode != KEY_NONE)
        {
            switch(ucKeyCode)
            {
            case KEY_DOWN_K1:
                rt_kprintf("K1 pressed, Try to request dynamic
                        memory.\r\n");
                test_dynmem();                      /* 内存堆测试 */
                break;
            case KEY_DOWN_K2:
                rt_kprintf("K2 pressed, Try to request 5 memory
                      blocks.\r\n");
                mempool_alloc(5);                   /* 从内存池中申请 5 个内存块 */
                break;
            case KEY_DOWN_K3:
                rt_kprintf("K3 pressed,Release all memory blocks
```

```
                        allocated successfully.\r\n");
                mempool_free();                     /* 释放所有分配成功的内存块 */
                break;
            case KEY_DOWN_K4:
                rt_kprintf("K4 pressed,Display all memory blocks
                            successfully allocated.\r\n");
                mempool_dump();                     /* 显示所有分配成功的内存块数据 */
                break;
            default:
                break;
            }
        }

        rt_thread_mdelay(20);
    }
}

int mem_sample(void)
{
    static rt_thread_t tid = RT_NULL;

    for (int i = 0; i < MP_PTR_NUM; i++)
    ptr[i] = RT_NULL;

    /* 初始化内存池对象,生成 1024/(80+4) = 12 个 */
    rt_mp_init(&mp, "mp1", &mempool[0], sizeof(mempool), 80);

    tid = rt_thread_create("key_thread", key_entry, RT_NULL, 512, 10, 5);
    if (tid != RT_NULL)
        rt_thread_startup(tid);

    return 0;
}
MSH_CMD_EXPORT(mem_sample, mempool sample);     /* 导出到 msh 命令列表中 */
```

上面的代码中,KEY1 按下时执行内存堆测试,函数 test_dynmem 试图从内存堆中申请 100 个大小为 1K 字节的内存块,当申请不到的时候就结束申请,然后释放所有申请到的内存块。

在控制台输入“mem_sample”命令启动程序运行,由于在初始化系统时,定义了一个 15K 字节大小的数组作为内存堆空间使用,当 KEY1 键按下后,在成功申请了 12 个内存块之后,此时内存堆空间已经被用完了(部分内存堆空间用作了其他用途),因此在申请第 13 个内存块时就不能分配了,结果如图 10-22 所示。

如图 10-23 所示,使用按键 KEY2/3/4 来测试内存池,当 KEY2 键按下时,试图从指定的内存池中申请 5 个内存块,每个内存块大小为 80 字节,由于内存池对象只定义了 12 个内存块空间,当第 3 次按下 KEY2 时,在申请第 13 个内存块时就无法分配了。当 KEY4 键按下后,以十六进制格式显示所有分配成功的内存块中的数据,显示的内容为内存池的编号。KEY3 键按下后,释放所有分配成功的内存块。

```
Serial-COM1 - SecureCRT - [Serial-COM1]
文件(F) 编辑(E) 查看(V) 选项(O) 传输(T) 脚本(S) 工具(L) 窗口(W) 帮助(H)
msh >mem_sample
msh >K1 pressed, Try to request dynamic memory.
Memory space [No. 1] allocated successfully, size =  1K.
Memory space [No. 2] allocated successfully, size =  2K.
Memory space [No. 3] allocated successfully, size =  3K.
Memory space [No. 4] allocated successfully, size =  4K.
Memory space [No. 5] allocated successfully, size =  5K.
Memory space [No. 6] allocated successfully, size =  6K.
Memory space [No. 7] allocated successfully, size =  7K.
Memory space [No. 8] allocated successfully, size =  8K.
Memory space [No. 9] allocated successfully, size =  9K.
Memory space [No.10] allocated successfully, size = 10K.
Memory space [No.11] allocated successfully, size = 11K.
Memory space [No.12] allocated successfully, size = 12K.
Memory space [No.13] allocation failed, size = 13K.
Default
Ready    Serial: COM26, 115200  16, 1  16 Rows, 84 Xterm  大写 数字
```

图 10-22 测试内存堆运行结果

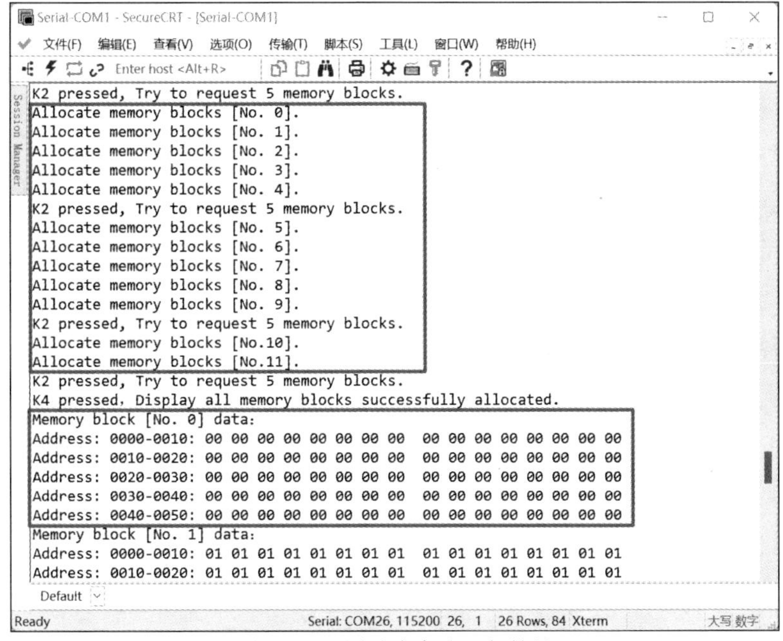

图 10-23 测试内存池运行结果

10.7 RT-Thread 中断管理

10.7.1 RT-Thread 中断工作机制

4.2 节介绍了 Cortex-M3 内核的中断机制，系统服务 PendSV(中断优先级为 5)是专门用来辅助操作系统进行上下文切换的，会被初始化为最低优先级的异常。每次需要进行上下文切换时，都会手动触发 PendSV 异常，然后在它的异常处理函数中进行上下文切换。

RT-Thread 在处理中断的时候，一般都会经过以下三个阶段：中断前导程序、用户中断服务程序(ISR)和中断后续程序，如图 10-24 所示。

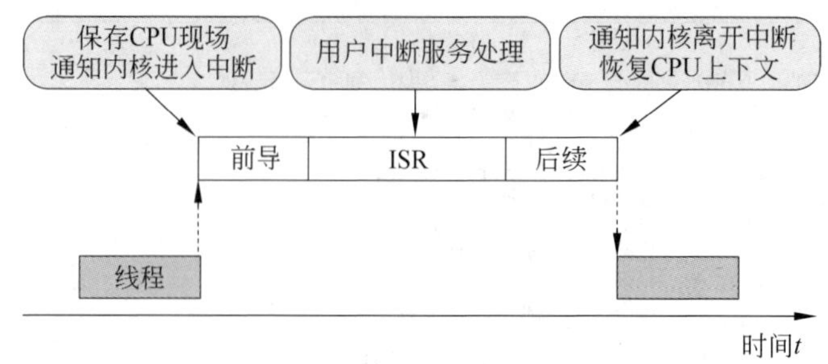

图 10-24 RT-Thread 中断处理过程示意图

1. 中断前导程序

中断前导程序主要完成如下两项工作。

(1) 保存 CPU 中断现场，不同 CPU 架构的实现方式有差异，对于 Cortex-M3 来说，该工作由硬件自动完成，不需要软件处理，当一个中断触发并且系统响应时，处理器硬件会将当前运行的上下文寄存器压入中断栈中。

(2) 调用函数 rt_interrupt_enter 通知内核进入中断状态，全局变量 rt_interrupt_nest 用来记录中断的嵌套深度，代码如下：

```
void rt_interrupt_enter(void)
{
    rt_base_t level;

    level = rt_hw_interrupt_disable();          /* 关闭全局中断 */
    rt_interrupt_nest++;                        /* 嵌套深度加 1 */
    rt_hw_interrupt_enable(level);              /* 打开全局中断 */
}
```

2. 用户中断服务程序(ISR)

用户中断服务程序(ISR)主要完成对中断的处理，在 ISR 中分为两种情况：

(1) 不进行线程切换，ISR 执行完毕后返回被中断的线程。

(2) 需要进行线程切换，则调用函数进行上下文切换，然后触发 PendSV 异常。当中断后续程序运行完毕并退出中断处理后，才进入 PendSV 异常处理程序。

注意：在编写 ISR 时，不要调用可能导致程序出现阻塞情况的编程接口，如在内存池中分配内存块的操作就可能会导致 ISR 被阻塞，如果中断出现被阻塞的情况，将导致不能及时处理中断，任务调度器发生紊乱，可能会严重影响整个系统的行为，甚至使系统崩溃。

3. 中断后续程序

中断后续程序主要完成如下两项工作。

(1) 调用函数 rt_interrupt_leave 通知内核离开中断状态，代码如下：

```
void rt_interrupt_leave(void)
{
    rt_base_t level;

    level = rt_hw_interrupt_disable();          /* 关闭全局中断 */
    rt_interrupt_nest--;                        /* 嵌套深度减 1 */
```

```
    rt_hw_interrupt_enable(level);          /* 打开全局中断 */
}
```

(2) 若在中断处理过程中未进行线程切换,则直接恢复中断前线程的上下文;若在中断中进行了线程切换,则恢复切换线程的上下文,而不是恢复到被中断打断的线程的上下文。

最后说明一下中断嵌套深度变量 rt_interrupt_nest 的作用,在中断服务程序中,如果调用了内核相关的函数(如释放信号量等操作),则通过该值判断当前中断状态,让内核及时调整相应的行为。例如,在中断中释放了一个信号量,唤醒了某个线程,但通过判断发现当前系统处于中断上下文环境中,那么在切换线程时就应该采取中断线程切换的策略,而不是立即进行切换。

注意:如果在中断服务程序中没有调用内核相关的函数,则可以不调用 rt_interrupt_enter/leave()函数。另外不要在应用程序中调用这两个接口函数。

10.7.2 中断处理示例

硬件中断的优先级是最高的,任何线程的优先级都低于硬件中断,因此只要发生了硬件中断事件,系统就必须进行相应的处理。在硬件中断服务程序运行期间,如果有高优先级的线程就绪,当中断完成时,被中断的低优先级线程将被挂起,高优先级的线程获得 CPU 使用权。

如图 10-25 所示,如果系统中出现比被中断线程 L 具有更高优先级的就绪线程 H,则把线程 H 放入就绪队列,完成用户中断服务处理后,系统将切换到 H 的上下文中。

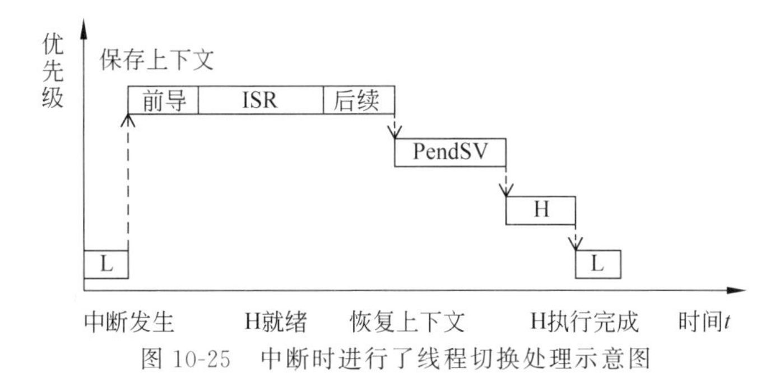

图 10-25 中断时进行了线程切换处理示意图

10.7.3 全局中断开关

临界段代码是指一旦这部分代码开始执行,则不允许被任何中断打断。全局中断开关又称为中断锁,是最简单的一种禁止多线程访问临界区的方式,即通过关闭中断的方式来保证当前线程不会被其他事件打断,比如在升级系统时,就不允许有其他的中断来干扰升级的过程。

管理全局中断开关的 API 函数有如下两个。

1. 关闭所有中断 rt_hw_interrupt_disable

函数 rt_hw_interrupt_disable 说明如表 10-22 所示。

表 10-22　函数 rt_hw_interrupt_disable 说明

函数原型	rt_base_t rt_hw_interrupt_disable(void)；
功能描述	关闭整个系统的中断
返回值	该函数运行前的中断状态
注意事项	关闭中断函数往往和恢复中断函数成对使用

2. 恢复中断 rt_hw_interrupt_enable

函数 rt_hw_interrupt_enable 说明如表 10-23 所示。

表 10-23　函数 rt_hw_interrupt_enable 说明

函数原型	void rt_hw_interrupt_enable(rt_base_t level)；
功能描述	恢复调用函数 rt_hw_interrupt_disable 前的中断状态
输入参数	level：前一次调用 rt_hw_interrupt_disable 函数返回的中断状态
返回值	无
注意事项	恢复中断函数往往和关闭中断函数成对使用

10.7.4　全局中断开关示例

在多线程程序中，当要改变某个全局变量的值时，一定要互斥访问这个全局变量，也就是不能让多个线程同时设定它的值，下面的代码实现了对全局变量 status 的互斥访问：

```
int status = 0;                                   /* 定义一个全局变量 */

int play()
{
    rt_uint32_t level;

    if (status == 0)
    {
        level = rt_hw_interrupt_disable();        /* 关闭全局中断 */
        status = 1;
        rt_hw_interrupt_enable(level);            /* 打开全局中断 */
    }
    return 0;
}

int stop()
{
    rt_uint32_t level;

    if (status == 1)
    {
        level = rt_hw_interrupt_disable();        /* 关闭全局中断 */
        status = 0;
```

```
        rt_hw_interrupt_enable(level);            /* 打开全局中断 */
    }
    return 0;
}
```

上面的示例演示了互斥锁定全局变量这种简单的情况，使用了中断锁的同步方式，在进入临界段代码前关闭中断，代码执行完毕后，再打开中断。操作系统中可以实现互斥访问的方法还有很多，比如信号量、互斥量等方法都可以保证对资源的互斥访问，但它们实质上都是依赖中断锁实现的，所以对于如 a=a+value 这种简单操作，使用中断锁操作临界区更加简捷。

注意：中断锁是保护临界区的终极武器，系统在使用中断锁时，将不能再响应任何中断，因此要确保关闭全局中断的时间非常短，否则将对系统的实时性产生非常大的影响。

练习题

1. 创建四个动态线程，即 thread1 每 1s 输出“1”，thread2 每 2s 输出“2”，thread3 每 3s 输出“3”，thread4 每 4s 输出“4”，要求它们共用一个入口函数。

2. 初始化一个静态线程：按下 KEY1 后，LED1 每 1s 闪烁 2 次，再次按下 KEY1 时，LED1 停止闪烁；依次循环。

3. 在移植好的 RT-Thread Nano 工程基础上，编程实现：

(1) 函数 sample：建立动态线程 TaskLED 和静态线程 TaskKEY，并将该函数加入 msh 的命令列表中。

(2) 线程 TaskLED：控制 LED1 以 200ms 的时间间隔闪烁。

(3) 线程 TaskKEY：

- 按键 KEY1 按下后，删除 TaskLED 线程，再次按下 KEY1 则创建 TaskLED 线程，依次循环。
- 按键 KEY2 按下后，控制 LED2 以 1000ms 的时间间隔闪烁，再次按下 KEY2 则停止闪烁；依次循环(在线程 TaskKEY 中实现 LED2 闪烁)。

要求：保证按键的灵敏性，只允许建立两个用户线程。

4. 创建一个周期性静态定时器和一个单次动态定时器：周期性定时器每 500 个 OS Tick 打印自身信息，共打印 10 次后停止运行；单次定时器在第 1000 个 OS Tick 时，打印自身信息后退出。

5. 创建一个动态线程，该线程不断从内存堆中申请内存块，每次申请大小为 1<<*i* 字节的内存块(*i* 为申请的次数)，每次申请成功后就将申请到的内存大小信息打印出来并释放该内存块，当申请不到内存块时结束申请。

第 11 章 RT-Thread 线程间同步与通信

CHAPTER 11

11.1 线程间同步与通信简介

线程间同步与通信是学习嵌入式操作系统需要重点掌握的内容。

线程间同步是指通过特定机制来控制多个关联线程按照预定的次序运行，即在线程间建立起执行顺序的关系，如果没有同步，线程间的执行将是无序的。生产者-消费者问题是一个经典的线程同步问题，被描述为把一个长度为 n 的共享缓冲区与 m 个生产者线程和 k 个消费者线程联系起来，生产者线程只负责把生产的数据放到共享缓冲区，而不关心消费者线程的行为；消费者线程只需要到共享缓冲区读取数据，而不关心生产者线程的行为，如图 11-1 所示。该问题需要满足同步条件：若共享缓冲区满了，则阻塞生产者线程继续生产数据；如果共享缓冲区空了，则阻塞消费者线程继续消费数据。另外，由于共享缓冲区是临界资源，当有线程正在使用该临界资源时，不允许其他线程再来使用它，线程必须互斥使用共享缓冲区。

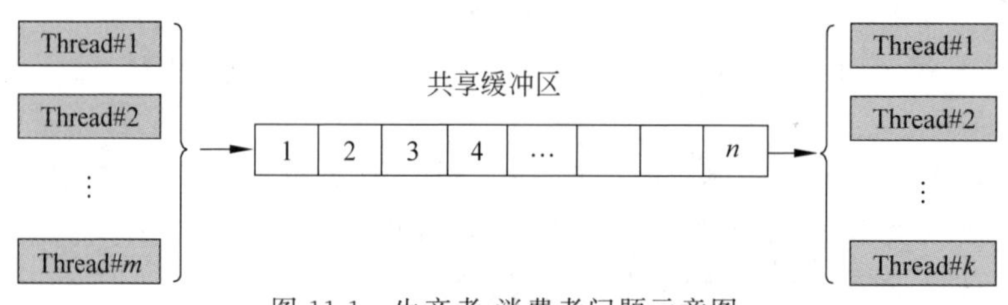

图 11-1 生产者-消费者问题示意图

线程间通信是指在不同线程之间传播或交换信息，如同多人同时工作且需要共享一些资源时，会涉及沟通和协调，操作系统中并发的多个线程在运行时也需要进行通信。裸机编程时经常使用全局变量来进行功能（函数）间的通信，比如某一个功能改变全局变量的值，另一个功能读取该全局变量的值并根据该值执行相应的动作，以此达到协作的目的。但是在多线程环境下，若使用全局变量进行线程间通信，会引起线程的访问冲突和超时等问题，因此 RTOS 一般使用特殊的机制进行多线程间的通信。

RT-Thread 线程间同步主要有三种机制，即信号量、互斥量和事件集，它们的核心思想都是在访问临界区的时候只允许一个线程运行，在实际应用时需要根据不同的场景区分使用。RT-Thread 线程间通信主要有用于定长、短小消息通信的邮箱和用于不定长消息通信的消息队列。本章将会对 RT-Thread 线程间的同步和通信机制进行详细介绍。

11.2　信号量

11.2.1　信号量的概念及工作机制

1. 信号量的概念

信号量(semaphore)是20世纪60年代荷兰计算机科学家迪杰斯特拉(Dijkstra)发明的,是操作系统中重要的一部分,一般用来进行资源管理和任务同步,在解决经典的生产者-消费者、哲学家进餐和银行家算法等问题中有着极其重要的应用。下面以一个生活中的场景为例来简单说明信号量的概念,假设有一个拥有30台计算机的机房,机房管理员使用一个初始化值是30的变量对这些计算机进行管理,30表示可用资源(计算机)的数值,对计算机的使用有如下要求:

(1) 一个用户只能使用一台计算机。

(2) 有一个用户使用计算机,变量的值就减1;有一个用户离开,变量的值就加1。

(3) 当变量的值变为0时,若还有用户要求使用计算机,那么这个用户就得等待,直到有用户离开。

这就是一个典型的使用信号量管理共享资源的例子,用的是计数型信号量,用户通过获得合法的变量取得计算机的使用权,类似于线程通过获得信号量访问公共资源。

信号量是一种计数器,其基本原理可以简单描述为建立一个表示共享资源被占用情况的标志,线程在访问共享资源前,先要查询这个标志,在了解该资源的占用情况后,再来决定自己的行为。简单说来,信号量有三个组成部分:第一部分是一个整型变量tokens,用来记录可用的资源数;第二部分是取用资源P操作(P,尝试的荷兰语),当资源数量为0时,任何取用资源的操作都会被阻塞,直到资源数量增加;第三部分是还回资源V操作(V,增加的荷兰语)。信号量工作的P、V操作对于每一个线程来说,都只能进行一次,而且必须成对使用。它们的操作可以用如下伪代码表示:

```
/* P操作 */
if (tokens > 0)
    tokens--;
else
    挂起自己;

/* V操作 */
if (有任务阻塞)
    唤醒一个其他任务;
else
    tokens++;
```

2. 信号量的工作机制

如图11-2所示,信号量的值表示资源的数量,当一个线程申请到一个资源后将该值减1,当该值为0时,所有试图申请该信号量的线程都将处于挂起状态。对于机房管理的例子,信号量的值为30,表示共有30台计算机,当该值为0时,其他申请线程就会被挂起在该信号量的等待队列上。可见,信号量就像一把钥匙把一段临界区给锁住,线程只有拿到了钥匙，才允许其进入临界区，线程离开后则把钥匙传递给排队在后面的等待线程，让它们依次进入临界区。

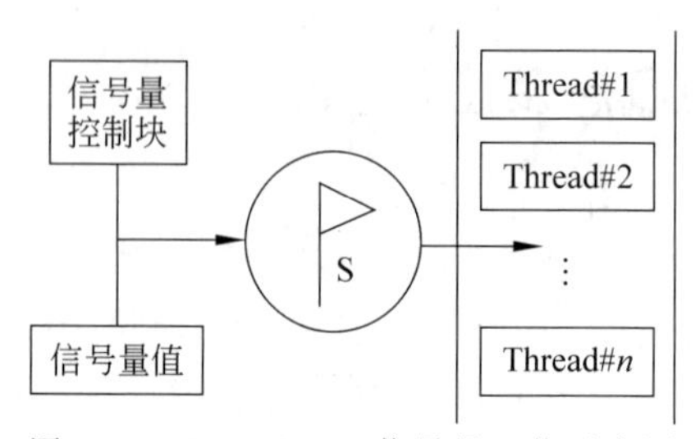

图 11-2 RT-Thread 信号量工作示意图

信号量的线程等待队列有两种组织方式：FIFO（先进先出）和 PRIO（优先级）等待方式。

如图 11-3 所示，当选择 FIFO 等待方式时，先进入队列的等待线程先获得等待的信号量。这是一种非实时的调度方式，除非应用程序非常在意先来后到，并且明白所有涉及该信号量的线程都将会变为非实时线程，才可使用该方式。

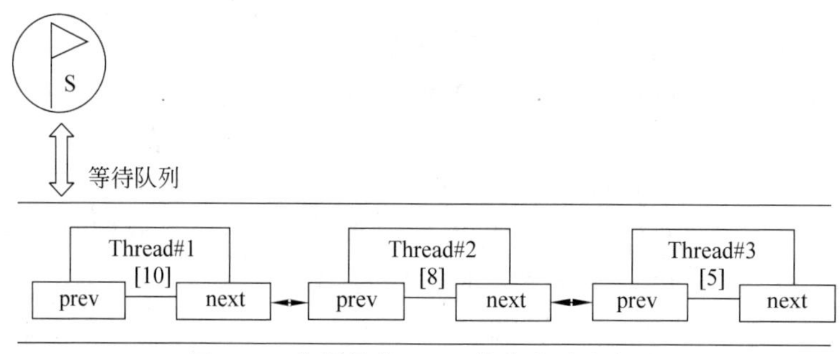

图 11-3 信号量的 FIFO 等待队列示意图

如图 11-4 所示，当选择 PRIO 等待方式时，队列中优先级高的等待线程将先获得等待的信号量。为了确保线程的实时性，一般建议优先采用该方式。

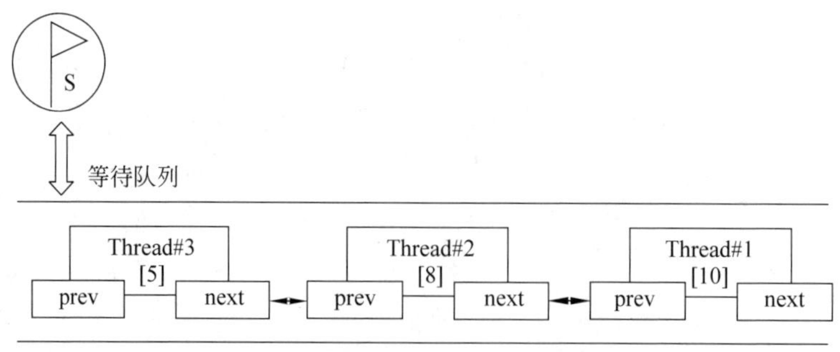

图 11-4 信号量的 PRIO 等待队列示意图

11.2.2 RT-Thread 信号量控制块

信号量控制块是管理信号量的一个数据结构，由结构体 rt_semaphore 表示，该结构体定义在 rtdef.h 文件中，代码如下：

```
struct rt_semaphore
{
    struct  rt_ipc_object parent;              /* 继承自 ipc_object 类 */
    rt_uint16_t value;                         /* 信号量的值 */
};
typedef struct rt_semaphore * rt_sem_t;    /* 指向结构体 rt_semaphore 的指针类型 */
```

成员 value 用来标识信号量的值，范围为 0～65 535。数据类型 rt_sem_t 表示信号量的句柄，在 C 语言中的实现是指向信号量控制块的指针。

11.2.3　信号量管理 API 函数

1. 动态信号量创建 rt_sem_create

函数 rt_sem_create 说明如表 11-1 所示。

表 11-1　函数 rt_sem_create 说明

函数原型	rt_sem_t rt_sem_create(const char * name,　　/* 信号量名称 */ rt_uint32_t value,　　/* 信号量初始值 */ rt_uint8_t flag);　　/* 信号量标志 */
功能描述	创建动态信号量。内核首先创建信号量控制块，然后对该控制块进行基本的初始化工作
输入参数	当信号量不可用时，参数 flag 标志决定等待线程的排队方式，可取值为 RT_IPC_FLAG_FIFO 方式(非实时调度)或 RT_IPC_FLAG_PRIO 方式(实时调度)
返回值	信号量句柄：信号量创建成功
	RT_NULL：信号量创建失败

应用示例	static rt_sem_t led_sem = RT_NULL;　　/* 指向信号量的指针 */
	
	led_sem = rt_sem_create("led_sem", 0, RT_IPC_FLAG_FIFO);
	if (led_sem == RT_NULL)
	{
	　rt_kprintf("创建信号量失败. \r\n");
	}

2. 动态信号量删除 rt_sem_delete

函数 rt_sem_delete 说明如表 11-2 所示。

表 11-2　函数 rt_sem_delete 说明

函数原型	rt_err_t rt_sem_delete(rt_sem_t sem);
功能描述	删除动态创建的信号量并释放系统资源
输入参数	sem：要删除的信号量句柄
返回值	RT_EOK：删除信号量成功
注意事项	若有线程正在等待该信号量，那么删除操作会先唤醒等待在该信号量上的线程，然后再释放信号量的内存资源

续表

应用示例	if (rt_sem_delete(led_sem) == RT_EOK)
	{
	  led_sem = RT_NULL;
	}

3. 静态信号量初始化 rt_sem_init

函数 rt_sem_init 说明如表 11-3 所示。

表 11-3　函数 rt_sem_init 说明

函数原型	rt_err_t rt_sem_init(rt_sem_t sem,　　/* 信号量对象的句柄 */ 　　const char * name,　　/* 信号量名称 */ 　　rt_uint32_t value,　　/* 信号量初始值 */ 　　/* 信号量标志,可取值为 RT_IPC_FLAG_FIFO 或 RT_IPC_FLAG_PRIO */ 　　rt_uint8_t　flag)
功能描述	初始化静态信号量对象
返回值	RT_EOK：信号量初始化成功
应用示例	struct rt_semaphore lock_sem; rt_sem_init(&lock_sem, "lock_sem", 1, RT_IPC_FLAG_FIFO);

4. 静态信号量脱离 rt_sem_detach

函数 rt_sem_detach 说明如表 11-4 所示。

表 11-4　函数 rt_sem_detach 说明

函数原型	rt_err_t rt_sem_detach(rt_sem_t sem);
功能描述	脱离一个静态信号量
输入参数	sem：要脱离的信号量句柄
返回值	RT_EOK：脱离信号量成功
注意事项	若有线程正在等待该信号量,脱离操作会先唤醒所有挂起在该信号量等待队列上的线程,然后将该信号量从内核对象管理器中脱离

应用示例	if (rt_sem_detach(&lock_sem) == RT_EOK)
	{
	  rt_kprintf("信号量脱离成功. \r\n");
	}

5. 获取信号量 rt_sem_take

函数 rt_sem_take 说明如表 11-5 所示。

表 11-5　函数 rt_sem_take 说明

函数原型	rt_err_t rt_sem_take(rt_sem_t sem,　　/* 信号量对象的句柄 */ 　　rt_int32_t time);　　/* 指定的等待时间 */

续表

功能描述	获取信号量资源实例。当信号量的值大于0时，线程将获得该信号量，相应的信号量的值减1
输入参数	如果信号量的值等于0，所申请的信号量不能被立即获得时，申请该信号量的线程根据参数time的情况有以下几种选择： • RT_WAITING_FOREVER：永远等待，直到其他线程或中断释放该信号量。 • RT_WAITING_NO：不等待，立即返回，并返回一个错误码-RT_ETIMEOUT。 • 挂起等待指定时间：单位是操作系统时钟节拍(OS Tick)
返回值	RT_EOK：成功获得信号量
	-RT_ETIMEOUT：超时依然未获得信号量
	-RT_ERROR：发生其他错误
注意事项	当线程选择等待时，将按FIFO或优先级顺序被放置在等待队列中；不允许在ISR中选择等待

应用示例	rt_err_t result = rt_sem_take(led_sem, 200);　　　/* 获取信号量 */
	switch (result)
	{
	　case RT_EOK:
	　　rt_kprintf("成功获得信号量.\r\n");
	　　break;
	　case -RT_ETIMEOUT:
	　　rt_kprintf("200个等待时间后，仍未收到信号量.\r\n");
	　　break;
	　case -RT_ERROR:
	　　rt_kprintf("发生其他错误.\r\n");
	　　break;
	　default:
	　　break;
	}

6. 无等待获取信号量 rt_sem_trytake

函数 rt_sem_trytake 说明如表11-6所示。

表11-6　函数 rt_sem_trytake 说明

函数原型	rt_err_t rt_sem_trytake(rt_sem_t sem);
功能描述	无等待获取信号量
输入参数	sem：信号量对象的句柄
返回值	RT_EOK：成功获得信号量
	-RT_ETIMEOUT：信号量资源实例不可用，获取失败
注意事项	该函数是由代码 rt_sem_take(sem, 0)实现的
应用示例	rt_err_t result; result = rt_sem_trytake(led_sem);

7. 释放信号量 rt_sem_release

函数 rt_sem_release 说明如表 11-7 所示。

表 11-7 函数 rt_sem_release 说明

函数原型	rt_err_t rt_sem_release(rt_sem_t sem);
功能描述	释放信号量
输入参数	sem：信号量对象的句柄
返回值	RT_EOK：成功释放信号量
注意事项	当信号量的值为 0 且有线程在等待这个信号量时，该函数将唤醒信号量的等待线程队列中的第一个线程，由它获取信号量；否则，将信号量的值加 1
应用示例	rt_sem_release(led_sem);

11.2.4 信号量应用场合

1. 线程同步

线程同步是信号量最基本的应用，如一个线程要等待另一个线程完成某项工作的应用场景，这类场合可以把信号量看作工作完成的标志。如图 11-5 所示，线程 Thread2 处理完数据后，等待在一个初始值为 0 的信号量上；当线程 Thread1 完成数据传送操作后，释放这个信号量，随着信号量被释放，线程 Thread2 被唤醒，继续进行数据处理工作。

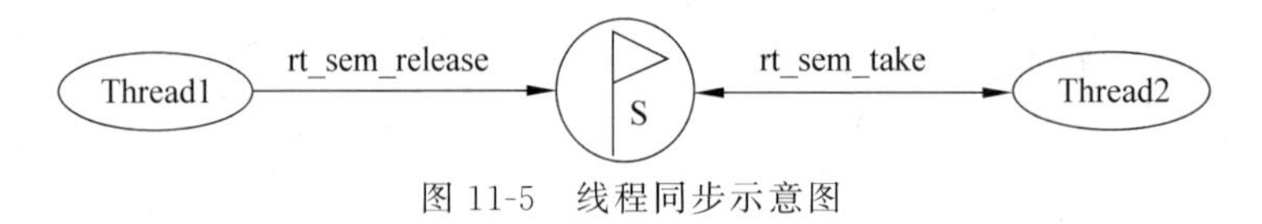

图 11-5 线程同步示意图

下面的代码实现了在每一次调用函数 function2 之前，函数 function1 都有一次调用：

```
/* 创建初始值为 0 的信号量 */
rt_sem_t sem = rt_sem_create("sem", 0, RT_IPC_FLAG_PRIO);

static void thread1(void * parameter)
{
    while (1)
    {
        function1();
        rt_sem_release(sem);
        rt_thread_mdelay(1000);
    }
}

static void thread2(void * parameter)
{
    while (1)
    {
        rt_sem_take(sem, RT_WAITING_FOREVER);
```

```
        function2();
    }
}
```

2. 资源计数

在这种场合下，信号量可以认为是一个递减（或递增）的计数器，信号量值代表当前资源的可用数量，如一个值为5的信号量可最多连续减少5次，直到计数器减为0，可以此来计数线程工作完成的个数。如下面的代码保证最多只有5个线程（这里只列了一个线程的代码）能够同时调用function函数：

```
/* 创建初始值为 5 的信号量 */
static rt_sem_t sem = rt_sem_create("sem", 5, RT_IPC_FLAG_PRIO);

static void threadA(void * parameter)
{
    while (1)
    {
        rt_sem_take(sem, RT_WAITING_FOREVER);
        function();
        rt_sem_release(sem);

        rt_thread_mdelay(10);
    }
}
```

3. 中断与线程的同步

裸机编程时，一般都是在中断服务函数中做个标记，然后在其他地方根据这个标记来完成具体的处理过程，这样不方便性能最大化。在RTOS中可以借助信号量来完成此功能，即在中断服务函数中通过向线程发送信号量，通知它所期待的事件发生了，之后立即退出，然后在线程调度器的调度下，线程就会执行相应的处理，性能可以达到最大化。

4. 锁

10.7节介绍的中断锁是强大且有效的锁方法，但在中断锁期间，系统不能响应任何外部的事件。信号量作为资源锁来使用时，也称为二值信号量，即当线程访问共享资源时，需要先获得这个资源锁，然后这个锁就被锁上（信号量的值是0），其他需要访问这个共享资源的线程在试图获取这个锁时，由于获取不到而被挂起。

注意：由于使用二值信号量保护临界区可能会导致发生优先级反转的问题，现在提倡使用互斥量，因此对信号量的锁功能仅需了解即可。

11.2.5 信号量应用示例

示例代码（在文件“semaphore_sample.c”中）在函数semaphore_sample中创建了一个初始值为0的动态信号量led_sem，还创建了动态线程key_thread处理按键事件，并使用信号量控制另一个动态线程led_thread运行或停止。具体的代码如下：

```
#include <rtthread.h>
#include "led.h"
#include "key.h"

/*线程状态枚举类型*/
enum THREAD_STATUS
{
    RUNNING,                                                    /*运行*/
    STOP                                                        /*停止*/
};

static enum THREAD_STATUS  status = STOP;                       /*线程状态枚举变量*/
static rt_sem_t led_sem = RT_NULL;                              /*信号量指针*/

static void led_entry(void *parameter)
{
    static rt_uint8_t count = 0;

    while (1)
    {
        if (status == RUNNING)
        {
            led_toggle(1);
            rt_kprintf("--->led_thread count = %3d\r\n", count++);
                    rt_thread_mdelay(2000);
        }
        else
        {
            rt_sem_take(led_sem, RT_WAITING_FOREVER);   /*等待获取信号量*/
            /*输出信号量的值*/
            rt_kprintf("Sem take, value = %d.\r\n", led_sem->value);
        }
    }
}

static void key_entry(void *parameter)
{
    uint8_t ucKeyCode;

    rt_kprintf("Description: KEY1-Start running; KEY2-Stop running.\r\n");
    while (1)
    {
        ucKeyCode = key_get();                                  /*获取按键值*/
        if (ucKeyCode != KEY_NONE)
        {
            switch(ucKeyCode)
            {
            case KEY_DOWN_K1:
                status = RUNNING;
                rt_sem_release(led_sem);                        /*释放信号量*/
```

```
                rt_kprintf("K1 pressed, Sem release, value = %d.\r\n",
                           led_sem->value);
                break;
            case KEY_DOWN_K2:
                rt_kprintf("K2 pressed, Stop running.\r\n");
                status = STOP;                          /* 更改线程 led_thread 的状态 */
                break;
            default:
                break;
            }
        }

        rt_thread_mdelay(20);
    }
}

int semaphore_sample()
{
    static rt_thread_t led_tid = RT_NULL;
    static rt_thread_t key_thread_id = RT_NULL;
    /* 创建初始值为 0 的信号量 */
    led_sem = rt_sem_create("led_sem", 0, RT_IPC_FLAG_PRIO);
    if (led_sem == RT_NULL)
    {
        return -1;
    }

    led_tid = rt_thread_create("led_thread", led_entry, RT_NULL,
                               512, 25, 5);
    if (led_tid != RT_NULL)
        rt_thread_startup(led_tid);

    key_thread_id = rt_thread_create("key_thread", key_entry, RT_NULL,
                                     512, 10, 5);
    if (key_thread_id != RT_NULL)
        rt_thread_startup(key_thread_id);

    return 0;
}
MSH_CMD_EXPORT(semaphore_sample, semaphore sample);
```

在控制台输入“semaphore_sample”命令启动程序运行，使用系统内置命令 list_sem 查看系统中的所有信号量，其中信号量 led_sem 的值为 0，它的挂起等待线程为 led_thread，如图 11-6 所示。

如图 11-7 所示，当 KEY1 键按下后，线程 key_thread 释放信号量，线程 led_thread 获取到该信号量后，从停止状态转入运行状态，并通过串口不断输出变量 count 的值；当 KEY2 键按下后，由于线程 led_thread 获取不到信号量资源，从而进入挂起状态。

下面对图 11-7 中标注的三处关键点进行说明。图中①处信号量的值为什么都是 0 呢？

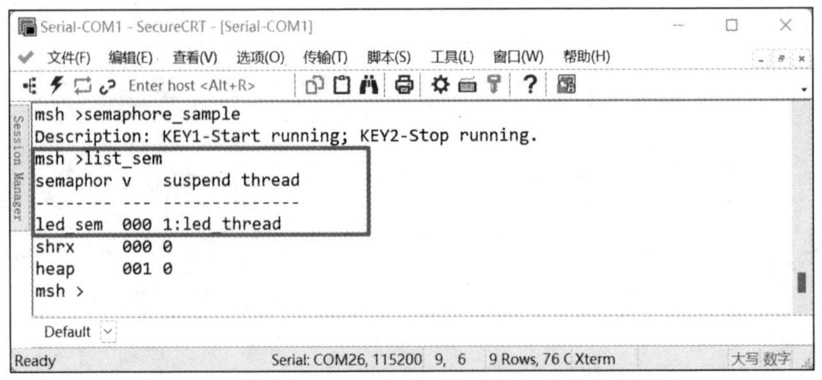

图 11-6 通过 list_sem 命令查看系统中的所有信号量

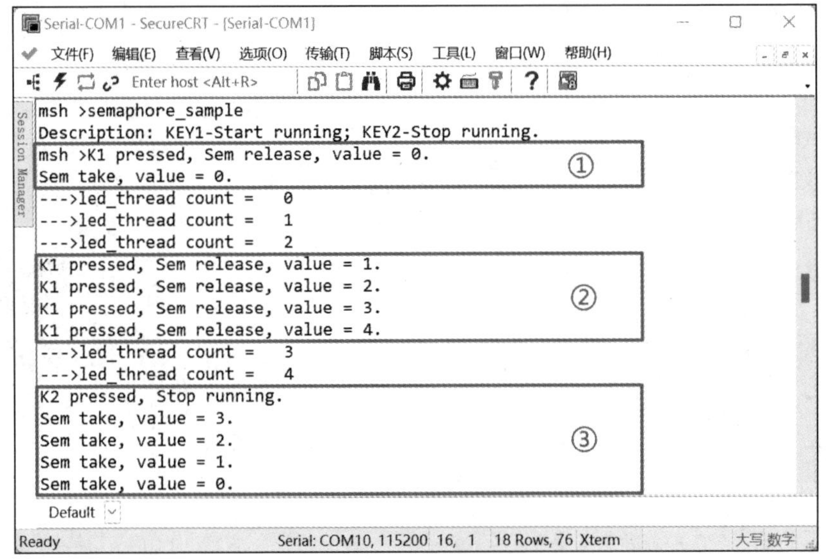

图 11-7 信号量示例运行结果

这是因为线程 led_thread 初始时设置为 STOP 状态，因此会挂起等待信号量。当 KEY1 键按下，释放信号量（它的值为 0）后，将唤醒线程 led_thread，因此信号量的值不会加 1。图中②处为多次按下 KEY1 键，由于此时没有线程等待信号量，因此每次释放信号量时，它的值都会加 1。图中③处为按下 KEY2 键，此时信号量的值大于 0，线程 led_thread 获得信号量，信号量的值减 1。线程 led_thread 在多次获取信号量直至它的值等于 0 后才挂起等待。

注意：本示例为了充分演示信号量的值的特性，设计键 KEY1 每次按下后都会释放信号量，即使线程已经进入了运行状态，实际应用时也可以对此进行改进。

11.3 互斥量

11.3.1 互斥量的概念及工作机制

多个线程都操作/访问同一块区域（代码），这块区域就称为临界区。互斥用于协调多个线程对临界区的访问，保证任何时刻最多只有一个线程使用临界区。线程访问临界区前，先要获取互斥锁，若互斥锁已被其他线程获取，则当前线程会被阻塞，即线程对临界区的使用是互斥的。线程互斥可以看作一种特殊的线程同步，反映了对临界区资源访问的排他性。

如图 11-8 所示，互斥量有开锁和闭锁两种状态，初始化时处于开锁状态，当有线程持有它后则转为闭锁状态，此时其他线程没有权限再持有该互斥量，实现线程互斥访问共享资源，这类似于只有一个车位的停车场，当有一辆车进入后，将停车场大门锁住，其他车辆只能在外面等候，当里面的车出来后，将停车场大门打开，下一辆车才可以进入。同时，互斥量具有递归特性，在闭锁状态下，持有它的线程可以再次持有该互斥量，线程持有计数增加 1，若线程释放该互斥量，则线程持有计数减 1。

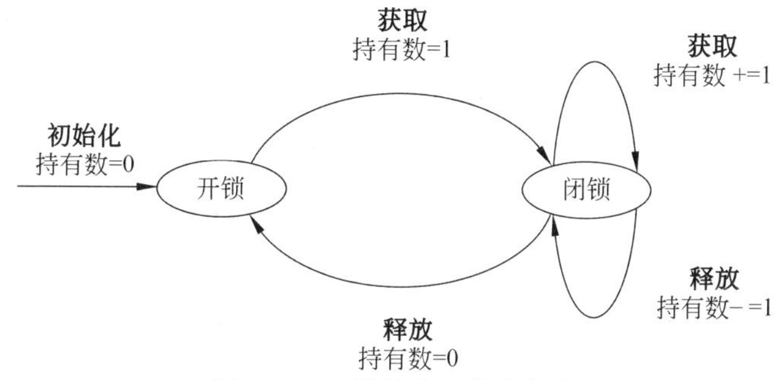

图 11-8　互斥量状态机示意图

互斥量在一定程度上可以认为是一种特殊的二值信号量，为什么叫二值信号量呢？因为它的值只有 0 和 1 这两种情况：信号量资源被获取后，信号量的值为 0；信号量资源被释放后，信号量的值为 1。那既然有了信号量，为什么还需要互斥量呢？这是因为相对于信号量，互斥量具有线程所有权、支持递归持有及防止线程优先级反转的特性。

首先看互斥量的所有权，当一个线程持有互斥量时，互斥量处于闭锁状态，由这个线程获得它的所有权，其他线程将不能够对它进行开锁或持有，这个特性与一般的二值信号量有很大的不同。当线程释放互斥量时，这个线程会对互斥量进行开锁，失去它的所有权。

注意：互斥量只能由持有它的线程释放，而信号量则可以由任意线程释放。

其次互斥量支持递归持有，持有互斥量的线程能够再次持有这个互斥量而不被挂起，而且次数不限，这样就可以避免同一线程多次递归持有信号量而造成死锁的问题，信号量递归持有会导致主动挂起，最终形成死锁。

最后互斥量还能够防止多线程同步而造成线程优先级反转的问题，这个问题比较重要，下面将重点分析线程的优先级反转问题。

11.3.2　线程优先级反转与继承

使用信号量进行线程同步时，可能会导致一个潜在的线程优先级反转问题。优先级反转(priority inversion)是指某共享资源先被一个低优先级线程通过信号量机制拥有，当一个高优先级线程也通过信号量机制试图访问该共享资源时将被阻塞，之后另一个中等优先级线程抢占了低优先级线程而优先运行，间接造成高优先级线程被中等优先级的线程阻塞的现象，这使得用来保障系统实时性的优先级失效，破坏了线程的预期执行顺序。

下面来看一个优先级反转问题的示例，如图 11-9 所示，有三个优先级逐渐变低的线程 A、B 和 C：

(1) 低优先级线程 C 创建后,开始正常运行,一段时间后使用共享资源 M 运行。

(2) 中优先级线程 B 创建后,立即抢占 C 执行,C 转为就绪状态。

(3) 高优先级线程 A 创建后,立即抢占 B 执行,B 转为就绪状态。

(4) 当 A 试图使用共享资源 M 时,由于 M 正在被 C 使用,因此 A 被挂起,切换到 B 运行。

(5) 当 B 运行完毕后,C 再开始运行。

(6) 当 C 运行完毕并释放共享资源 M 后, A 才能获得 M,开始执行。

在上述过程中发生了优先级反转:不需要竞争共享资源的高优先级线程 A 和中优先级线程 B,出现了 B 比 A 先执行完成的情况,高优先级线程的实时性难以得到保证。

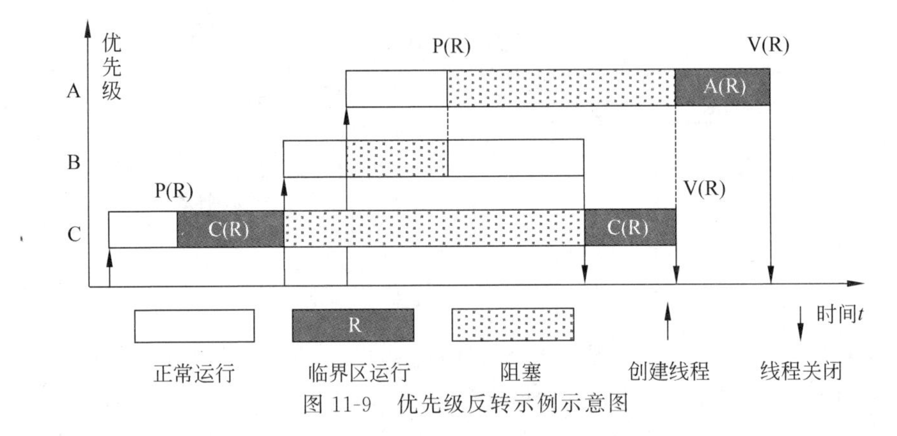

图 11-9 优先级反转示例示意图

通过使用优先级继承算法,互斥量可以在一定程度上解决优先级反转问题。优先级继承是指为了使占有竞争资源的低优先级线程尽快运行,操作系统将它的优先级提高到与所有等待该资源且优先级最高的线程的优先级相等,这样就避免了继承优先级的线程被任何中间优先级的线程抢占,当这个低优先级线程释放资源后,再将它的优先级设回到初始值。

如图 11-10 所示,优先级继承是指在线程 A 尝试获取共享资源而被挂起期间,将线程 C 的优先级提升到线程 A 的优先级,这样 C 就不能被 B 抢占别(间接地防止 A 被 B 抢占),从而避免优先级反转引起的问题。

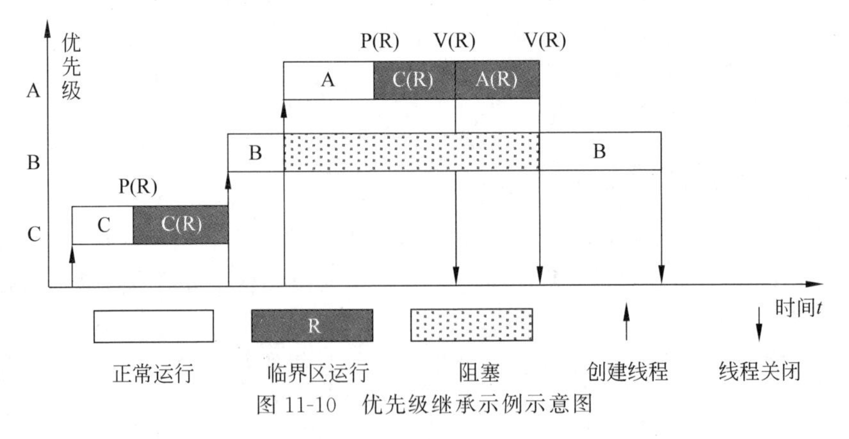

图 11-10 优先级继承示例示意图

注意:线程在持有互斥量后,不得人为更改它的优先级,以免引入优先级反转的问题,使用完毕后，需要尽快将其释放。

11.3.3 死锁

什么是死锁？死锁是指多个线程在运行中，每个线程都等待对方释放资源，而自己却不会主动释放自己占有的资源，如果没有外力的作用，它们只能无限期地互相等待下去。如图 11-11 所示，线程 A、B 正常运行一段时间后，分别使用共享资源 R1、R2 运行；当 A 要求使用临界资源 R2 时，因 B 正使用 R2，B 将优先级继承 A 的优先级，继续运行；当 B 要求使用 R1 时，就会发生死锁。

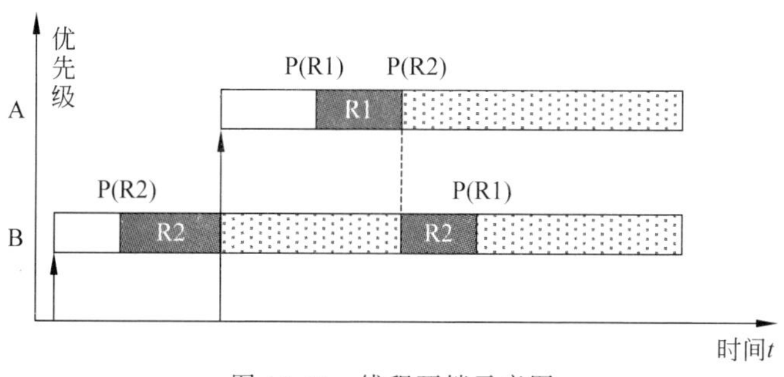

图 11-11　线程死锁示意图

产生死锁需要具备以下 4 个必要条件。

(1) 资源的互斥访问：在一段时间内某资源仅为一个线程所占用。

(2) 资源的不可抢占：线程所获得的资源在未使用完毕前，不能被其他线程强行夺走。

(3) 资源的请求保持：线程已经保持了至少一个资源，但又提出了新的资源请求，而该资源已被其他线程占有，此时请求线程将被阻塞，但对获得的资源保持不放。

(4) 线程的循环等待：存在线程资源的循环等待链，链中每一个线程已经获得的资源同时被链中下一个线程所请求。

解决死锁问题的方法是设法破坏产生死锁的这 4 个必要条件之一。

11.3.4 RT-Thread 互斥量控制块

互斥量控制块是操作系统管理互斥量的一个数据结构，由结构体 rt_mutex 表示，定义如下：

```
struct rt_mutex
{
    struct rt_ipc_object parent;                /* 继承自 ipc_object 类 */

    rt_uint16_t  value;                         /* 互斥量的值 */
    rt_uint8_t   original_priority;             /* 持有线程的原始优先级 */
    rt_uint8_t   hold;                          /* 持有线程的持有计数 */
    struct rt_thread     *owner;                /* 当前拥有互斥量的线程 */
};

typedef struct rt_mutex *rt_mutex_t;            /* 指向互斥量结构体的指针类型 */
```

互斥量对象初始化后，它的值为 1，线程的持有计数为 0，互斥量的持有计数最大为 255。rt_mutex_t 为互斥量的句柄，在 C 语言中的实现是指向互斥量控制块的指针。

11.3.5 互斥量管理 API 函数

1. 创建互斥量 rt_mutex_create

函数 rt_mutex_create 说明如表 11-8 所示。

表 11-8 函数 rt_mutex_create 说明

函数原型	rt_mutex_t rt_mutex_create(const char * name, /* 互斥量名称 */ /* 互斥量标志，可取值为 RT_IPC_FLAG_FIFO(先进先出)或 RT_IPC_FLAG_PRIO */ rt_uint8_t flag);
功能描述	创建一个互斥量，并初始化该互斥量的控制块
返回值	互斥量句柄：互斥量创建成功
	RT_NULL：互斥量创建失败
注意事项	互斥量的 flag 标志已经作废，无论用户选择哪种标志，内核均按照 RT_IPC_FLAG_PRIO 处理

应用示例	static rt_mutex_t mutex = RT_NULL;
	
	mutex = rt_mutex_create("mutex", RT_IPC_FLAG_FIFO);

2. 删除互斥量 rt_mutex_delete

函数 rt_mutex_delete 说明如表 11-9 所示。

表 11-9 函数 rt_mutex_delete 说明

函数原型	rt_err_t rt_mutex_delete (rt_mutex_t mutex);
功能描述	删除动态创建的互斥量并释放系统资源
输入参数	mutex：要删除的互斥量句柄
返回值	RT_EOK：删除互斥量成功
注意事项	当删除一个互斥量时，所有等待此互斥量的线程都将被唤醒，然后系统将该互斥量从内核对象管理器链表中删除并释放该互斥量占用的内存空间

应用示例	if (rt_mutex_delete(mutex) == RT_EOK)
	{
	    mutex = RT_NULL;
	}

3. 初始化互斥量 rt_mutex_init

函数 rt_mutex_init 说明如表 11-10 所示。

表 11-10 函数 rt_mutex_init 说明

函数原型	rt_err_t rt_mutex_init(rt_mutex_t mutex, /* 互斥量对象的句柄 */ const char * name, /* 互斥量的名称 */ /* 互斥量标志，可取值为 RT_IPC_FLAG_FIFO 或 RT_IPC_FLAG_PRIO */ rt_uint8_t flag);

续表

功能描述	初始化静态互斥量对象
返回值	RT_EOK：互斥量初始化成功
注意事项	互斥量的 flag 标志已经作废，无论用户选择哪种标志，内核均按照 RT_IPC_FLAG_PRIO 处理
应用示例	struct rt_mutex lock_mutex; rt_mutex_init(&lock_mutex, "lock_mutex", RT_IPC_FLAG_FIFO);

4. 脱离互斥量 rt_mutex_detach

函数 rt_mutex_detach 说明如表 11-11 所示。

表 11-11　函数 rt_mutex_detach 说明

函数原型	rt_err_t rt_mutex_detach (rt_mutex_t mutex);
功能描述	脱离静态互斥量
输入参数	mutex：要脱离的互斥量句柄
返回值	RT_EOK：脱离互斥量成功
注意事项	内核先唤醒所有挂起在该互斥量上的线程，然后系统将该互斥量从内核对象管理器中脱离

应用示例	if (rt_mutex_detach(&lock_mutex) == RT_EOK)
	{
	　rt_kprintf("互斥量脱离成功. \r\n");
	}

5. 获取互斥量 rt_mutex_take

函数 rt_mutex_take 说明如表 11-12 所示。

表 11-12　函数 rt_mutex_take 说明

函数原型	rt_err_t rt_mutex_take(rt_mutex_t mutex,　　/* 互斥量对象的句柄 */ 　　　　　　　　rt_int32_t time);　　/* 指定的等待时间 */
功能描述	如果互斥量没有被其他线程持有，申请该互斥量的线程将成功获得该互斥量，互斥量的所有者将变更为这个线程。如果互斥量已经被当前线程持有，则该互斥量的持有计数加 1，当前线程不会挂起等待
输入参数	当互斥量已经被其他线程持有，所申请的互斥量不能被立即获得时，当前线程根据 time 的值可以有以下几种选择： • RT_WAITING_FOREVER：永远等待，直到其他线程释放它。 • RT_WAITING_NO：不等待，立即返回，并返回一个错误码-RT_ETIMEOUT。 • 挂起等待指定时间：单位是操作系统时钟节拍(OS Tick)
返回值	RT_EOK：成功持有互斥量
	-RT_ETIMEOUT：超时依然未能持有互斥量
	-RT_ERROR：持有互斥量失败

续表

注意事项	如果此时有更高优先级线程试图持有互斥量,互斥量所有者线程的优先级将被提高到与更高优先级线程同等的级别
应用示例	rt_mutex_take(mutex, RT_WAITING_FOREVER);

6. 释放互斥量 rt_mutex_release

函数 rt_mutex_release 说明如表 11-13 所示。

表 11-13 函数 rt_mutex_release 说明

函数原型	rt_err_t rt_mutex_release(rt_mutex_t mutex);
功能描述	释放互斥量,每释放一次互斥量,它的持有计数就减 1。当持有线程已经释放所有的持有操作后,互斥量的持有计数为 0,它变为可用,等待在该互斥量上的线程将被唤醒。如果互斥量所有者线程在持有互斥量期间被调整过优先级,在释放互斥量时,它将恢复到原来的优先级
输入参数	mutex:互斥量对象的句柄
返回值	RT_EOK:成功释放互斥量
注意事项	只有已经拥有互斥量控制权的线程才能释放它。不应由用户自行去更改互斥量所有者线程的优先级
应用示例	rt_mutex_release(mutex);

11.3.6 互斥量应用场合

互斥量的使用场景比较单一,适合用于多线程间的互斥访问,用来锁住多个线程要访问的临界资源。下面举一个例子,若两个线程 thread1 和 thread2 都需要使用数组 buf[50]来存放它们各自的运行信息。由于 buf 属于临界资源,当有线程正在使用 buf 时,不允许其他线程使用它,因此使用互斥量对其进行保护,保证多个线程对它的互斥访问,代码如下:

```
static rt_mutex_t mutex = RT_NULL;
unsigned char buf[50];

static void thread1(void * parameter)
{
    unsigned char mes[] = "thread1 is running!";
    while (1)
    {
        rt_mutex_take(mutex, RT_WAITING_FOREVER);       /* 获取互斥量 */
        rt_memcpy(buf, mes, sizeof(mes));               /* 字符串复制 */
        rt_kprintf("%s\r\n", buf);
        rt_mutex_release(mutex);                        /* 释放互斥量 */

        rt_thread_mdelay(10);
    }
}

static void thread2(void * parameter)
```

```
{
    unsigned char mes[] = "thread2 is running!";

    while (1)
    {
        rt_mutex_take(mutex, RT_WAITING_FOREVER);      /* 获取互斥量 */
        rt_memcpy(buf, mes, sizeof(mes));              /* 字符串复制 */
        rt_kprintf("%s\r\n", buf);
        rt_mutex_release(mutex);                       /* 释放互斥量 */

        rt_thread_mdelay(10);
    }
}
```

注意：互斥量不适合用于中断服务程序与线程间的互斥访问。

11.3.7 互斥量应用示例

示例代码(在文件 mutex_sample.c 中)演示了优先级继承算法的应用情况，在函数 mutex_sample 中创建了一个动态互斥量 mutex，还创建了两个动态线程 thread1 和 key_thread(前者的优先级比后者高)。具体的代码如下：

```
#include <rtthread.h>
#include "key.h"

static rt_thread_t tid1 = RT_NULL;                  /* 线程 ID */
static rt_thread_t key_id = RT_NULL;

static rt_mutex_t mutex = RT_NULL;                  /* 互斥量指针 */
/* 线程 thread1 循环体内的代码是否运行的标志位 */
static rt_int8_t flag = 0;

static void print_mutex_info()                      /* 输出互斥量 mutex 的信息 */
{
    if (mutex != RT_NULL)
    {
        rt_kprintf("Mutex: value = %d, original_priority = %d,
                hold = %d.\r\n",
            mutex->value, mutex->original_priority, mutex->hold);
    }
}

static void thread1_entry(void *parameter)
{
    while (1)
    {
        if (flag == 1)
        {
            rt_kprintf("Thread1 take mutex.\r\n");
```

```
            rt_mutex_take(mutex, RT_WAITING_FOREVER);      /* 获取互斥量 */
            print_mutex_info();                            /* 输出互斥量 mutex 信息 */

            rt_kprintf("Thread1 release mutex.\r\n");
            rt_mutex_release(mutex);                       /* 释放互斥量 */
            print_mutex_info();
            flag = 0;
        }

        rt_thread_mdelay(200);
    }
}

static void key_entry(void * parameter)
{
    uint8_t ucKeyCode;

    while (1)
    {
        ucKeyCode = key_get();                             /* 获取按键值 */
        if (ucKeyCode != KEY_NONE)
        {
            switch(ucKeyCode)
            {
            case KEY_DOWN_K1:
                rt_kprintf("---K1 pressed, Take mutex.\r\n");
                rt_mutex_take(mutex, RT_WAITING_FOREVER);    /* 获取互斥量 */
                rt_kprintf("Key_thread: cur_pri = %d, init_pri = %d; ",
                    key_id->current_priority, key_id->init_priority);
                    print_mutex_info();
                break;
            case KEY_DOWN_K2:
                rt_kprintf("---K2 pressed, Release mutex.\r\n");
                rt_mutex_release(mutex);                     /* 释放互斥量 */
                rt_kprintf("Key_thread: cur_pri = %d, init_pri = %d; ",
                     key_id->current_priority, key_id->init_priority);
                     print_mutex_info();
                break;
            case KEY_DOWN_K3:
                rt_kprintf("---K3 pressed.\r\n");
                flag = 1;                         /* 线程 thread1 循环体内的代码运行 */
                break;
            default:
                break;
            }
        }

        rt_thread_mdelay(20);
    }
}
```

```
int mutex_sample()
{
    mutex = rt_mutex_create("mutex", RT_IPC_FLAG_FIFO);      /* 创建互斥量 */
    print_mutex_info();                                      /* 输出互斥量 mutex 信息 */

    tid1 = rt_thread_create("thread1", thread1_entry, RT_NULL, 512, 8, 5);
    if (tid1 != RT_NULL)
        rt_thread_startup(tid1);

    key_id = rt_thread_create("key_thread", key_entry, RT_NULL, 512, 10, 5);
    if (key_id != RT_NULL)
        rt_thread_startup(key_id);

    return 0;
}
MSH_CMD_EXPORT(mutex_sample, semaphore sample);
```

如图 11-12 所示，在控制台输入“mutex_sample”命令后，示例程序开始运行。

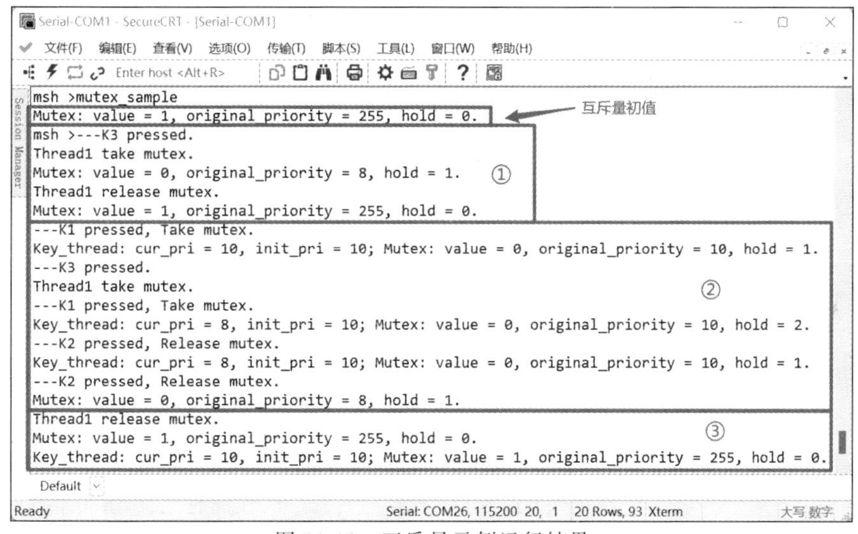

图 11-12　互斥量示例运行结果

下面对图 11-12 中标注的三处关键点进行说明：创建互斥量 mutex 后，互斥量的值为 1，它的线程持有计数为 0。图中①处为按下 KEY3 键后，线程 thread1 申请互斥量，此时互斥量没有被其他线程持有，因此线程成功持有该互斥量，互斥量的所有者变更为这个线程。随后释放互斥量，互斥量的值恢复到初始值 1。图中②处为按下 KEY1 键后，线程 key_thread 持有了互斥量；按下 KEY3 键，高优先级线程 thread1 试图去持有该互斥量，由于互斥量已经被持有，线程 thread1 将被挂起等待，线程 key_thread 的优先级被提高到 8；再次按下 KEY1 键，互斥量的线程持有计数加 1。连续两次按下 KEY2 键释放互斥量，每释放一次互斥量，它的线程持有计数就减 1。图中③处为持有线程已经释放了所有的持有操作，互斥量的值为 1，它的线程持有计数为 0，线程 key_thread 恢复到原来的优先级 10。

注意：在示例程序的运行过程中，高优先级线程在满足条件的前提下会抢占低优先级线程优先运行。

11.4 事件集

11.4.1 事件集的概念及工作机制

1. 事件集的概念

事件集也是一种线程间同步机制，可以实现一对多、多对多的线程间同步。下面以A、B和C三个同学参加不同的考试需要带的证件为例来说明事件集的概念，有以下三种情况：

(1) A同学参加驾照科一考试，只要带身份证就可以参加考试。

(2) B同学参加学校期末考试，只要带身份证或者学生证即可参加考试。

(3) C同学参加全国大学生英语四级考试，需要带身份证、学生证和准考证，三证必须齐备才可参加考试。

这里，可以将A、B和C视为三个线程，将"带身份证""带学生证"和"带准考证"视为事件的发生，情况(1)是特定事件唤醒线程，情况(2)是任意一个事件唤醒线程，情况(3)是三个事件同时发生才唤醒线程。类似地，线程与多个事件的关系可设置为任意一个事件发生都能够唤醒线程，或几个事件都发生后才能够唤醒线程，另外也可以是多个线程同步多个事件。

操作系统可使用一个32位无符号整型变量来表示事件集的关系，变量的每一位代表一个事件，最多支持32个事件。可将一个或多个事件组合起来，形成事件集，事件集与线程之间有两种同步机制：通过"与"组合的事件集需要所有事件都发生后才可以唤醒线程，通过"或"组合的事件集中的任何一个事件发生后都可以唤醒线程。

2. 事件集的工作机制

在RT-Thread中，每个线程使用一个32位无符号整型数(线程控制块中的event_set)来标识事件集，每一个位代表一个事件标志，多个事件标志构成一个事件集；还使用了一个8位无符号整型数(线程控制块中的event_info)来标记事件信息，它有RT_EVENT_FLAG_AND(逻辑与)、RT_EVENT_FLAG_OR(逻辑或)和RT_EVENT_FLAG_CLEAR(清除标记)三个属性。当线程等待事件同步时，可以通过它的32个事件标志和事件信息标记来判断当前接收的事件是否满足同步条件，若不满足，线程可以被挂起等待。

下面举一个例子来说明事件集的工作机制，如图11-13所示，线程Thread#1的事件标志中第2、29位被置位，表明该线程将按照事件信息标记来等待这两个事件的发生。任何线程和中断服务程序都可以发送事件，若设置的事件信息标记位设为：

(1) 逻辑与，事件2、29都发生后，才触发唤醒Thread#1，若还设置了清除标记位，则将这两个事件清零。

(2) 逻辑或，事件2或事件29任一个发生后，都会触发唤醒Thread#1，若还设置了清除标记位，则只将发生的事件清零。

3. 事件集的特点和与信号量的区别

RT-Thread定义的事件集具有以下特点。

(1) 事件只与线程相关，事件间是相互独立的。

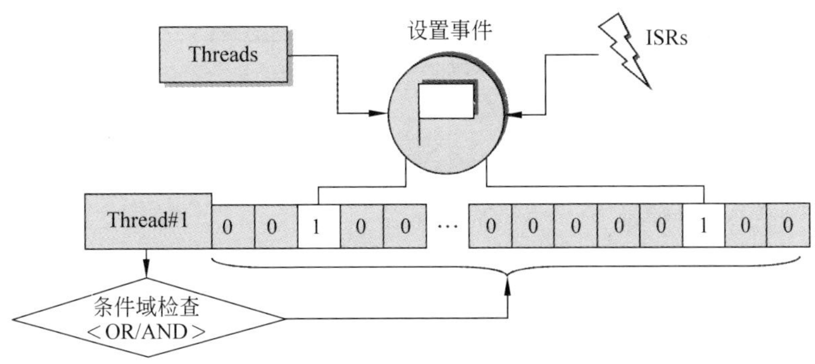

图 11-13　事件集工作机制示意图

(2) 事件仅用于同步,不提供数据传输的功能。

(3) 因为 32 位无符号整型的一个位记录一种事件,无记录次数功能,多次向线程发送同一事件(如果线程还未来得及读走),其效果等同于只发送一次。

事件集在一定程度上能够替代信号量,用于线程间同步,但两者还是存在明显区别:

(1) 在事件未清除前,事件的发送操作不可累计,而信号量的释放动作是可以累计的。

(2) 接收线程可等待多种事件同步,即多个事件可以对应一个或多个线程。

(3) 按照线程等待的参数,事件集可选择逻辑或或者逻辑与触发,而信号量只能识别单一的释放动作,不能同时等待多种类型的释放。

11.4.2　RT-Thread 事件集控制块

事件集控制块由结构体 rt_event 表示,定义如下:

```
struct rt_event
{
    struct rt_ipc_object parent;                /* 继承自 ipc_object 类 */
    rt_uint32_t set;            /* 事件集合,每一位表示 1 个事件,标记某事件是否发生 */
};
typedef struct rt_event * rt_event_t;           /* 指向事件集控制块的指针类型 */
```

结构体成员 set 是 32 位整型数,因此一个事件对象可以支持 32 个事件。rt_event_t 表示事件集的句柄,在 C 语言中的实现是指向事件集控制块的指针。

11.4.3　事件集管理 API 函数

1. 创建事件集 rt_event_create

函数 rt_event_create 说明如表 11-14 所示。

表 11-14　函数 rt_event_create 说明

函数原型	rt_event_t rt_event_create(const char * name,　　/* 事件集名称 */ rt_uint8_t flag);　　/* 事件集的标志 */
功能描述	创建一个事件集,并初始化该事件集的控制块
输入参数	flag 可取值为 RT_IPC_FLAG_FIFO(先进先出)或 RT_IPC_FLAG_PRIO(优先级等待)

续表

<table>
<tr><td rowspan="2">返回值</td><td>事件对象的句柄：事件集创建成功</td></tr>
<tr><td>RT_NULL：事件集创建失败</td></tr>
<tr><td>注意事项</td><td>为确保线程的实时性，建议事件集标志采用 RT_IPC_FLAG_PRIO</td></tr>
<tr><td>应用示例</td><td>static rt_event_t event = RT_NULL;

event = rt_event_create("event", RT_IPC_FLAG_PRIO);</td></tr>
</table>

2. 删除事件集 rt_event_delete

函数 rt_event_delete 说明如表 11-15 所示。

表 11-15　函数 rt_event_delete 说明

函数原型	rt_err_t rt_event_delete(rt_event_t event);
功能描述	删除事件集对象。在删除前会唤醒所有挂起在该事件集上的线程
输入参数	event：要删除的事件集句柄
返回值	RT_EOK：删除事件集成功
注意事项	该函数适用于动态创建的事件集

应用示例	if (rt_event_delete(event) == RT_EOK)
	{
	  event = RT_NULL;
	}

3. 初始化事件集 rt_event_init

函数 rt_event_init 说明如表 11-16 所示。

表 11-16　函数 rt_event_init 说明

函数原型	rt_err_t rt_event_init(rt_event_t event,　　/* 事件集对象句柄 */ 　　const char* name,　　/* 事件集名称 */ 　　/* 事件集标志，可取值为 RT_IPC_FLAG_FIFO 或 RT_IPC_FLAG_PRIO */ 　　rt_uint8_t flag);
功能描述	初始化静态事件集对象
返回值	RT_EOK：事件集初始化成功

应用示例	static struct rt_event event;
	rt_err_t result;
	
	result = rt_event_init(&event, "event", RT_IPC_FLAG_FIFO);
	if (result != RT_EOK)
	{
	  rt_kprintf("初始化事件集失败.\r\n");
	}

4. 脱离事件集 rt_event_detach

函数 rt_event_detach 说明如表 11-17 所示。

表 11-17　函数 rt_event_detach 说明

函数原型	rt_err_t rt_event_detach(rt_event_t event);
功能描述	脱离一个静态事件集。首先唤醒所有挂起在该事件集等待队列上的线程，然后将该事件集从内核对象管理器中脱离
输入参数	event：要脱离的事件集对象的句柄
返回值	RT_EOK：脱离事件集成功
注意事项	该函数适用于静态初始化的事件集

应用示例	if (rt_event_detach(&event) == RT_EOK)
	{
	  rt_kprintf("事件集脱离成功. \r\n");
	}

5. 发送事件 rt_event_send

函数 rt_event_send 说明如表 11-18 所示。

表 11-18　函数 rt_event_send 说明

函数原型	rt_err_t rt_event_send(rt_event_t event,　　/* 事件集对象句柄 */ 　　　　　　　　rt_uint32_t set);　　/* 发送的一个或多个事件的标志值 */
功能描述	发送事件集中的一个或多个事件到事件对象上，如果有线程等待在这个事件对象上，并且满足触发事件条件，这个线程将被唤醒
返回值	RT_EOK：发送事件成功
注意事项	发送事件后，会用参数 set 指定的事件标志来设定 event 事件集对象的事件标志值，然后遍历事件集对象上的等待线程链表
应用示例	#define EVENT_FLAG1 (1 << 1)　　/* 事件 1 */ rt_event_send(&event, EVENT_FLAG1);

6. 接收事件 rt_event_recv

函数 rt_event_recv 说明如表 11-19 所示。

表 11-19　函数 rt_event_recv 说明

函数原型	rt_err_t rt_event_recv(rt_event_t event,　　/* 事件集对象的句柄 */ 　　　　　　　　rt_uint32_t set,　　/* 接收线程感兴趣的事件 */ 　　　　　　　　rt_uint8_t option,　　/* 接收选项 */ 　　　　　　　　rt_int32_t timeout,　　/* 指定超时时间 */ 　　　　　　　　rt_uint32_t* recved);　　/* 指向接收到的事件位 */
功能描述	根据参数 set 和接收选项 option 来判断它要接收的事件是否发生，如果已经发生，则返回；如果没有发生，则把等待的 set 和参数 option 填入线程本身的结构中，然后把线程挂起在此事件上，直到它等待的事件满足条件或等待时间超时

续表

输入参数	接收选项 option 可取值： • RT_EVENT_FLAG_OR　　/* 逻辑或方式接收事件 */ • RT_EVENT_FLAG_AND　　/* 逻辑与方式接收事件 */ • RT_EVENT_FLAG_CLEAR　　/* 清除重置事件标志位 */
	超时时间 timeout 可取值 RT_WAITING_FOREVER、RT_WAITING_NO 或指定的等待时间，单位是操作系统时钟节拍(OS Tick)
返回值	RT_EOK：接收事件成功
	-RT_ETIMEOUT：超时依然未获得事件
	-RT_ERROR：发生错误
注意事项	参数 recved 返回接收到的事件

应用示例	if (rt_event_recv(&event, (EVENT_FLAG1 | EVENT_FLAG3), RT_EVENT_FLAG_OR |
	RT_EVENT_FLAG_CLEAR, RT_WAITING_FOREVER, &e) == RT_EOK)
	{
	rt_kprintf("接收事件 0x%x.\r\n", e);　　/* 以十六进制形式输出接收到的事件 */
	}

11.4.4 事件集应用示例

示例代码(在文件 event_sample.c 中)在函数 event_sample 中初始化了一个静态事件集对象；创建了两个具有相同优先级的线程，线程 or 等待事件 0 或事件 25 的到来，线程 and 等待事件 25 和事件 30 的到来，这两个线程都等待事件 25；还创建了线程 key_thread 用于处理按键并发送相应的事件。事件集示例示意图如图 11-14 所示。

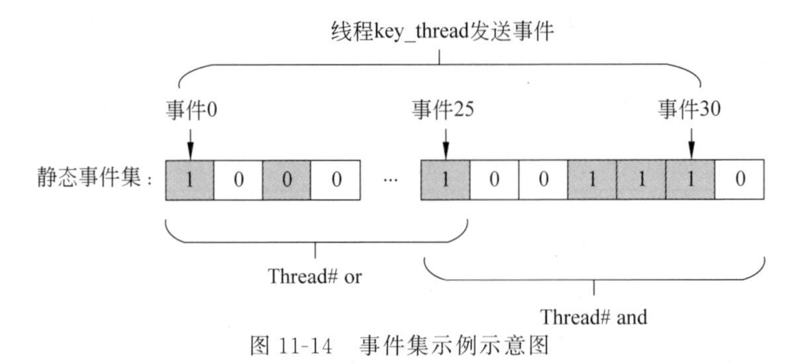

图 11-14　事件集示例示意图

示例代码如下：

```
#include <rtthread.h>
#include "key.h"

#define EVENT_FLAG0  (1 << 0)                    /* 事件 0 */
#define EVENT_FLAG25 (1 << 25)                   /* 事件 25 */
#define EVENT_FLAG30 (1 << 30)                   /* 事件 30 */

static struct rt_event event;                    /* 事件集对象 */
```

```
static void or_entry(void * parameter)
{
    rt_uint32_t e;

    while (1)
    {
        /* 事件 0 或事件 25 任意一个都可以唤醒线程,接收完后清除事件标志位 */
        if (rt_event_recv(&event, (EVENT_FLAG0 | EVENT_FLAG25),
            RT_EVENT_FLAG_OR |
            RT_EVENT_FLAG_CLEAR, RT_WAITING_FOREVER, &e) == RT_EOK)
        {
            /* 输出接收到的事件位 */
            rt_kprintf("  OR_thread recv event 0x%x.\r\n", e);
        }
    }
}

static void and_entry(void * parameter)
{
    rt_uint32_t e;

    while (1)
    {
        /* 事件 25 和事件 30 都发生时才可以唤醒线程,接收完后清除事件标志位 */
        if (rt_event_recv(&event, (EVENT_FLAG25 | EVENT_FLAG30),
          RT_EVENT_FLAG_AND | RT_EVENT_FLAG_CLEAR,
          RT_WAITING_FOREVER, &e) == RT_EOK)
        {
            /* 输出接收到的事件位 */
            rt_kprintf("  AND_thread recv event 0x%x.\r\n", e);
        }
    }
}

static void key_entry(void * parameter)
{
    uint8_t ucKeyCode;

    rt_kprintf("Description: K1-Send event0; K2-Send event25;
               K3-Send event30.\r\n");
    while (1)
    {
        ucKeyCode = key_get();                                   /* 获取按键值 */
        if (ucKeyCode != KEY_NONE)
        {
            switch (ucKeyCode)
            {
            case KEY_DOWN_K1:
                rt_kprintf("K1 pressed, send event0.\r\n");
```

```
                rt_event_send(&event, EVENT_FLAG0);                  /* 发送事件 0 */
                break;
            case KEY_DOWN_K2:
                rt_kprintf("K2 pressed, send event25.\r\n");
                rt_event_send(&event, EVENT_FLAG25);                 /* 发送事件 25 */
                break;
            case KEY_DOWN_K3:
                rt_kprintf("K3 pressed, send event30.\r\n");
                rt_event_send(&event, EVENT_FLAG30);                 /* 发送事件 30 */
                break;
            default:
                break;
            }
        }

        rt_thread_mdelay(20);
    }
}

int event_sample(void)
{
    static rt_thread_t tid = RT_NULL;
    /* 初始化静态事件集对象 */
    rt_err_t result = rt_event_init(&event, "event", RT_IPC_FLAG_FIFO);
    if (result != RT_EOK)
    {
        rt_kprintf("init event failed.\n");
        return -1;
    }

    tid = rt_thread_create("or", or_entry, RT_NULL, 512, 8, 5);
    if (tid != RT_NULL)
        rt_thread_startup(tid);

    tid = RT_NULL;
    tid = rt_thread_create("and", and_entry, RT_NULL, 512, 8, 5);
    if (tid != RT_NULL)
        rt_thread_startup(tid);

    tid = RT_NULL;
    tid = rt_thread_create("key_thread", key_entry, RT_NULL, 512, 10, 5);
    if (tid != RT_NULL)
        rt_thread_startup(tid);

    return 0;
}
MSH_CMD_EXPORT(event_sample, event sample);
```

如图 11-15 所示，在控制台输入“event_sample”命令后，程序开始运行。每次按键 KEY1、KEY2 和 KEY3 按下后，会分别发送事件 0、事件 25 和事件 30。线程 or 使用“逻辑或"方式接收事件，因此按下 KEY1 键或 KEY2 键都会唤醒该线程，输出接收到的事件位。线程 and 使用"逻辑与"方式接收事件，需要 KEY2 键和 KEY3 键都按下后才会唤醒该线程。图中两次按下 KEY3 键等同于将它按下一次，因为事件的发送操作在事件未清除前是不可累计的。

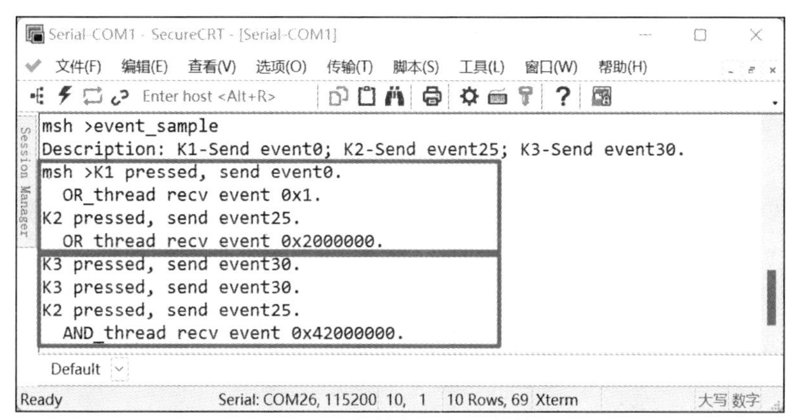

图 11-15 事件集示例运行结果

思考一下：图中第二次按下 KEY2 键，发送了事件 25，那为什么线程 or 没有运行呢？

11.5 邮箱

11.5.1 邮箱的概念及工作机制

1. 邮箱的概念

邮箱服务是 RTOS 中一种常用的线程与线程之间的通信方法。线程间通过传递数据进行通信，一般是在内存中创建一个存储空间作为数据的缓冲区，这样传递数据(消息)的最简单办法就是传递数据缓冲区的指针。操作系统中邮箱服务的概念与此类似，可将消息缓冲区的指针称为邮件，管理邮件的数据结构称为邮箱。

线程间通信为什么要使用邮箱，使用全局数组不是更简单吗？在裸机编程时，使用全局数组的确比较方便，但是在多线程环境下就需要使用邮箱了，这是基于以下几方面的原因：

(1) 若使用全局数组，发送消息时线程的超时等机制需要由用户实现，使用邮箱可以让 RTOS 内核更加有效地管理线程。

(2) 若使用全局数组，还需要防止多线程对消息的访问冲突，而邮箱已经处理好了这个问题。

(3) 邮箱可以有效解决中断服务程序跟线程之间消息传递的问题。

(4) 邮箱的 FIFO 机制更有利于数据的处理，效率比较高。

2. 邮箱的工作机制

RT-Thread 邮箱中的每一封邮件只能存放固定大小为 4 字节的消息，由于 4 字节的内存空间相对比较小，因此一般通过邮件来传递指向消息缓冲区的指针(对于 32 位 MCU，指针的大小为 4 字节)，相当于 C 语言中的引用传递，消息传递效率比较高。

邮箱一般用于线程与线程之间、中断与线程之间的通信，适合把一段消息(一封邮件)从一个上下文环境传递到另一个上下文环境。如图 11-16 所示，发送线程或者中断服务程序发送邮件到邮箱，即将邮件里面的 4 字节内容复制到邮箱缓冲区；同样，接收线程可以从邮箱中收取邮件，即将邮件里面的 4 字节内容复制到接收线程的缓存区。

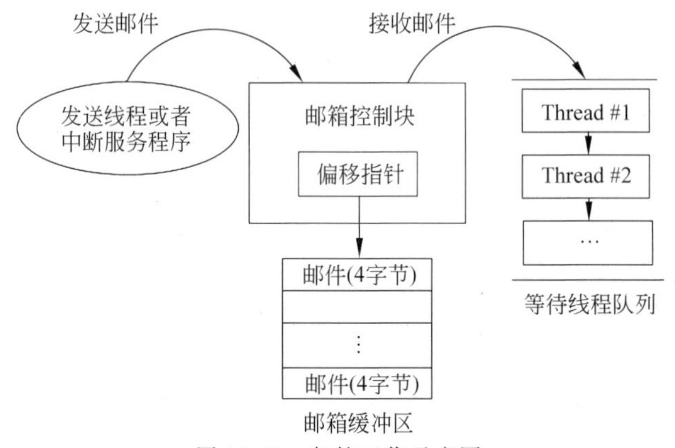

图 11-16　邮箱工作示意图

RT-Thread 中，发送线程向邮箱发送邮件时：

(1) 如果邮箱存在空闲空间，则把邮件内容(4 字节)复制到邮箱中。

(2) 如果邮箱已经满了，则发送线程可以设置超时时间，选择挂起等待或直接返回。若选择直接返回，则发送邮件过程将变成非阻塞方式；若选择挂起等待，则当邮箱中的邮件被收取而空出空间时，发送线程将被唤醒继续发送。

RT-Thread 一般采用非阻塞方式发送邮件，因此能够在中断服务中安全发送邮件。

RT-Thread 中，接收线程从邮箱接收邮件时：

(1) 如果邮箱中存在邮件，则复制邮件内容(4 字节)到接收缓冲区中。

(2) 如果邮箱中没有邮件，则接收线程可以设置超时时间，选择挂起等待或直接返回。若超时时间不为 0，则邮件收取过程将变成阻塞方式；若达到设置的超时时间，邮箱依然未收到邮件，则接收线程将被唤醒并返回-RT_ETIMEOUT。

11.5.2　RT-Thread 邮箱控制块

RT-Thread 邮箱由邮箱控制块及环形缓冲区构成(FIFO 结构)，因此邮箱能够缓存一定数量的邮件。邮箱控制块由结构体 rt_mailbox 表示，rt_mailbox_t 表示邮箱的句柄，定义如下：

```
struct rt_mailbox
{
    struct rt_ipc_object parent;

    rt_uint32_t *msg_pool;                    /* 邮箱缓冲区的开始地址 */
    rt_uint16_t size;                         /* 邮箱缓冲区的大小 */

    rt_uint16_t entry;                        /* 邮箱中邮件的数目 */
    rt_uint16_t in_offset;                    /* 邮箱缓冲区的进偏移 */
```

```
    rt_uint16_t out_offset;                    /* 邮箱缓冲区的出偏移 */
    rt_list_t suspend_sender_thread;           /* 发送线程的挂起等待队列 */
};
typedef struct rt_mailbox * rt_mailbox_t;
```

由结构体成员 msg_pool 的数据类型可知每一封邮件的大小为 4 字节，结构体成员进偏移(in_offset)和出偏移(out_offset)分别指向环形缓冲区的不同邮件存放区域，请求接收邮件的线程得到的是最先进入缓冲区的消息，如图 11-17 所示。

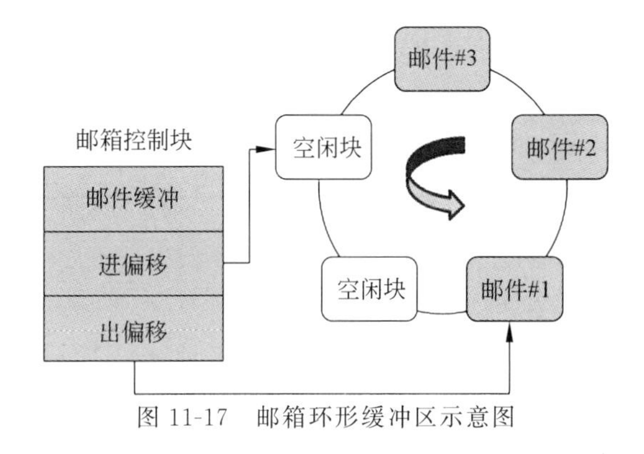

图 11-17　邮箱环形缓冲区示意图

11.5.3　邮箱管理 API 函数

1. 创建邮箱 rt_mb_create

函数 rt_mb_create 说明如表 11-20 所示。

表 11-20　函数 rt_mb_create 说明

函数原型	rt_mailbox_t rt_mb_create (const char * name,　　/* 邮箱名称 */ rt_size_t size,　　/* 邮箱的容量，即邮箱中能够存放的最大邮件数目 */ rt_uint8_t flag);　　/* 线程等待标志 */
功能描述	创建动态邮箱对象，给邮箱分配一块内存空间来存放邮件，内存空间的大小等于邮件大小(4 字节)与邮箱容量的乘积
输入参数	邮箱标志 flag，可取值为 RT_IPC_FLAG_FIFO(先进先出)或 RT_IPC_FLAG_PRIO(优先级等待)
返回值	邮箱对象的句柄：邮箱创建成功
	RT_NULL：邮箱创建失败
注意事项	建议邮箱标志采用 RT_IPC_FLAG_PRIO，确保线程的实时性

应用示例	static rt_mailbox_t mail = RT_NULL;
	
	/* 创建一个容量为 32 封邮件的邮箱 */
	mail = rt_mb_create("mail", 32, RT_IPC_FLAG_PRIO);

2. 删除邮箱 rt_mb_delete

函数 rt_mb_delete 说明如表 11-21 所示。

表 11-21 函数 rt_mb_delete 说明

函数原型	rt_err_t rt_mb_delete (rt_mailbox_t mb);
功能描述	删除邮箱对象。如果邮箱对象等待队列上有等待线程,在删除前会唤醒所有挂起在该邮箱上的线程,然后释放相应的系统资源
输入参数	mb:要删除的邮箱句柄
返回值	RT_EOK:删除邮箱成功
注意事项	该函数适用于动态创建的邮箱

应用示例	if (rt_mb_delete(mail) == RT_EOK)
	{
	  mail = RT_NULL;
	}

3. 初始化邮箱 rt_mb_init

函数 rt_mb_init 说明如表 11-22 所示。

表 11-22 函数 rt_mb_init 说明

函数原型	rt_err_t rt_mb_init(rt_mailbox_t mb, /* 邮箱对象的句柄 */ const char* name, /* 邮箱名称 */ void* msgpool, /* 存放消息邮件的缓冲区指针 */ rt_size_t size, /* 邮箱容量 */ /* 邮箱标志,可取为 RT_IPC_FLAG_FIFO 或 RT_IPC_FLAG_PRIO */ rt_uint8_t flag)
功能描述	初始化静态邮箱对象
输入参数	邮箱容量 size 是指邮箱中能够存放的最大邮件数目,如果 msgpool 指向的缓冲区的字节数是 N,那么邮箱容量应该是 $N/4$
返回值	RT_EOK:邮箱初始化成功
注意事项	存放消息邮件的缓冲区需要考虑对齐的问题

应用示例	static struct rt_mailbox mb; /* 邮箱控制块 */
	static char mb_pool[128]; /* 用于存放邮件的内存池 */
	rt_err_t result;
	
	result = rt_mb_init(&mb, "mbt", &mb_pool[0], sizeof(mb_pool) / 4,
	RT_IPC_FLAG_FIFO);
	if (result != RT_EOK)
	{
	  rt_kprintf("邮箱初始化失败.\r\n");
	}

4. 脱离邮箱 rt_mb_detach

函数 rt_mb_detach 说明如表 11-23 所示。

表 11-23 函数 rt_mb_detach 说明

函数原型	rt_err_t rt_mb_detach(rt_mailbox_t mb);
功能描述	脱离静态邮箱。系统会唤醒所有挂起在该邮箱等待队列上的线程,然后将该邮箱对象从内核对象管理器中脱离
输入参数	mb:要脱离的邮箱对象的句柄
返回值	RT_EOK:脱离邮箱成功
注意事项	该函数适用于静态初始化的邮箱

应用示例	if (rt_mb_detach(&mb) == RT_EOK)
	{
	    rt_kprintf("邮箱脱离成功.\r\n");
	}

5. 以等待方式发送邮件 rt_mb_send_wait

函数 rt_mb_send_wait 说明如表 11-24 所示。

表 11-24 函数 rt_mb_send_wait 说明

函数原型	rt_err_t rt_mb_send_wait(rt_mailbox_t mb, /* 邮箱对象的句柄 */ rt_uint32_t value, /* 邮件内容 */ rt_int32_t timeout); /* 超时时间 */
功能描述	以等待方式发送邮件
输入参数	timeout:超时时间,可取值 RT_WAITING_FOREVER、RT_WAITING_NO 或指定的等待时间,单位是操作系统时钟节拍(OS Tick)
返回值	RT_EOK:发送邮件成功
	-RT_ETIMEOUT:超时
	-RT_ERROR:失败,返回错误
注意事项	如果邮箱已满,则发送线程将根据设定的参数 timeout 等待邮箱空出空间。如果设置的超时时间到达,邮箱依然没有空出空间,则发送线程将被唤醒并返回错误码
应用示例	static char mb_str[] = "I am a mail!"; rt_mb_send_wait(&mb,(rt_uint32_t)mb_str, RT_WAITING_FOREVER);

6. 发送邮件 rt_mb_send

函数 rt_mb_send 说明如表 11-25 所示。

表 11-25 函数 rt_mb_send 说明

函数原型	rt_err_t rt_mb_send (rt_mailbox_t mb, rt_uint32_t value);
功能描述	发送邮件到邮箱。如果邮箱中有线程等待接收邮件,则这个线程将立刻被唤醒
输入参数	mb:邮箱对象的句柄
	value:邮件内容

续表

返回值	RT_EOK：发送邮件成功
	-RT_EFULL：邮箱已满
注意事项	非阻塞方式发送邮件，可用于线程、定时器或者中断服务程序中，它是由 rt_mb_send_wait(mb, value, 0)实现的
应用示例	static char mb_str[] = "I am a mail!"; rt_mb_send(&mb,(rt_uint32_t)&mb_str);

7. 接收邮件 rt_mb_recv

函数 rt_mb_recv 说明如表 11-26 所示。

表 11-26 函数 rt_mb_recv 说明

函数原型	rt_err_t rt_mb_recv(rt_mailbox_t mb, /* 邮箱对象的句柄 */ rt_uint32_t * value, /* 邮件内容 */ rt_int32_t timeout); /* 超时时间 */
功能描述	从邮箱对象中接收邮件。当邮箱中有邮件时，则接收者立即取到邮件并返回 RT_EOK；否则，接收线程会根据设置的超时时间，挂起在邮箱的等待线程队列上或直接返回
输入参数	当所申请的邮件不能被立即获得时，申请邮件的线程根据 timeout 参数的情况有以下几种选择： • RT_WAITING_FOREVER：永远等待邮件的到达。 • RT_WAITING_NO：不等待，立即返回，并返回一个错误码-RT_ETIMEOUT。 • 指定等待时间：单位是操作系统时钟节拍(OS Tick)
返回值	RT_EOK：接收邮件成功
	-RT_ETIMEOUT：超时依然未获得邮件
	-RT_ERROR：发生错误

应用示例	char * str;
	
	/* 以永远等待方式从邮箱中收取邮件 */
	if (rt_mb_recv(&mb, (rt_uint32_t *)&str, RT_WAITING_FOREVER) == RT_EOK)
	{
	  rt_kprintf("收取邮件的内容为：%s.\r\n", str);
	}

11.5.4 邮箱的典型用法

RT-Thread 邮箱中一封邮件的最大长度是 4 字节，所以邮箱能够用于不超过 4 字节的消息传递，但是在实际应用时，传递的消息一般都是超过 4 字节的。由于在 32 位系统上 4 字节的内容恰好可以放置一个指针，因此当需要在线程间传递比较大的消息时，可以把指向一个缓冲区的指针作为邮件发送到邮箱中，即用邮箱来传递消息的指针，例如：

```
static struct rt_mailbox mb;                              /* 邮箱对象 */
```

```
struct msg
{
    unsigned int ID;
    char name[20];
};

/*发送邮件*/
void send_mail()
{
    struct msg *msg_ptr;

    msg_ptr = (struct msg *)rt_malloc(sizeof(struct msg)); /*申请分配内存块*/
    msg_ptr->ID = 1;
    rt_strncpy(msg_ptr->name, "RT-Thread.",  20);

    rt_mb_send(&mb, (rt_uint32_t)msg_ptr);                    /*发送邮件*/
}

/*接收邮件并显示邮件内容*/
void recv_mail()
{
    struct msg *msg_ptr;

    while (1)
    {
        if (rt_mb_recv(&mb, (rt_ubase_t *)&msg_ptr,
            RT_WAITING_FOREVER) == RT_EOK)
        {
            rt_kprintf("ID: %d, ", msg_ptr->ID);
            rt_kprintf("Name: %s\r\n", msg_ptr->name);
            rt_free(msg_ptr);                                  /*释放相应的内存块*/
        }
    }
}
```

上面的代码定义了一个结构体 msg 用来存放消息，msg 包含两个数据成员，它们占用的空间大小为 24 字节，超过了邮件的最大空间 4 字节。发送邮件函数 send_mail 首先申请分配内存块，将消息填充到这个内存块后，把这个内存块的地址作为邮件发送到邮箱。接收邮件函数 recv_mail 以阻塞方式从邮箱中收取邮件，当收到邮件后将邮件内容输出，处理完邮件后，还需要将存放消息的内存块释放。

11.5.5 邮箱应用示例

示例代码（在文件"mailbox_sample.c"中）在 mailbox_sample 函数中初始化了一个静态邮箱对象；创建了动态线程 key_thread 处理按键事件并往邮箱中发送邮件；还创建了动态线程 disp_thread 从邮箱中收取邮件，并显示收到的邮件内容。配置 RTC 每间隔 5s 闹钟中断一次，在它的中断服务中，也往邮箱中发送邮件，如图 11-18 所示。

本示例的代码如下：

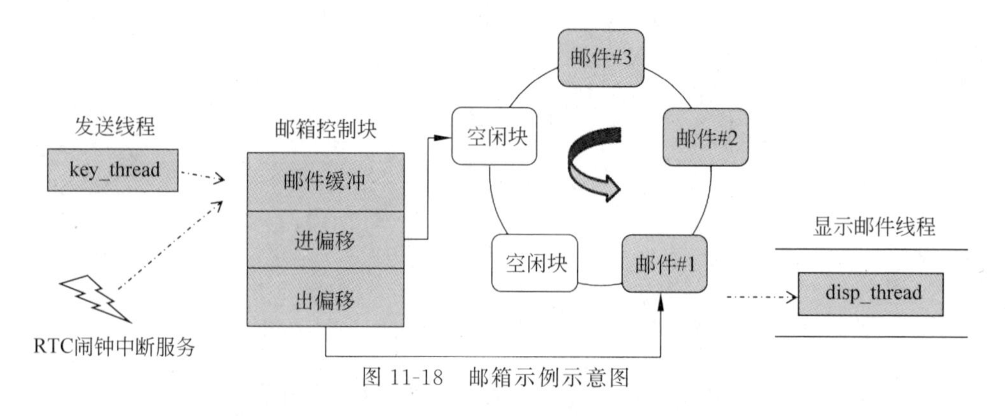

图 11-18 邮箱示例示意图

```
#include <rtthread.h>
#include "key.h"
#include "rtc.h"

static struct rt_mailbox mb;                    /* 邮箱对象 */
static char mb_pool[128];                       /* 用于存放邮件的内存池 */

struct msg
{
    rt_uint8_t key;                             /* 按键编号,若为 0,则表示 RTC 定时事件 */
    struct tm   tm_now;                         /* 当前时间 */
};

/* 填充消息数据,发送邮件 */
void send_mail(uint8_t i)
{
    struct msg *msg_ptr;
    /* 分配内存块,返回结构体指针 */
    msg_ptr = (struct msg *)rt_malloc(sizeof(struct msg));
    msg_ptr->key = i;
    msg_ptr->tm_now = rtc_data_get();           /* 获取发送邮件时的时间 */

    rt_mb_send(&mb, (rt_uint32_t)msg_ptr);      /* 发送邮件 */
}

static void disp_entry(void *parameter)
{
    struct msg *msg_ptr;
    struct tm* time;

    while (1)
    {
        /* 从邮箱中收取邮件 */
        if (rt_mb_recv(&mb, (rt_ubase_t *)&msg_ptr,
            RT_WAITING_FOREVER) == RT_EOK)
        {
            time = &msg_ptr->tm_now;            /* 发送邮件时的时间 */
```

```
            if (msg_ptr->key == 0)          /* 定时事件 */
            {
                rt_kprintf("--->Recv mail: RTC Alarm, ");
            }
            else                            /* 按键事件 */
            {
                rt_kprintf("--->Recv mail: Key%d, ", msg_ptr->key);
            }
            rt_kprintf("the data: %02d/%02d/%02d, ",
                       time->tm_year, time->tm_mon, time->tm_mday);
            rt_kprintf("the time: %02d:%02d:%02d.\r\n",
                       time->tm_hour, time->tm_min, time->tm_sec);

            rt_free(msg_ptr);               /* 释放相应的内存块 */
        }
    }
}

static void key_entry(void *parameter)
{
    uint8_t ucKeyCode;

    rt_kprintf("Description: K1-send mail1; K2-send mail2.\r\n");
    while (1)
    {
        ucKeyCode = key_get();              /* 获取按键值 */
        if (ucKeyCode != KEY_NONE)
        {
            switch (ucKeyCode)
            {
            case KEY_DOWN_K1:
                rt_kprintf("K1 is pressed, send mail1.\r\n");
                send_mail(1);               /* 发送按键编号为 1 的邮件 */
                break;
            case KEY_DOWN_K2:
                rt_kprintf("K2 is pressed, send mail2.\r\n");
                send_mail(2);               /* 发送按键编号为 2 的邮件 */
                break;
            default:
                break;
            }
        }

        rt_thread_mdelay(20);
    }
}

/* RTC 闹钟时间到,发送邮件 */
void RTC_AlarmAEventCallback(RTC_HandleTypeDef *hrtc)
```

```
{
    send_mail(0);                          /* 编号为 0 的邮件表示是定时发送的邮件 */
}

int mailbox_sample(void)
{
    static rt_thread_t tid = RT_NULL;
    rt_err_t result;

    rtc_init();                            /* 初始化 RTC */

    result = rt_mb_init(&mb,
        "mbt",                             /* 邮箱名称 */
        &mb_pool[0],                       /* 邮箱缓冲区指针 */
        sizeof(mb_pool) / 4,               /* 邮件数目,一封邮件占 4 字节 */
        RT_IPC_FLAG_FIFO);                 /* 线程采用 FIFO 方式等待 */
    if (result != RT_EOK)
    {
        rt_kprintf("init mailbox failed.\n");
        return -1;
    }

    tid = rt_thread_create("disp_thread", disp_entry, RT_NULL, 512, 25, 5);
    if (tid != RT_NULL)
        rt_thread_startup(tid);

    tid = RT_NULL;
    tid = rt_thread_create("key_thread", key_entry, RT_NULL, 512, 10, 5);
    if (tid != RT_NULL)
        rt_thread_startup(tid);
    return 0;
}
MSH_CMD_EXPORT(mailbox_sample, mailbox sample);
```

在控制台输入“mailbox_sample”命令后,示例程序开始运行。在程序运行过程中,按键KEY1、KEY2 按下和 RTC 闹钟中断这三种事件发生时,都会发送包含按键编号和发送时间的邮件到邮箱。邮箱收到邮件后,会立刻唤醒等待线程 disp_thread,该线程从邮箱中收取邮件,并输出收到的邮件内容,如图 11-19 所示。

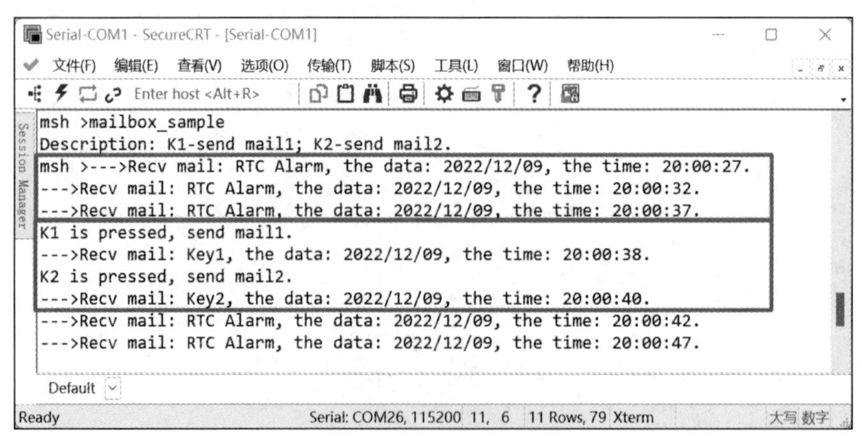

图 11-19 邮箱示例运行结果

注意：在示例中邮件被描述成一个指向缓冲区的32位结构体指针，该缓冲区采用动态内存方式分配，用来存放邮件的内容，因此接收线程在收到邮件并处理后，需要释放该动态内存空间，避免发生内存泄露。

11.6 消息队列

11.6.1 消息队列的概念及工作机制

1. 消息队列的概念

邮箱一次只能发送固定大小的4字节邮件，在很多场合下使用不便，为此RT-Thread提供了另一种线程间通信方式，即消息队列，作为邮箱的扩展。消息队列和邮箱在如下两方面存在明显不同：

(1) 消息的长度并不限定在4字节以内，当创建一个所有消息的最大长度为4字节的消息队列时，消息队列对象将蜕化成邮箱。

(2) 消息队列通过复制数据内容，将消息缓存到自己的内存空间中，而邮箱一般发送的是指向数据块的地址。

如图11-20所示，RT-Thread使用消息队列控制块来管理消息队列，控制块中的消息链表头和消息链表尾指向消息队列的第一个和最后一个非空消息框，空闲消息框链表则指向一些空的消息框。每个消息框可以存放一条消息，它的大小(消息队列中消息的最大长度)在创建消息队列时由用户指定，由此可计算出存放消息的缓冲区大小为[消息框大小+消息头(用于链表连接)的大小]×所有消息框的总数，这个总数也在创建消息队列时由用户指定。当消息队列为空时，接收线程可进入等待队列等待。

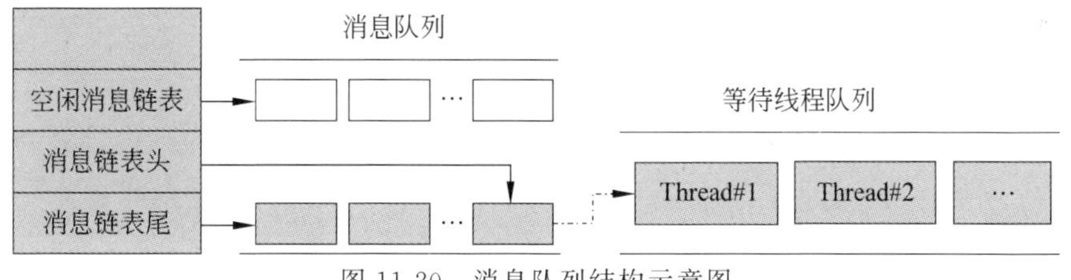

图11-20 消息队列结构示意图

2. 消息的发送与接收

通常，线程或中断服务程序将发送不定长的消息，消息队列收到消息后，将把它复制到自己的内存空间。有两种发送消息的方式：

(1) 先进先出(FIFO)次序，针对普通消息，当发送消息时，将消息挂到消息队列的队尾，接收者得到的是最先进入消息队列的消息，如图11-21(a)所示。

(2) 后进先出(LIFO)次序，针对紧急消息，适用于某些需要马上对消息进行处理的场合，当发送紧急消息时，将消息挂到消息队列的队首，这样接收者就能够优先接收到紧急消息，如图11-21(b)所示。

同样，一个或多个线程能够从消息队列中接收消息。当消息队列中有消息时，接收线程将从中取出第一条可用消息，并将其复制到接收缓存；当消息队列为空时，接收线程可以选

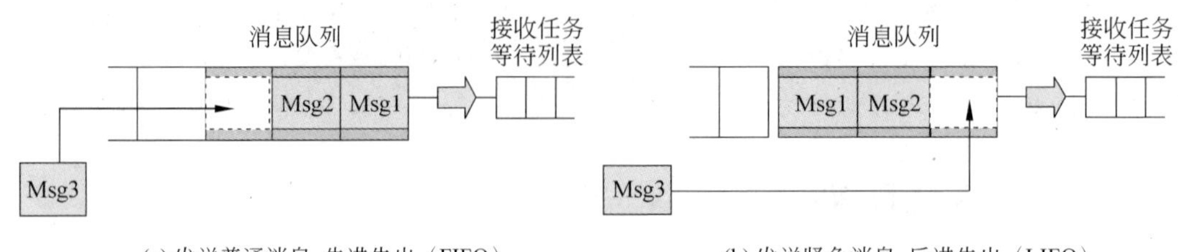

(a) 发送普通消息，先进先出（FIFO）　　(b) 发送紧急消息，后进先出（LIFO）

图 11-21　发送不同消息到消息队列示意图

择挂起等待或者返回错误，若线程选择等待，则当有新的消息到达时，挂起的线程将被唤醒。

11.6.2　RT-Thread 消息队列控制块

消息队列控制块由结构体 rt_messagequeue 表示，rt_mq_t 表示消息队列的句柄，在 C 语言中的实现是指向消息队列控制块的指针，消息队列控制块结构的定义如下：

```
struct rt_messagequeue
{
    struct rt_ipc_object parent;

    void          *msg_pool;                     /* 指向存放消息的缓冲区的指针 */

    rt_uint16_t    msg_size;                     /* 每个消息的长度 */
    rt_uint16_t    max_msgs;                     /* 最大能够容纳的消息数 */

    rt_uint16_t    entry;                        /* 队列中已有的消息数 */

    void         *msg_queue_head;                /* 消息链表头 */
    void         *msg_queue_tail;                /* 消息链表尾 */
    void         *msg_queue_free;                /* 空闲消息链表 */

    rt_list_t    suspend_sender_thread;          /* 发送线程的挂起等待队列 */
};
typedef struct rt_messagequeue *rt_mq_t;
```

11.6.3　消息队列管理 API 函数

1. 创建消息队列 rt_mq_create

函数 rt_mq_create 说明如表 11-27 所示。

表 11-27　函数 rt_mq_create 说明

函数原型	rt_mq_t rt_mq_create(const char * name, /* 消息队列名称 */ rt_size_t msg_size, /* 消息队列中一条消息的最大长度，单位为字节 */ rt_size_t max_msgs, /* 消息队列中消息的最大个数 */ rt_uint8_t flag); /* 消息队列采用的等待方式 */
功能描述	创建一个消息队列对象，并初始化消息队列

续表

输入参数	等待标志 flag,可取值为 RT_IPC_FLAG_FIFO(先进先出)等待或 RT_IPC_FLAG_PRIO(优先级)等待
返回值	消息队列对象的句柄:消息队列创建成功
	RT_NULL:消息队列创建失败
注意事项	为确保线程的实时性,建议等待标志采用 RT_IPC_FLAG_PRIO;消息队列对象分配的内存空间大小为[消息大小+消息头(用于链表连接)的大小]×消息队列最大个数

应用示例	static rt_mq_t mq = RT_NULL;
	
	/* 创建 5 个最大长度为 20 字节的消息队列 */
	mq = rt_mq_create("mq", 20, 5, RT_IPC_FLAG_FIFO);

2. 删除消息队列 rt_mq_delete

函数 rt_mq_delete 说明如表 11-28 所示。

表 11-28 函数 rt_mq_delete 说明

函数原型	rt_err_t rt_mq_delete(rt_mq_t mq);
功能描述	删除动态创建的消息队列对象
输入参数	mq:要删除的消息队列对象的句柄
返回值	RT_EOK:删除消息队列成功
注意事项	在删除前会唤醒所有挂起在该消息等待队列上的线程,然后再释放消息队列使用的内存,最后删除消息队列对象

应用示例	if (rt_mq_delete(mq) == RT_EOK)
	{
	  mq = RT_NULL;
	}

3. 初始化消息队列 rt_mq_init

函数 rt_mq_init 说明如表 11-29 所示。

表 11-29 函数 rt_mq_init 说明

函数原型	rt_err_t rt_mq_init(rt_mq_t mq, /* 消息队列对象的句柄 */ const char* name, /* 消息队列名称 */ void *msgpool, /* 存放消息的缓冲区的指针 */ rt_size_t msg_size, /* 消息队列中一条消息的最大长度,单位为字节 */ rt_size_t pool_size, /* 存放消息的缓冲区大小 */ /* 消息队列采用的等待方式,可取值为 RT_IPC_FLAG_FIFO 或 RT_IPC_FLAG_PRIO */ rt_uint8_t flag);
功能描述	初始化静态消息队列对象
返回值	RT_EOK:消息队列初始化成功
注意事项	消息队列中消息的最大个数=存放消息的缓冲区大小/[一条消息的最大长度 + 消息头(用于链表连接)的大小]

续表

<table>
<tr><td>应用示例</td><td><pre>static struct rt_messagequeue mq;
static rt_uint8_t msg_pool[2048];   /* 消息队列中用于存放消息的内存 */
rt_err_t result;

result = rt_mq_init(&mq, "mqt", &msg_pool[0], 1, sizeof(msg_pool), RT_IPC_FLAG_FIFO);
if (result != RT_EOK)
{
  rt_kprintf("初始化消息队列失败.\n");
}</pre></td></tr>
</table>

4. 脱离消息队列 rt_mq_detach

函数 rt_mq_detach 说明如表 11-30 所示。

表 11-30　函数 rt_mq_detach 说明

<table>
<tr><td>函数原型</td><td>rt_err_t rt_mq_detach(rt_mq_t mq);</td></tr>
<tr><td>功能描述</td><td>脱离一个静态消息队列。内核先唤醒所有挂起在该消息等待队列对象上的线程,然后将该消息队列对象从内核对象管理器中脱离</td></tr>
<tr><td>输入参数</td><td>mq:要脱离的消息队列对象的句柄</td></tr>
<tr><td>返回值</td><td>RT_EOK:脱离消息队列成功</td></tr>
<tr><td>注意事项</td><td>该函数适用于静态初始化的消息队列</td></tr>
<tr><td>应用示例</td><td><pre>if (rt_mq_detach(&mq) == RT_EOK)
{
  rt_kprintf("消息队列脱离成功.\r\n");
}</pre></td></tr>
</table>

5. 发送消息 rt_mq_send

函数 rt_mq_send 说明如表 11-31 所示。

表 11-31　函数 rt_mq_send 说明

<table>
<tr><td>函数原型</td><td><pre>rt_err_t rt_mq_send(rt_mq_t mq,   /* 消息队列对象的句柄 */
                   void * buffer,   /* 指向消息内容的指针 */
                   rt_size_t size);   /* 消息大小 */</pre></td></tr>
<tr><td>功能描述</td><td>给消息队列发送普通消息,可用于线程或者中断服务程序中</td></tr>
<tr><td rowspan="3">返回值</td><td>RT_EOK:发送消息成功</td></tr>
<tr><td>-RT_EFULL:空闲消息链表上无可用消息块,消息队列已满</td></tr>
<tr><td>-RT_ERROR:发送的消息长度大于消息队列中消息的最大长度,发送失败</td></tr>
<tr><td>注意事项</td><td>当发送消息时,消息队列对象先从空闲消息链表上取下一个空闲消息块,把线程或者中断服务程序发送的消息内容复制到该消息块上,然后把该消息块挂到消息队列的尾部</td></tr>
</table>

续表

<table>
<tr><td>应用示例</td><td><pre>rt_err_t result;
char buf = 'A';

result = rt_mq_send(mq, &buf, 1);
switch (result)
{
  case RT_EOK:
    rt_kprintf("-------发送消息成功 -------\r\n");
    break;
  case -RT_ERROR:
    rt_kprintf("-------消息太长了-------\r\n");
    break;
  case -RT_EFULL:
    rt_kprintf("------消息队列已满------\r\n");
    break;
  default:
    break;
}</pre></td></tr>
</table>

6. 以等待方式发送消息 rt_mq_send_wait

函数 rt_mq_send_wait 说明如表 11-32 所示。

表 11-32 函数 rt_mq_send_wait 说明

<table>
<tr><td>函数原型</td><td colspan="2"><pre>rt_err_t rt_mq_send_wait(rt_mq_t mq,   /* 消息队列对象的句柄 */
                  const void * buffer,   /* 指向消息内容的指针 */
                  rt_size_t size,   /* 消息大小 */
                  rt_int32_t timeout);   /* 超时时间 */</pre></td></tr>
<tr><td>功能描述</td><td>以等待方式发送消息。如果消息队列已经满了,那么发送线程将根据设定的 timeout 参数等待</td></tr>
<tr><td>输入参数</td><td>超时时间 timeout,可取值为 RT_WAITING_FOREVER、RT_WAITING_NO、指定的等待时间,单位是操作系统时钟节拍(OS Tick)</td></tr>
<tr><td rowspan="3">返回值</td><td>RT_EOK: 发送消息成功</td></tr>
<tr><td>-RT_EFULL: 消息队列已满</td></tr>
<tr><td>-RT_ERROR: 发送的消息长度大于消息队列定义的消息最大长度,发送失败</td></tr>
<tr><td>注意事项</td><td>该函数与 rt_mq_send() 的区别在于有等待时间</td></tr>
<tr><td>应用示例</td><td><pre>rt_err_t result;
char buf = 'A';

result = rt_mq_send_wait(mq, &buf, 1, RT_WAITING_FOREVER);</pre></td></tr>
</table>

7. 发送紧急消息 rt_mq_urgent

函数 rt_mq_urgent 说明如表 11-33 所示。

表 11-33　函数 rt_mq_urgent 说明

<table>
<tr><td>函数原型</td><td><pre>rt_err_t rt_mq_urgent(rt_mq_t mq,   /* 消息队列对象的句柄 */
                     void * buffer,   /* 指向消息内容的指针 */
                     rt_size_t size);   /* 消息大小 */</pre></td></tr>
<tr><td>功能描述</td><td>发送紧急消息</td></tr>
<tr><td rowspan="3">返回值</td><td>RT_EOK：发送消息成功</td></tr>
<tr><td>-RT_EFULL：消息队列已满</td></tr>
<tr><td>-RT_ERROR：发送的消息长度大于消息队列中消息的最大长度，发送失败</td></tr>
<tr><td>注意事项</td><td>发送时从空闲消息链表上取下来的消息块不是挂到消息队列的队尾，而是挂到队首，接收者优先接收到紧急消息，从而及时进行消息处理</td></tr>
<tr><td>应用示例</td><td><pre>rt_err_t result;
char buf = 'A';

result = rt_mq_urgent(mq, &buf, 1);</pre></td></tr>
</table>

8. 接收消息 rt_mq_recv

函数 rt_mq_recv 说明如表 11-34 所示。

表 11-34　函数 rt_mq_recv 说明

<table>
<tr><td>函数原型</td><td><pre>rt_err_t rt_mq_recv(rt_mq_t mq,   /* 消息队列对象的句柄 */
          void * buffer,   /* 指向消息内容的指针 */
          rt_size_t size,   /* 消息大小 */
          rt_int32_t timeout);   /* 超时时间 */</pre></td></tr>
<tr><td>功能描述</td><td>如果指定的消息队列中有消息，则将第一条消息复制到调用者的缓冲区，并从消息队列中删除它</td></tr>
<tr><td>输入参数</td><td>当所申请的消息不能立即获得时，申请消息的线程将根据 timeout 参数有以下几种选择：
• RT_WAITING_FOREVER：永远等待消息的到达。
• RT_WAITING_NO：不等待，立即返回，并返回一个错误码-RT_ETIMEOUT。
• 指定等待时间：单位是操作系统时钟节拍(OS Tick)</td></tr>
<tr><td rowspan="3">返回值</td><td>RT_EOK：接收消息成功</td></tr>
<tr><td>-RT_ETIMEOUT：超时依然未获得消息</td></tr>
<tr><td>-RT_ERROR：发生错误</td></tr>
<tr><td>注意事项</td><td>当消息队列中有消息时，接收者才能接收消息，否则接收者会根据超时时间设置，或挂起在消息队列的等待线程队列上，或直接返回</td></tr>
<tr><td>应用示例</td><td><pre>char buf[30];   /* 接收缓冲区 */

if (rt_mq_recv(mq, &buf[0], sizeof(buf), RT_WAITING_FOREVER) == RT_EOK)
{
    rt_kprintf("从消息队列收到消息，消息为：%s.\r\n", buf);
}</pre></td></tr>
</table>

11.6.4 消息队列应用示例

示例代码(在文件"msgq_sample.c"中)在函数 msgq_sample 中创建了一个消息最大个数为 5 且消息最大长度为 20 字节的消息队列,还创建了动态线程 key_thread 处理按键事件并给消息队列发送普通消息和紧急消息,以及动态线程 recv_thread 从消息队列中收取消息并显示消息内容。具体的代码如下:

```
#include <rtthread.h>
#include <stdlib.h>
#include <rthw.h>
#include "key.h"

static rt_mq_t mq = RT_NULL;                              /* 消息队列指针 */

/* 往消息队列发送数据,size 为发送数据的个数;cmd 为 1 发送普通消息,为 0 发送紧急消息 */
static void send_message(uint8_t size, uint8_t cmd)
{
    static char c = 'A';                                  /* 发送缓冲区填充字符 */
    char msg[30] = {0};                                   /* 发送缓冲区 */
    rt_err_t result;

    rt_memset(msg, c++, size);                            /* 用字符填充发送缓冲区 */
    msg[size] = '\0';                                     /* 添加字符串结束符 */
    rt_kprintf("Send msg is %s.\r\n", msg);

    /* 根据 cmd 的值来决定发送普通消息还是紧急消息 */
    result = (cmd == 1) ? rt_mq_send(mq, &msg[0], size + 1)
                        : rt_mq_urgent(mq, &msg[0], size + 1);
    switch (result)
    {
    case RT_EOK:                                          /* 发送消息成功 */
        break;
    case -RT_ERROR:                   /* 发送的消息长度大于消息队列中消息的最大长度 */
        rt_kprintf("-------The msg is too long-------\r\n");
        break;
    case -RT_EFULL:                                       /* 消息队列已满 */
        rt_kprintf("------The msg queue is full------\r\n");
        break;
    default:
        break;
    }
}

/* 接收消息队列线程 */
static void recv_thread(void * parameter)
{
    register rt_ubase_t temp;
    char buf[30];                                         /* 接收缓冲区 */
```

```
    while (1)
    {
        if (rt_mq_recv(mq, &buf[0], sizeof(buf),
                            RT_WAITING_FOREVER) == RT_EOK)     /* 接收消息 */
        {
            temp = rt_hw_interrupt_disable();              /* 关闭整个系统的中断 */
            rt_kprintf("    Recv msg from msg queue,
                        the content:%s.\r\n", buf);
            rt_hw_interrupt_enable(temp);                  /* 恢复中断状态 */
        }
    }
}

/* 根据静态变量 recv_tid 的状态来创建或删除接收消息线程 */
static void create_recvThread()
{
    static rt_thread_t recv_tid = RT_NULL;

    if (recv_tid == RT_NULL)
    {
        recv_tid = rt_thread_create("recv_thread",
                                    recv_thread, RT_NULL, 512, 25, 5);
        if (recv_tid != RT_NULL)
            rt_thread_startup(recv_tid);
    }
    else
    {
        if (rt_thread_delete(recv_tid) == RT_EOK)
        {
            recv_tid = RT_NULL;
        }
    }
}

static void key_entry(void *parameter)
{
    uint8_t ucKeyCode, irand;

    while (1)
    {
        ucKeyCode = key_get();                             /* 获取按键值 */
        if (ucKeyCode != KEY_NONE)
        {
            switch (ucKeyCode)
            {
            case KEY_DOWN_K1:
                irand = rand() % 19 + 1;                   /* 产生 1~20 的随机数 */
                rt_kprintf("K1 is pressed, send %d msg. ", irand);
                send_message(irand, 1);                    /* 发送正常长度的普通消息 */
```

```
                break;
            case KEY_DOWN_K2:
                rt_kprintf("K2 is pressed, send 25 msg. ");
                send_message(25, 1);                    /* 发送超出长度的普通消息 */
                break;
            case KEY_DOWN_K3:
                irand = rand() % 19 + 1;
                rt_kprintf("K3 is pressed, send %d urgent msg. ", irand);
                send_message(irand, 0);                 /* 发送正常长度的紧急消息 */
                break;
            case KEY_DOWN_K4:
                rt_kprintf("K4 is pressed, stop or start
                        receiving msg.\r\n");
                create_recvThread();                    /* 创建或删除接收消息线程 */
                break;
            default:
                break;
            }
        }

        rt_thread_mdelay(20);
    }
}

int msgq_sample(void)
{
    static rt_thread_t tid = RT_NULL;
    /* 创建消息最大个数为 5 的消息队列 */
    mq = rt_mq_create("mq", 20, 5, RT_IPC_FLAG_FIFO);
    create_recvThread();                                /* 创建接收消息线程 */

    tid = rt_thread_create("key_thread", key_entry, RT_NULL, 512, 10, 5);
    if (tid != RT_NULL)
        rt_thread_startup(tid);

    return 0;
}
MSH_CMD_EXPORT(msgq_sample, msgq sample);
```

在控制台输入“msgq_sample”命令后，示例程序开始运行。按键 KEY1、KEY2 和 KEY3 按下时，分别给消息队列发送不同长度的普通消息、超出长度的普通消息和正常长度的紧急消息，按键 KEY4 通过创建/删除接收消息线程来控制是否从消息队列中接收消息。当消息发送完成后，若可以从消息队列中收取消息，会立刻唤醒等待线程 recv_thread，该线程从消息队列中收取消息，并将消息内容输出，如图 11-22 所示。

下面对图 11-22 中标注的三处关键点进行说明。图中①处为按键 KEY1 和 KEY3 按下时，线程 thread1 往消息队列发送长度不超过 20 字节的普通消息和紧急消息，可以正常发送和接收；当按键 KEY2 按下后，发送长度为 25 字节(大于消息队列中消息的最大长度)的消息时，发送失败。图中②处为按键 KEY4 按下后，删除接收消息线程 recv_thread，因此按

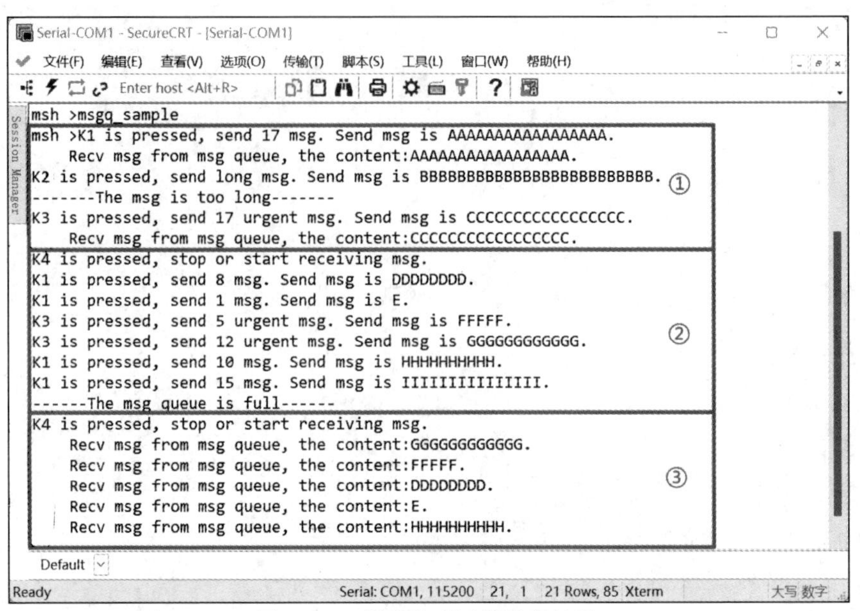

图 11-22 消息队列示例运行结果

键 KEY1、KEY3 按下后发送的消息将不能及时被接收，只能存放在消息队列中。当发送第 6 条消息时，消息队列已满，发送失败。图中③处为再次按下按键 KEY4，创建接收消息线程，由于此时消息队列中已有 5 条消息，其中紧急消息排在消息队列的队首，因此该线程先接收到 2 条紧急消息，再接收到剩下的 3 条普通消息。

注意：示例发送消息时，是把局部数组 msg 中的数据复制到消息队列的消息块；接收消息时，接收线程是把消息复制到局部数组 buf 来保存消息，并从消息队列中删除该消息，因此不需要进行动态内存分配。

练习题

1. RT-Thread 的同步与通信有哪几种方式？分别应用在哪些场合？

2. 创建一个初始值为 0 的动态信号量和初始化两个具有不同优先级的线程，低优先级线程每 1s 释放一次信号量，释放 10 次后线程执行完毕；高优先级线程以永久方式等待信号量，每当获取到信号量后，输出获取信号量的次数。

3. 使用 RT-Thread 解决经典的哲学家进餐问题。设有 5 个哲学家共用一张餐桌，桌上有 5 个碗和 5 根筷子，每人两边各放一根筷子，哲学家们是交替思考和进餐，饥饿时便试图取左右最靠近他的筷子。条件：

(1) 哲学家只有拿到两根筷子后才能吃饭。

(2) 如果筷子已被别人拿走，哲学家必须等别人吃完之后才能拿到筷子。

(3) 任意一个哲学家在未拿到两根筷子吃饭前，不会放下手中已经拿到的筷子。

4. 使用 RT-Thread 操作系统解决生产者-消费者问题。创建 producer、consumer 两个线程，优先级为 24 的线程 producer 每生产一个数据后进入 20ms 延时，生产 10 个数据后结束。优先级为 26 的线程 consumer 每消费一个数据后进入 50ms 延时，消费 10 个数据后结束。存放生产/消费数据的整数数组容量大小为5。

5. 使用RT-Thread的事件集及邮箱，编程实现：

(1) 函数sample：初始化一个邮箱和一个事件对象，创建三个优先级分别为8、9、10的线程，并将该函数加入msh的命令列表。

(2) 线程1(优先级为10)的入口函数为thread1_entry，实现：KEY1键按下，发送"事件0";KEY2键按下，发送"事件1"。

(3) 线程2(优先级为9)的入口函数为thread2_entry，实现：等待"事件0"与"事件1"，接收到事件后表示完成了一次按键操作，然后将按键操作的次数n发送到邮箱。

(4) 线程3(优先级为8)的入口函数为thread3_entry，实现：如果接收到邮件，LED1闪烁n次，否则不闪烁。

6. 初始化两个同优先级的静态线程，一个线程每5ms给消息队列发送消息，发送20次消息之后退出，其中第10次发送紧急消息，其他发送普通消息，另一个线程每50ms从消息队列中收取消息。

第 12 章 RT-Thread 应用实践——步进电机控制

CHAPTER 12

本章将用一个综合实例对本书重要知识点进行实践应用，目标是设计一个基于 RT-Thread Nano 的步进电机控制系统，硬件主要由 STM32F103VE、驱动芯片 ULN2003 和减速型步进电机 28BYJ-48 组成。该系统可以实现如下功能：使用按键控制步进电机的正转、反转、加速、减速和步进等功能，在电机运转时用数码管、蜂鸣器和串口显示步进电机的运转状态。该步进电机控制系统功能丰富，很好地实现了人机交互功能，对于学习嵌入式技术具有极高的参考价值。

12.1 步进电机控制系统设计目标

本设计以 STM32F103VE 单片机为核心，根据步进电机的工作原理进行软件设计，能够使用按键控制电机执行运转、停止和步进三种动作，具体实现的功能如下。

(1) 使用五个按键调整电机运转状态："启停"键控制电机启动/停止运转；按"加"键，电机转速增加 1 圈/分钟；按"减"键，电机转速减少 1 圈/分钟；按"方向"键，改变电机转动方向；按"步进"键，电机按照设定的转速和方向步进 0.5 圈。

(2) 电机运转时，数码管实时显示电机的转速或已转的圈数，数码管显示小数点后 1 位。要求：反转时"－"要指示出来；当转速为 5 时，不得显示 005，当转速为－10 时，不得显示－010；使用按键切换显示电机转速和已转圈数。

(3) 电机运转时，串口每 2s 输出电机的转速和已转的圈数，圈数精确到小数点后 2 位。

(4) 电机运转时，蜂鸣器发出鸣叫声，要求电机转速越快，鸣叫频率越高；在电机处于停止运转状态时，每次按键按下时，蜂鸣器都发出清晰的按键音。

(5) 电机步进完成或提前终止步进后，串口都输出步进的速度和已转的圈数。

要求：实现全部设计目标，电机运转稳定，显示数据准确，系统人机交互灵活。

12.2 步进电机 28BYJ-48

12.2.1 步进电机简介

步进电机是一类将电脉冲信号转换成相应角位移的控制电机，每施加一个电脉冲信号，电机转子就转动一个固定的角度(步距角)，若施加一系列脉冲，转子将按照设定方向运转起来。步进电机正常运转时，即使负载发生变化，它的转速只与脉冲的频率成正比，角位移则与脉冲数成正比，它的这种线性关系以及没有累积误差的特点，使之特别适合应用于小功率的开环定位系统。

本系统使用 28BYJ-48 型四相八拍步进电机，型号中 28 表示步进电机的有效最大外径是 28mm，B 表示步进电机，Y 表示永磁式，J 表示减速型，48 表示可以 4 拍或者 8 拍，该款电机的外观如图 12-1 所示。

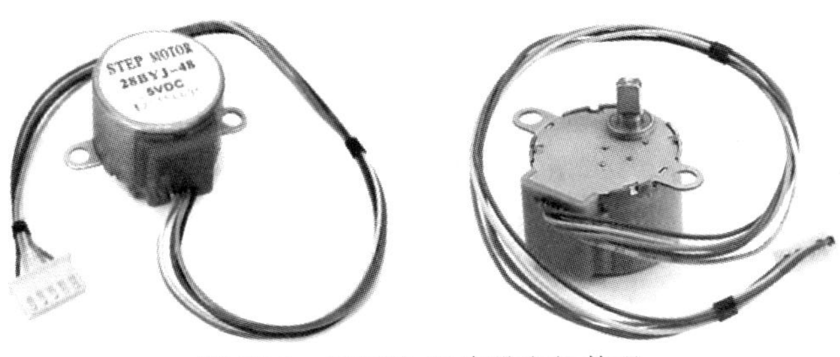

图 12-1　28BYJ-48 步进电机外观

12.2.2　步进电机驱动电路

虽然 STM32 的 I/O 端口可以直接输出 0V 和+3.3V 的电压，但是它的电流驱动能力，也就是带载能力还不能驱动 28BYJ-48 步进电机。如图 12-2 所示，本系统使用复合晶体管阵列 ULN2003 来驱动步进电机。ULN2003 内部有 7 个由硅 NPN 达林顿管组成的反向器，每对达林顿管都串联一个 2.7kΩ 的电阻；连接的阴极箝位二极管可以转换感应负载；可以直接连接 TTL 或 5V CMOS 装置。单个达林顿对的集电极电流可以达到 500mA，适用于各类要求高速、大功率驱动的系统。

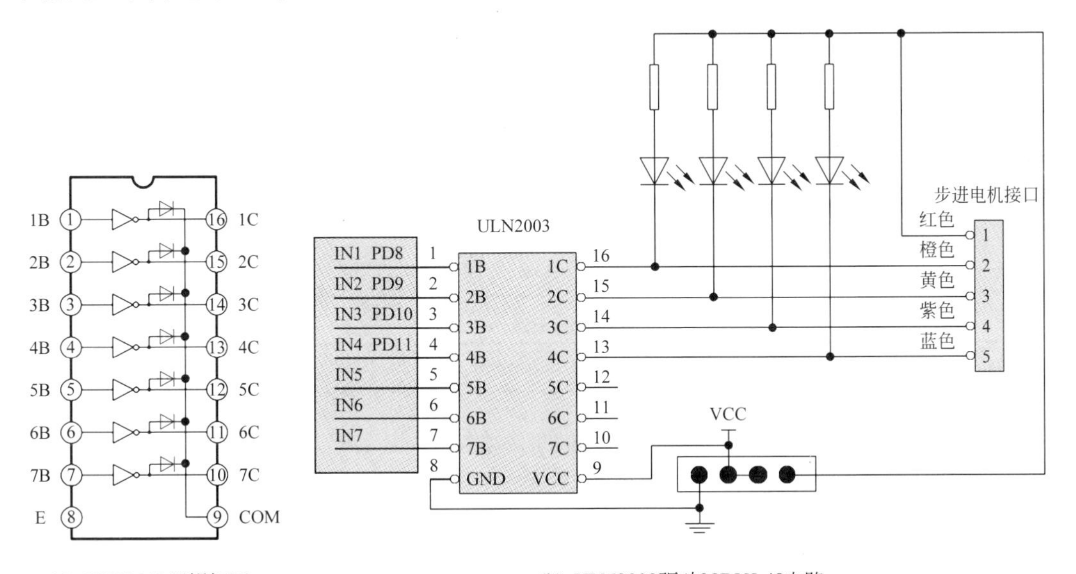

(a) ULN2003逻辑框图　　(b) ULN2003驱动28BYJ-48电路

图 12-2　28BYJ-48 步进电机驱动电路图

12.2.3　步进电机的控制原理

28BYJ-48 步进电机内部有四对(8 个)线圈绕组，相数为 4，分别标记为 A、B、C 和 D 相。

如表 12-1 所示，步进角度参数为 5.625°/64，是指电机转动 1 圈需要 360°/(5.625°/64)＝4096 个脉冲信号。减速比是指输出轴的转速与转子转速之比，转子转 64 圈，输出轴才会转一圈，体现出了 28BYJ-48 的减速特性。在空载情况下，步进电机能够正常启动的最大脉冲频率为启动频率，如果施加的脉冲频率高于启动频率，电机可能发生丢步或堵转，导致不能正常启动。

表 12-1　步进电机 28BYJ-48 参数表

供电电压/V	相数	相电阻/Ω	步进角度	减速比	启动频率/P.P.S	定位转矩/(g.cm)	噪声/dB	绝缘介电强度
5	4	50±10%	5.625°/64	1∶64	≥550	≥300	≤35	600VAC 1S

28BYJ-48 步进电机一共有 5 根引线，红色的是公共端，连接到＋5V 电源，另外的橙、黄、紫、蓝色线对应了 A、B、C、D 相，如果要导通 A 相绕组，只需将橙色线接地即可，其他相导通类似。该电机可以在不同的通电方式下运行，常见的通电方式有单四拍(A—B—C—D—A—…)、双四拍(AB—BC—CD—DA—AB—…)和八拍(A—AB—B—BC—C—CD—D—DA—A—…)。

表 12-2 所示为八拍通电模式下绕组的控制顺序，若按照表中的分配顺序(1→2→…→8，正序)给电机脉冲信号，电机按顺时针方向转动；反之，若按照分配逆序(8→7→…→1，反序)给电机脉冲信号，电机按逆时针方向转动。这类 4 相步进电机的最佳工作模式是八拍模式，这个模式能最大限度发挥电机的各项性能，绝大多数实际工程选择这个模式。

表 12-2　八拍通电模式下绕组的控制顺序

导线颜色	分配顺序							
	1	2	3	4	5	6	7	8
红	＋	＋	＋	＋	＋	＋	＋	＋
橙	—	—						—
黄		—	—	—				
紫				—	—	—		
蓝						—	—	—

最后简单总结一下步进电机 28BYJ-48 的驱动特点，它的运转方向依靠脉冲节拍的组合顺序(正序、反序)进行控制，转速则依靠脉冲节拍的变化速度(频率)进行控制，电机停止的位置则取决于脉冲节拍的个数。

12.3　步进电机 28BYJ-48 控制软件设计

12.3.1　步进电机驱动设计

从步进电机的控制原理可知，电机转速是由单片机发出脉冲的频率决定的，根据电机 28BYJ-48 的参数，可计算出电机转动 1 圈，需要 4096 个脉冲信号。本系统要求调整电机速度以圈/分钟为单位，因此电机的转速每增加1圈/分钟，需要增加脉冲数68个/秒。表12-3为电机脉冲数与转速的关系表，设定速度等级为1～16，更高的速度可能会导致电机不能转动。

表12-3 电机脉冲数与转速的关系表

转速/（圈/分钟）	脉冲数		转速/（圈/分钟）	脉冲数	
	个/分钟	个/秒		个/分钟	个/秒
1	4096	68	9	36 864	614
2	8192	136	10	40 960	682
3	12 288	204	11	45 056	750
4	16 384	273	12	49 152	819
5	20 480	341	13	53 248	887
6	24 576	409	14	57 344	955
7	28 672	477	15	61 440	1024
8	32 768	546	16	65 536	1092

下面介绍步进电机28BYJ-48的驱动代码设计，为便于复用和移植，将它的驱动代码独立出来，在文件step_motor.h和step_motor.c中实现。文件step_motor.h中定义了枚举类型MOTOR_STATUS，它的成员为电机的三种状态，还定义了结构体step_motor封装电机的参数，结构体成员为电机的属性，电机的转速单位为圈/分钟，步数其实就是脉冲数，其余成员含义见代码注释，代码如下：

```
enum MOTOR_STATUS                              /* 电机状态 */
{
    RUNNING,                                   /* 运行 */
    STEP,                                      /* 步进 */
    STOP                                       /* 停止 */
};

struct step_motor
{
    float       speed;                         /* 电机转速,单位:圈/分钟 */
    uint8_t     dir;                           /* 转动方向,0 表示正转,1 表示反转 */
    uint32_t    setSteps;                      /* 步进步数,0 表示一直转动 */
    uint32_t    sumSteps;                      /* 总的转动步数 */

    enum MOTOR_STATUS status;                  /* 电机状态 */
};
```

文件step_motor.c中实现了28BYJ-48步进电机的初始化和常见操作。由图12-2可知，电机的A、B、C、D相分别连接单片机的PD8、PD9、PD10、PD11引脚，为便于阅读，代码使用宏定义了步进电机这4相对应的GPIO端口及其置0和置1操作，由于电机驱动ULN2003为反相器，因此GPIO置0时，输出的相电压为高电平，代码如下：

```
/* 定义步进电机 A、B、C、D 相对应的 GPIO 端口 */
#define ALL_MOTOR_GPIO_Port GPIOD

#define PIN_MOTOR_A   GPIO_PIN_8
#define PIN_MOTOR_B   GPIO_PIN_9
#define PIN_MOTOR_C   GPIO_PIN_10
#define PIN_MOTOR_D   GPIO_PIN_11

/* 28BYJ-48 的驱动 ULN2003 为反相器,因此 GPIO 置 0 时相电压为高电平 */
#define MOTOR_A_0()      ALL_MOTOR_GPIO_Port->BSRR = PIN_MOTOR_A
#define MOTOR_A_1()      ALL_MOTOR_GPIO_Port->BRR = PIN_MOTOR_A

#define MOTOR_B_0()      ALL_MOTOR_GPIO_Port->BSRR = PIN_MOTOR_B
#define MOTOR_B_1()      ALL_MOTOR_GPIO_Port->BRR = PIN_MOTOR_B

#define MOTOR_C_0()      ALL_MOTOR_GPIO_Port->BSRR = PIN_MOTOR_C
#define MOTOR_C_1()      ALL_MOTOR_GPIO_Port->BRR = PIN_MOTOR_C

#define MOTOR_D_0()      ALL_MOTOR_GPIO_Port->BSRR = PIN_MOTOR_D
#define MOTOR_D_1()      ALL_MOTOR_GPIO_Port->BRR = PIN_MOTOR_D
```

函数 motor_init 用于初始化步进电机，预设电机启动速度为 5 圈/分钟，若启动速度设置太高，发送的脉冲频率大于电机的启动频率时，可能会导致电机无法正常启动，代码如下：

```
struct step_motor g_tMotor;

void motor_init(void)                                        /* 步进电机初始化 */
{
    GPIO_InitTypeDef GPIO_InitStruct = {0};
    __HAL_RCC_GPIOD_CLK_ENABLE();

    HAL_GPIO_WritePin(ALL_MOTOR_GPIO_Port, PIN_MOTOR_A | PIN_MOTOR_B
          | PIN_MOTOR_C | PIN_MOTOR_D, GPIO_PIN_RESET);      /* 关闭所有 GPIO */

    GPIO_InitStruct.Pin = PIN_MOTOR_A | PIN_MOTOR_B | PIN_MOTOR_C
                        | PIN_MOTOR_D;
    GPIO_InitStruct.Mode = GPIO_MODE_OUTPUT_PP;              /* 推挽输出模式 */
    GPIO_InitStruct.Pull = GPIO_PULLUP;
    GPIO_InitStruct.Speed = GPIO_SPEED_FREQ_MEDIUM;
    HAL_GPIO_Init(ALL_MOTOR_GPIO_Port, &GPIO_InitStruct);

    g_tMotor.speed = 5;                 /* FREQ×5= 340Hz 起步,1kHz 时无法启动 */
    g_tMotor.dir = 0;                   /* 正转 */
    g_tMotor.status = STOP;             /* 电机停机状态 */

    g_tMotor.setSteps = 0;              /* 步进步数为 0 */
    g_tMotor.sumSteps = 0;              /* 总的转动步数为 0 */
}
```

STM32F103VE 使用 TIM6 产生脉冲信号，每次定时中断时调用 motor_ISR 函数，该函数根据电机运转的方向来设置电机在八拍工作模式下的相序：若为正转，则按照正序 A—AB—B—BC—C—CD—D—DA 输出脉冲信号；若为反转，则按照逆序 DA—D—CD—C—BC—B—AB—A 输出脉冲信号。每次中断时，累加转动总步数，以后可以根据累加和来计算转动的圈数。当电机步进时，递减步进的步数；当步进完成后，暂停电机运转。具体的实现代码如下：

```
static void motor_sequence_set(char a, char b, char c, char d)
{
    if (a == 0) MOTOR_A_0();      else MOTOR_A_1();
    if (b == 0) MOTOR_B_0();      else MOTOR_B_1();
    if (c == 0) MOTOR_C_0();      else MOTOR_C_1();
    if (d == 0) MOTOR_D_0();      else MOTOR_D_1();
}

void motor_ISR(void)
{
    static int8_t pos = 0;                        /* 线圈通电的相序,0~7 */

    if (g_tMotor.status == STOP)
    {
        return;
    }

    /* A—AB—B—BC—C—CD—D—DA */
    switch (pos)
    {
    case 0:
        motor_sequence_set(0, 1, 1, 1);
        break;
    case 1:
        motor_sequence_set(0, 0, 1, 1);
        break;
    case 2:
        motor_sequence_set(1, 0, 1, 1);
        break;
    case 3:
        motor_sequence_set(1, 0, 0, 1);
        break;
    case 4:
        motor_sequence_set(1, 1, 0, 1);
        break;
    case 5:
        motor_sequence_set(1, 1, 0, 0);
        break;
    case 6:
        motor_sequence_set(1, 1, 1, 0);
        break;
```

```
        case 7:
            motor_sequence_set(0, 1, 1, 0);
            break;
    }

    if (g_tMotor.dir == 0)                              /* 正转 */
    {
        if (++pos > 7)
        {
            pos = 0;
        }
    }
    else                                                /* 反转 */
    {
        if (--pos < 0)
        {
            pos = 7;
        }
    }

    g_tMotor.sumSteps += 1;                             /* 转动步数累加 */
    if (g_tMotor.setSteps > 0)                          /* 步进 */
    {
        g_tMotor.setSteps--;
        if (g_tMotor.setSteps == 0)                     /* 步进完成 */
        {
            motor_pause();                              /* 暂停 */
        }
    }
}

/* 定时器中断服务回调函数 */
void HAL_TIM_PeriodElapsedCallback(TIM_HandleTypeDef *htim)
{
    if (htim->Instance == TIM6)
    {
        motor_ISR();
    }
}
```

电机控制函数用来设置电机的属性(速度、状态、步进步数等)和控制电机运行,为节省篇幅,下面只列出了控制电机运行的几个关键函数,代码如下:

```
void motor_run(void)                                    /* 电机转动 */
{
    g_tMotor.status = RUNNING;
    g_tMotor.setSteps = 0;

    tim6_set_freq(g_tMotor.speed * FREQ);
}
```

```
void motor_step(float revo)                              /* 电机步进,revo 为步进圈数 */
{
    if (g_tMotor.status == STOP)
    {
        g_tMotor.status = STEP;
        g_tMotor.setSteps = revo * STEPS;
        tim6_set_freq(g_tMotor.speed * FREQ);
    }
}

void motor_speed_change(float speed)                     /* 改变电机的步进速度 */
{
    if (speed > 0 && speed < 16)
    {
        g_tMotor.speed = speed;
        if (g_tMotor.status == RUNNING)
        {
            tim6_set_freq(g_tMotor.speed * FREQ);  /* 设置电机步进频率(Hz) */
        }
    }
}

__weak void motor_pause_notify(void)                     /* 电机暂停时发送通知 */
{
}
```

上面的几个函数主要是根据电机转速来调整定时器 TIM6 的定时时间,弱函数 motor_pause_notify 在电机暂停(步进停止)时被自动调用,通知发生了电机暂停事件,该函数需要在其他地方重定义。

12.3.2 按键控制电机设计

通用按键驱动程序设计方法已在 9.3 节介绍,此处不再赘述。本系统通过按键来改变步进电机的运行状态,实现步进电机的启动与停止、加速、减速、转向和步进这五个功能(分别用 KEY1～KEY4 和 WK_UP 这五个按键控制)。

在文件 motor_sample.c 中,函数 motor_sample 创建了专门处理按键事件的线程 key_th。该线程具有较高的优先级,其入口函数为 key_entry。入口函数的代码如下:

```
static void key_entry(void * param)
{
    uint8_t ucKeyCode;

    while (1)
    {
        ucKeyCode = key_get();                          /* 获取按键值 */
        if (ucKeyCode != KEY_NONE)
        {
            switch (ucKeyCode)
```

```
{
case KEY_DOWN_K1:                             /* 电机启动/停止键按下 */
    if (g_tMotor.status == RUNNING)           /* 电机运转时,则停止 */
    {
        motor_stop();                         /* 电机停止运行 */
        beep_off();
        motor_info_send();                    /* 发送电机信息到邮箱 */
    }
    else if (g_tMotor.status == STEP)         /* 电机步进时,则停止 */
    {
        motor_stop();                         /* 电机停止运行 */
        motor_pause_notify();                 /* 消息函数通知步进完成 */
    }
    else                                      /* 电机停止时,则运行 */
    {
        motor_run();                          /* 电机开始运行 */
        rt_sem_release(sem);
        rt_event_send(event, BEEP_EVENT); /* 发送蜂鸣器鸣响事件 */
    }
    break;
case KEY_DOWN_K2:                             /* 电机转速加 1 */
    motor_speed_change(g_tMotor.speed + 1);
    rt_event_send(event, BEEP_EVENT);         /* 发送蜂鸣器鸣响事件 */
    break;
case KEY_DOWN_K3:                             /* 电机转速减 1 */
    motor_speed_change(g_tMotor.speed - 1);
    rt_event_send(event, BEEP_EVENT);         /* 发送蜂鸣器鸣响事件 */
    break;
case KEY_DOWN_K4:                             /* 改变电机转动方向 */
    g_tMotor.dir = 1 - g_tMotor.dir;
    rt_event_send(event, BEEP_EVENT);         /* 发送蜂鸣器鸣响事件 */
    break;
case KEY_DOWN_WK:                             /* WK_UP 按键按下 */
    /* 电机运转时,数码管切换显示速度或圈数 */
    if (g_tMotor.status == RUNNING)
    {
        flag = 1 - flag;
    }
    else if (g_tMotor.status == STOP)   /* 电机处于停止状态时,则步进 */
    {
        rt_kprintf("Motor begins to step...\r\n");
        flag = 0;                             /* 电机步进时,只显示速度 */
        motor_step(0.5);                      /* 电机步进 0.5 圈 */
        rt_event_send(event, BEEP_EVENT); /* 发送蜂鸣器鸣响事件 */
    }
    break;
default:
    break;
}
```

```
            seg_update();                /* 只要有按键按下,都要更新数码管显示内容 */
        }

        rt_thread_mdelay(20);
    }
}
```

下面以 KEY1 键按下为例分析代码,当 KEY1 键被按下后,根据步进电机的当前状态执行不同的操作:若电机处于运转状态,则停止电机运行,关闭蜂鸣器鸣响,并发送电机信息到邮箱,从而从串口输出电机信息;若电机处于步进状态,则电机停止运行,调用消息通知函数通知步进完成,从串口输出电机信息,蜂鸣器嘀嗒一声;若电机处于停止状态,则启动电机运行,释放信号量来唤醒数码管显示和串口输出线程,数码管和串口不断输出电机信息,同时发送蜂鸣器鸣响事件唤醒蜂鸣器线程,蜂鸣器根据不同的电机速度以不同的频率鸣响。其余按键的分析方法与此类似,请读者自行分析。

注意:按键 WK_UP 具有双重功能,当电机运转时,WK_UP 键按下,数码管切换显示电机速度和转动圈数;当电机处于停止状态时,WK_UP 键按下,电机开始步进 0.5 圈。

12.3.3 数码管显示电机信息设计

数码管显示和串口输出线程的入口函数为 seg_uart_output_entry,当电机运行时,该线程每间隔 1s 更新数码管的显示内容,每间隔 2s 从串口输出电机信息;当电机不运行时,信号量 sem 会阻塞该线程;当启动键 KEY1 被按下时,信号量 sem 被释放,将唤醒该线程。代码如下:

```
/* 电机运行时,数码管显示和串口输出线程 */
void seg_uart_output_entry(void * parameter)
{
    static unsigned char i = 0;

    seg_led_init(1, 0);                          /* 初始化数码管,显示小数点 */
    seg_update();                                /* 数码管显示电机初速 */

    while (1)
    {
        if (g_tMotor.status == RUNNING)
        {
            seg_update();                        /* 1s 更新数码管显示内容 */

            if (i == 2)                          /* 2s 串口输出 */
            {
                motor_info_send();               /* 发送电机信息到邮箱 */
                i = 0;
            }
            i++;

            rt_thread_delay(1000);
```

```
            }
            else
            {
                rt_sem_take(sem, RT_WAITING_FOREVER);  /* 等待信号量 */
            }
        }
    }
```

当步进电机运转时，线程每间隔 1s 调用函数 seg_update 更新数码管的显示内容。该函数根据全局变量 flag 的值来选择数码管是显示电机的转速，还是显示电机已经运转的圈数。六位数码管的高 5 位显示数据的整数部分，最低 1 位显示小数点后 1 位数据，如转动圈数为 2.3 时，整数部分显示 2(不要显示 00002，前面的 4 个 0 转换为空字符不显示)，小数部分显示 3。该函数中的设置数码管缓冲区函数 seg_data_set 在 9.2.2 节已经介绍过，读者可以参考学习。该函数的代码如下：

```
static void seg_update(void)
{
    unsigned char buf[6];                      /* 数据转换的缓冲区 */
    signed char i;
    uint32_t n;
    float r;

    r = (flag == 0) ? g_tMotor.speed : (float)g_tMotor.sumSteps / STEPS;
    n = (int)r;

    /* 数组前 5 个存放 n 的 5 个位数值 */
    buf[1] = n % 10;
    buf[2] = (n / 10) % 10;
    buf[3] = (n / 100) % 10;
    buf[4] = (n / 1000) % 10;
    buf[5] = (n / 10000) % 10;
    for (i = 5; i >= 1; i--)                   /* 整数 n 高位的 0 转换为空字符,不显示 */
    {
        if (buf[i] == 0)
            seg_data_set(i, ' ');              /* 设置数码管缓冲区 */
        else
            break;
    }

    if (g_tMotor.dir == 1 && flag == 0)        /* 电机反转时,显示速度要带 - 号 */
    {
        seg_data_set(i + 1, '-');
    }

    for (; i >= 2; i--)                        /* 剩下非 0 的数字位转换为显示字符 */
    {
        seg_data_set(i, buf[i]);
    }
```

```
    seg_data_set(1, buf[1]);              /* 避免出现 0 不显示 */
    seg_data_set(0, (int)(r * 10) % 10);  /* 显示小数点后 1 位 */
}
```

12.3.4　串口输出电机信息设计

由于每间隔 2s 和电机步进完成时，都要用串口输出电机信息，为了保证控制系统的灵活性，将往串口发送电机信息和串口输出电机信息分开处理。当需要往串口发送电机信息时，只要调用函数 motor_info_send 即可，该函数会动态分配一块内存空间来存放当前的时间和电机信息，然后将该内存块地址作为邮件发送到邮箱 mb。代码如下：

```
struct msg
{
    struct tm     tm_now;                          /* 输出电机信息时的时间 */
    struct step_motor motor_info;                  /* 电机信息 */
};

static void motor_info_send(void)
{
    struct msg *msg_ptr;

    msg_ptr = (struct msg *)rt_malloc(sizeof(struct msg));    /* 分配内存块 */
    msg_ptr->tm_now = rtc_data_get();              /* 获取输出电机信息时的时间 */
    msg_ptr->motor_info = g_tMotor;                /* 复制电机信息 */

    rt_mb_send(mb, (rt_uint32_t)msg_ptr);          /* 发送邮件 */
}
```

串口显示电机信息线程主要处理串口的输出，其入口函数为 step_disp_entry。该线程收到邮件后被唤醒，然后通过串口输出邮件内容。由于邮箱不负责释放邮件，为避免发生内存泄露，调用函数 rt_free 释放动态分配的内存块。代码如下：

```
static void step_disp_entry(void *parameter)
{
    struct msg *msg_ptr;
    float r;
    char c;

    while (1)
    {
        if (rt_mb_recv(mb, (rt_ubase_t *)&msg_ptr,
            RT_WAITING_FOREVER) == RT_EOK)              /* 从邮箱中收取邮件 */
        {
            c = (msg_ptr->motor_info.dir == 0) ? '+' : '-';          /* 符号位 */
            r = (float)msg_ptr->motor_info.sumSteps / STEPS;   /* 电机运转圈数 */

            if (g_tMotor.status == RUNNING)
```

```
            {
                rt_kprintf("  The time: %02d:%02d:%02d, ",
                        msg_ptr->tm_now.tm_hour,
                        msg_ptr->tm_now.tm_min,
                        msg_ptr->tm_now.tm_sec);
            }
            else
            {
                rt_kprintf("Motor stops running. ");
            }
            rt_kprintf("Motor speed: %c%2dRPS, ", c,
                    (int)msg_ptr->motor_info.speed);
            rt_kprintf("Revolutions = %d.%.2dR.\r\n", (int)r,
                    (int)(r * 100) % 100);              /* 显示 2 位小数 */

            rt_free(msg_ptr);                            /* 释放相应的内存块 */
        }
    }
}
```

12.3.5 蜂鸣器鸣响设计

无源蜂鸣器需要使用频率为 500Hz～4.5kHz 的脉冲信号驱动，本书 5.6.2 节介绍了使用 TIM3 产生 PWM 输出来控制无源蜂鸣器鸣响的方法，在此不再赘述。

蜂鸣器鸣响设计相对比较简单，蜂鸣器线程的入口函数为 beep_entry。当按键按下后，按键线程会发送蜂鸣器鸣响事件，该事件会唤醒蜂鸣器线程，若电机正在运转，则根据电机的转速设定 TIM3 的 PWM 频率，从而驱动蜂鸣器按照设定的鸣响频率鸣响；否则，驱动蜂鸣器发出按键嘀嗒音，提示有按键被按下。代码如下：

```
static void beep_entry(void * parameter)
{
    rt_uint32_t e;

    while (1)
    {
        if (rt_event_recv(event, BEEP_EVENT,
            RT_EVENT_FLAG_AND | RT_EVENT_FLAG_CLEAR,
            RT_WAITING_FOREVER, &e) == RT_EOK)
        {
            if (g_tMotor.status == RUNNING)
            {
                /* 根据速度设定蜂鸣器的鸣响频率 */
                beep_on((uint8_t)g_tMotor.speed * 20, 50);
            }
            else
            {
                beep_dida();                        /* 按键音 */
```

```
            }
        }
    }
}
```

12.3.6 电机控制系统主函数

示例代码(在文件 motor_sample.c 中)在函数 motor_sample 中初始化了步进电机和RTC模块,创建了一个初始值为0的信号量、一个邮箱对象和一个事件集对象,还创建了四个动态线程分别实现串口显示、数码管显示、蜂鸣器鸣响和按键处理,其中按键线程具有最高优先级。具体的代码如下:

```
#define BEEP_EVENT   (1 << 0)                                  /* 蜂鸣器鸣响事件 */

static rt_sem_t sem = RT_NULL;                                  /* 指向信号量的指针 */
static rt_mailbox_t mb = RT_NULL;                               /* 邮箱对象的句柄 */
static rt_event_t event = RT_NULL;                              /* 事件对象 */

static uint8_t flag = 0;          /* 选择数码管显示内容,0 为显示速度,1 为显示圈数 */

/* 消息函数通知电机步进完成 */
void motor_pause_notify(void)
{
    motor_info_send();                                          /* 发送电机信息到邮箱 */
    rt_event_send(event, BEEP_EVENT);                           /* 发送蜂鸣器鸣响事件 */
}

int motor_sample(void)
{
    static rt_thread_t tid = RT_NULL;

    motor_init();                                               /* 初始化电机 */
    rtc_init();                                                 /* 初始化 RTC */
    /* 创建初始值是 0 的信号量 */
    sem = rt_sem_create("sem", 0, RT_IPC_FLAG_FIFO);
    mb = rt_mb_create("mail", 32, RT_IPC_FLAG_PRIO);            /* 创建邮箱对象 */
    event = rt_event_create("event", RT_IPC_FLAG_FIFO);         /* 创建事件集对象 */
    tid = rt_thread_create("step_disp_th", step_disp_entry,
                           RT_NULL, 512, 22, 5);
    if (tid != RT_NULL)
        rt_thread_startup(tid);

    tid = RT_NULL;
    tid = rt_thread_create("seg_uart_th", seg_uart_output_entry,
                          RT_NULL, 512, 23, 5);
    if (tid != RT_NULL)
        rt_thread_startup(tid);
```

```
    tid = RT_NULL;
    tid = rt_thread_create("beep_th", beep_entry, RT_NULL, 512, 15, 5);
    if (tid != RT_NULL)
        rt_thread_startup(tid);

    tid = RT_NULL;
    tid = rt_thread_create("key_th", key_entry, RT_NULL, 512, 10, 5);
    if (tid != RT_NULL)
        rt_thread_startup(tid);

    return 0;
}
```

上面的函数 motor_pause_notify 是文件 step_motor.c 中的同名弱函数的重定义，在电机步进完成或提前结束电机步进时被调用，通知从串口输出电机信息和蜂鸣器发出嘀嗒声。

12.4 步进电机控制示例结果

如图 12-3 所示，本系统使用 ULN2003A 模块驱动步进电机，驱动模块的输入接口 IN1～IN4 分别连接到单片机的引脚 PD8～PD11，该模块使用＋5V 电源，可以使用开发板上电源输出引脚供电。若实验中出现异常，有可能需要使用外接电源供电，以保证电机模块供电充足。

图 12-3　步进电机控制系统实物

工程编译并下载后，程序开始运行，初始时电机不转动，数码管显示电机的初始设定速度。

如图 12-4 所示，在串口终端软件可以看到电机的运行信息。按下启停键 KEY1，电机以初始速度＋5 圈/分钟运转，串口每 2s 输出电机的速度和总运转圈数，按下切换键 WK_UP，数码管切换显示电机的速度或总运转圈数，蜂鸣器不停鸣响。每按下 KEY2 键一次，电机速度增加 1 圈/分钟，最大速度增加到 15 圈/分钟后不再增加；每按下 KEY3 键一次，电机速度减少 1 圈/分钟，最小速度减小到 1 圈/分钟后不再减小；按下 KEY4 键，改变电机的转动方向。在电机运转时，蜂鸣器的发声频率会随着电机速度的改变而发生改变，电机转动越快，蜂鸣器发声越急促。

在电机停止运转时，按下 WK_UP 键，电机开始步进，转动 0.5 圈后停止。在电机步进时，按下 KEY1 键可以提前终止电机步进。只要电机停止步进，串口和蜂鸣器都会进行提示。

下面来分析一下图 12-4 中的数据，电机转速为+5 圈/分钟，当时间为 41－39＝2s 时，电机转动 0.33－0.16＝0.17 圈，由此计算，1 分钟电机转动 0.17×(60÷2)＝5.1 圈，因为转动圈数是采用小数点后 2 位计算的，结果稍有偏差，如果用小数点后 4 位计算，则电机 1 分钟应该转动 5 圈，实验结果会更加符合预期。当电机步进时，转动 2.40－1.90＝0.5 圈后自动停止，此时数据较为准确。图 12-4 中最后 2 行数据为电机步进 0.1 圈后，被提前停止运行。

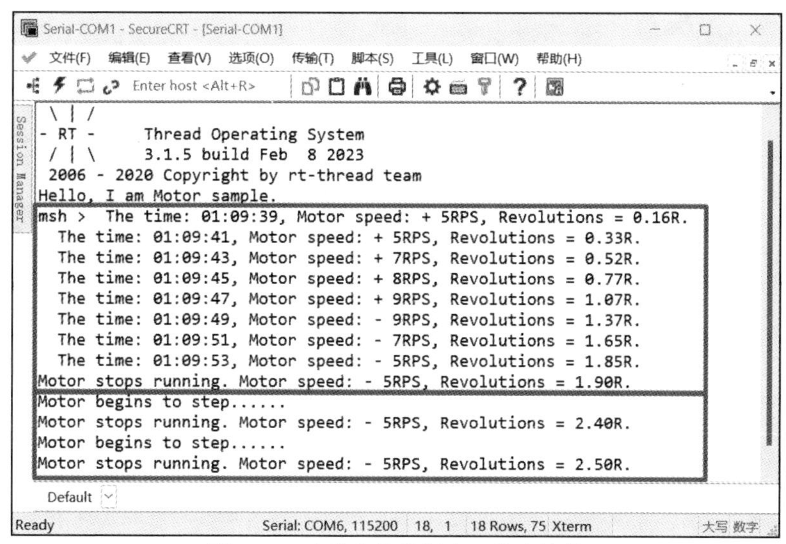

图 12-4 步进电机控制串口输出结果

从上述测试结果来看，系统所要求的设计目标全部实现，系统人机交互灵活、方便，步进电机运转数据准确，较好地符合预期。

练习题

1. 解释步进电机 28BYJ-48 的工作原理。

2. 更改数码管显示步进电机信息的方式：电机运转时，以整数形式显示速度值，以带 1 位小数形式显示已运转圈数，用 WK_UP 键切换显示；停止运转时，速度显示 0，圈数显示 0.0；再次运转时能恢复显示原来的速度，圈数则重新从 0.0 开始累加。

3. 使用 LED1～LED4 模拟步进电机的四相八拍控制原理，电机顺时针转动时，四个 LED 按照 A—AB—B—BC—C—CD—D—DA—A…顺序亮灭，LED 的闪烁频率与电机转速保持一致(在 1～15Hz 范围内变化)，电机停止运转时，全部 LED 熄灭。

4. 通过串口控制电机运转，如在 msh 控制台输入“Motor 5 10”，电机每分钟顺时针转动 5 圈，转动 10 圈后停止；若输入"Motor －10 5"，电机每分钟逆时钟转动 10 圈，转动 5 圈后停止。电机停止转动后，串口输出运转的时间和圈数，运转的时间通过 RTC 模块获得。

5. 每间隔 10s 保存步进电机的运转信息到板载的 AT24C02 芯片中（最多保存最近的 50 条信息）。长按 KEY1 键，串口输出所有保存的信息。当系统复位时，电机以最近保存的运转方向和速度运转。

第13章 嵌入式物联网基础实战

CHAPTER 13

随着网络的普及,越来越多的嵌入式产品连接到物联网,嵌入式设备联网已经成为一种趋势。本章将在STM32 HAL库和RT-Thread的基础上实现一个嵌入式物联网示例,示例采用STM32F103VE+ENC28J60的硬件结构,按TCP/IP协议栈自底向上的顺序实现网络数据包的解析和封装,并实现一些简单的应用。本章以实践的方式学习TCP/IP协议栈的基本实现原理,将对今后深入学习嵌入式物联网带来益处。

13.1 TCP/IP协议简介

计算机网络中的数据交换必须遵守事先约定好的规则。网络协议,简称协议,是为网络中的数据交换而建立的规则、标准或约定。TCP/IP包含了一系列构成互联网基础的网络协议,是Internet的核心协议,包括ARP、IP、ICMP、UDP、TCP协议及HTTP、FTP、POP3协议等,定义了电子设备如何连入Internet以及数据在它们之间传输的标准。

基于TCP/IP的参考模型将协议分成四个层次,即应用层、运输层、网际层和网络接口层,但为了描述方便,一般采用如下五层协议的体系结构:

(1) **应用层**:为了解决某一类应用问题,规定应用进程在通信时所遵循的协议。

(2) **传输层**:为应用进程之间提供端到端的逻辑通信,有面向连接的TCP和无连接的UDP两种不同的传输层协议。

(3) **网络层**:主要负责将源主机发出的分组经由各种网络路径送达目的主机。

(4) **数据链路层**:为传送的数据分别添加首部和尾部构成数据帧,实现透明传输和差错控制。

(5) **物理层**:为设备之间的数据通信提供传输媒体及互连设备,为数据传输提供可靠的环境。

如图13-1所示,在从上往下的每个分层中,都会对所发送的数据添加一个首部,该首部中包含了该层必要的信息,然后数据才被发送到网络上。首部的结构是由协议的具体规范详细定义的,首部明确标明了协议应该如何处理数据。从网络上接收的数据,需要从下往上一层层扒去它的外层(各种协议做的封装),才能得到真正需要的数据。从下一层的角度看,所要发送的内容为数据,从上一层收到的数据包全部都被认为是本层的数据。

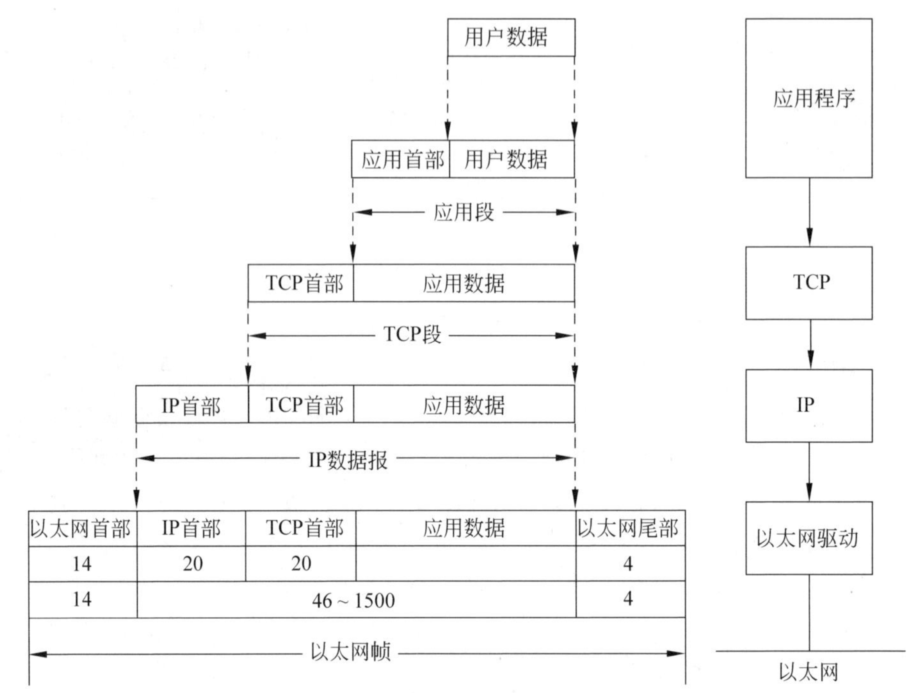

图 13-1　数据进入协议栈时的封装示意图

13.2　简单的 TCP/IP 协议栈

本章将使用一个在网络上广为流传的、简单的、适用于单片机的 TCP/IP 协议栈(由 Guido Socher 编写),它只实现了最基本的 ARP、ICMP、IP、UDP 和 TCP 协议等,可以对网络数据包进行简单的操作,如校验和计算、标志填充、包头填充等,所有的源代码不到 700 行,非常适合在资源有限的单片机里使用,是学习嵌入式 TCP/IP 的好资料。

首先要明确,该协议栈之所以简单的关键点是：将一个全局数组用作接收/发送的缓冲区,发送数据包一般是直接通过更改接收包的标志和校验和得到的,从而避免了内存复制,最大化降低了协议栈实现的复杂性,不过也局限了它的应用。

该协议栈由 net.h、ip_arp_udp_tcp.h 和 ip_arp_udp_tcp.c 三个文件组成。在文件 net.h 中使用宏定义了一些常量,用来记录各种协议首部中的一些关键代码的位置及参数,对于占用多字节的参数,按高字节在前的方式存放。下面列出了针对以太帧协议的几个宏定义,它们的具体含义参考图 13-6 所示的 MAC 帧格式。

```
#define ETH_HEADER_LEN    14                    /* 以太帧长度 */

#define ETHTYPE_ARP_H_V 0x08                    /* 以太帧 ARP 类型高字节值 */
#define ETHTYPE_ARP_L_V 0x06                    /* 以太帧 ARP 类型低字节值 */
#define ETHTYPE_IP_H_V   0x08                   /* 以太帧 IP 类型高字节值 */
#define ETHTYPE_IP_L_V   0x00                   /* 以太帧 IP 类型低字节值 */
```

```
#define ETH_TYPE_H_P 12                     /* 以太帧类型高字节在缓冲区的位置 */
#define ETH_TYPE_L_P 13                     /* 以太帧类型低字节在缓冲区的位置 */

#define ETH_DST_MAC 0                       /* MAC 目的地址在缓冲区的起始位置 */
#define ETH_SRC_MAC 6                       /* MAC 源地址在缓冲区的起始位置 */
```

在 ip_arp_udp_tcp.c 文件中定义了协议栈的主要功能函数，它们的实现都不复杂，可以对照本书配套源代码和 13.4 节内容学习，这些函数声明如下：

```
unsigned char eth_type_is_arp_and_my_ip(unsigned char *buf,
              unsigned int len);            /* 判断是否为发送给本机的 ARP 包 */
unsigned char eth_type_is_ip_and_my_ip(unsigned char *buf,
             unsigned int len);             /* 判断是否为发送给本机的 IP 包 */
void make_arp_answer_from_request(unsigned char *buf);    /* ARP 回复 */
void make_echo_reply_from_request(unsigned char *buf,
             unsigned int len);             /* ICMP 回复 */
void make_udp_reply_from_request(unsigned char *buf, char *data,
             unsigned char datalen, unsigned int port);   /* UDP 回复 */
void make_tcp_synack_from_syn(unsigned char *buf);        /* TCP 握手 */
unsigned int get_tcp_data_pointer(void);     /* 获得 TCP 包携带 data 的位置 */
void make_tcp_ack_from_any(unsigned char *buf);           /* TCP 应答 ack */
void make_tcp_ack_with_data(unsigned char *buf,
             unsigned int dlen);            /* TCP 应答 ack + data */
```

13.3 ENC28J60 网卡移植

ENC28J60 是一个独立的以太网控制器，使用标准串行外设接口(SPI)和 MCU 连接，以接入以太网。它采用了一系列包过滤机制对传入的数据包进行限制，符合 IEEE 802.3 的全部规范。

如图 13-2 所示，主控制器(MCU)与 ENC28J60 通过 SPI 接口和中断引脚进行连接，数据传输速率高达 10Mb/s。ENC28J60 内部集成了收/发缓冲器、MAC 控制器和 PHY 收发器，它的两个专用的引脚 LEDA/B 用于连接 LED，用来指示网络的活动状态，以太网变压器连接 RJ45 插头，用来连接网线。

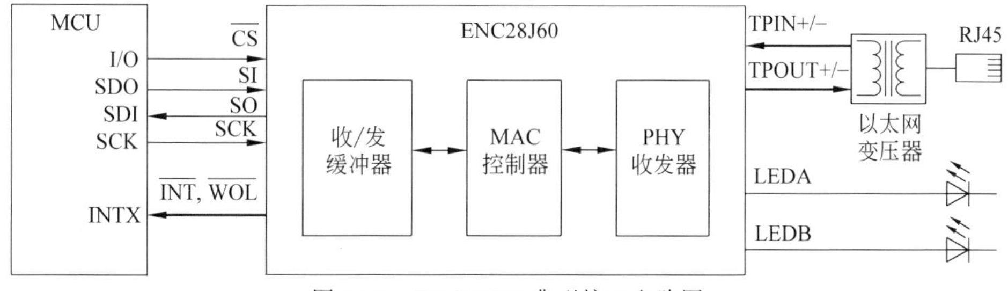

图 13-2 ENC28J60 典型接口电路图

移植 ENC28J60 网卡需要完成下面几个关键步骤，即初始化 ENC28J60、实现 ENC28J60 的操作函数以及接收网络数据包，下面分别进行介绍。

13.3.1 初始化 ENC28J60

SPI 总线是摩托罗拉公司提出的一种串行外围设备接口，是一种全双工的高速通信总线。SPI 连接时一般需要四条线：从设备选择信号线（NSS，常称为片选信号线 CS）、用于数据同步的时钟信号线（SCK）、主设备输出/从设备输入线（MOSI）和主设备输入/从设备输出线（MISO）。MOSI、MISO 都是单向传输线，对于通信的一方来说，若一条是输出线，则另一条就是输入线。

如图 13-3 所示，ENC28J60 的 SPI 接口引脚 CS、SCK、MISO 和 MOSI 分别与 STM32F103 的引脚 PA11、PA5、PA6 和 PA7 连接，中断引脚 INT 与引脚 PA1 连接。

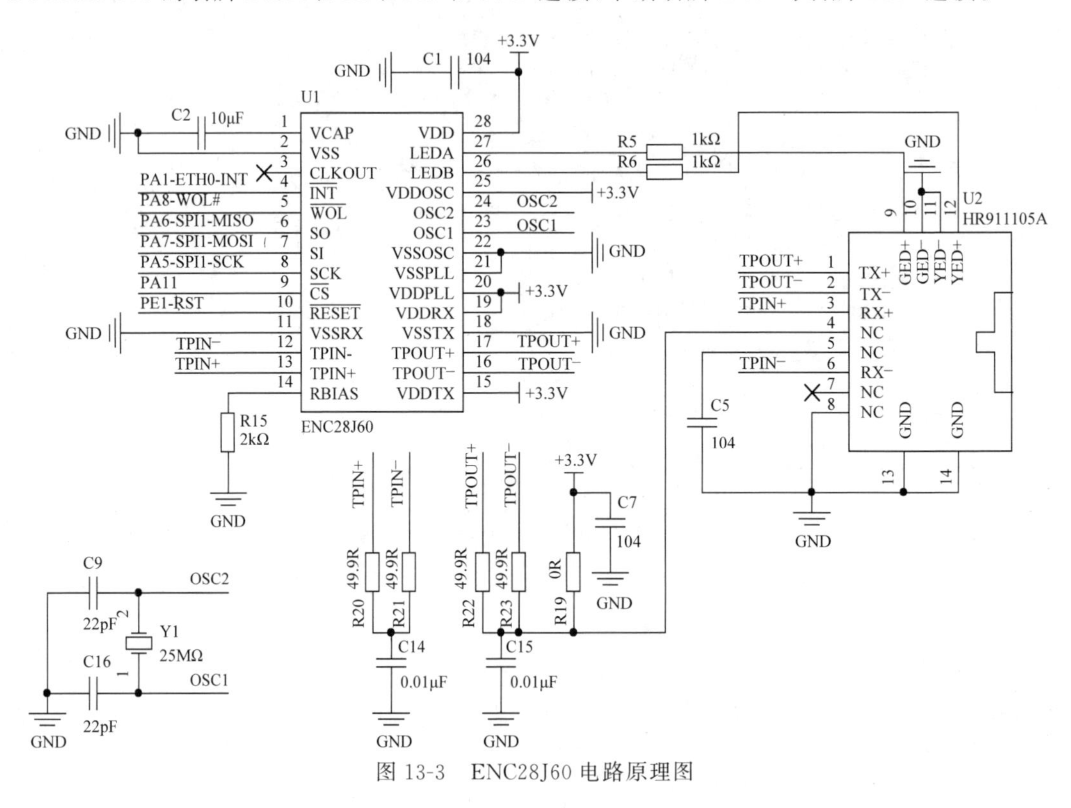

图 13-3 ENC28J60 电路原理图

下面介绍使用 STM32CubeMX 来配置 SPI 总线。由于本章例程是基于 RT-Thread 工程的，为了简单起见，可以先在其他目录下创建一个 CubeMX 工程，完成工程配置和代码生成后再将与 SPI 有关的代码复制到本章例程中。

选择 SPI1，模式配置为 Full-Duplex Master（全双工主机模式），关闭硬件 NSS 信号，配置的波特率不能大于 20Mb/s，其他参数的配置如图 13-4 所示。

引脚 PA1 的用户标签为“ENC28J60_INT”，引脚 PA11 的用户标签为“ENC28J60_CS”，它们的工作模式配置如图 13-5 所示。

使用 STM32CubeMX 配置好 SPI1 并生成工程代码后，在文件 stm32f1xx_hal_msp.c 中生成了 SPI1 初始化 Msp 回调函数 HAL_SPI_MspInit，代码如下：

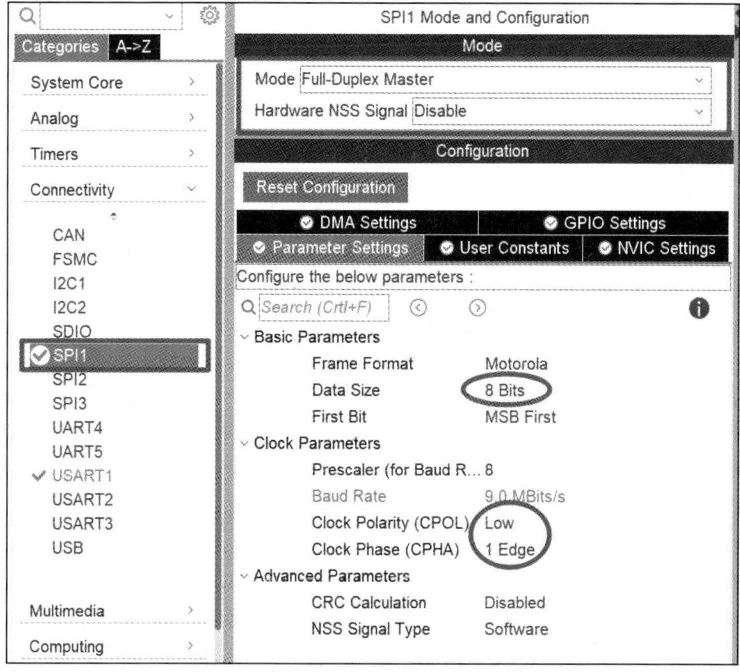

图 13-4　SPI1 参数配置

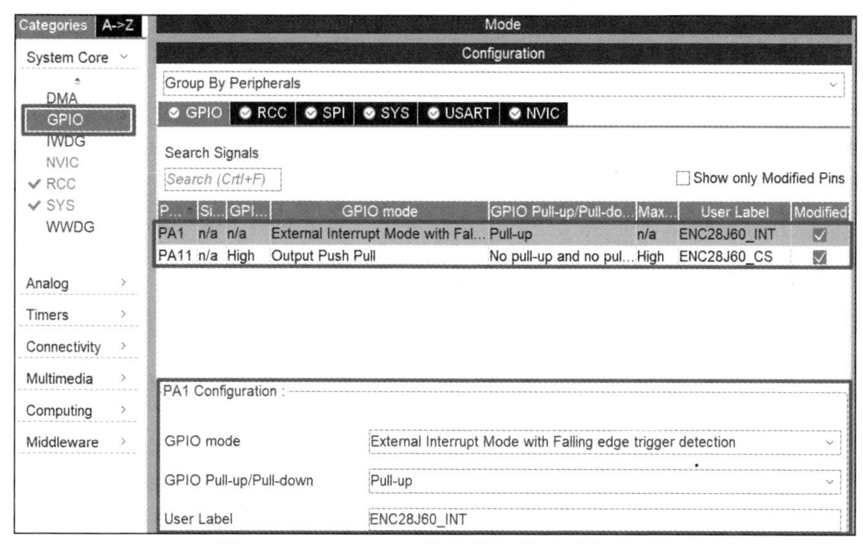

图 13-5　ENC28J60 的中断和片选引脚配置

```
void HAL_SPI_MspInit(SPI_HandleTypeDef * hspi)
{
    GPIO_InitTypeDef GPIO_InitStruct = {0};

    if (hspi->Instance == SPI1)
    {
        __HAL_RCC_SPI1_CLK_ENABLE();
        __HAL_RCC_GPIOA_CLK_ENABLE();
```

```
        /* SPI1 引脚配置
        PA5 ------> SPI1_SCK, PA6 ------> SPI1_MISO,
                                PA7 ------> SPI1_MOSI */
        GPIO_InitStruct.Pin = GPIO_PIN_5 | GPIO_PIN_7;
        GPIO_InitStruct.Mode = GPIO_MODE_AF_PP;
        GPIO_InitStruct.Speed = GPIO_SPEED_FREQ_HIGH;
        HAL_GPIO_Init(GPIOA, &GPIO_InitStruct);

        GPIO_InitStruct.Pin = GPIO_PIN_6;
        GPIO_InitStruct.Mode = GPIO_MODE_INPUT;
        GPIO_InitStruct.Pull = GPIO_NOPULL;
        HAL_GPIO_Init(GPIOA, &GPIO_InitStruct);

        GPIO_InitStruct.Pin = ENC28J60_CS_Pin;
        GPIO_InitStruct.Mode = GPIO_MODE_OUTPUT_PP;
        HAL_GPIO_Init(ENC28J60_CS_GPIO_Port, &GPIO_InitStruct);
        HAL_GPIO_WritePin(ENC28J60_CS_GPIO_Port,
                     ENC28J60_CS_Pin, GPIO_PIN_SET);

        /* 配置 ENC28J60_INT_Pin */
        GPIO_InitStruct.Pin = ENC28J60_INT_Pin;
        GPIO_InitStruct.Mode = GPIO_MODE_IT_FALLING;
        GPIO_InitStruct.Pull = GPIO_PULLUP;
        HAL_GPIO_Init(ENC28J60_INT_GPIO_Port, &GPIO_InitStruct);

        __HAL_GPIO_EXTI_CLEAR_IT(ENC28J60_INT_Pin);

        /* EXTI 中断配置 */
        HAL_NVIC_SetPriority(EXTI1_IRQn, 0, 0);
        HAL_NVIC_EnableIRQ(EXTI1_IRQn);
    }
}
```

上面的代码初始化了SPI1相关引脚PA5、PA6和PA7的工作模式。由于选择了关闭硬件NSS信号，因此将引脚PA11配置为推挽输出模式，作为ENC28J60的片选信号。示例ENC28J60采用中断方式接收数据，因此配置中断引脚PA1为外部下降沿触发中断工作模式。然后将该函数复制到工程的enc28j60.c文件中。

再将SPI1的初始化代码复制到文件enc28j60.c的SPI_Enc28j60_Init函数中，并使用RT-Thread的INIT_BOARD_EXPORT宏进行板级初始化，板级初始化的函数在系统初始化时会被自动调用，不需要再显示调用，代码如下：

```
SPI_HandleTypeDef hspi1;                              /* SPI1 句柄 */

static int SPI_Enc28j60_Init(void)                    /* SPI1 初始化 */
{
    hspi1.Instance = SPI1;
    hspi1.Init.Mode = SPI_MODE_MASTER;                /* 工作模式为主模式 */
```

```
    hspi1.Init.Direction = SPI_DIRECTION_2LINES;          /* 双线模式 */
    hspi1.Init.DataSize = SPI_DATASIZE_8BIT;              /* 数据大小为 8 位帧结构 */
    /* 串行同步时钟的空闲状态为低电平 */
    hspi1.Init.CLKPolarity = SPI_POLARITY_LOW;
    /* 同步时钟的第一个跳变沿,数据被采样 */
    hspi1.Init.CLKPhase = SPI_PHASE_1EDGE;
    hspi1.Init.NSS = SPI_NSS_SOFT;                        /* NSS 信号由软件控制 */
    /* 波特率预分频值为 8 */
    hspi1.Init.BaudRatePrescaler = SPI_BAUDRATEPRESCALER_8;
    hspi1.Init.FirstBit = SPI_FIRSTBIT_MSB;               /* 数据传输从 MSB 位开始 */
    hspi1.Init.TIMode = SPI_TIMODE_DISABLE;               /* 关闭 TI 模式 */
    /* 关闭硬件 CRC 校验 */
    hspi1.Init.CRCCalculation = SPI_CRCCALCULATION_DISABLE;
    hspi1.Init.CRCPolynomial = 10;                        /* CRC 值计算的多项式 */
    if (HAL_SPI_Init(&hspi1) != HAL_OK)
    {
        Error_Handler();
    }

    return 0;
}
INIT_BOARD_EXPORT(SPI_Enc28j60_Init);

static unsigned char SPI1_ReadWrite(unsigned char Txdata)
{
    unsigned char Rxdata;

    HAL_SPI_TransmitReceive(&hspi1, &Txdata, &Rxdata, 1, 1000);
    return Rxdata;                                        /* 返回接收到的数据 */
}
```

SPI 是全双工通信,发送数据的同时也会接收数据。函数 SPI1_ReadWrite 调用了 HAL 库函数 HAL_SPI_TransmitReceive,用来以阻塞模式发送和接收数据,第二、三个参数分别为发送和接收数据缓冲区的起始地址,第四个参数 1 表示发送 1 字节时也接收 1 字节,最后一个参数 1000 为超时时间。

13.3.2 实现 ENC28J60 的操作函数

在文件 enc28j60.c 中,定义了 ENC28J60 的初始化、读缓冲区、写缓冲区、发送数据包和接收数据包等操作函数,如表 13-1 所示,为节省篇幅不再列出它们的具体实现代码,可以参考配套例程学习。

表 13-1　ENC28J60 的相关操作函数

函　数	说　明
ENC28J60_Init	初始化 ENC28J60,主要包括设置接收和发送缓冲区、设置接收过滤器、写入 MAC 地址、初始化中断和设置最大数据帧等
ENC28J60_Read_Buf	从接收数据缓冲区读取数据

续表

函　　数	说　　明
ENC28J60_Write_Buf	写入数据到发送数据缓冲区
ENC28J60_Packet_Send	发送数据包到网络，函数输入参数为待发送数据包的长度和指向数据包的指针
ENC28J60_Packet_Receive	接收网络数据包，并将接收到的数据包存入数组，函数返回值为接收数据包的大小，若返回值为0，则表示未接收到数据包
EXTI1_IRQHandler	ENC28J60 中断处理函数

函数 ENC28J60_Init 配置 ENC28J60 以外部中断的方式接收以太网数据，当接收到网络数据包后，它的中断引脚 INT 产生下降沿电平，STM32 检测到该中断信号后，调用中断服务函数 EXTI1_IRQHandler，从而调用弱函数 ENC28J60_ISRHandler 接收数据包。

ENC28J60 收/发以太网数据包，本质上操作的是它的 8KB 硬件缓冲区，该硬件缓冲区的一部分作为接收缓冲区，另一部分作为发送缓冲区。以太网协议规定最大的报文长度为 1518 字节，最小报文长度为 60 字节，因此函数 ENC28J60_Init 配置发送缓冲区等于或略大于 1518 字节，剩余的部分全部分配给接收缓冲区。

函数 ENC28J60_Packet_Send 发送数据包时，将待发送的数据填充到发送缓冲区，并触发相关寄存器发送以太网数据。函数 ENC28J60_Packet_Receive 通过查询相关寄存器，从接收缓冲区中读取相关数据，得到网络数据包。

13.3.3 接收网络数据包

由于 ENC28J60 会接收到多种类型的网络数据包，为便于区分和处理，在 net_comm.h 文件中定义枚举类型 DATA_TYPE 表示数据包类型，定义结构体数据类型 net_msg 用于存放接收到的网络数据包，代码如下：

```
#define BUFFER_SIZE 1518

enum DATA_TYPE                                  /* 数据包类型 */
{
    NO,                                         /* 无类型 */
    ARP_REQUEST,                                /* ARP 请求 */
    ARP_REPLY,                                  /* ARP 应答 */
    ICMP_REQUEST,                               /* ICMP 请求 */
    ICMP_REPLY,                                 /* ICMP 请求 */
    UDP,                                        /* UDP 数据报 */
    TCP                                         /* TCP 数据报 */
};

struct net_msg
{
    enum DATA_TYPE type;                        /* 当前数据包类型 */
    unsigned int len;                           /* 接收数据长度 */
    unsigned char buf[BUFFER_SIZE + 1];         /* 接收数据缓冲区 */
};
```

为了实现 ENC28J60 接收数据包中断服务功能，在 net_comm.c 文件中重定义回调函数 ENC28J60_ISRHandler，在其中调用函数 ENC28J60_Packet_Receive 接收数据帧，再检查接收到的以太帧首部，判断该数据帧是 ARP 数据包，还是 IP 数据包，同时还判断该数据包是否是发送给本机的，然后进一步确定数据包的具体类型。若收到合法的网络数据包，则将该数据包发送到消息队列 mq。具体的代码如下：

```
void ENC28J60_ISRHandler(void)
{
    struct net_msg msg;
    rt_err_t result;

    msg.len = ENC28J60_Packet_Receive(BUFFER_SIZE,
                                    (unsigned char * ) &msg.buf);
    msg.type = NO;                                          /* 无类型数据包 */

    if (eth_type_is_arp_and_my_ip(msg.buf, msg.len))        /* 发送给本机的 ARP */
    {
        if (msg.buf[ETH_ARP_OPCODE_L_P] == 1)               /* ARP 请求 */
        {
            msg.type = ARP_REQUEST;
        }
        else if (msg.buf[ETH_ARP_OPCODE_L_P] == 2)          /* ARP 应答 */
        {
            msg.type = ARP_REPLY;
        }
    }
    else if (eth_type_is_ip_and_my_ip(msg.buf, msg.len))    /* 发送给本机的 IP */
    {
        if (msg.buf[IP_PROTO_P] == IP_PROTO_ICMP_V)          /* ICMP 数据包 */
        {
            /* ICMP 请求，则应答 */
            if (msg.buf[ICMP_TYPE_P] == ICMP_TYPE_ECHOREQUEST_V)
            {
                msg.type = ICMP_REQUEST;
            }
            else if (msg.buf[ICMP_TYPE_P]
                    == ICMP_TYPE_ECHOREPLY_V)                /* ICMP 应答 */
            {
                msg.type = ICMP_REPLY;
            }
        }
        else if (msg.buf[IP_PROTO_P] == IP_PROTO_UDP_V)     /* UDP 数据包 */
        {
            msg.type = UDP;
        }
        else if (msg.buf[IP_PROTO_P] == IP_PROTO_TCP_V)     /* TCP 数据包 */
        {
            msg.type = TCP;
        }
```

```
        }

        if (msg.type != NO)          /* 收到合法数据包 */
        {
            /* 发送数据包到消息队列 */
            result = rt_mq_send(mq, (void*)&msg, sizeof(struct net_msg));
            switch (result)
            {
            case RT_EOK:             /* 发送消息成功 */
                break;
            case -RT_ERROR:          /* 发送的消息长度大于消息队列中消息的最大长度 */
                rt_kprintf("-------The msg is too long-------\r\n");
                break;
            case -RT_EFULL:          /* 消息队列已满 */
                rt_kprintf("------The msg queue is full------\r\n");
                break;
            default:
                break;
            }
        }
    }
```

示例使用消息队列存放网络数据包的原因是：SMT32是用外部中断的方式接收网络数据包，一般情况下中断服务程序需要在尽可能短的时间内完成，因此收到数据包后将其发送到消息队列存放起来，然后结束中断服务程序；处理线程从消息队列中收取消息，并对消息（数据包）做进一步的处理。将数据包的接收和处理进行分开处理，能够保障网络系统的快捷性。

在net_comm.c文件中定义的函数init_net完成网络的初始化工作。该函数通过全局变量g_tNetPara设置UDP端口号、TCP端口号、ENC28J60的MAC地址和开发板的IP地址，创建最多可以存放8个网络数据包的消息队列mq和2个用于线程同步的信号量。函数init_net通过RT-Thread的INIT_APP_EXPORT宏进行调用，这样就不需要用户再显式调用该函数了。具体的代码如下：

```
int init_net(void)
{
    unsigned char mac[6] = {0x54, 0x55, 0x58, 0x10, 0x00, 0x99};
    unsigned char ip[4] = {10, 128, 225, 99};

    g_tNetPara.udp_port = 1200;                 /* UDP端口号 */
    g_tNetPara.tcp_port = 100;                  /* TCP端口号 */
    rt_memcpy(g_tNetPara.mac, mac, 6);          /* 设置ENC28J60 MAC地址 */
    rt_memcpy(g_tNetPara.ip, ip, 6);            /* 设置开发板IP地址 */
    g_tNetPara.remoto_flag = 0;                 /* 未设置远程MAC地址和IP地址 */
    /* 创建消息队列 */
    mq = rt_mq_create("mq", sizeof(struct net_msg), 8, RT_IPC_FLAG_FIFO);
    /* arp命令使用的信号量 */
    sem_arp = rt_sem_create("sem_arp", 0, RT_IPC_FLAG_FIFO);
```

```
    /* ping 命令使用的信号量 */
    sem_icmp = rt_sem_create("sem_icmp", 0, RT_IPC_FLAG_FIFO);

    My_ENC28J60_Init(mac);                    /* 初始化网卡 */
    rt_kprintf("The stm32 board IP is:%d.%d.%d.%d\r\n", ip[0],
            ip[1], ip[2], ip[3]);

    return 0;
}
INIT_APP_EXPORT(init_net);
```

注意：自定义的 MAC 地址和 IP 地址在局域网内必须唯一，否则将会与局域网内的其他主机冲突，导致网络连接不成功，IP 地址还必须与测试主机处于同一个网段。

13.3.4 网卡移植测试

本测试使用串口输出 ENC28J60 收到的 MAC 帧数据包，验证网卡是否能正常工作。

如图 13-6 所示，MAC 帧分为 IP 数据报和 ARP 数据报两种类型，它们的目的地址和源地址均为 6 字节，目的地址为接收端的 MAC 地址，源地址为发送端的 MAC 地址。若目标地址字段是保留的组播地址 FF-FF-FF-FF-FF-FF，则表示该数据包是广播数据包，它将被发送至共享该网络的每个节点。类型字段占 2 字节，若值为 0x0800，则表示后面的数据为 IP 数据报；若值为 0x0806，则表示后面的数据为 ARP 请求/应答数据报。

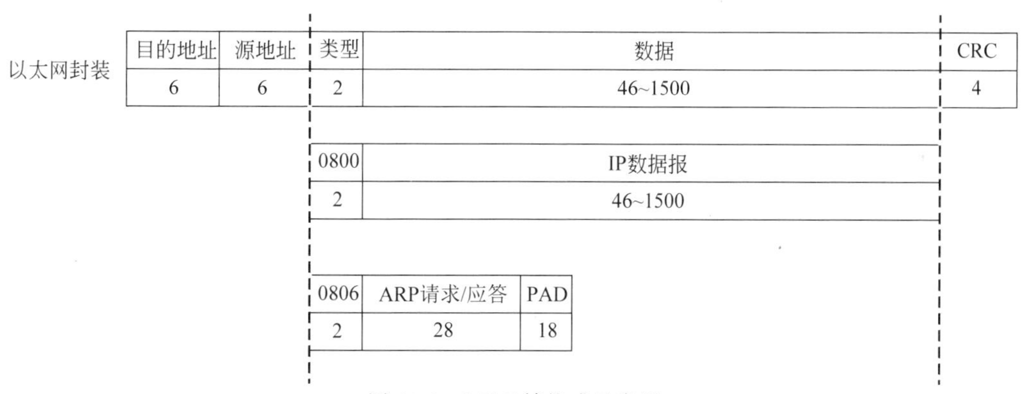

图 13-6 MAC 帧格式示意图

在文件 ethernet_sample.c 中，创建入口函数为 ethernet_entry 的线程 ethernet，用来接收网络数据包。消息队列 mq 接收 ENC28J60 的中断服务程序发送的消息，并把消息缓存到自己的内存空间。当 mq 为空时，线程 ethernet 被挂起；当有新的消息（数据包）到达时，线程 ethernet 被唤醒并接收数据包，并调用函数 eth_debug_print 按照 MAC 帧格式的形式输出该数据包。具体的代码如下：

```
void eth_debug_print(unsigned char * buf, unsigned int len)
{
    unsigned short i, j;
```

```
    rt_kprintf("\r\n----------------Ethernet-------------\r\n");
    rt_kprintf("Frame Received - Length: %d bytes\r\n", len);
    rt_kprintf("Destination:    %02x-%02x-%02x-%02x-%02x-%02x\r\n",
        buf[ETH_DST_MAC + 0], buf[ETH_DST_MAC + 1], buf[ETH_DST_MAC + 2],
        buf[ETH_DST_MAC + 3], buf[ETH_DST_MAC + 4], buf[ETH_DST_MAC + 5]);

    rt_kprintf("Source:%02x-%02x-%02x-%02x-%02x-%02x\r\n",
        buf[ETH_SRC_MAC + 0], buf[ETH_SRC_MAC + 1], buf[ETH_SRC_MAC + 2],
        buf[ETH_SRC_MAC + 3], buf[ETH_SRC_MAC + 4], buf[ETH_SRC_MAC + 5]);

    rt_kprintf("Type: 0x%02x%02x ", buf[ETH_TYPE_H_P], buf[ETH_TYPE_L_P]);
    if (buf[ETH_TYPE_L_P] == ETHTYPE_ARP_L_V)
        rt_kprintf("(ARP)\r\n");
    else
        rt_kprintf("(IP)\r\n");
    rt_kprintf("Data:");
    j = 0;
    for (i = 14; i < len; i++)
    {
        rt_kprintf("%02x ", buf[i]);
        j++;
        if (j == 16)
        {
            j = 0;
            rt_kprintf("\r\n     ");
        }
    }
    rt_kprintf("\r\n--------------------------------------\r\n");
}

static void ethernet_entry(void *parameter)
{
    struct net_msg msg;                         /* 接收缓冲区 */

    while (1)
    {
        if (rt_mq_recv(mq, (void *)&msg, sizeof(struct net_msg),
            RT_WAITING_FOREVER) == RT_EOK)
        {
            /* 按 MAC 帧格式的形式输出数据包 */
            eth_debug_print(msg.buf, msg.len);
        }
    }
}

int ethernet_sample(void)
```

```
{
    rt_thread_t tid = RT_NULL;

    tid = rt_thread_create("ethernet", ethernet_entry, RT_NULL, 1024, 15, 5);
    if (tid != RT_NULL)
        rt_thread_startup(tid);

    return 0;
}

/* 导出到 msh 命令列表中 */
MSH_CMD_EXPORT(ethernet_sample, ethernet sample);
```

为了方便查看数据帧的内容，按照图 13-6 所示的格式，函数 eth_debug_print 输出 MAC 帧数据。该函数的参数 buf 为存放网络数据包缓冲区的首地址，代码中的几个宏定义了 MAC 帧首部一些关键数据的位置及关键值，比如 ETH_DST_MAC 定义了目的 MAC 地址的起始位置，ETHTYPE_ARP_L_V 定义了 ARP 协议类型的低字节值。

使用网线连接开发板与 PC 的网口，即将开发板和 PC 直连，也可以将其连接到局域网上的路由器。打开 NetAssist 网络调试助手，设置"协议类型"和"本地主机地址"后，单击"打开"按钮，开启本机 UDP 服务，然后将远程主机设置为开发板的 IP 地址和 UDP 端口号，如图 13-7 所示。在"数据发送"区域输入任意数据，单击"发送"按钮，发送网络数据包到开发板。

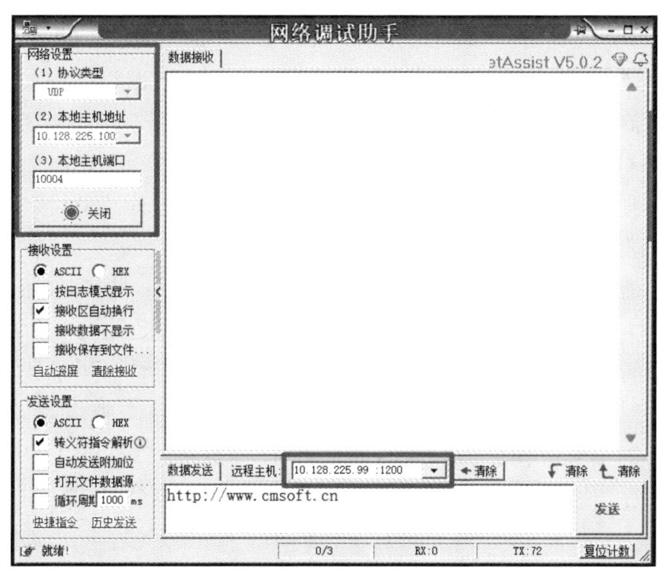

图 13-7　网络调试助手发送数据包

打开串口终端软件，系统启动时会输出 ENC28J60 是否初始化成功、MAC 地址和 IP 地址。在 msh 中输入"ethernet_sample"命令，若 ENC28J60 网卡收到了 ARP 或 IP 网络数据包，则按 MAC 帧格式输出收到的数据包，如图 13-8 所示。如果网卡能够正常接收到数据，则表示网卡移植成功。

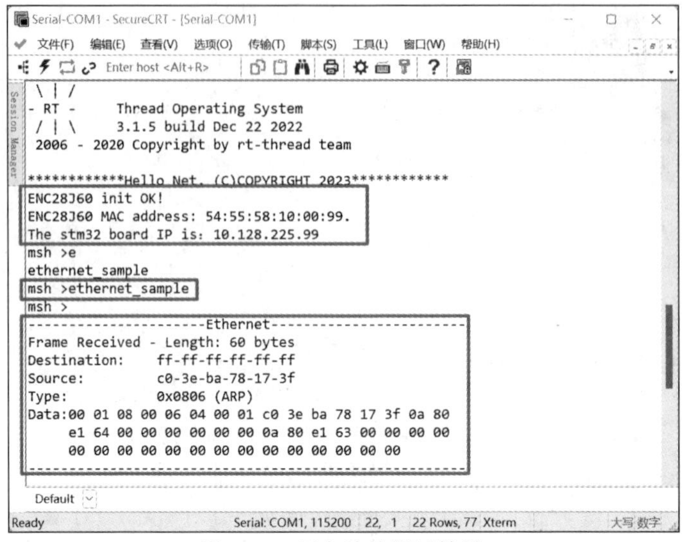

图 13-8　网卡移植测试结果

13.4　TCP/IP 协议栈分层实验

13.4.1　ARP 协议实验

1. ARP 协议简介

IP 地址用来识别 TCP/IP 网络中的主机和路由器，是 IP 协议提供的一种统一的地址格式，互联网上的每台主机都分配了一个全球唯一的 32 位标识符。MAC 地址用来识别同一链路中不同的设备，又称为物理地址、硬件地址，由网络设备厂家直接烧录在网卡上，理论上 MAC 地址是全球唯一的，但 MAC 地址可以通过程序修改，可能会重复。数据链路层和物理层使用 MAC 地址，网络层及以上使用 IP 地址，网络通信时发送主机必须将其 32 位的 IP 地址变换成 48 位的 MAC 地址。

地址解析协议(address resolution protocol，ARP)为 IP 地址到 MAC 地址提供动态映射，将 IP 地址解析为对应的硬件地址。每台主机都有一个 ARP 高速缓存，存放本局域网上各个主机和路由器的 IP 地址到 MAC 地址的映射表。下面举个例子说明 ARP 的运行原理，若主机 A 要发送一个 IP 包给主机 B，会首先查自己的 ARP 高速缓存，如果查询的 IP-MAC 值对不存在，则按照下面的方式进行地址解析：

(1) 主机 A 首先广播 ARP 请求数据帧，数据帧中包含自己的 IP 地址、自己的 MAC 地址和目的主机 B 的 IP 地址，以太网上的每个主机都会收到这个 ARP 请求数据帧。

(2) 主机 B 接收到该广播包，识别出这是 A 在询问它的 IP 地址后，则取出主机 A 的 IP 地址和 MAC 地址，并将它们添加到自己的地址映射表中。同时发送一个 ARP 应答，应答中包含主机 B 的 IP 地址和 MAC 地址。

(3) 主机 A 收到应答后，取出主机 B 的 IP 地址和 MAC 地址，将它们添加到自己的地址映射表中。

2. ARP 协议的分组格式

如图 13-9 所示，ARP 网络数据包由 14 字节的以太网首部和 28 字节的 ARP 请求/应答组成，ARP 协议分组中各个字段的内容决定了 ARP 的功能。

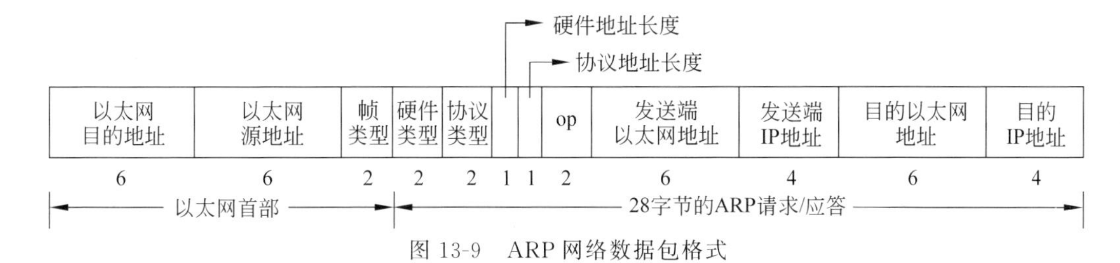

图 13-9 ARP 网络数据包格式

硬件类型：表示硬件地址的类型，一般为以太网，值为 1。

协议类型：表示要映射的协议地址类型，对于 IP 地址，值为 0x0800。

硬件地址长度和协议地址长度：对于以太网上 IP 地址的 ARP 请求和应答，值分别为 6 和 4，以字节为单位。

操作码(op)：用来定义报文的类型，可取值为 1(ARP 请求)、2(ARP 应答)、3(RARP 请求)和 4(RARP 应答)。

3. ARP 应答函数

根据 ARP 原理，ARP 请求数据包的以太网目的地址全为 0xFF，其余的字段都有适当的填充值。为方便起见，文件 ip_arp_udp_tcp.c 中的 ARP 应答函数 make_arp_answer_from_request 的参数 buf 为收到的请求报文地址，应答报文直接在该请求报文上操作：首先使用本机 MAC 地址配置以太网的头部，再把操作字段(第 0x14、0x15 字节)置为 ARP 响应(0x0002)，接着将 ARP 首部中的目的 MAC 和目的 IP 设置为源 MAC 和源 IP，源 MAC 和源 IP 则设置为本机 MAC 和本机 IP，最后调用函数 ENC28J60_Packet_Send 将该 ARP 应答数据包发送出去。代码如下：

```
void make_arp_answer_from_request(unsigned char * buf)
{
    unsigned char i = 0;

    make_eth(buf);                                          /* 配置以太网的头部 */
    buf[ETH_ARP_OPCODE_H_P] = ETH_ARP_OPCODE_REPLY_H_V;     /* ARP 响应 */
    buf[ETH_ARP_OPCODE_L_P] = ETH_ARP_OPCODE_REPLY_L_V;

    /* 填充 MAC 地址 */
    while (i < 6)
    {
        buf[ETH_ARP_DST_MAC_P + i] = buf[ETH_ARP_SRC_MAC_P + i];
        buf[ETH_ARP_SRC_MAC_P + i] = macaddr[i];
        i++;
    }

    i = 0;
    while (i<4)
```

```
    {
        buf[ETH_ARP_DST_IP_P + i] = buf[ETH_ARP_SRC_IP_P + i];
        buf[ETH_ARP_SRC_IP_P + i] = ipaddr[i];
        i++;
    }

    ENC28J60_Packet_Send(42, buf);                    /* eth+arp is 42 bytes */
}
```

4. ARP 响应测试

在文件 arp_sample.c 中创建线程 arp 处理 ARP 请求和应答，其入口函数为 arp_entry，当有新的消息（数据包）到达时，该线程被唤醒，并从消息队列 mq 中接收消息，然后根据收到消息的类型进行 ARP 请求和 ARP 应答处理。若是 ARP 请求，则调用应答函数 make_arp_answer_from_request 响应，为便于观察实验现象，在应答函数的前面、后面分别调用 arp_debug_print 函数输出 ARP 报文。代码如下：

```
static void arp_entry(void * parameter)
{
    struct net_msg msg;

    while (1)
    {
        if (rt_mq_recv(mq, (void *) &msg, sizeof(struct net_msg),
            RT_WAITING_FOREVER) == RT_EOK)
        {
            switch(msg.type)
            {
            case ARP_REQUEST:                          /* 若是 ARP 请求，则应答 */
                arp_debug_print(msg.buf);              /* 打印 ARP 请求报文 */
                make_arp_answer_from_request(msg.buf);     /* ARP 应答 */
                arp_debug_print(msg.buf);              /* 打印 ARP 应答报文 */
                break;
            case ARP_REPLY:                            /* 若是 ARP 应答 */
                server_mac_ip_set(&msg.buf[ETH_ARP_SRC_MAC_P],
                                  &msg.buf[ETH_ARP_SRC_IP_P]);
                g_tNetPara.remoto_flag = 1;            /* 标识已经获得了远程地址 */
                rt_sem_release(sem_arp);
                break;
            default:
                break;
            }
        }
    }
}
```

如图 13-10 所示，在 msh 中输入“arp_sample”命令，如果网络连接正常且收到了 PC 发送的 ARP 请求，则可以看到图示的输出信息，表示 ENC28J60 网卡接收到了 ARP 请求并进行了响应。

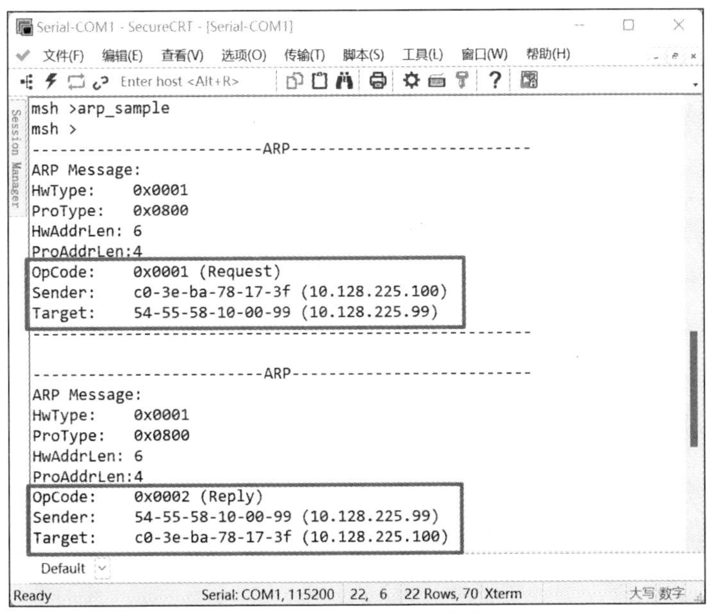

图 13-10　ARP 请求与响应数据包

响应 ARP 请求的前提是 PC 要发出 ARP 请求，如图 13-11 所示，以管理员身份运行“命令提示符”程序，使用 ping 命令让 PC 发送 ARP 请求，ping 命令使用开发板的 IP 地址。接着输入“arp -a”命令查看缓存中的所有项目，可以看到在主机的 ARP 缓存表中增加了含有开发板的 IP 地址和 MAC 地址的 ARP 映射表，图中显示的“请求超时”为正常实验现象，因为此时开发板还没有响应接收到的 ping 命令，是 ping 不通的。

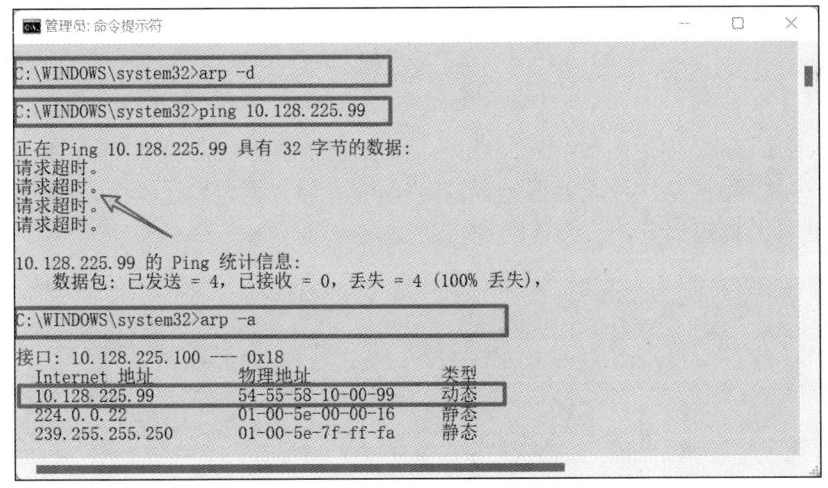

图 13-11　PC 发送 ARP 请求

注意：由于主机的 ARP 高速缓存会存放已经侦测过的 ARP 映射表，在 ping 前最好先执行“arp -d”命令清除主机的 ARP 映射表，确保 PC 一定能发出 ARP 请求。

5. ARP 请求测试

文件 arp_sample.c 中的函数 Arp 用于 ARP 请求测试，实现在控制台输入类似“Arp 10.128.225.100”的命令，获取远程主机的 MAC 地址。函数 str_to_ip 将字符串形式的点分格式的 IP 地址转换为数值数组，函数 arp_who_is 实现了 ARP 请求操作。若 ARP 请求成功，则输出远程主机的 IP 地址和 MAC 地址。代码如下：

```
void Arp(int argc, char **argv)
{
    unsigned char ip[4];

    if (argc != 2)
    {
        rt_kprintf("Like: Arp 10.128.225.100\r\n");
        return;
    }
    /* 将控制台输入的字符串 IP 地址转换为数组存放的 IP 地址 */
    if (str_to_ip(argv[1], ip) == 0)
        return;

    g_tNetPara.remoto_flag = 0;
    if (arp_who_is(ip) == 1)                 /* 发送 ARP 请求,获取远程主机 MAC 地址 */
    {
        rt_kprintf(">>> The server mac (ip) is:
                    %02x-%02x-%02x-%02x-%02x-%02x (%d.%d.%d.%d)\r\n",
            g_tNetPara.remote_mac[0], g_tNetPara.remote_mac[1],
                  g_tNetPara.remote_mac[2],
            g_tNetPara.remote_mac[3], g_tNetPara.remote_mac[4],
                  g_tNetPara.remote_mac[5],
            g_tNetPara.remote_ip[0], g_tNetPara.remote_ip[1],
                  g_tNetPara.remote_ip[2], g_tNetPara.remote_ip[3]);
    }
}
MSH_CMD_EXPORT(Arp, arp test);
```

文件 net_comm.c 中的函数 make_arp_request 用于填充和发送 ARP 请求数据包，它根据以太帧和 ARP 帧的格式填充数据包，最后将填充好的数据包发送出去，函数参数 ip 为远程 IP 地址指针。代码如下：

```
static void make_arp_request(unsigned char * ip)
{
    static unsigned char arpreqhdr[] = { 0x00, 0x01, 0x08, 0x00, 0x06,
                                         0x04, 0x00, 0x01 };  /* ARP 头部部分 */
    unsigned char buf[42] = {0};          /* 发送数据缓冲区, eth+arp is 42 bytes */

    /* 填充以太帧头部 */
    rt_memset(buf + ETH_DST_MAC, 0xFF, 6);
    rt_memcpy(buf + ETH_SRC_MAC, g_tNetPara.mac, 6);
    buf[ETH_TYPE_H_P] = ETHTYPE_ARP_H_V;
    buf[ETH_TYPE_L_P] = ETHTYPE_ARP_L_V;

    /* 填充 ARP 帧头部 */
    rt_memcpy(buf + ETH_ARP_P, arpreqhdr, 8);
```

```
    rt_memcpy(buf + ETH_ARP_SRC_MAC_P, g_tNetPara.mac, 6);
    rt_memcpy(buf + ETH_ARP_SRC_IP_P, g_tNetPara.ip, 4);
    rt_memset(buf + ETH_ARP_DST_MAC_P, 0xFF, 6);
    rt_memcpy(buf + ETH_ARP_DST_IP_P, ip, 4);

    ENC28J60_Packet_Send(42, buf);      /* eth+arp is 42 bytes */
}
```

文件 net_comm.c 中的函数 arp_who_is 实现 ARP 请求工作：先判断全局结构体变量 g_tNetPara 中是否已有远程地址，若没有，则调用函数 make_arp_request 发送 ARP 请求，并使用信号量 sem_arp 等待响应，若 1s 内收到了 ARP 响应，线程 arp 将释放信号量 sem_arp，函数返回 1，表示 ARP 请求成功；若等待信号量 sem_arp 超时，函数返回 0，表示 ARP 请求失败。代码如下：

```
int arp_who_is(unsigned char * ip)
{
    rt_err_t result;

    if (g_tNetPara.remoto_flag == 0)                    /* 还没有获得远程地址 */
    {
        make_arp_request(ip);                           /* 发送 ARP 请求 */

        result = rt_sem_take(sem_arp, 1000);            /* 等待信号量 1s */
        if (result == RT_EOK)
            return 1;
        else
        {
            rt_kprintf("Arp request fail.\r\n");
            return 0;
        }
    }

    return 1;
}
```

如图 13-12 所示，在 msh 中输入“arp_sample”命令，创建 ARP 请求/应答处理线程 arp，再输入 Arp 命令发送 ARP 请求，如果收到了 ARP 响应，则输出远程主机的 MAC 地址和 IP 地址。

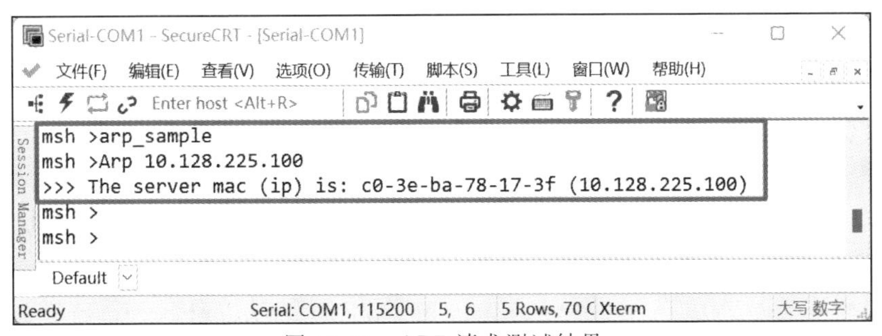

图 13-12 ARP 请求测试结果

13.4.2 IP&ICMP 协议实验

1. IP 协议简介

IP 协议是 TCP/IP 协议族中最核心的协议，是网络层协议，其主要作用是尽可能快地把分组从源节点送到目的节点，并不提供任何可靠性保证，即它仅提供最好的传输服务，不能保证 IP 数据报能成功到达目的地，一般由上层(如 TCP)来提供可靠性。IP 协议提供的是无连接服务，不维护任何关于后续数据报的状态信息，每个 IP 数据报的处理是相互独立的。

如图 13-13 所示，IP 数据报的首部长度为 20 字节(不包含可选字段)，首部中最高位在左边，记为 0 位，最低位在右边，记为 31 位。4 字节的 32 位值按 big endian 字节序传输：首先是 0～7 位，其次 8～15 位，然后 16～23 位，最后是 24～31 位。网络中都要求以这种次序传输，又称为网络字节序。

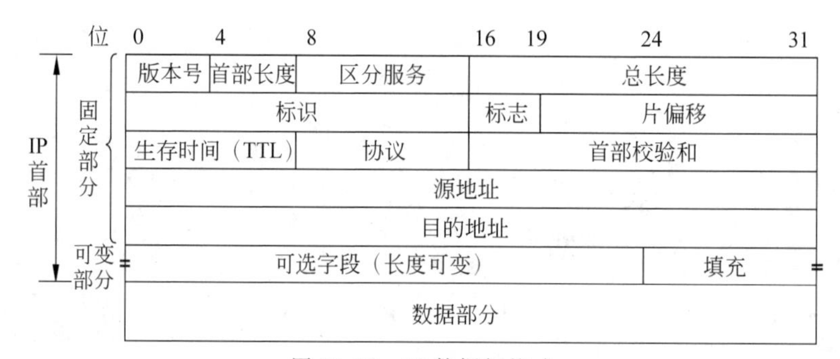

图 13-13 IP 数据报格式

版本号：占 4 位，值是 4，因此 IP 有时也称为 IPv4。

首部长度：占 4 位，可表示的最大十进制数值是 15 个单位(1 个单位为 4 字节)，因此 IP 的首部长度的最大值是 60 字节。

区分服务：占 8 位，用来获得更好的服务，只有在使用区分服务时，这个字段才起作用。

总长度：指首部和数据之和的长度，单位为字节。

标识：占 16 位，保存计数器的值，具有相同标识值的分片会被重组成原来的数据报。

标志：占 3 位，第一位未使用，第二位 DF 表示是否允许分片，第三位 MF 表示后面是否还有分片。

生存时间(TTL)：表示数据报在网络中的寿命，初始值由源主机设置(通常为 32 或 64)，路由器每次转发数据报之前就把它的 TTL 减 1，当 TTL 减小到 0 时，就丢弃该报文，并发送 ICMP 报文通知源主机。

协议：指出此数据报携带的数据使用何种协议，1 表示为 ICMP 协议，2 表示为 IGMP 协议，6 表示为 TCP 协议，17 表示为 UDP 协议。

首部校验和：只校验数据报的首部，不校验数据部分。

2. ICMP 简介

ICMP(网际报文控制协议)的主要功能是确认 IP 包是否成功到达目标地址，通知在发送过程中 IP 包被丢弃的原因及改善网络设置等，这样就能更有效地转发 IP 数据报和提高交付成功的概率。ICMP 是一个网络层协议，与 IP 属于同一层，但 ICMP 是封装在 IP 数据报里面的。

如图13-14所示，ICMP报头的前4字节具有统一的格式，共有3个字段，即类型、代码与校验和，接下来的4字节的内容与ICMP的类型有关。类型用来标识ICMP报文的类型，可以有15个不同的值；代码用来标识ICMP报文的代码，它与类型字段一起共同标识ICMP报文的详细类型。校验和是对包括ICMP报文数据部分在内的整个ICMP数据报的校验和，用于校验报文在传输过程中是否出现了差错。

图13-14　ICMP报头格式

ICMP报文是在IP数据报格式基础上进行封装来传输的，一个ICMP报文包括IP报头（至少20字节）、ICMP报头（至少8字节）和ICMP报文（属于ICMP报文的数据部分）三部分。

ICMP报文的种类有两种，即询问报文和差错报告，为节省篇幅，本书只介绍询问报文中的回送请求和回答报文，它们主要用于诊断网络故障，组合起来就可以确定两个网络设备之间是否能够通信。

如图13-15所示，回送请求和回答报文的类型字段指出了是请求报文（8）还是回答报文（0）；代码字段无特殊取值，始终为0；首部中的标识符和序号两个字段在ICMP协议中没有定义取值规范，因此发送方可以自由使用这两个字段，例如可以用序号来记录源主机发送的回送请求报文编号。可选数据区域表示回送请求报文中可包含的数据，其长度是可选的，发送方应该选择合适的长度并填充相应的数据。接收方将根据这个回送请求产生一个回送回答，回送回答中的数据与回送请求中的数据应该完全相同。

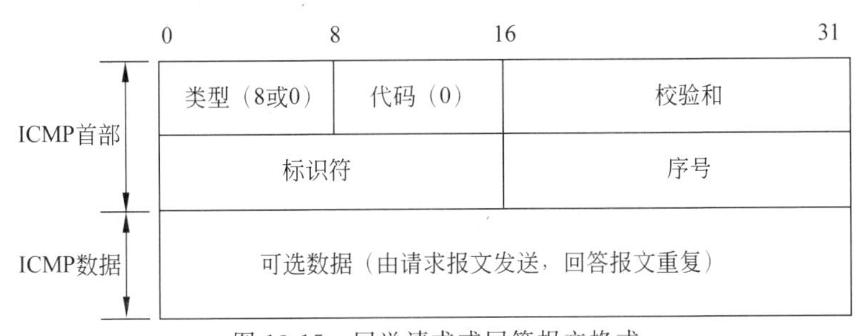

图13-15　回送请求或回答报文格式

PING（packet internet groper）可以说是ICMP最著名的应用，用来测试两台主机之间的连通性，帮助分析和判定网络故障。PING的实现原理：给目标主机发送一个ICMP回送请求数据包，要求对方返回一个同样大小的应答数据包，当收到应答后，输出数据包的序列号和生存时间（TTL），并计算出往返时间。PING是使用网络层ICMP的一个例子，没有通过运输层的TCP或UDP。

3. ICMP响应测试

由于ICMP服务需要ARP服务提供支持，因此在文件ip_icmp_sample.c中创建一个入口函数为 ip_icmp_entry 的线程，用来处理 ARP 和 ICMP 的请求与应答。当有新的消息（数据包）到达时，该线程被唤醒，然后从消息队列 mq 中接收消息，并根据接收消息的类型处理 ARP 和 ICMP 的请求与应答。为便于观察，在应答 ICMP 请求时调用函数 ip_debug_print 输出 IP 的首部和 icmp_debug_print 输出 ICMP 报文。代码如下：

```
static void ip_icmp_entry(void * parameter)
{
    struct net_msg msg;                                    /* 接收缓冲区 */

    while (1)
    {
        if (rt_mq_recv(mq, (void* )&msg, sizeof(struct net_msg),
           RT_WAITING_FOREVER) == RT_EOK)
        {
            switch (msg.type)
            {
            case ARP_REQUEST:                              /* 若是 ARP 请求,则应答 */
                make_arp_answer_from_request(msg.buf);
                break;
            case ARP_REPLY:                                /* 若是 ARP 应答 */
                server_mac_ip_set(&msg.buf[ETH_ARP_SRC_MAC_P],
                                 &msg.buf[ETH_ARP_SRC_IP_P]);
                g_tNetPara.remoto_flag = 1;                /* 标识已经获得远程地址 */
                rt_sem_release(sem_arp);
                break;
            case ICMP_REQUEST:                             /* 若是 ICMP 请求,则应答 */
                ip_debug_print(msg.buf);                   /* 打印 IP 首部 */
                icmp_debug_print(msg.buf);                 /* 打印 ICMP 请求报文 */
                make_echo_reply_from_request(msg.buf,
                                            msg.len);      /* ICMP 应答 */
                icmp_debug_print(msg.buf);                 /* 打印 ICMP 响应报文 */
                break;
            case ICMP_REPLY:                               /* 若是 ICMP 应答 */
                server_mac_ip_set(&msg.buf[ETH_SRC_MAC],
                                 &msg.buf[IP_SRC_P]);
                nbyte = msg.buf[IP_TOTLEN_L_P] - 28;       /* 可选数据长度 */
                ttl = msg.buf[IP_TTL_P];                   /* 生存时间 */
                rt_sem_release(sem_icmp);
                break;
            default:
                break;
            }
        }
    }
}
```

如图 13-16 所示，在 msh 中输入“ip_icmp_sample”命令，若开发板收到了 PC 发送的 ICMP 请求报文，先输出该 ICMP 请求报文和其 IP 首部，IP 首部中的源 IP 地址为 ping 命令发起方的 IP 地址，再输出 ICMP 应答报文。

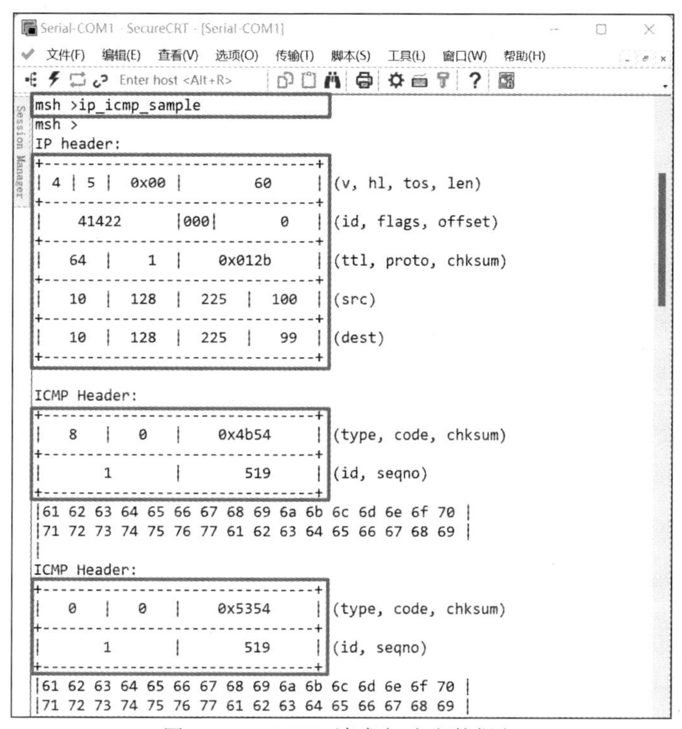

图 13-16 ICMP 请求与响应数据包

以管理员身份运行“命令提示符”程序，输入类似“ping 10.128.225.99”的命令发送ICMP 请求，命令中的 IP 地址为开发板的 IP 地址。若正确收到了开发板的应答响应，将显示如图 13-17 所示的结果。

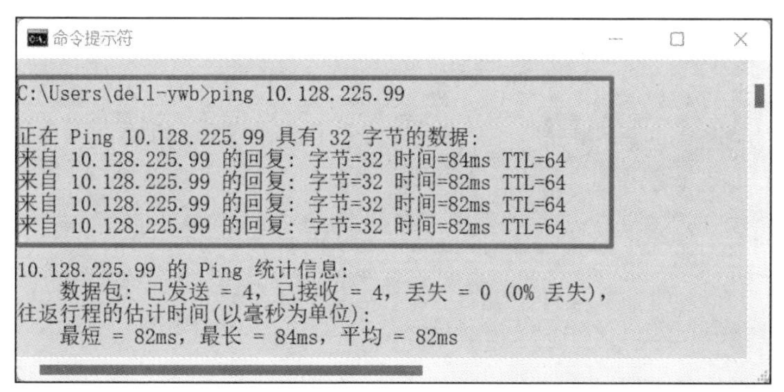

图 13-17 主机发送 ping 命令结果

4. ICMP 请求测试

文件 ip_icmp_sample.c 中的函数 Ping 用于 ICMP 请求测试，在控制台输入类似“ping 10.128.225.100”的命令后，获取远程主机的响应。该函数调用函数 make_ping_request 发送 ICMP 请求，使用信号量 sem_icmp 等待 ICMP 响应，若 1s 内收到了 ICMP 响应，线程 ip_icmp 将释放信号量 sem_icmp，表示响应成功，并输出回复信息；若等待信号量超时，则输出出错信息。代码如下：

```
void Ping(int argc, char **argv)
{
    unsigned char ip[4];
    rt_err_t result;
    rt_tick_t recv_start_tick;

    if (argc != 2)
    {
        rt_kprintf("Like: ping 10.128.225.100\r\n");
        return;
    }

    /* 将控制台输入的字符串 IP 地址转换为数组存放的 IP 地址 */
    if (str_to_ip(argv[1], ip) == 0)
        return;

    g_tNetPara.remoto_flag = 0;
    arp_who_is(ip);                           /* 发送 ARP 请求,获取远程主机 MAC 地址 */

    for (unsigned char i = 0; i < 4; i++)
    {
        make_ping_request(ip);                        /* 发送 ping 请求 */
        recv_start_tick = rt_tick_get();
        result = rt_sem_take(sem_icmp, 1000);         /* 信号量等待 1s */
        if (result == RT_EOK)
        {
            rt_kprintf("来自 %d.%d.%d.%d 的回复:
              字节=%d 时间=%dms TTL= %d\r\n",
               g_tNetPara.remote_ip[0], g_tNetPara.remote_ip[1],
              g_tNetPara.remote_ip[2], g_tNetPara.remote_ip[3],
               nbyte, rt_tick_get() - recv_start_tick, ttl);
        }
        else if (result == -RT_ETIMEOUT)              /* 信号量超时 */
        {
            rt_kprintf("请求超时。\r\n");
        }
    }
}
MSH_CMD_EXPORT(Ping, ping test);
```

文件 net_comm.c 中的函数 make_ping_request 用于填充与发送 ICMP 请求数据包,主要是根据以太帧、IP 和 ICMP 的首部格式填充数据包,再将填充好的数据包发送出去,函数的参数 ip 为远程 IP 地址指针。代码如下:

```
#define ICMP_MAX_DATA     32
void make_ping_request(unsigned char * ip)
{
    static unsigned char iphdr[] = {0x45, 0x00, 0x00, 0x3c, 0x00, 0x00, 0x00,
                                    0x00, 0x40};  /* IP 头部部分 */
    /* 发送数据缓冲区, eth+ip+icmp = (14+ 60) bytes */
```

```
    unsigned char buf[74] = {0};
    static unsigned char ip_identfier = 1;
    static unsigned char icmp_id = 1;
    static unsigned char icmp_seq = 1;
    unsigned int ck;

    /* 填充以太帧头部 */
    rt_memcpy(buf + ETH_DST_MAC, g_tNetPara.remote_mac, 6);
    rt_memcpy(buf + ETH_SRC_MAC, g_tNetPara.mac, 6);
    buf[ETH_TYPE_H_P] = ETHTYPE_IP_H_V;
    buf[ETH_TYPE_L_P] = ETHTYPE_IP_L_V;

    /* 填充 IP 帧头部 */
    rt_memcpy(buf + IP_P, iphdr, 9);
    buf[IP_IDENTI_L_P] = ip_identfier++;
    buf[IP_PROTO_P] = IP_PROTO_ICMP_V;
    rt_memcpy(buf + IP_SRC_P, g_tNetPara.ip, 4);
    rt_memcpy(buf + IP_DST_P, g_tNetPara.remote_ip, 4);
    fill_ip_hdr_checksum(buf);

    /* 填充 ICMP 帧头部 */
    buf[ICMP_TYPE_P] = ICMP_TYPE_ECHOREQUEST_V;
    buf[ICMP_TYPE_P + 1] = 0;                      /* code */
    buf[ICMP_IDENT_H_P + 1] = icmp_id++;
    buf[ICMP_SEQ_H_P + 1] = icmp_seq++;
    for (unsigned char i = 0; i < ICMP_MAX_DATA; i++)
    {
        buf[42 + i] = 'A' + i;                     /* 填充可选数据 */
    }
    ck = checksum(&buf[ICMP_TYPE_P], 40, 0);
    buf[ICMP_CHECKSUM_P] = ck >> 8;
    buf[ICMP_CHECKSUM_P + 1] = ck & 0xff;

    ENC28J60_Packet_Send(74, buf);                 /* eth+ip+icmp = (14+ 60) bytes */
}
```

如图13-18所示，在msh中输入“ip_icmp_sample”命令创建ICMP请求/应答处理线程，再输入ping请求命令发送ICMP请求，如果收到了PC发送的ICMP响应，输出ping命令的结果。

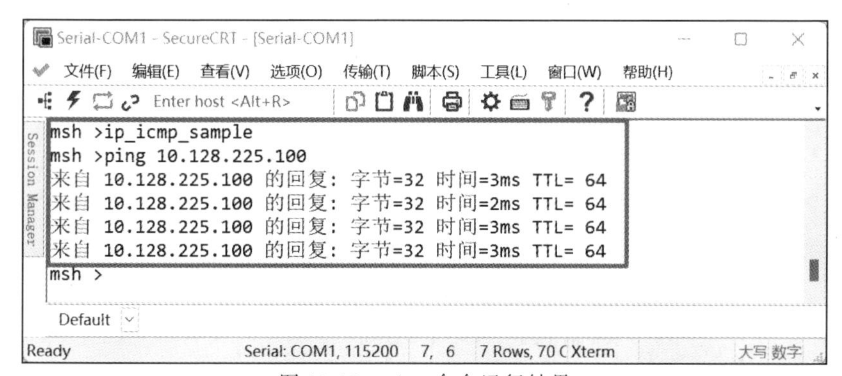

图13-18 ping命令运行结果

13.4.3 UDP 协议实验

1. UDP 协议简介

用户数据报协议(UDP)是一种无连接的传输层协议,采用面向报文的传输方式。UDP 是不可靠的通信传输,它把 IP 层的数据发送出去,但是并不保证它们一定能到达目的地。UDP 不提供复杂的流量控制机制,传输中出现了丢包,UDP 也不会重发,甚至当包的到达顺序出现乱序时也不会纠正。如果需要以上的细节控制,需要由采用 UDP 的应用程序去处理。UDP 主要用于对高速传输和实时性有较高要求的通信或广播通信。

如图 13-19 所示,UDP 报文是在 IP 数据报基础上进行封装来传输的,分为首部和用户数据两部分,首部由 4 个字段组成(共 8 字节)。长度字段指的是 UDP 首部和 UDP 数据的长度,即 IP 数据报全长减去 IP 首部的长度,最小值为 8 字节,即可发送一份 0 字节的 UDP 数据报。

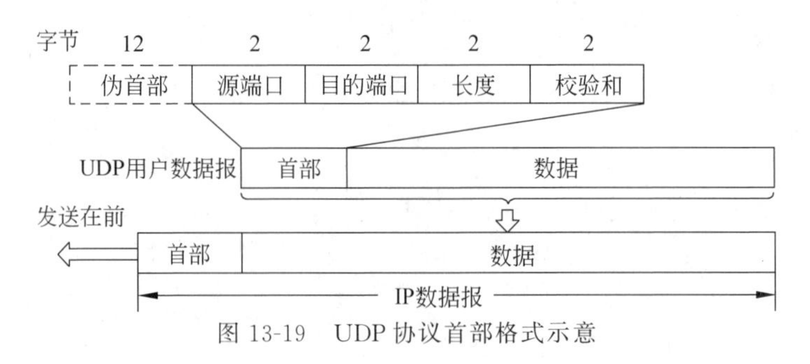

图 13-19 UDP 协议首部格式示意

UDP 数据报和 TCP 段都包含一个 12 字节长的伪首部,伪首部仅仅是为了计算校验和。伪首部包含 IP 首部一些字段,目的是让 UDP 两次检查数据是否已经正确到达目的地。在计算校验和时,临时把“伪首部”和 UDP 用户数据报连接在一起。UDP 校验和覆盖 UDP 首部和 UDP 数据,是一个端到端的校验和,由发送端计算,然后由接收端验证,其目的是发现 UDP 首部和数据在发送端到接收端之间发生的任何改动,UDP 校验和是可选的。IP 首部的校验和只覆盖 IP 的首部,并不覆盖 IP 数据报中的任何数据。

如图 13-20 所示,TCP 和 UDP 是通过端口号来区分不同的应用。一台计算机上可以同时运行多个应用程序,传输层协议正是利用这些端口号来识别本机中正在通信的应用程序,并准确传输数据。

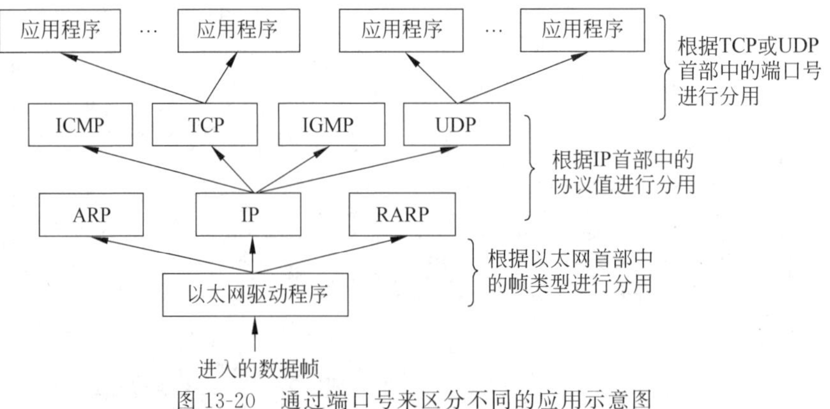

图 13-20 通过端口号来区分不同的应用示意图

2. UDP 实验代码与结果

在文件 udp_sample.c 中创建一个入口函数为 udp_entry 的线程，用来接收网络数据包，当有新的消息（数据包）到达时，该线程被唤醒，并从消息队列 mq 中接收消息，然后根据接收消息的类型分别对 ARP 请求、ICMP 请求和 UDP 监听进行处理。当收到端口号为设定值（1200）的 UDP 包时，调用函数 udp_receive 进一步处理数据包。代码如下：

```
static void udp_entry(void * parameter)
{
    struct net_msg msg;

    rt_kprintf("The udp port is:%d.\r\n", g_tNetPara.udp_port);
    while (1)
    {
        if (rt_mq_recv(mq, (void*)&msg, sizeof(struct net_msg),
                RT_WAITING_FOREVER) == RT_EOK)
        {
            switch(msg.type)
            {
            case ARP_REQUEST:                              /* 若是 ARP 请求，则应答 */
                make_arp_answer_from_request(msg.buf);    /* ARP 应答 */
                break;
            case ICMP_REQUEST:                             /* 若是 ICMP 请求，则应答 */
                /* ICMP 应答 */
                make_echo_reply_from_request(msg.buf, msg.len);
                break;
            case UDP:
                /* 收到监听端口号为 1200 的 UDP 包 */
                if (MAKE_WORD(msg.buf[UDP_DST_PORT_H_P],
                  msg.buf[UDP_DST_PORT_L_P]) == g_tNetPara.udp_port)
                {
                    udp_receive(msg.buf);
                }
                break;
            default:
                break;
            }
        }
    }
}
```

函数 udp_receive 输出 UDP 数据报的首部，宏 UDP_DATA_P 定义为 42（eth+ip+udp 首部共 42 字节），UDP 数据包的净荷（payload）从缓冲区 buf 的 UDP_DATA_P 位置开始存放。若收到以“SL”开始的字符串，则根据“SL”后面的最多 8 字节的值（1 或 0）来控制 LED 灯的亮或灭，最后将命令“SLOK”作为应答信号回送到 PC。代码如下：

```
static void udp_receive(unsigned char * buf)
{
    unsigned int pc_port, len;                 /* 远程 PC 机 UDP 端口号 */
```

```
    udp_debug_print(buf);                           /* 打印 UDP 首部 */

    /* "SL" 命令控制 LED1, LED2, ... ,  格式如:SL00110101,1 表示亮,0 表示灭 */
    if (buf[UDP_DATA_P] == 'S' && buf[UDP_DATA_P + 1] == 'L')
    {
        /* 表示 LEDs 状态的字节数 */
        len = buf[UDP_LEN_H_P] << 8 | buf[UDP_LEN_L_P] - UDP_HEADER_LEN - 2;
        len = (len > 8) ? 8 : len;                  /* 最多 8 个 LED */
        for (unsigned char i = 0; i < len; i++)
        {
            if (buf[UDP_DATA_P + 2 + i] == '1')
                led_on(i + 1);
            else
                led_off(i + 1);
        }

        pc_port = buf[UDP_SRC_PORT_H_P] << 8 | buf[UDP_SRC_PORT_L_P];
        make_udp_reply_from_request(buf, (char *)"SLOK\r\n", 6,
                                    g_tNetPara.udp_port, pc_port);
    }
}
```

打开 NetAssist 网络调试助手,进行网络设置后单击“打开”按钮,开启本机 UDP 服务,并设置“远程主机”为开发板的 IP 地址和 UDP 端口号。在“数据发送”区域输入命令“SL00110101”,单击“发送”按钮,将该命令发送到开发板。开发板收到命令后,将回送“SLOK”命令给网络调试助手,调试助手的“数据接收”区域显示收到的回送命令,如图 13-21 所示。

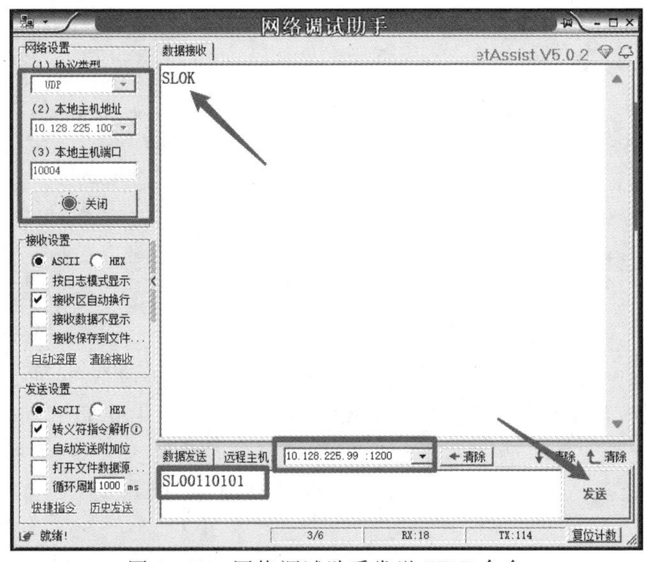

图 13-21　网络调试助手发送 UDP 命令

打开串口终端软件,在 msh 中输入“udp_sample”命令。如果收到了 PC 发送来的 UDP

数据包，则按 UDP 帧格式输出该数据包的 UDP 首部，如图 13-22 所示。

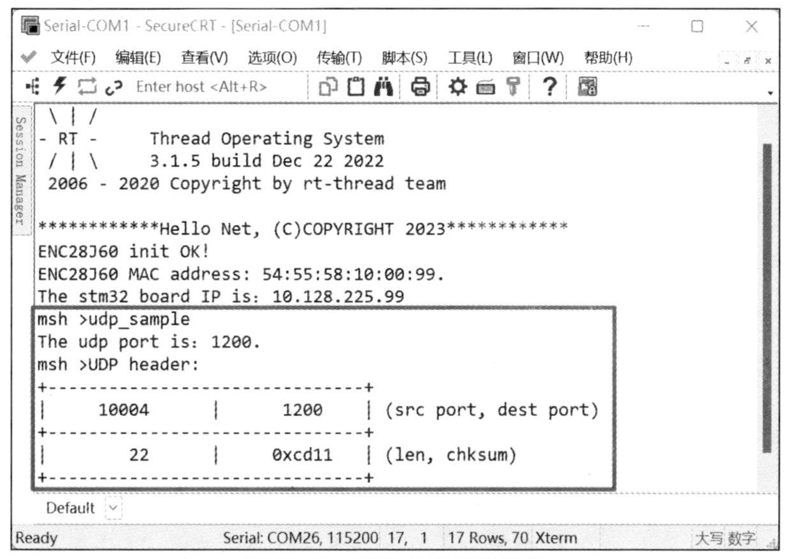

图 13-22 UDP 协议实验结果

在网络调试助手中发送不同的命令到开发板，控制开发板上 LED 的亮和灭，命令中的 1 表示相应编号的灯亮，如"SL00110101"表示 LED3/4/6/8 亮，其余 LED 均灭。

13.4.4 TCP 协议实验

1. TCP 协议简介

TCP 是一种面向连接的、可靠的传输层协议，具备流控制、拥塞控制等众多功能。TCP 有一个缓冲区，当应用程序传送的数据块太长时，TCP 可以把它划分短一些后再传送，应用程序和 TCP 的交互是一次一个数据块(大小不等)。TCP 作为一种面向连接的协议，只有在确认存在通信对端时才会发送数据，每一条 TCP 连接只能有两个端点，是点对点的、面向字节流传输。

如图 13-23 所示，如果不计选项字段，TCP 首部长度通常是 20 字节。TCP 首部的序号、确认号、连接管理、重发与窗口控制以及校验和等机制，使得 TCP 在无连接的 IP 网络上能够实现高可靠性的通信。TCP 数据包是封装在 IP 数据报中的。

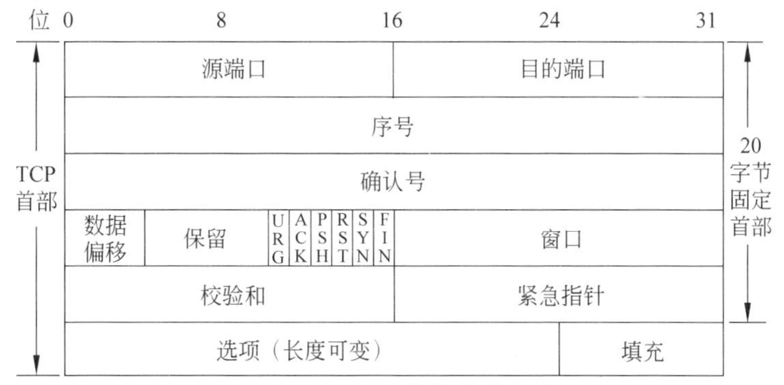

图 13-23 TCP 协议首部格式

源端口和目的端口：占 2 字节，通过端口实现传输层的复用和分用功能，是传输层与应用层的服务接口。

序号：本报文段所发送数据的第一个字节的序号。

确认号：期望收到对方下一个报文段的数据的第一个字节的序号。

数据偏移：即首部长度，占 4 位，指出 TCP 所传输的数据部分从 TCP 报文段的起始位置，以 4 字节为计算单位。

控制位：这 6 个控制位代表着 TCP 连接的状态。

- URG：紧急数据，告诉系统此报文段中有紧急数据，应尽快传送。
- ACK：只有当 ACK=1 时，确认号字段才有效；当 ACK=0 时，确认号字段无效。
- PSH：表示该报文段应尽快地交付给接收应用进程。
- RST：表示要求对方重新建立连接。
- SYN：表示请求建立一个连接。
- FIN：表示不会再有数据发送了，并要求释放连接。

窗口：用来让对方设置发送窗口的依据，单位为字节。

校验和：包括首部和数据这两部分。在计算校验和时，要在 TCP 报文段的前面加上 12 字节的伪首部。

2. TCP 连接的建立与终止

面向连接的 TCP 在发送数据前，双方需要通过三次握手建立一条 TCP 连接，即需要客户端和服务器端总共发送三个包以确认连接的建立，如图 13-24 所示。

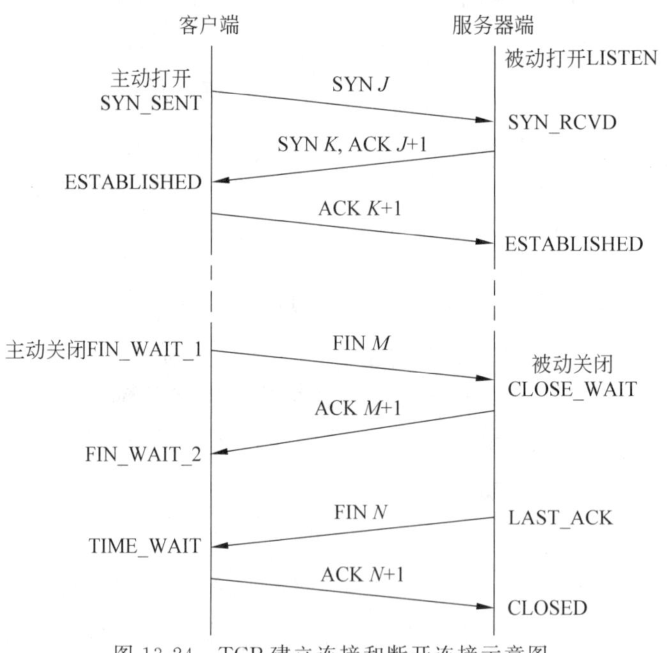

图 13-24　TCP 建立连接和断开连接示意图

第一次握手：客户端将数据包的标志位 SYN 置为 1，随机产生一个值 seq=J，并将其发送给服务器端，然后进入 SYN_SENT 状态，等待服务器端确认。

第二次握手：服务器端收到数据包后，由标志位 SYN=1 知道客户端请求建立连接，服务器端将标志位 SYN 和 ACK 都置为 1，ack=$J+1$，随机产生一个值 seq=K，并将该数据包发送给客户端以确认连接请求，服务器端进入 SYN_RCVD 状态。

第三次握手：客户端收到确认后，检查 ack 是否为 $J+1$，ACK 是否为 1，如果正确，则将标志位 ACK 置为 1，ack=$K+1$，并将该数据包发送给服务器端。服务器端则检查 ACK 是否为 1，ack 是否为 $K+1$，如果正确，则表示连接建立成功，客户端和服务器端都进入 ESTABLISHED 状态，完成 TCP 三次握手。

如图 13-24 所示，当数据传送完毕后，终止一个 TCP 连接需要经过四次握手，客户端和服务器端总共要发送 4 个包以确认连接的断开。由于 TCP 连接是全双工的，因此每个方向都必须要单独关闭，当一方完成数据发送任务后，发送一个控制位 FIN 来终止这一方向的连接，收到 FIN 只是意味着这一方向上没有数据流动了，即不会再收到数据了，但是在这个 TCP 连接上仍然能够发送数据，直到这一方向也发送了 FIN。首先关闭的一方将执行主动关闭，而另一方则执行被动关闭。

3. TCP 实验代码与结果

在文件 tcp_sample.c 中创建线程 tcp 接收网络数据包，入口函数为 tcp_entry。当有新的消息到达时，该线程被唤醒，并从消息队列 mq 中接收消息，然后根据接收消息的类型对 ARP 请求、ICMP 请求和 TCP 监听进行处理。当收到端口号为设定值(100)的 TCP 数据包时，调用函数 tcp_receive 处理收到的数据包，此时开发板当作 TCP Server。代码如下：

```
static void tcp_entry(void * parameter)
{
    struct net_msg msg;

    rt_kprintf("The tcp port is:%d.\r\n", g_tNetPara.tcp_port);
    while (1)
    {
        if (rt_mq_recv(mq, (void*)&msg, sizeof(struct net_msg),
                       RT_WAITING_FOREVER) == RT_EOK)
        {
            switch (msg.type)
            {
            case ARP_REQUEST:                            /* 若是 ARP 请求,则应答 */
                make_arp_answer_from_request(msg.buf);   /* ARP 应答 */
                break;
            case ICMP_REQUEST:                           /* 若是 ICMP 请求,则应答 */
                /* ICMP 应答 */
                make_echo_reply_from_request(msg.buf, msg.len);
                break;
            case TCP:
                /* 收到监听端口号 100 的 TCP 包 */
                if (MAKE_WORD(msg.buf[TCP_DST_PORT_H_P],
                    msg.buf[TCP_DST_PORT_L_P]) == g_tNetPara.tcp_port)
                {
                    tcp_receive(msg.buf);
                }
                break;
```

```
                default:
                    break;
                }
            }
        }
    }
```

函数 tcp_receive 实现了建立 TCP 连接的三次握手和断开 TCP 连接的四次握手过程，在第三次握手时输出“TCP 连接已经建立”的信息。若 TCP 数据包中包含有效荷载(即表示数据长度的变量 dat_p 的值大于 0)，则通过串口输出 TCP Client 发送来的数据，并发送应答信号。代码如下：

```
static void tcp_receive(unsigned char * buf)
{
    unsigned int len, dat_p, i = 0;
    static unsigned char flag = 0;              /* TCP 连接标志,0 表示断开,1 表示连接 */
    unsigned char bufRecv[100];                        /* 有效荷载数据缓冲区 */

    /* 第一、二次握手收到连接请求并应答 */
    if (buf[TCP_FLAGS_P] & TCP_FLAGS_SYN_V)
    {
        flag = 0;
        make_tcp_synack_from_syn(buf);                 /* 发送 syn、ack */
        return;
    }
    /* 收到应答 */
    if (buf[TCP_FLAGS_P] & TCP_FLAGS_ACK_V)
    {
        len = init_len_info(buf);                      /* 数据长度 */
        dat_p = get_tcp_data_pointer();                /* 存放数据的起始位置 */
        if (dat_p == 0)                                /* 没有数据,仅为应答包 */
        {
            /* 应答的同时请求断开连接 */
            if (buf[TCP_FLAGS_P] & TCP_FLAGS_FIN_V)
            {
                make_tcp_ack_from_any(buf);            /* 先应答 */
                make_tcp_ack_from_finish(buf);         /* 再请求断开 */
            }
            else if (flag == 0)                        /* 第三次握手收到应答 */
            {
                flag = 1;
                rt_kprintf("TCP connection has been established.\r\n");
            }
        }
        else
        {
            tcp_debug_print(buf);
            for (i = 0; i < len; i++)
                bufRecv[i] = buf[dat_p + i];
            bufRecv[i] = 0;
            /* 输出 TCP Client 发送过来的数据 */
```

```
            rt_kprintf("The data sent by Client: %s.\r\n", bufRecv);
            make_tcp_ack_from_any(buf);                    /* 发送 ack */
        }
    }
}
```

打开 NetAssist 网络调试助手，设置协议类型为 TCP Client，设置远程主机地址和远程主机端口号为开发板的 IP 地址和 TCP 端口号，如图 13-25 所示。单击"连接"按钮，PC (TCP 客户端)将向开发板(TCP 服务器)申请建立 TCP 连接。TCP 连接建立后，在"数据发送"区域输入任意字符串，单击"发送"按钮，即将输入的字符串发送到远程主机。

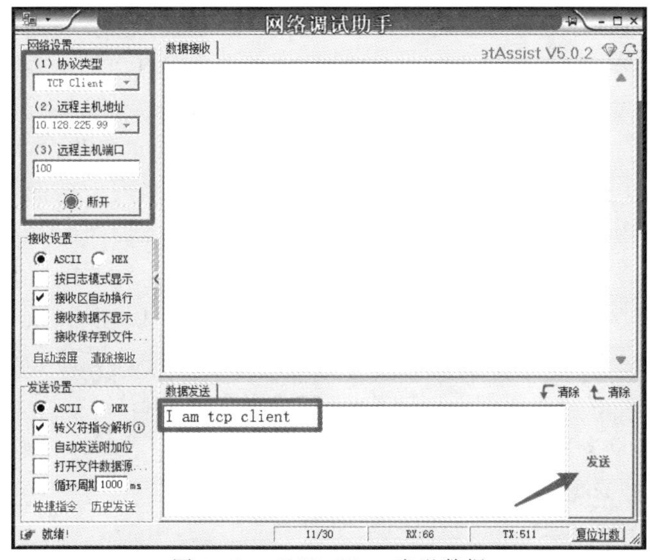

图 13-25　TCP Client 发送数据

如图 13-26 所示，在 msh 中输入"tcp_sample"命令，开启 TCP 服务并等待客户端连接。一旦 TCP 连接建立，串口输出"TCP 连接已经建立"的信息。当收到 TCP Client 发送来的字符串后，则按 TCP 帧格式输出数据包的 TCP 首部，同时输出收到的字符串。

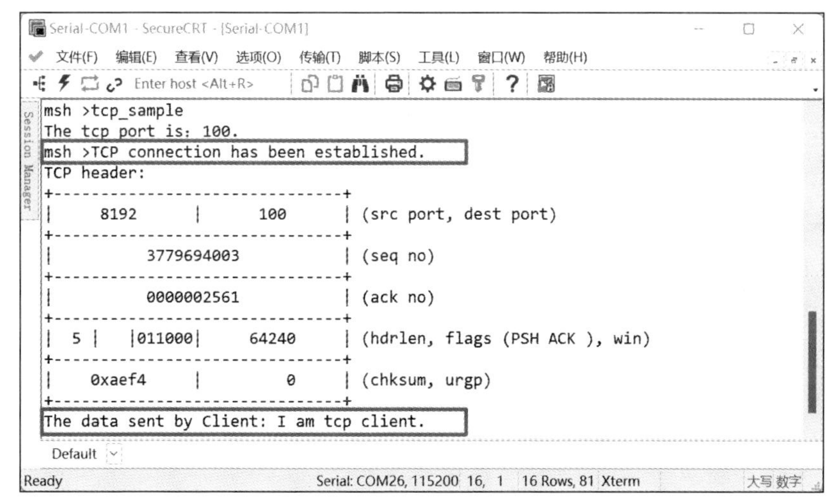

图 13-26　TCP 协议实验结果

13.5 嵌入式 Web 服务器

13.5.1 HTTP 协议简介

超文本传输协议(hyper text transfer protocol,HTTP)是一种用于传输超媒体文档的应用层协议,允许用户通过单击超链接访问资源,是万维网的基础。HTTP 基于 TCP/IP 协议传递数据,主要规定了客户端和服务器之间的通信格式,默认使用 80 端口。

HTTP 协议具有如下特点:支持客户/服务器模式,客户端发起一个请求,服务器响应这个请求,请求服务时只需传送请求方法和路径,常用的请求方法有 GET、HEAD、PUT、DELETE 和 POST;HTTP/1.1 使用了持续连接,万维网服务器在发送响应后仍然在一段时间内保持这条连接,这样同一个客户(浏览器)和该服务器可以继续在这条连接上传送后续的 HTTP 请求报文和响应报文;HTTP 是无状态的,指协议自身不保存请求和响应之间的通信状态,每个请求都是独立的;HTTP 允许传输任意类型的数据对象。

HTTP 报文包括请求报文和响应报文,请求报文由请求行(由请求方法、请求 URL 和协议名称及版本号构成)、请求头、空行和请求体四部分组成。如图 13-27 所示,图中①是请求方法 GET,用于请求从服务器中获取资源;②为请求对应的 URL 地址,和请求头中的 Host 属性组成完整的请求 URL;③是协议名称及版本号;④是请求头,包含若干属性,格式为"属性名:属性值",服务端据此获取客户端的信息,示例中没有请求体。

HTTP 的响应报文是服务器返回的数据,响应报文由状态行、响应头、空行和响应体四部分组成。常见的状态行中的 Response Code 为 2xx(成功)表示操作被成功接收并处理,为 4xx(客户端错误)表示请求包含语法错误或无法完成请求。

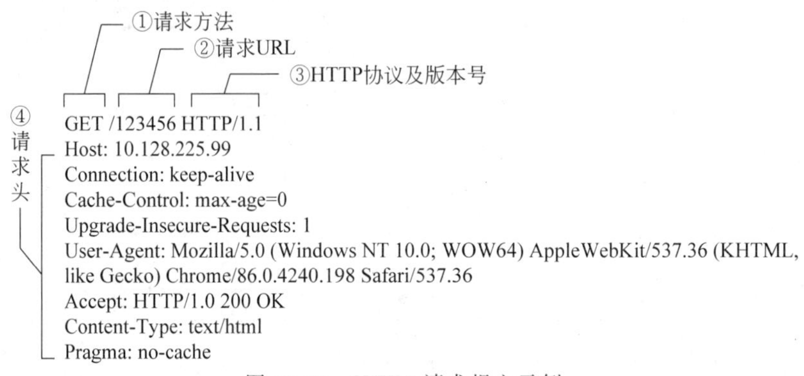

图 13-27 HTTP 请求报文示例

服务器发送一个网页后,浏览器无法知道服务器要发送什么类型、多少长度的数据,所以还需要发送一个如下示例格式的数据:

```
HTTP/1.1 200 OK
Content-Type: text/html
Content-Length: xx
```

13.5.2　Web 服务器实验

示例实现的功能：在开发板上建立一个 Web 服务器，PC 上的浏览器作为 Web 客户端。服务器被动接收浏览器的请求，并根据浏览器的请求来控制开发板上 LED 的亮和灭。

在文件 web_sample.c 中创建 Web 线程接收网络数据包，其入口函数为 web_entry。当有新的数据包到达时，该线程被唤醒，并从 mq 中接收消息。当收到端口号为 80 的 TCP 数据包时，调用函数 webserver_process 处理数据包。代码如下：

```
static void web_entry(void * parameter)
{
    struct net_msg msg;

    g_tNetPara.tcp_port = 80;                    /* web 监听端口号，范围为 1~254 */
    while (1)
    {
        if (rt_mq_recv(mq, (void *) &msg, sizeof(struct net_msg),
                    RT_WAITING_FOREVER) == RT_EOK)
        {
            switch (msg.type)
            {
            case ARP_REQUEST:                    /* 若是 ARP 请求，则应答 */
                make_arp_answer_from_request(msg.buf);
                break;
            case ICMP_REQUEST:                   /* 若是 ICMP 请求，则应答 */
                make_echo_reply_from_request(msg.buf, msg.len);
                break;
            case TCP:
                /* 收到监听端口号为 80 的 TCP 包 */
                if (MAKE_WORD(msg.buf[TCP_DST_PORT_H_P],
                            msg.buf[TCP_DST_PORT_L_P]) == 80)
                {
                    webserver_process(msg.buf);
                }
                break;
            default:
                break;
            }
        }
    }
}
```

函数 webserver_process 用于建立和断开 TCP 连接，并通过分析浏览器发送的请求报文内容，生成网页数据并将其发送回浏览器。代码如下：

```
static void webserver_process(unsigned char * buf)
{
    unsigned int plen, dat_p;
    signed char cmd;
```

```
    /* 第一、二次握手收到连接请求并应答 */
    if (buf[TCP_FLAGS_P] & TCP_FLAGS_SYN_V)
    {
        make_tcp_synack_from_syn(buf);                /* 发送 syn、ack */
        return;
    }

    /* 收到应答 */
    if (buf[TCP_FLAGS_P] & TCP_FLAGS_ACK_V)
    {
        init_len_info(buf);                           /* 初始化数据长度 */
        dat_p = get_tcp_data_pointer();
        if (dat_p == 0)                               /* 没有数据,仅为应答包 */
        {
            if (buf[TCP_FLAGS_P] & TCP_FLAGS_FIN_V)   /* 应答的同时请求断开连接 */
            {
                make_tcp_ack_from_any(buf);           /* 先应答 */
            }
            return;
        }
        /* 密码判断,返回网页命令 */
        cmd = analyse_get_url((char *)&(buf[dat_p + 5]));
        if (cmd == -1)                                /* 密码错误 */
        {
            plen = fill_tcp_data_p(buf, 0, PSTR("HTTP/1.0
                  401 Unauthorized\r\nContent-Type:
                  text/html\r\n\r\n<h1>401 Unauthorized</h1>"));
            goto SENDTCP;
        }

        if (cmd == 1)                                 /* 命令 = 1 */
        {
            led_on(1);
            /* 使用 HTML 创建网页,并将网页数据写到 tcp 发送缓冲区 */
            plen = print_webpage(buf, 1);
        }
        else
        {
            led_off(1);
            plen = print_webpage(buf, 0);
        }

SENDTCP:
        make_tcp_ack_from_any(buf);                   /* 发送 ack */
        make_tcp_ack_with_data(buf, plen);            /* 发送数据 */
    }
}
```

打开串口终端软件,在 msh 中输入“web_sample”命令,开启 Web 服务,等待浏览器连接。以管理员身份运行“命令提示符”程序，输入“ping 10.128.225.99”命令，检查网络是否连通。

如图 13-28 所示，在浏览器的地址栏输入开发板的 IP 地址和密码，按 Enter 键发送网页请求。若程序正常运行，浏览器将打开 Web 页面，单击页面上的超链接文本，可以控制开发板上 LED 的亮和灭。

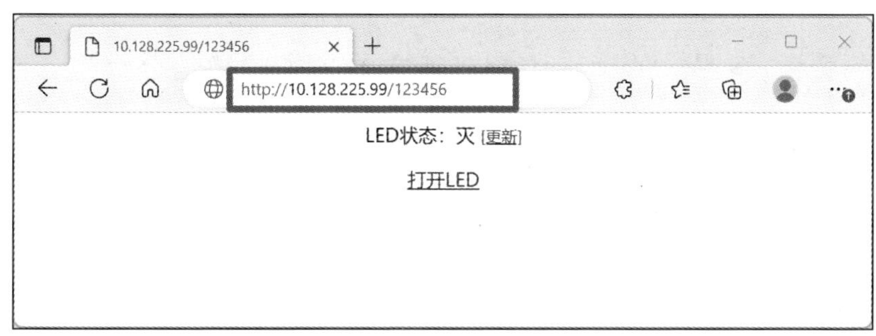

图 13-28 Web 服务器实验结果

练习题

1. 解释“arp 10.128.225.100”命令的实现原理。

2. 解释“ping 10.128.225.100”命令的实现原理。

3. 在 UDP 协议实验的基础上完成：当按键 KEY1、KEY2 按下时，分别把按键编号和当前时间发送到 PC 上的网络调试助手显示。

4. 在 TCP 协议实验的基础上完成：建立 TCP 连接后，串口输出“TCP connection has been established.”，断开 TCP 连接后，串口输出“TCP connection has been disconnected.”。

5. 在 TCP 协议实验的基础上完成：建立 TCP 连接后，每隔 2s，把 STM32 引脚 PB0 的输入电压值传送到 PC 上的网络调试助手显示，断开 TCP 连接后停止显示。

6. 开发板开启 Web 服务器后，每隔 2s，在计算机浏览器上实时显示引脚 PB0 的输入电压值。

图书资源支持

感谢您一直以来对清华版图书的支持和爱护。为了配合本书的使用，本书提供配套的资源，有需求的读者请扫描下方的“书圈”微信公众号二维码，在图书专区下载，也可以拨打电话或发送电子邮件咨询。

如果您在使用本书的过程中遇到了什么问题，或者有相关图书出版计划，也请您发邮件告诉我们，以便我们更好地为您服务。

我们的联系方式：

清华大学出版社计算机与信息分社网站：https://www.shuimushuhui.com/

地　　址：北京市海淀区双清路学研大厦 A 座 714

邮　　编：100084

电　　话：010-83470236　010-83470237

客服邮箱：2301891038@qq.com

QQ：2301891038（请写明您的单位和姓名）

资源下载：关注公众号“书圈”下载配套资源。

资源下载、样书申请

书圈

图书案例

清华计算机学堂

观看课程直播